机械制图与CAD

JIXIE ZHITU YU CAD

熊莎莎　苗秋玲　主编

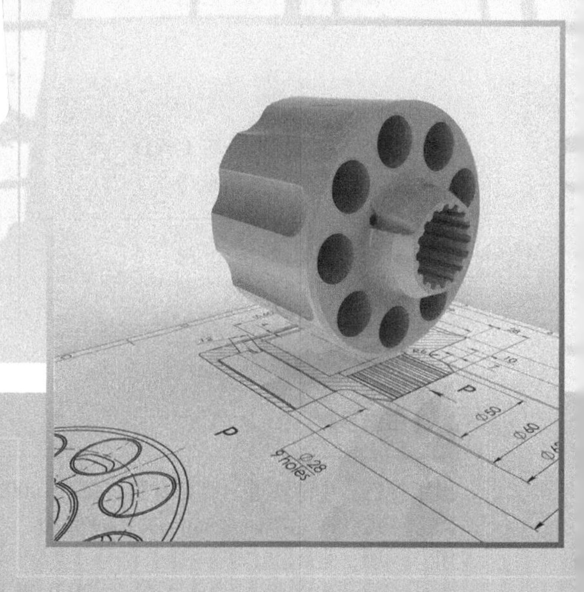

中国铁道出版社有限公司
CHINA RAILWAY PUBLISHING HOUSE CO., LTD.

内 容 简 介

本书作为“四境”融课程教材系列丛书，以企业典型的工程零件为案例，整合多门课程，课程内容接轨企业需求，突出应用。

本书主要内容包括识读与绘制简单图样、绘制机器零件图、计算机绘制机器装配图三部分，突出自主学习，以学生为中心。

本书可作为高职高专机械类专业学生机械制图或相关课程教材，也可作为有关技术人员的参考资料和培训教材。

图书在版编目（CIP）数据

机械制图与CAD/熊莎莎，苗秋玲主编．—北京：中国铁道出版社，2018.11（2021.1重印）
（“四境”融课程系列丛书）
ISBN 978-7-113-24955-7

Ⅰ.①机… Ⅱ.①熊…②苗… Ⅲ.①机械制图-AutoCAD软件-高等职业教育-教材 Ⅳ.①TH126

中国版本图书馆CIP数据核字(2018)第235446号

书　　名：机械制图与CAD
作　　者：熊莎莎　苗秋玲

策　　划：刘梦珂　李　彤　　　**编辑部电话：**（010）63543459
责任编辑：何红艳　钱　鹏
封面设计：付　巍
封面制作：刘　颖
责任校对：张玉华
责任印制：樊启鹏

出版发行：中国铁道出版社有限公司（100054，北京市西城区右安门西街8号）
网　　址：http://www.tdpress.com/51eds/
印　　刷：北京建宏印刷有限公司
版　　次：2018年11月第1版　2021年1月第3次印刷
开　　本：787 mm×1 092 mm　1/16　**印张：**15.25　**字数：**362千
书　　号：ISBN 978-7-113-24955-7
定　　价：45.00元

前言

制图作为“工程界的一种语言”，是学生从事机械工程领域工作所必备的技能，也是机械类、机电类、汽车类等专业后续课程学习的重要基础。掌握识图绘图能力是众多相关用人单位对人才的基本要求。

本书是河南机电职业学院进行“三融四境”融课程改革的一个成果。“三融”指融体制、融体系、融课程，其中融课程是根本。融课程是从产、学、研、创四个教学场境中提取制图员岗位典型教学因子，结合企业案例，将机械制图课程从学科课程变为活动课程，课程内容接轨企业需求。教材按照情境描述、信息收集、计划分析、任务实施、检验评估五个环节进行，每个融任务都是一个实际的典型案例，使学生能自主学习，锻炼学生分析问题、解决问题的能力以及自学能力，注重以学生为中心，突出学生的主体地位。

本书内容可以分为三个部分，融项目一识读与绘制简单图样，主要内容为相关国家制图标准和三视图的基本知识，旨在通过趣味化的训练将学生引入制图课程，同时使学生掌握制图的基本原理和方法；融项目二绘制机器零件图，以典型的工程零件——齿轮油泵、轴承座为案例，使学生掌握轮盘类、轴类、箱体类、叉架类典型零件的绘图方法；融项目三计算机绘制机器装配图，以齿轮油泵为案例，使学生掌握装配图的绘图方法。在融项目二中开始加入 AutoCAD 计算机绘图。

对于机械类专业学生来说，识图、绘图是最基本的技能，因此机械类学生建议学时为 110 学时，一般会分为两学期在第一学年开设本课程。具体的学时分配如下：

融　项　目	融　任　务	建议学时
融项目一 识读与绘制简单图样	融任务一　识读机器人三视图	8
	融任务二　绘制鲁班锁零件三视图	16
融项目二 绘制机器零件图	融任务一　绘制齿轮油泵泵盖零件图	16
	融任务二　绘制齿轮油泵传动齿轮轴零件图	12
	融任务三　计算机绘制齿轮油泵泵体零件图	24
	融任务四　计算机绘制轴承座零件图	10
融项目三 计算机绘制机器装配图	融任务　计算机绘制齿轮油泵装配图	24

Preface

本课程采用理论+实践的一体化教学，在教学过程中有大量的制图练习，以增强学生的识图、绘图能力，因此对于非机械类专业可根据需求适当缩短学时。

本书由河南机电职业学院熊莎莎、苗秋玲主编，王香耿、郭超、张肇伟、武燕参与编写，熊莎莎最终统稿。其中融项目一由王香耿编写；融项目二融任务一、二、四由苗秋玲编写，融任务三由郭超编写，融任务三、融任务四中CAD部分由张肇伟编写；融项目三由熊莎莎编写，其中CAD部分由武燕编写；附录由苗秋玲、熊莎莎编写。全书由河南机电职业学院机械工程学院武燕院长主审。

《机械制图与CAD》一书在编写过程中得到了河南机电职业学院机械工程学院武燕院长，课程开发与应用中心张艳主任、李超老师，教学指导与评价处王庆海处长的大力支持，友嘉集团陈利强、李先勇给予了技术支持。教材改革初期范九红、刘明岗、李伟、张城兴、潘昊亮等老师曾参与教材改革的讨论，为教材的编写提供了宝贵意见，书中大部分二维图、三维立体图等由马滞冬、王好好、职玉珂、陈厚振等进行绘制，在此对一直关注《机械制图与CAD》教材改革编写工作的各位领导、同仁、学生一并表示感谢。

本书在编写过程中难免存在疏漏及不足之处，敬请读者给予及时反馈和评论，为本书再版提供宝贵的意见和建议。

编　者

2018年8月

目录

Contents

Contents

Contents

Contents

融项目一 识读与绘制简单图样

融项目一识读与绘制简单图样包含两个任务：

融任务一识读机器人三视图。本任务通过简单机器人头像挂饰的三视图，使学生了解机械制图的概念及相关国家制图标准，掌握基本投影规律以及三视图的形成和特点。

融任务二绘制鲁班锁零件三视图。本任务通过学生观察、组装鲁班锁，增强课堂趣味性，使学生掌握基本体、组合体的三视图绘制及尺寸标注方法。

融任务一　识读机器人三视图

影片《机器人总动员》是2008年一部由安德鲁·斯坦顿编导的科幻动画电影。故事讲述了地球上的清扫型机器人瓦力偶遇并爱上了机器人夏娃后，追随她进入太空历险的一系列故事。随着影片的热播，机器人成为新一季玩具、装饰开发的对象。图 1-1-1 所示为观察者从机器人瓦力的正面、侧面所看到的图形，即使没有看过影片，也能从图中大概机器人瓦力的形象。这就是简单的三视图，三视图是能够正确反映物体长、宽、高尺寸的正投影工程图（主视图，俯视图，左视图三个基本视图），这是工程界一种对物体几何形状的表达方式，广泛应用于机械、建筑、电力等各个行业，用于指导机器安装、楼房建造、室内装饰、电路布置、产品宣传等。

图 1-1-1　机器人瓦力视图

图 1-1-2 所示为某公司新开发的机器人头像挂饰，请识读其三视图，熟悉结构，以便下一步开发模具进行机器人头像挂饰的生产。

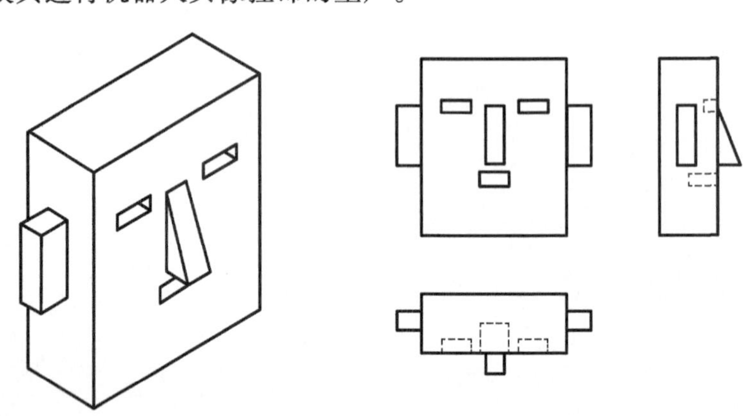

图 1-1-2　机器人头像挂饰及其三视图

机器由许多零件和部件组合而成。齿轮油泵是汽车中的一个部件，如图 1-1-3 所示齿轮油泵由泵体、轴、盖等若干零件所组成。这些零件需要根据一定的尺寸、精度等要求加工出来，这些零件又被按照一定的位置关系、传动关系装配在一起，从而形成了部件或机器。为了帮助工人在加工零件或装配零件时了解相关的技术要求，需要用图样来表达设计者的意图。

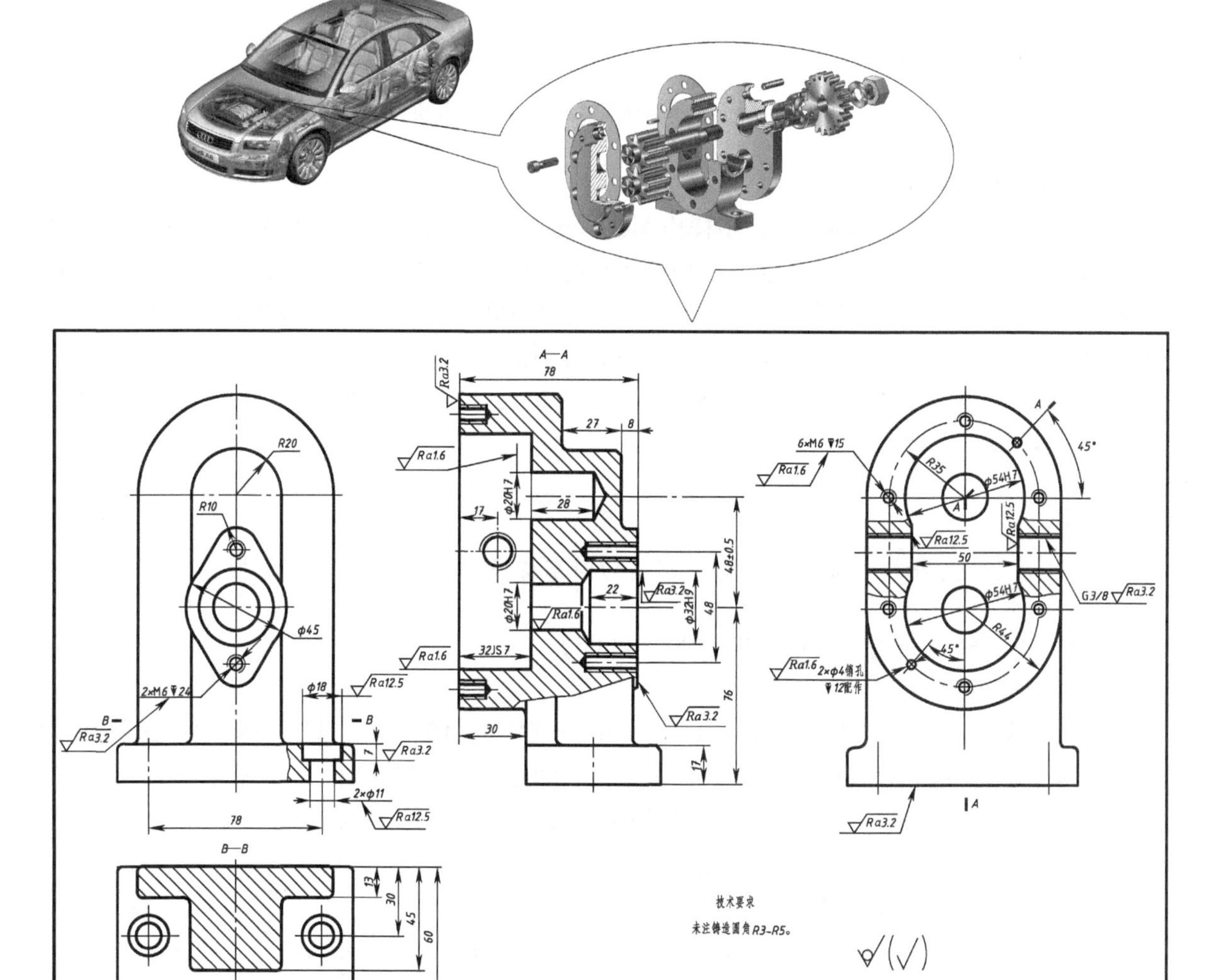

图 1-1-3　泵体零件图

根据投影原理、国家标准或有关规定表示工程对象，并有必要的技术说明的“图”称为图样。因为图样通常输出在纸张上，因此也称为图纸。一张生产用零件图，不仅要表达零件的结构形状和尺寸，还要注写各种技术要求，涉及的知识比较多。如图 1-1-3 所示为齿轮油泵中的泵体零件图，是加工泵体的主要技术依据。

图样是工业生产中用来表达和交流设计思想，是设计、制造和使用过程中重要的技术文件，图样在工程界称“工程语言”。因此，作为职业院校的工科学生，必须掌握这门“语言”，必须具备与企业生产一线相适应的识读和绘制图样的本领。图样的绘制应符合相关的国家标准和一定的制图理论要求，因此完成本任务需要学习图 1-1-4所示内容。

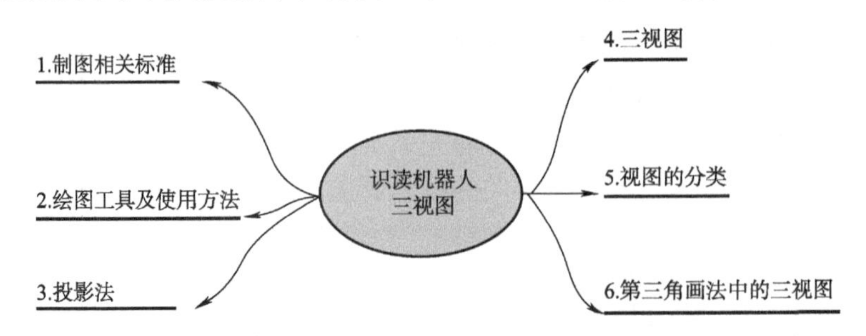

图 1-1-4　识读机器人三视图任务相关知识

一、制图相关标准

由图 1-1-3 泵体零件图可知，图样由图线（图形）、尺寸、文字、符号等组成。图样中图线、尺寸、文字等有一定的标准，机械制图要遵守《机械制图国家标准》、《技术制图国家标准》。例如，绘制图样的图纸幅面及图框格式要遵守国家标准 GB/T14689 - 2008《技术制图 图纸幅面和规格》，其中“GB”为国家标准的缩写，简称“国标”；“T”表示为推荐标准；“14689”为标准的编号；“2008”表示该标准是 2008 年颁布的。因此，在识图之前首先要了解相关的制图标准。

活动1：

小组间讨论为什么国家要制定有关制图的国家标准？

（一）图纸幅面和格式（GB/T 14689—2008）

（1）图纸幅面

绘制技术图样时，应优先采用表 1-1-1 中所规定的 A0、A1、A2、A3、A4 五种基本幅面。其尺寸关系详见融项目二融任务一“八、图纸幅面和标题栏”中基本幅面的尺寸关系讲解。必要时，也可按基本幅面的短边成倍数增加后得到图纸幅面。

表 1-1-1　基本幅面　　mm

代号	A0	A1	A2	A3	A4
$B \times L$	841 × 1189	594 × 841	420 × 594	297 × 420	210 × 297
a	25				
c	10			5	
e	20		10		

（2）图框格式

在图纸上画图框时，必须用粗实线绘制。其图框格式分为两种：图 1-1-5a、b 所示的图框格式为不留装订边，图 1-1-6a、b 所示的图框格式为留装订边。图纸装订时，A4 幅面的图纸采用竖放，A3 幅面的图纸采用横放。

（3）标题栏

每张图纸上都必须画出标题栏，一般应位于图纸的右下角，国家标准 GB/T10609. 1—2008

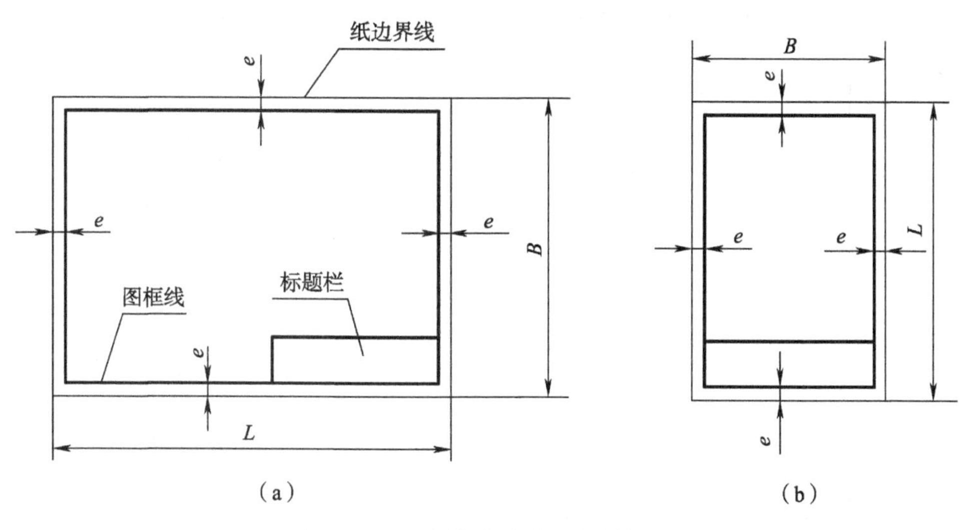

图 1-1-5　图框格式为不留装订边

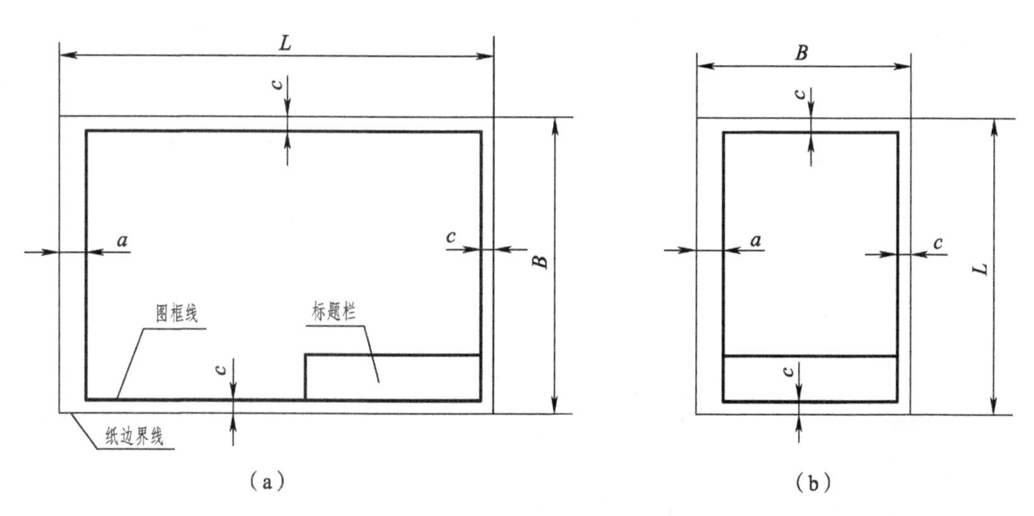

图 1-1-6　图框格式为留装订边

《技术制图 标题栏》规定了标题栏的格式和尺寸，具体请参阅融项目二融任务一。

（二）图线的基本规定（GB/T 4457.4—2002）

图样的图形由图线构成，图线的应用、尺寸及画法在国家制图标准中做了详细规定，为了使图样统一、清晰，在绘图时，所有的图线必须符合国家标准《机械制图　图样画法　图线》（GB/T 4457.4—2002）规定。

1. 线型及其应用

GB/T 4457.4—2002 规定，机械图样中常用的 9 种线型名称、线型、宽度及应用见表 1-1-2。

（1）图线的宽度

图线的宽度应根据图纸幅面的大小和所表达对象的复杂程度而定。图线宽度用 d 表示。粗线与细线宽度的比例为 2∶1。

图线宽度应在 0.13 mm、0.18 mm 、0.25 mm、0.35 mm、0.5 mm、0.7 mm、1.0 mm、1.4 mm、2.0 mm 线型组别中选取（常用 d =0.5 ~1 mm，学生作图常选用 d =0.7 mm）。

表 1-1-2　机械图样常用基本线型名称、线型、宽度及应用（摘自 GB/T 4457.4—2002）

图线名称	图线线型	图线宽度	一般应用
粗实线	——————（d）	d	① 可见轮廓线 ② 相贯线 ③ 可见棱边线
细实线	——————	$d/2$	① 尺寸线 ② 尺寸界线 ③ 剖面线 ④ 过渡线 ⑤ 重合断面的轮廓线 ⑥ 指引线和基准线 ⑦ 辅助线
细虚线	— — — — — — — —	$d/2$	不可见轮廓线
细点画线	———— - ————	$d/2$	① 轴线 ② 对称中心线 ③ 分度圆（线）
波浪线	～～～	$d/2$	① 断裂处边界线 ② 视图与剖视图的分界线
双折线	—√—√—√—	$d/2$	① 断裂处边界线 ② 视图与剖视图的分界线
细双点画线	———— - - ————	$d/2$	① 相邻辅助零件的轮廓线 ② 可动零件极限位置的轮廓线 ③ 成形前的轮廓线 ④ 轨迹线 ⑤ 毛坯图中制成品的轮廓线
粗虚线	— — — — — — — —	d	允许表面处理的表示线
粗点画线	———— - ————	d	限定范围表示线

（2）图线的应用

各种图线的应用示例，如图 1-1-7 所示。

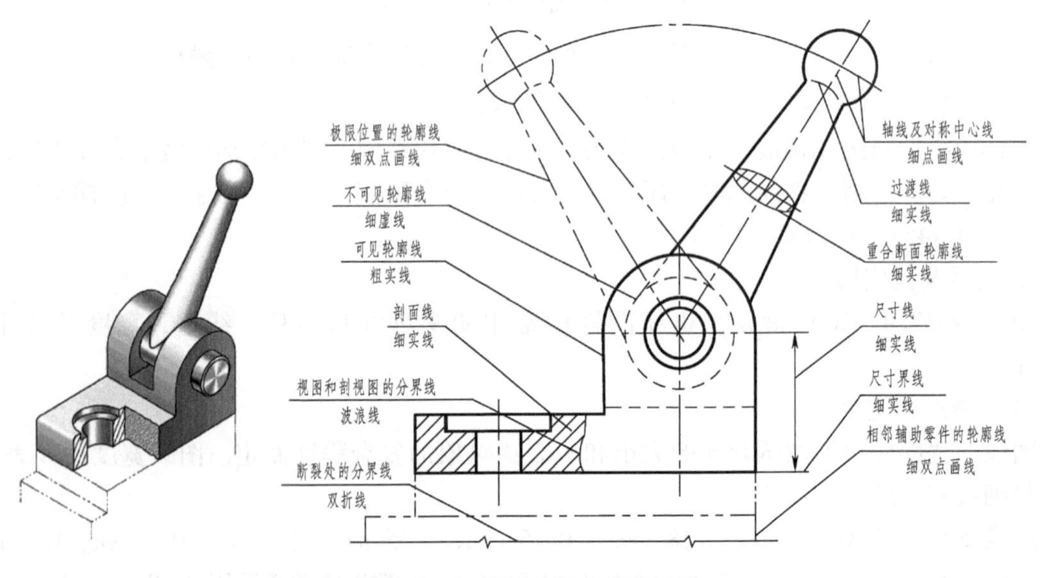

图 1-1-7　图线的部分应用示例

2. 图线画法

如图 1-1-8 所示，国家标准对图线绘制也有一定的要求。

（1）点画线首、末两端应是画，而不应是点，如图 1-1-8 所示。

（2）各种线型相交时，都应以画相交，而不应该是点或间隔，如图 1-1-8 所示。

（3）画圆的中心线时，圆心应是画的交点，细点画线的两端应超出轮廓线 3 ~5 mm，如图 1-1-8 所示。

（4）细虚线在粗实线交点的延长线上时，交点处细虚线应留出间隙；细虚线圆弧与粗实线相切时，细虚线圆弧应留出间隙，如图 1-1-8 所示。

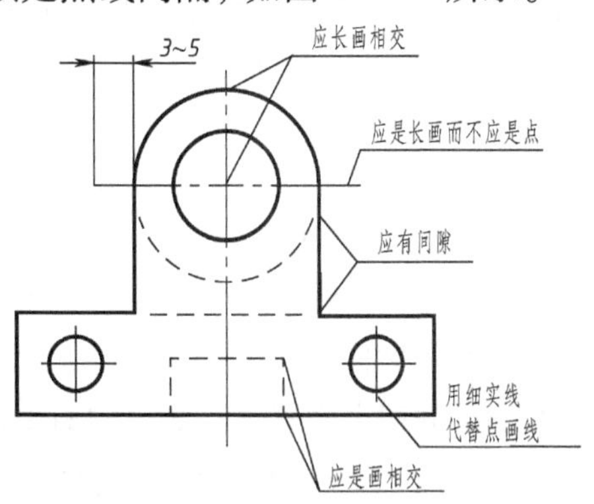

图 1-1-8　图线画法

（三）比例（GB/T 14690—1993）

比例是图形与其实物相应要素的线性尺寸之比。比例分为以下三种：

（1）原值比例，值为 1 的比例，即 1:1；

（2）放大比例，比值大于 1 的比例，如 2:1 等；

（3）缩小比例，比例小于 1 的比例，如 1:2 等。

绘制图样时，应优先选用表 1-1-3 所示常用比例。

表 1-1-3　常用比例

种　类	比　例		
原值比例	1:1		
放大比例	5:1　5×10^n:1	2:1　2×10^n:1	1×10^n:1
缩小比例	1:2　1:2×10^n	1:5　1:5×10^n	1:10　1:10×10^n

注：n 为正整数。

小贴士：

无论采用何种比例，图形中所标注的尺寸数值必须是实物的实际大小，与图形的比例无关，如图 1-1-9 所示。比例一般应标注在标题栏内。

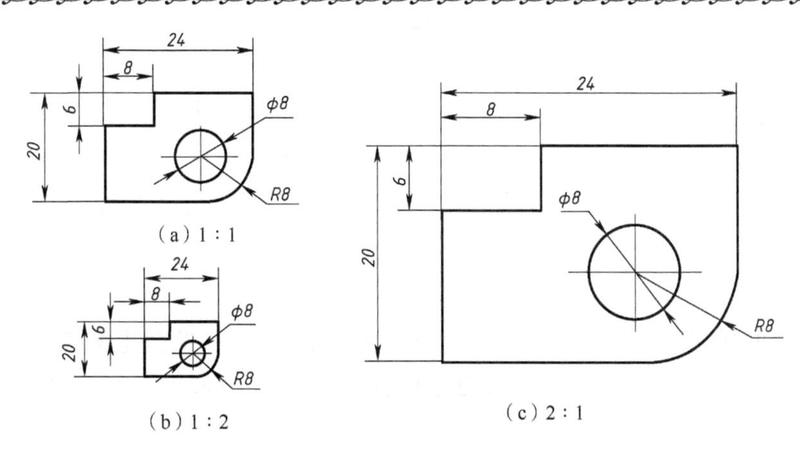

图 1-1-9　不同比例绘制的同一图形

二、绘图工具及使用方法

（一）图板

图板是用来铺放和固定图纸的矩形木板，如图 1-1-10 所示。图板的工作表面必须平直、光滑，两侧为工作边（即导边），导边必须光滑、平直。

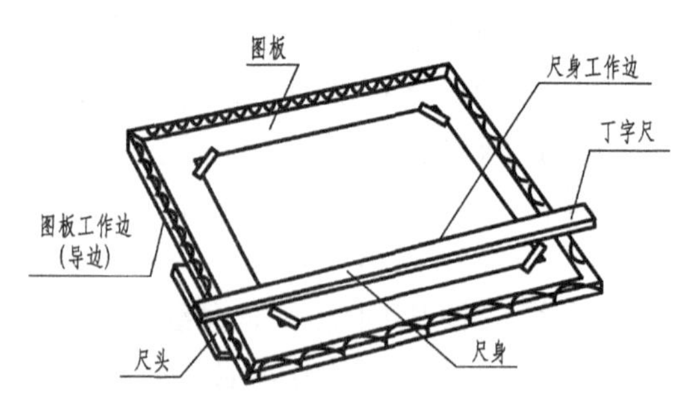

图 1-1-10　图板、丁字尺

（二）丁字尺

丁字尺由尺头和尺身构成，尺头和尺身两部分垂直相交成丁字形。丁字尺主要用来画水平线。先用左手握住尺头，右手扶住尺身推动丁字尺沿左面的导边上下移动，然后用右手执笔沿尺身工作边自左向右画线，如图 1-1-11 所示。

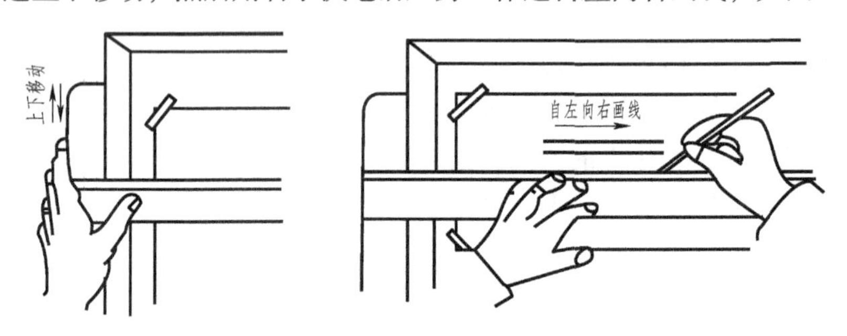

图 1-1-11　用丁字尺画水平线

（三）图纸

绘图纸的质地坚实，用橡皮擦拭不易起毛。必须用图纸的正面画图，识别方法是用橡皮擦拭几下，不易起毛的一面为正面。

画图时，将丁字尺尺头内边缘靠紧图板导边，以丁字尺的上边缘为准，将图纸摆正，然后绷紧图纸，用胶带纸将其固定在图板上。当图幅不大时，图纸宜固定在图板左下方，但图纸下方应留出足够放置丁字尺的地方，固定图纸的方法如图 1-1-12 所示。

图 1-1-12　固定图纸的方法

（四）三角板

一副三角板包括 45°和 30°（60°）各一块，一般用透明有机玻璃板制成。三角板与丁字尺配合可画出一系列不同位置的垂直线，如图 1-1-13所示；还可画出与水平线成 15°、105°、75°等 15°倍数的倾斜线，如图 1-1-14 所示。

（五）圆规

圆规主要用来画圆和圆弧，如图 1-1-15 所示。圆规的一条腿上装有带台阶的小钢针，用来定圆心，并防止针孔扩大，另一条腿上可安装铅芯，用来画圆和圆弧或安装钢针代替分规。

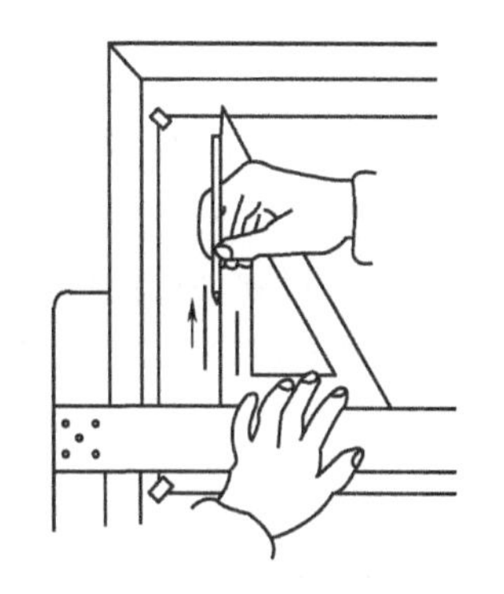
图 1-1-13　用丁字尺与三角板画垂直线

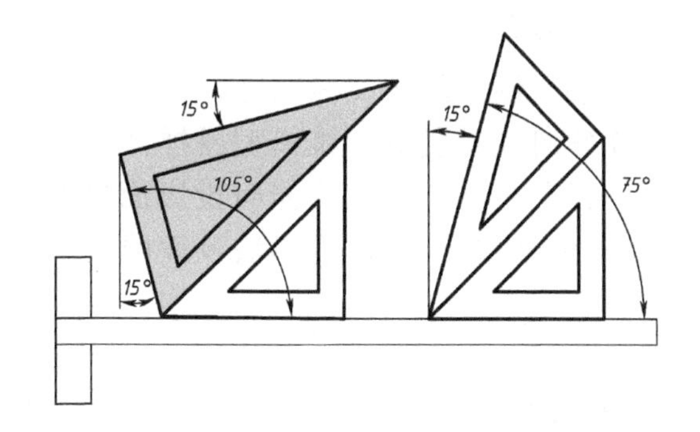

图 1-1-14　三角板与丁字尺配合使用画倾斜线

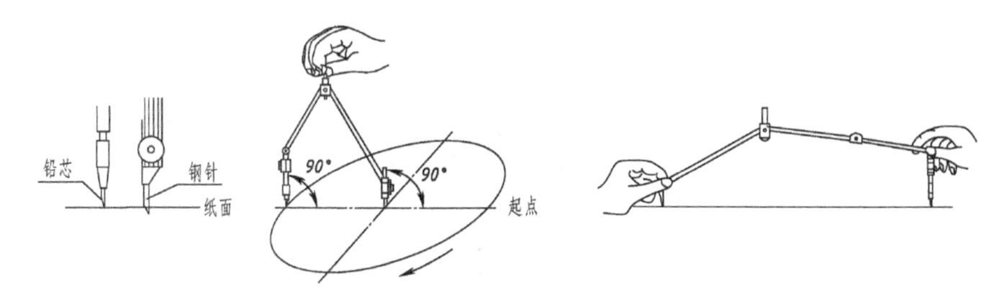

图 1-1-15　圆规的使用方法

（六）分规

分规是用来截取尺寸等分线段和圆周的工具。分规的两个针尖并拢时应对齐，如图 1-1-16a 所示；调整分规两脚间距离的手法如图 1-1-16b 所示；用分规截取尺寸的手法如图 1-1-16c 所示。

（七）铅笔

铅笔的铅芯有软硬之分，用标号 B 或 H 表示。B 前数字越大，铅芯越软，H 前数字越大，铅芯越硬，HB 铅芯软硬适中。

绘图时，一般用 H 或 2H 铅笔画底稿线及其他细线，并将铅笔削成尖锐的圆锥形，如图 1-1-17a 所示；用 HB 或 B 铅笔画粗线（描底稿），并削成四棱柱形，如图 1-1-17b 所示，圆规用铅芯可选软一号的如 B 或 2B，常用 HB 铅笔写字画箭头。铅笔应从没有标号的一端开始削起，以便保留软硬的标号。

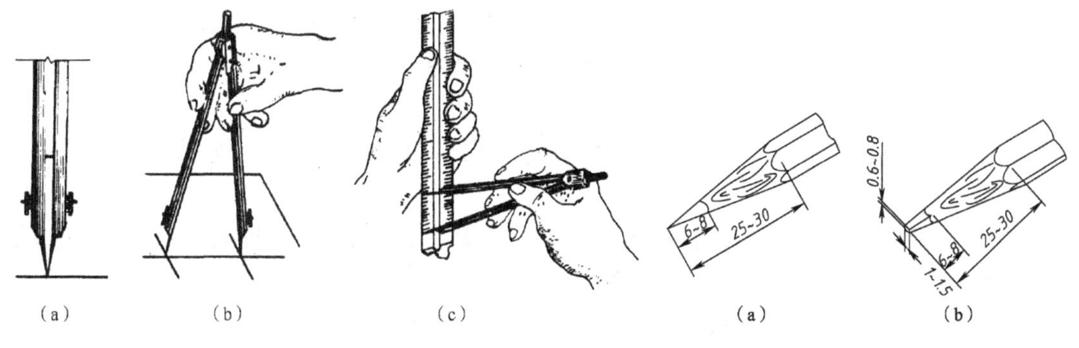

图 1-1-16　分规的使用方法　　图 1-1-17　铅笔的削法

三、投影法

在了解了制图的相关标准之后，在绘图时就应该自觉地遵守这些规定。如果工人想加工一个零件，单凭其三维模型或样件很难将物体加工制造技术表达清楚，这时需要借助一个空间的投影面，将物体向投影面投影，即采用相应的投影法得到零件的投影图，借助图形想象零件。因此投影法零件的投影图是绘图、读图的基础，必须牢靠掌握。

活动2：

判断图 1-1-18 所示物体各元素（面、线、点）在 *P* 面上的正投影，并陈述其具有什么特点。

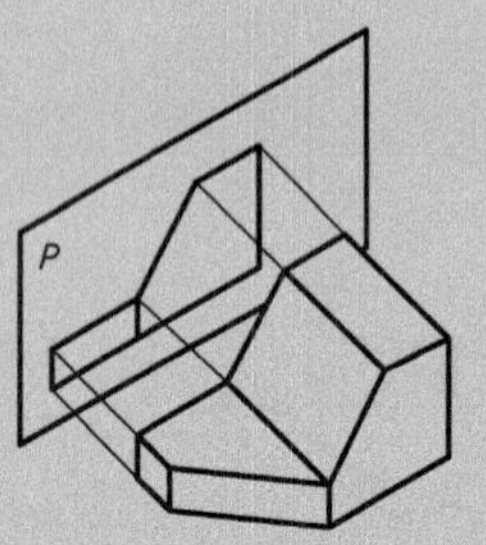

图 1-1-18　物体一

用投射线通过物体，向选定的面投射，并在该面上得到图形的方法称为投影法。

投影法分为中心投影法和平行投影法两种。

（一）中心投影法

如图 1-1-19 所示，投射线汇交一点的投影方法称为中心投影法，所得到的投影称为中心投影。

特点：改变物体与投射中心或投影面之间的距离、位置，则其投影的大小也随之改变。因此投影度量性较差，但其投影立体感强，常用作建筑效果图。

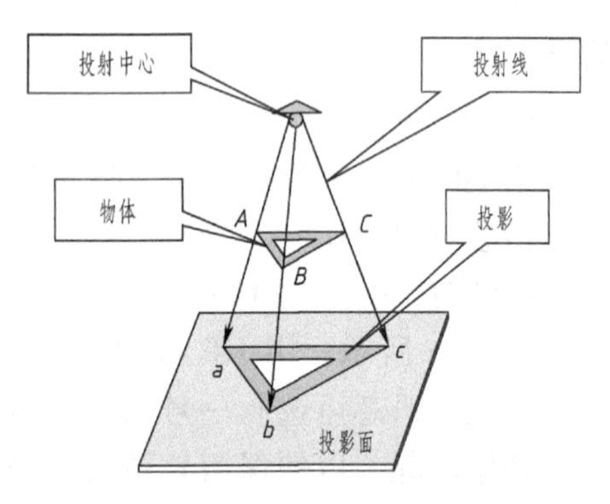

图 1-1-19　中心投影法

（二）平行投影法

投射线互相平行的投影方法称为平行投影法，如图 1-1-20 所示，所得到的投影称为平行投影。平行投影法又可分为正投影法和斜投影法。投射线与投影面倾斜的平行投影称斜投影；投射线与投影面垂直的平行投影称正投影。

平行投影法的特点：投影大小与物体和投影面之间的距离无关，故度量性好。

下面介绍正投影法：

如图 1-1-21 所示，设置一个直立平面 *P*，在 *P* 面的前方放置带燕尾槽零件，并使该零件的前面与 *P* 面平行。

如果用相互平行的光线向投影面 *P* 垂直投射，在 *P* 面上就可以得到燕尾槽零件的影子，即燕尾槽零件在 *P* 面上的正投影。

正投影法的投射线与投影面垂直，在投影面上能够得到反映物体的真实形状和大小的投影，绘制也较简便，具有较好的度量性，因此在工程上得到广泛的应用。

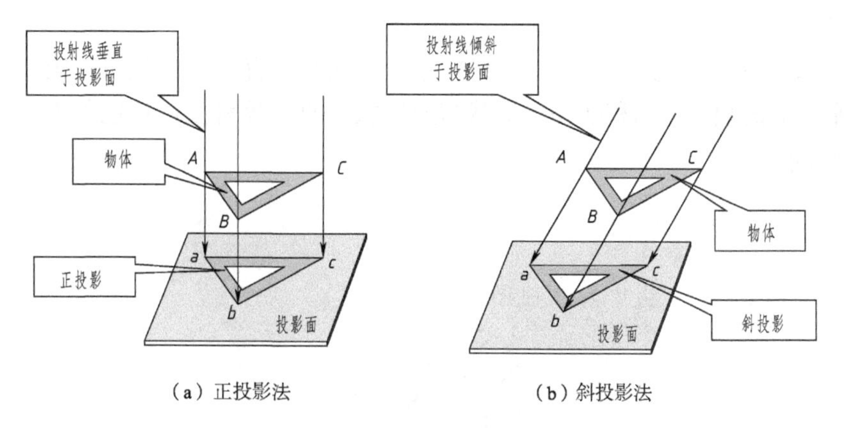

(a) 正投影法　　(b) 斜投影法

图 1-1-20　平行投影法种类

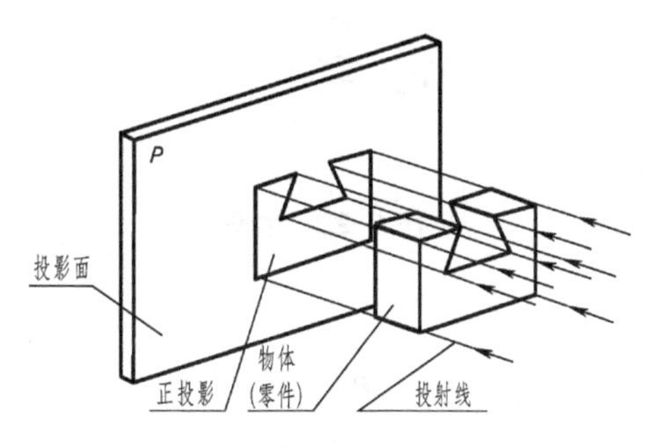

图 1-1-21　正投影法

正投影具备以下投影特性：

(1) 真实性

如图 1-1-22a 所示，物体上直线 *AB* 平行于投影面 *P* 时，其投影 *ab* 反映 *AB* 的实长；物体上平面 *Q* 平行于投影面 *P* 时，其投影 *q* 反映平面 *Q* 的实形。这种投影特性称为真实性。

(2) 积聚性

如图 1-1-22b 所示，物体上直线 *CD* 垂直于投影面 *P* 时，其投影 *cd* 积聚成一点；物体上平面 *S* 垂直于投影面 *P* 时，其投影积聚成一条直线，这种投影特性称为积聚性。

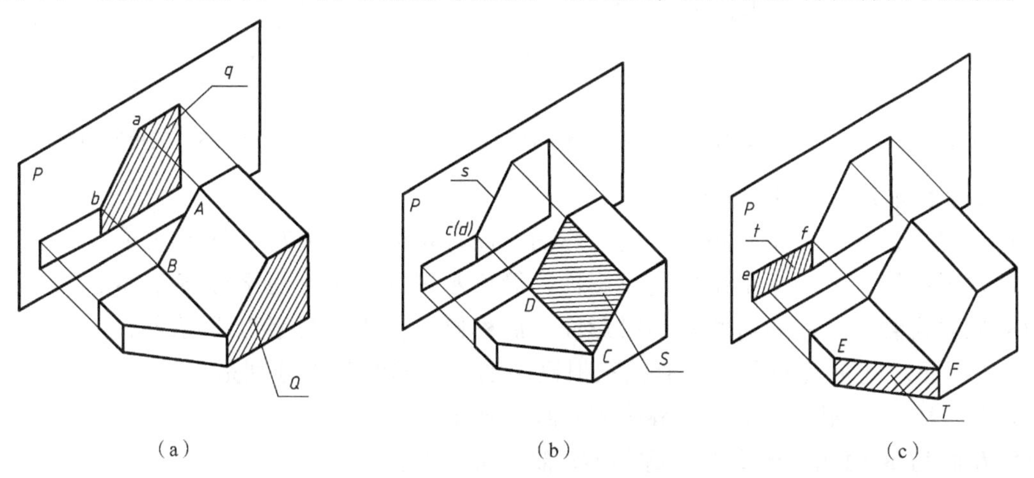

(a)　(b)　(c)

图 1-1-22　正投影的特性

（3）类似性

如图 1-1-22c 所示，物体上直线 *EF* 倾斜于投影面时，直线 *ef* 的投影变短；平面 *T* 倾斜于投影面时，平面 *T* 的投影 *t* 面积变小，形状与原形状类似，这种投影特性称为类似性。

四、三视图

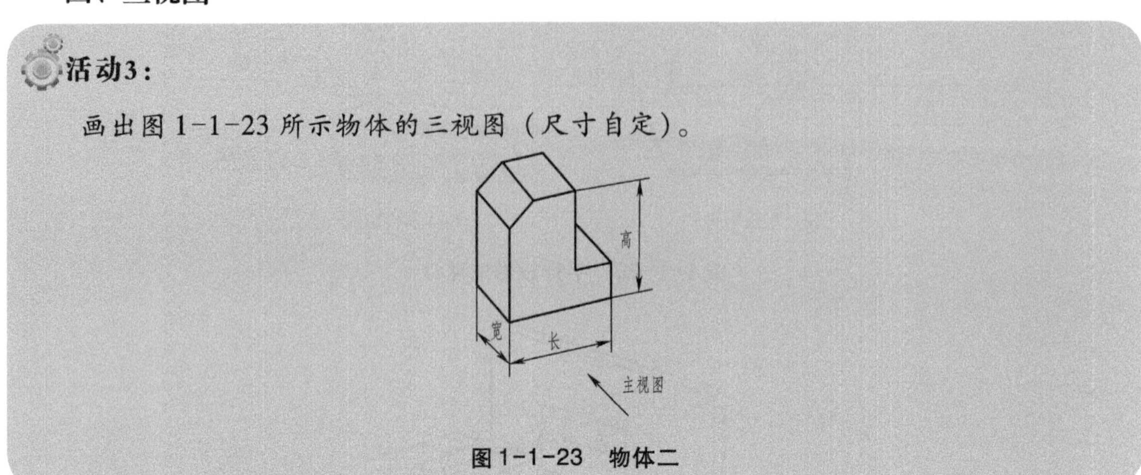

图 1-1-23　物体二

（一）三投影面体系的建立

根据机械制图的有关标准和规定，用正投影法绘制物体的图形称为视图。一般情况下，一个视图不能确定物体的空间形状，如图 1-1-24 所示。为了完整地表达物体的形状，通常采用多个投影面进行投射，工程上常选取互相垂直的三个投影面，像一个墙角，我们称为三投影面体系，如图 1-1-25 所示。

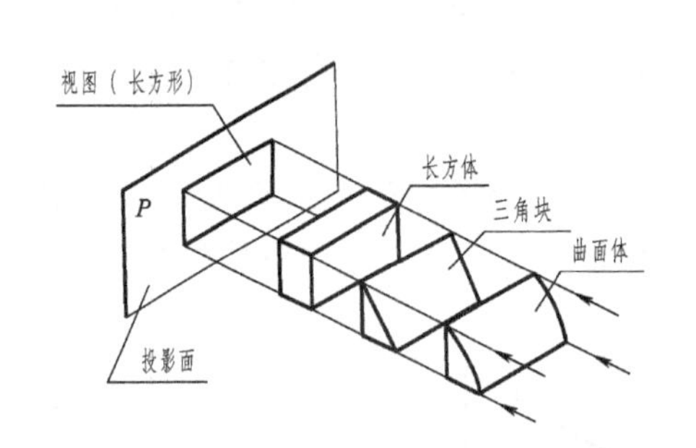

图 1-1-24　形状不同物体在同一投影面上视图相同图

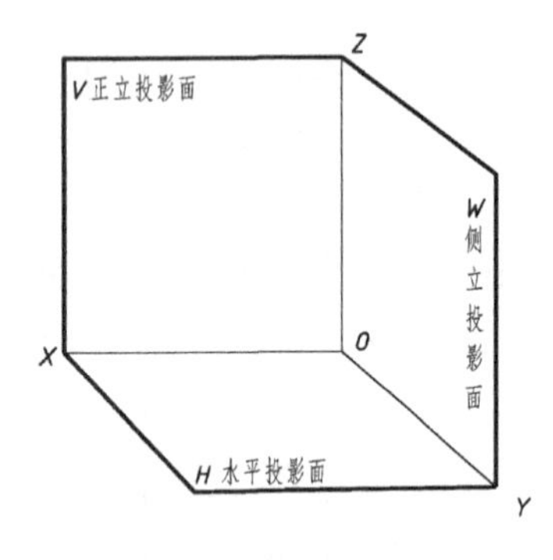

图 1-1-25　三投影面体系

三投影面体系的三投影面分别是：

① 正立投影面——正对观察者的投影面，简称正面，用大写字母 *V* 表示；

② 水平投影面——水平位置的投影面，简称水平面，用大写字母 *H* 表示；

③ 侧立投影面——右边侧立的投影面，简称侧面，用大写字母 *W* 表示。

三投影面之间垂直相交，故形成三根投影轴，它们的名称分别是：

① *V* 面与 *H* 面相交的交线，称为 *OX* 轴，简称 *X* 轴。

② *H* 面与 *W* 面相交的交线，称为 *OY* 轴，简称 *Y* 轴。

③ *V* 面与 *W* 面相交的交线，称为 *OZ* 轴，简称 *Z* 轴。

④ *X*、*Y*、*Z* 三轴的交点称为原点，用字母 *O* 表示。

（二）物体的三视图

如图 1-1-26 所示，假设把物体放在观察者与投影面体系之间，将观察者的视线看成是投射线，且互相平行地垂直于各投影面进行观察，获得正投影即三视图，它们分别是：

从物体的前方向后方投射，在 *V* 面上所得到的正面投影，称为主视图。

从物体的上方向下方投射，在 *H* 面上所得到的水平投影，称为俯视图。

从物体的左方向右方投射，在 *W* 面上所得到的侧面投影，称为左视图。

图 1-1-26　物体的三面投影

（三）三投影面的展开

为了方便绘图和读图，需要把空间的三个视图画在同一张图纸上，就必须把三个相互垂直相交的投影面展开摊平在同一个平面内。其展开的方法如图 1-1-27a 所示。

V 面保持不动，先把 *H* 面绕 *OX* 轴向下旋转 90°与 *V* 面处于同一平面内；然后把 *W* 面绕 *OZ* 轴向右旋转 90°与 *V* 面处于同一平面内。三个投影面展开后，*V* 面、*H* 面和 *W* 面都处于同一张图纸上，空间的 *Y* 轴被分为两处，在 *H* 面上的用 Y_H表示，在 *W* 面上的用 Y_W表示，如图 1-1-27b 所示。画三视图时不必画出投影面边框，所以去掉边框，得到图 1-1-27c 所示的三视图。

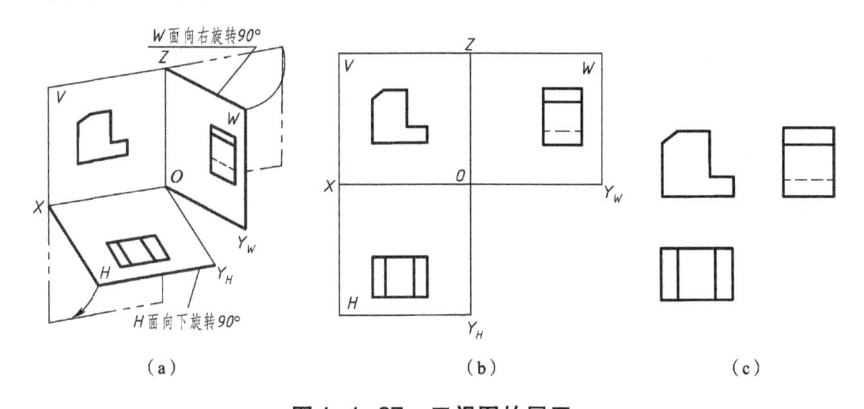

图 1-1-27　三视图的展开

五、视图间的关系和投影规律

1. 物体与三视图之间的关系

每一个物体都有长、宽、高三个方向的尺寸大小。每个视图只能反映物体一个方向的形状、两个方向的尺寸大小和四个方位。

主视图主要反映从物体前方向后方所看的形状，反映长度和高度的尺寸大小以及上、下、左、右方位；俯视图主要反映从物体上方向下方所看的形状，反映长度和宽度的尺寸大小以及前、后、左、右方位；左视图主要反映从物体左方向右方所看的形状，反映高度和宽度的尺寸大小以及上、下、前、后方位，如图 1-1-28 所示。

2. 三视图之间的关系

三视图的形成过程中，决定了其位置关系、投影关系和方位关系。

（1）位置关系。如图 1-1-28 所示，以主视图为准，俯视图在主视图的正下方，左视图在主视图的正右方。

（2）投影关系。每两个视图中均有反映物体的长、宽、高三个方向的尺寸。如图 1-1-28a 所示，在三视图中，主视图反映了物体的长度和高度方向的尺寸；俯视图反映了物体的长度和宽度方向的尺寸；左视图反映了物体的高度和宽度方向的尺寸，因此，三视图之间的投影关系可以归纳为：

主视图与俯视图反映物体的长度——长对正；

主视图与左视图反映物体的高度——高平齐；

俯视图和左视图反映物体的宽度——宽相等。

小贴士：

“长对正，高平齐，宽相等”的投影对应关系是三视图的重要特性，也是读图和画图的依据。

（3）方位关系。三视图反映物体的上、下、左、右、前、后六个方位的位置关系。如图 1-1-28b 所示，我们可以看出：

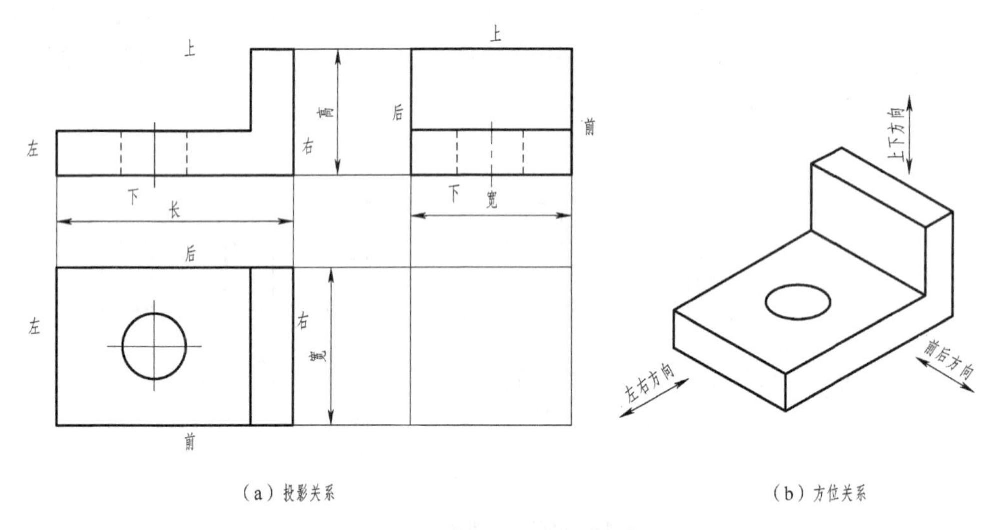

（a）投影关系　　（b）方位关系

图 1-1-28　三视图的方位及投影关系

主视图反映了物体的上、下、左、右方位；

俯视图反映了物体的前、后、左、右方位；

左视图反映了物体的上、下、前、后方位。

六、视图的分类

在生产实际中，不是所有机件都适合由三视图来表达，而应该根据实际结构形状，选择适当的视图表达方案。如图 1-1-29 所示压紧杆有倾斜结构，用 E 向作为主视图投射方向其三视图如图 1-1-30a 所示，因倾斜结构与 W、

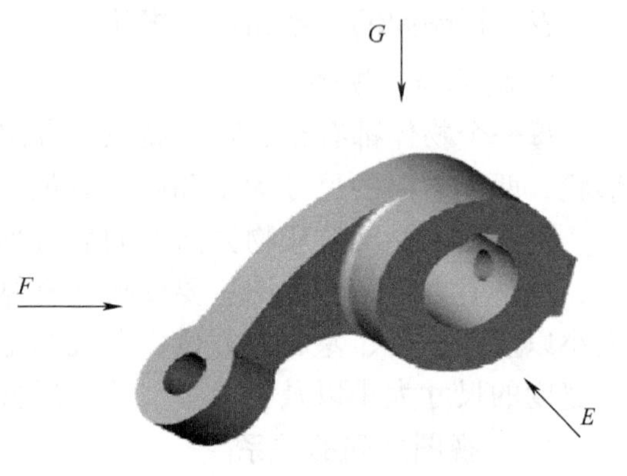

图 1-1-29　压紧杆的立体图

H 投影面不平行，左视图和俯视图无法反映零件实形，倾斜结构表达不清楚，显然不合适。而用图 1-1-30b，增加了能反映倾斜结构的斜视图，表达方案比较恰当。

而有些零件还可能需要表达底部的形状或者后部的形状等，这就需要用到图 1-1-33 所示六个基本视图中的某些视图，所以，国家标准《技术制图》规定了基本视图、向视图、局部视图和斜视图四种视图表达方法。

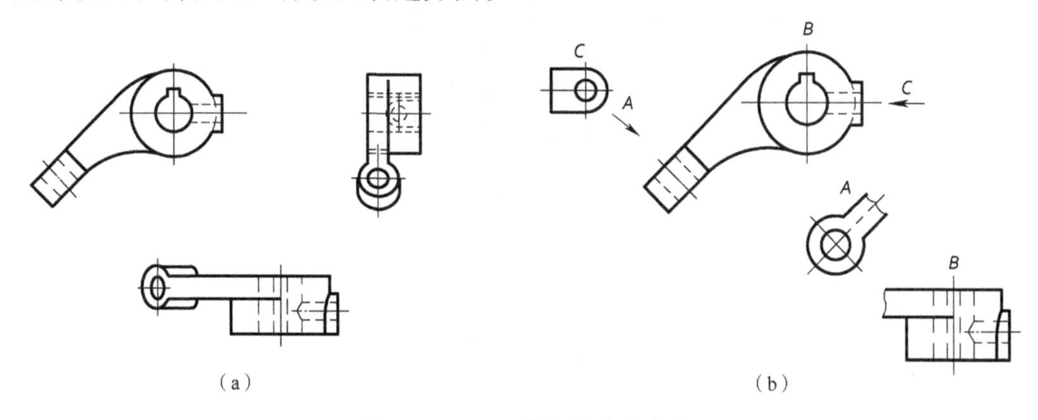

图 1-1-30 压紧杆的表达方案

（一）基本视图

活动4：

绘制如图 1-1-31 所示手机的视图时，要求将手机上的充电孔、耳机孔、摄像头、按键等反映清楚，要求各视图间符合投影规律，比例自定。

图 1-1-31 手机

基本视图是机件向基本投影面投射所得到的视图。

正六面体的六个面称为六个基本投影面。将机件放在这个正六面体内，从机件的上、下、前、后、左、右六个方向分别向基本投影面投射就得到了六个基本视图，如图 1-1-32a 所示。可见除主、俯、左视图外，还有右视图、仰视图、后视图。保持正面不动，其他各投影面按图 1-1-32b 所示箭头所指的方向展开到与正面在同一个平面上，展开后各视图的位置，如图 1-1-33 所示。

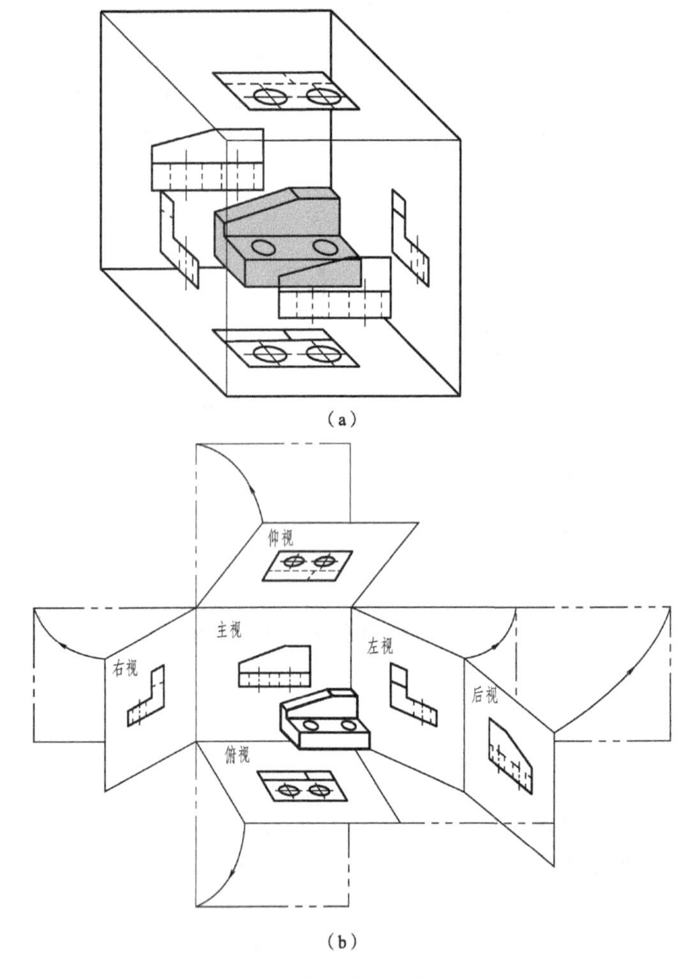

图 1-1-32　六个基本视图的形成及展开

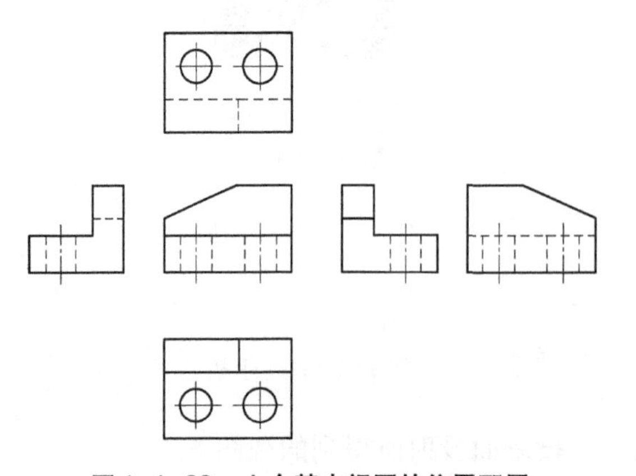

图 1-1-33　六个基本视图的位置配置

当主视图被确定之后，其他基本视图与主视图的配置关系也随之确定。所以在同一张图纸中，不必标注基本视图的名称。六个基本视图之间仍符合“长对正、高平齐、宽相等”的规律。方位上，以主视图为基准，除后视图外，其他各视图靠近主视图的一边均表示机件的后面，远离主视图的一边表示机件的前面，如图 1-1-34 所示。

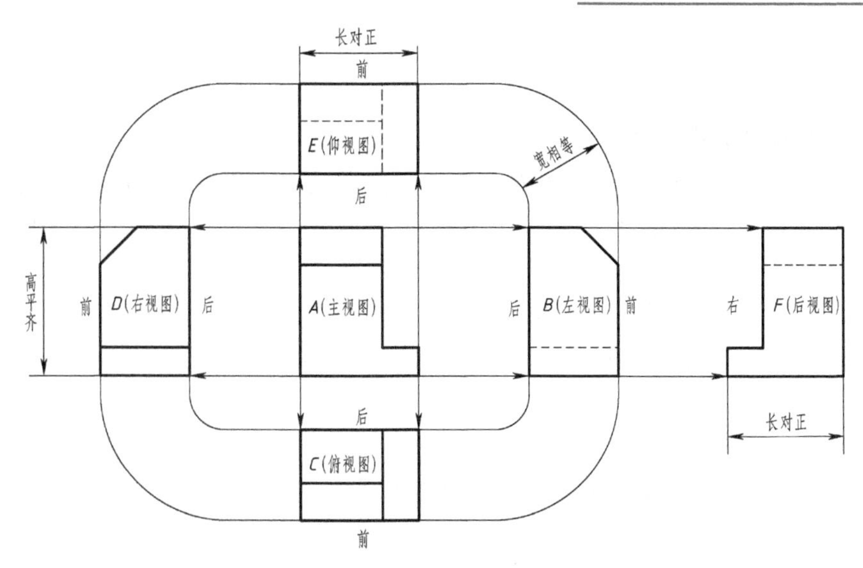

图 1-1-34　基本视图的投影规律（对应关系）

小贴士：

基本视图是表达零件的方法之一，也不是每一零件都需要六个基本视图，视具体需要而定。

活动5：

请小组讨论，说一说基本视图和向视图有什么关系或不同？

（二）向视图

向视图是一种可以自由配置的视图。配置向视图时，应在向视图上方用大写拉丁字母标出视图名称“×”，在相应的视图附近用箭头指明投射方向，并标注相同的字母，如图 1-1-35所示。画图时要注意，表示投射方向的箭头尽可能配置在主视图上，表示后视图投射方向的箭头，最好配置在左视图或右视图上，以便所获视图与基本视图一致，如图 1-1-35中的 *C* 向视图。

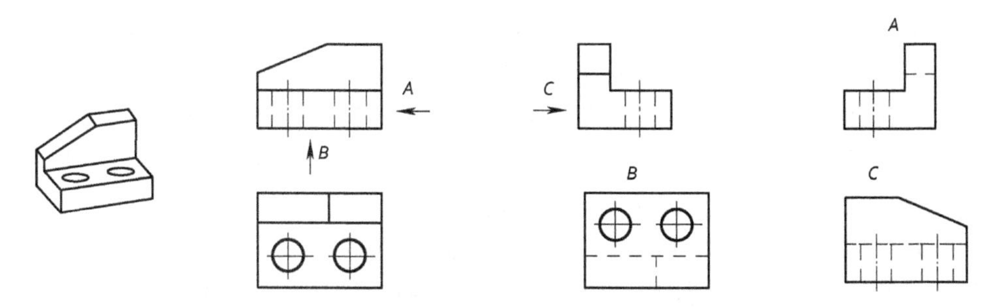

图 1-1-35　向视图

（三）局部视图

局部视图是当机件的某一部分形状未表达清楚，没有必要画出整个基本视图时，可以将这部分向基本投影面投射，绘制其局部视图。

（四）斜视图

斜视图是机件向不平行于基本投影面的平面投射所得到的视图。

七、第三角画法中的三视图

国际上工程图样有两种体系，即第一角投影法（又称“第一角画法”）和第三角投影法（又称“第三角画法”）。中国、英国、德国和俄罗斯等国家及地区采用第一角投影，美国、日本、新加坡等国家及地区采用第三角投影。

虽然我们国家采用的是第一角画法，但是随着国家的强大，越来越多的外资企业进驻中国，有些企业中的图样原始资料仍是采用第三角画法，因此了解第三角画法也是非常必要的。

活动6：

用第三角投影法绘制图 1-1-36 所示物体三视图。

（一）第三角投影

三个互相垂直的投影面 V 面、H 面和 W 面，把空间分成八个分角Ⅰ、Ⅱ、Ⅲ、Ⅳ…如图 1-1-37 所示。机件放在第一分角表达（V 面之前，H 面之上），称为第一角画法；机件放在第三分角表达（V 面之后，H 面之下），称为第三角画法。

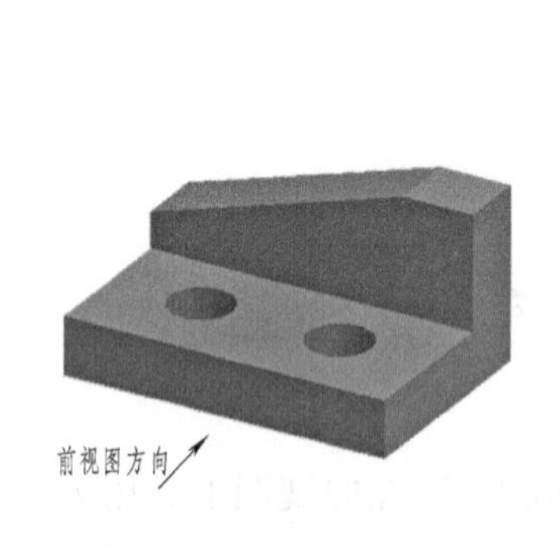

图 1-1-36　绘制第三角视图

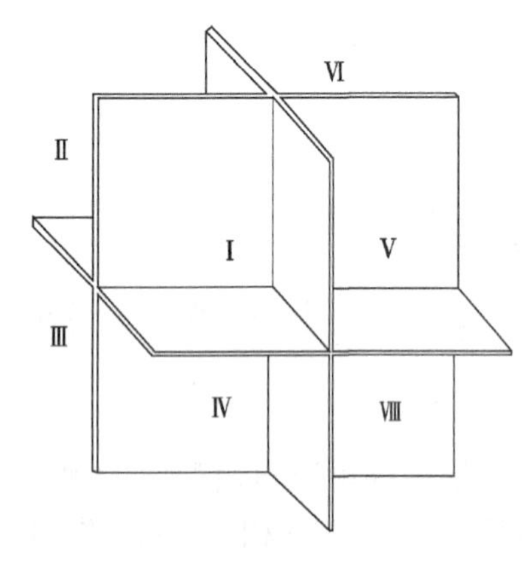

图 1-1-37　空间八个分角

第三角投影三视图仍遵循“长对正、高平齐、宽相等”的三等规律。

（1）第三角投影三视图形成：将物体置于第三分角内（同样由 V、W、H 三个投影面组成），以观察者→投影面→物体关系，使投影面处于观察者与机件之间（即保持人→面→物的位置关系）而得到正投影的方法，即称为第三角画法。从图 1-1-38 中可以看出，这种画法是把投影面假想成透明的来处理的。顶视图是从机件的上方往下看所得的视图，并把所得的视图画在机件上方的投影面（水平面）上。前视图是从机件的前方往后看所得的视图，并把所得的视图画在机件前方的投影面（正面）上，其余类推。

（2）展开：如图 1-1-38b 所示，V 面上的前视图不动，其右侧视图向右旋转展开，位于前视图右侧，而顶视图则向上旋转，位于前视图正上方。三视图仍遵循“长对正、高平齐、宽相等”的三等规律。

（3）投影识别符号：为了识别第三角画法与第一角画法，国家标准中规定了相应的投影识别符号，如图 1-1-39、图 1-1-40 所示。该投影符号一般标在图纸标题栏的位置如图 2-1-60 所示，采用第三角画法时，必须在图样中画出第三角画法投影符号；采用第

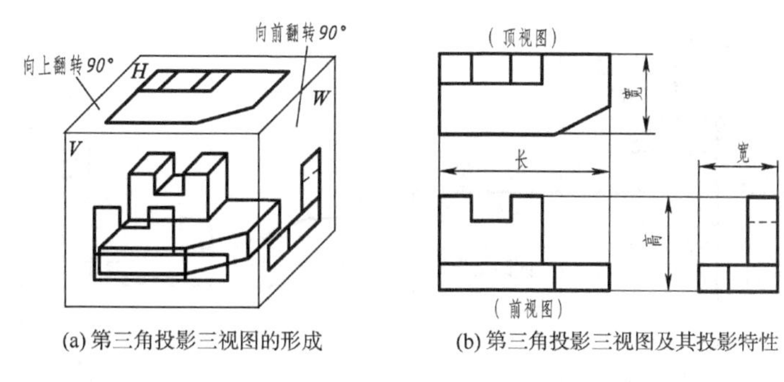

(a) 第三角投影三视图的形成　(b) 第三角投影三视图及其投影特性

图 1-1-38　三视图展开及对应关系

一角画法，必要时也应画出其投影符号。

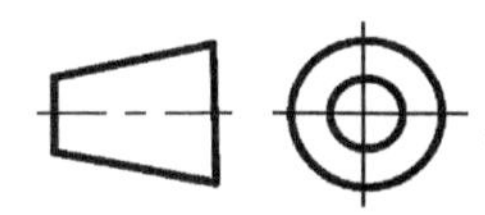

图 1-1-39　第一角画法的投影符号

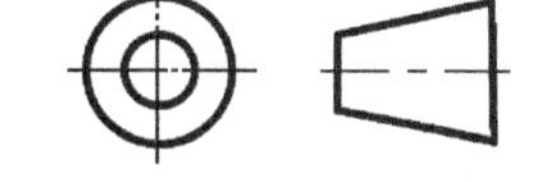

图 1-1-40　第三角画法的投影符号

（二）第一角画法与第三角画法的区别

（1）在第三角画法中，按照观察者→投影面→物体的相对位置关系进行投射；第一角画法按照观察者→物体→投影面的相对位置关系进行投射，如图 1-1-41 所示。

（2）视图的名称和位置关系不同如图 1-1-42、图 1-1-43 所示。

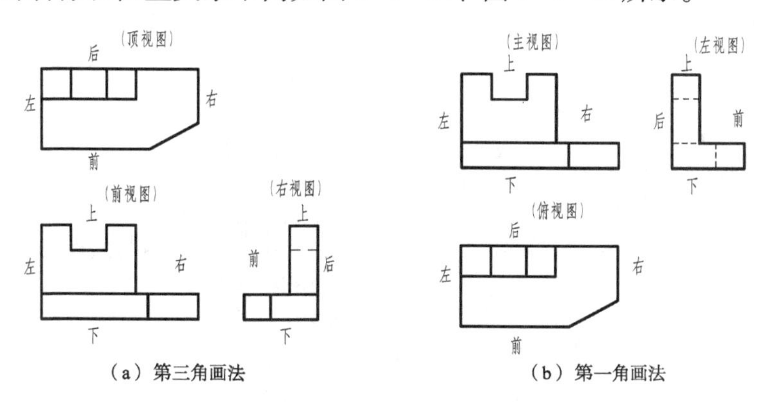

（a）第三角画法　（b）第一角画法

图 1-1-41　第三角画法与第一角画法视图的名称和位置关系区别

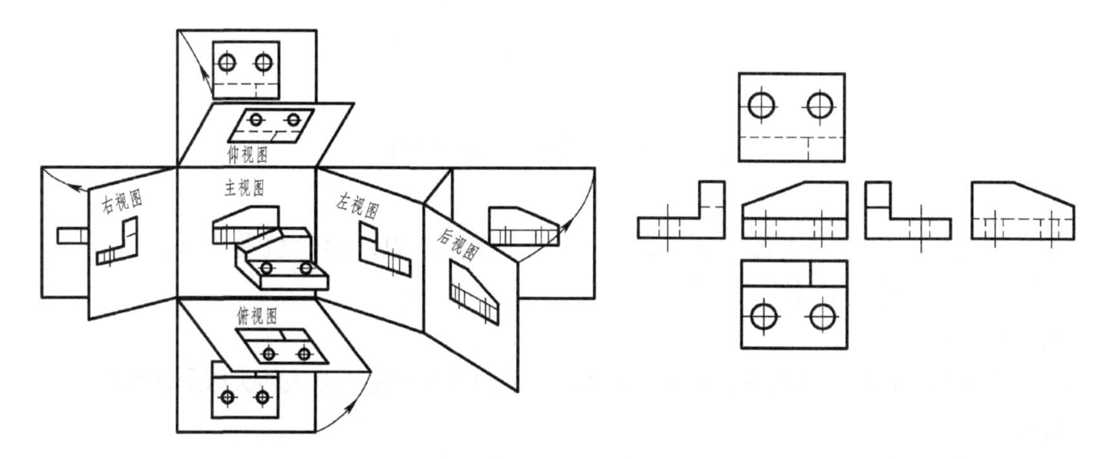

图 1-1-42　第一角画法

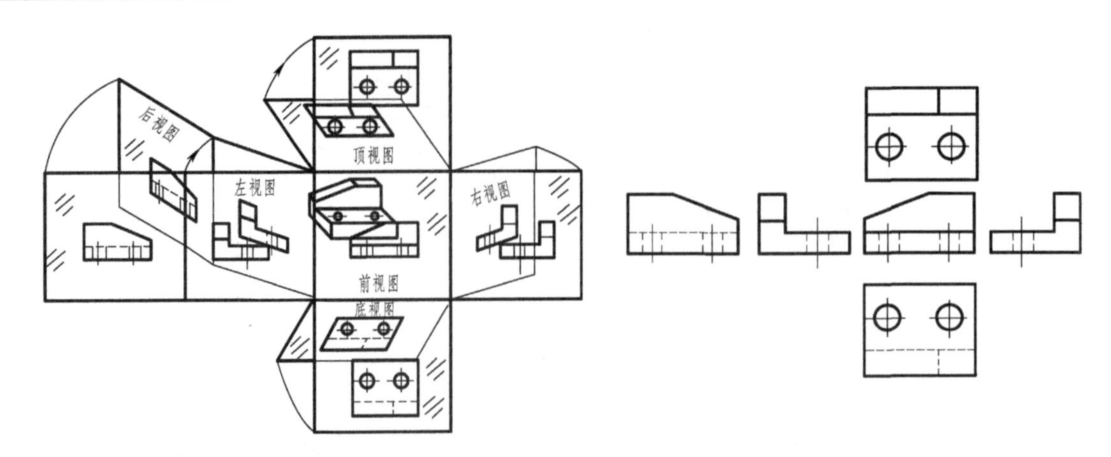

图 1-1-43　第三角画法

计划分析

识读机器人计划分析如图 1-1-44 所示。

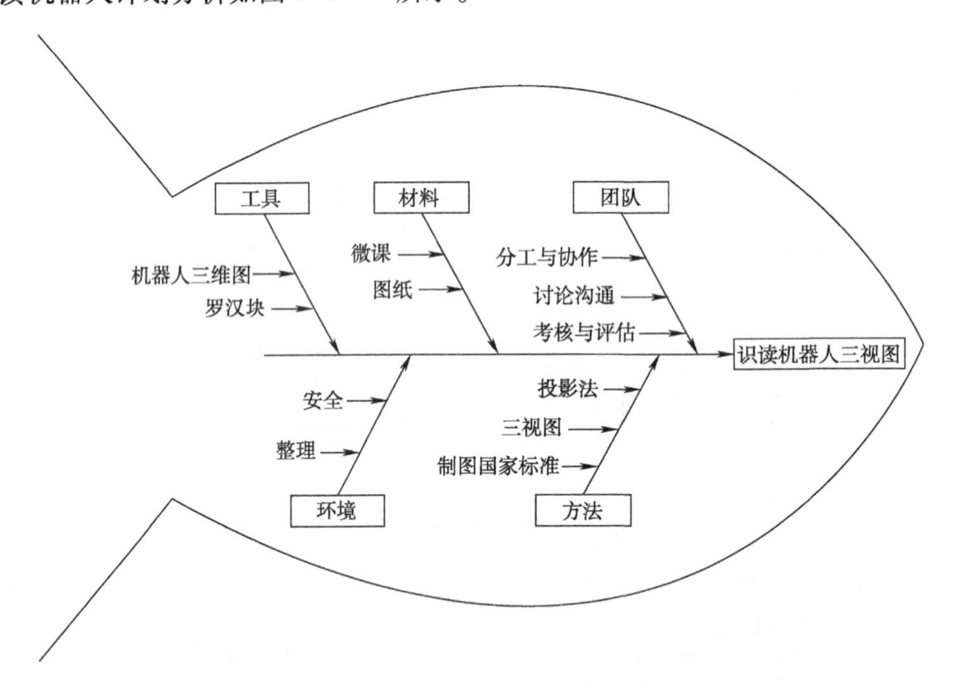

图 1-1-44　识读机器人计划分析

要求：

根据所提供的机器人头像挂饰，结合三视图有关知识，读懂机器人头像挂饰的三视图，为下一步生产做好准备。

人员组织：

6～8 人一组，先学习三视图及视图有关知识，共同分析讨论机器人的头像是什么形状。

材料：

3D 机器人、罗汉块积木、图纸。

工具：

教材、绘图工具。

方法：

识读机器人头像挂饰三视图，需要掌握投影法的基本知识，以及三视图的形成、三视图的投影关系。

任务实施前

三视图的形成及投影规律是绘制图样的基本理论，也是读图的重要依据，同时也是学习制图的难点，因此必须反复的练习，锻炼空间的想象能力，掌握、理解“长对正，高平齐，宽相等”这九个字所概括的三视图投影关系。现在，拿出罗汉块，来一场叠罗汉的比赛吧。

任务实施中

观察机器人三维图，说明机器人嘴、耳、鼻、眼的对应关系，并将分析结果填入表 1-1-4及表 1-1-5 中。

表 1-1-4　机器人视图分析

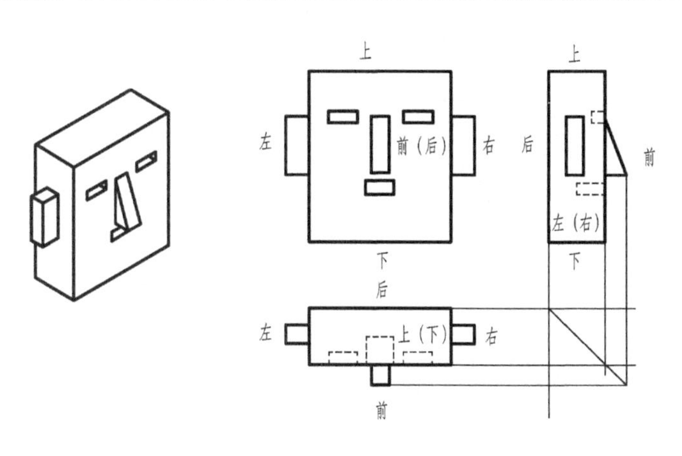

视图反映机器人头像挂饰部位情况表

视 图 名 称	反映机器人部位情况 能辨别的方向画√，重叠的画 ×						说　明
	上	下	左	右	前	后	
主视图（*V* 面投影）							
俯视图（*H* 面投影）							
左视图（*W* 面投影）							

表 1-1-5　机器人五官三视图分析

分析机器人头像挂饰中的五官，分别按表中要求对嘴、耳、鼻子、眼等单个分析，描出不同五官在三个视图中的位置，并说明五官的形状及对应关系、投影规律		
五官名称	嘴	耳
五官三视图		
说明		
五官名称	鼻子	眼
五官三视图		
说明		

任务实施后

任务实施后，对所有学习资料、绘图工具进行检查整理，对绘图教室环境进行打扫。

小组汇报对机器人头像挂饰的观察情况，根据汇报，对小组人员理论知识、实践技能、社会能力、独立能力四个能力进行评价（参照附录 K 表），并将评价结果填入附录 K 表 K－1 中。

融任务二　绘制鲁班锁零件三视图

鲁班锁有六个零件，在没有钉子、绳子的情况下，你能将六个零件交叉固定在一起吗？

两千多年前的鲁班发明了一种方法，用一种咬合的方式把三组六根方木垂直相交固定，这种咬合在建筑上被广泛应用，人们把鲁班的这种发明称为鲁班锁（见图 1-2-1）。鲁班锁看上去简单，其实奥妙无穷。鲁班锁需要加工、装配六个零件。

图 1-2-1　鲁班锁

某校计划准备一批纪念品，要求有个性，能体现学生的“工匠精神”，优质的鲁班锁是选定的纪念品之一，可利用钳工技术，手工加工这份“校礼”，在此之前，需要先绘制出鲁班锁各零件的图纸。

同学们，请组建小组，领取鲁班锁模型，运用组合体三视图相关知识，每位同学挑选鲁班锁其中的一个零件，绘制其三视图，后期完善形成零件图，作为后续钳工加工的依据。

任何机器或零件都可以看作是由一些基本几何体叠加或切割而成，鲁班锁的零件属于组合体的一种，可以想象成由基本几何体叠加或者切割而成，组合体是由简单基本体组合而成的几何体法，这样容易理解物体结构的形成，进而对其进行尺寸标注或者绘制其三视图。要完成鲁班锁零件三视图的绘制，需要循序渐进学习平面立体、曲面立体及截断体、组合体的三视图相关知识，如图 1-2-2 所示，然后才能绘制其三视图，标注尺寸，后期完善形成图。

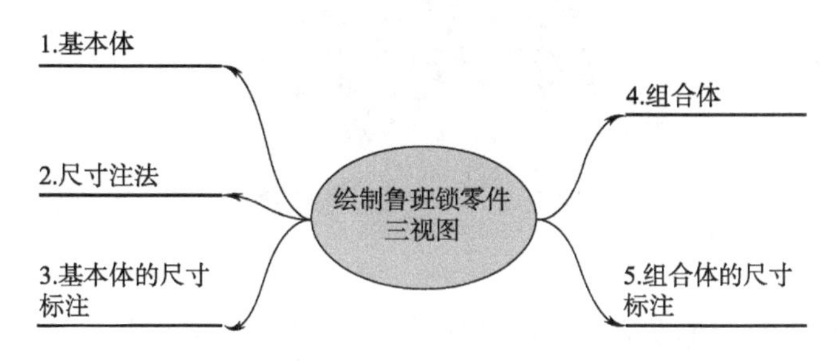

图 1-2-2　绘制鲁班锁零件图相关知识

一、基本体

我们将简单的形体称为基本几何体，简称基本体，如棱柱、棱锥、圆柱、圆锥、圆球等，图 1-2-3 所示为基本几何体。根据这些基本体的表面几何性质，把基本体分为平面立体和曲面立体两大类。

由平面围成的立体称为平面立体，平面立体主要有棱柱和棱锥等，如图 1-2-3a、b、c 所示，平面体两侧面的交线称为棱线。若平面体所有棱线平行，称为棱柱。若平面体所有棱线交于一点，称为棱锥。

由曲面或平面与曲面围成的立体称为曲面立体，曲面立体主要是回转体，如圆柱、圆锥、圆球等，如图 1-2-3d、e、f 所示。

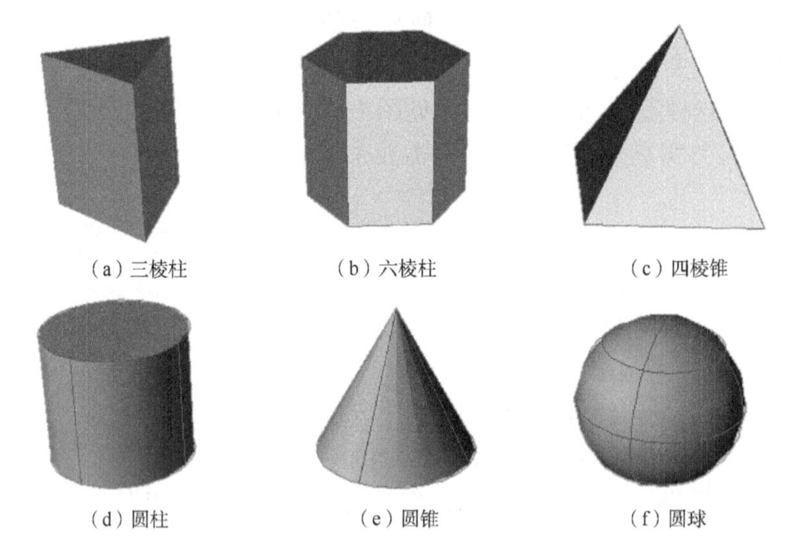

图 1-2-3　基本几何体

（一）平面基本体的三视图

活动1：

绘制图 1-2-4 所示三棱柱包装盒（三角形面平行于三投影面体系的 *W* 面）的三视图。

图 1-2-4　三棱柱包装盒

1. 棱柱的三视图

棱柱的棱线互相平行。常见的棱柱有三棱柱、四棱柱、五棱柱和六棱柱等。下面以正六棱柱为例，分析其投影特性和作图方法。

（1）正六棱柱放置

为了便于绘图，将正六棱柱放置三投影面体系当中，正六边形平行于水平面，六条棱线垂直于水平面，其中两个棱面与正面平行，如图 1-2-5 所示。

（2）正六棱柱的形体结构

正六棱柱的顶面和底面是互相平行的正六边形，六个棱面均为矩形，且与顶面和底面垂直。为作图方便，选择正六棱柱的顶面和底面平行于水平面，并使前、后两个棱面与正面平行。

（3）各表面投影分析

正六棱柱各元素的投影特征为：顶面和底面的水平投影重合，并反映实形 —— 正六边形，六边形的正面和侧面投影均积聚为直线；六个棱面的水平投影分别积聚为六边形的六条边；由于前、后两个棱面平行于正面，所以正面投影反映实形，侧面投影积聚成两条直线；其余棱面不平行于正面和侧面，所以它们的正面和侧面投影虽仍为矩形，但面积都小于原形。

（4）正六棱柱的三视图分析

主视图：图1-2-5b所示为正六棱柱的三视图。正六棱柱的主视图反映六个棱面的重合投影，中间两个棱面反映实形，左右四个棱面为类似形；顶面和底面的投影积聚为两条平行于 *OX* 轴的直线。六条棱线均垂直于 *H* 面。

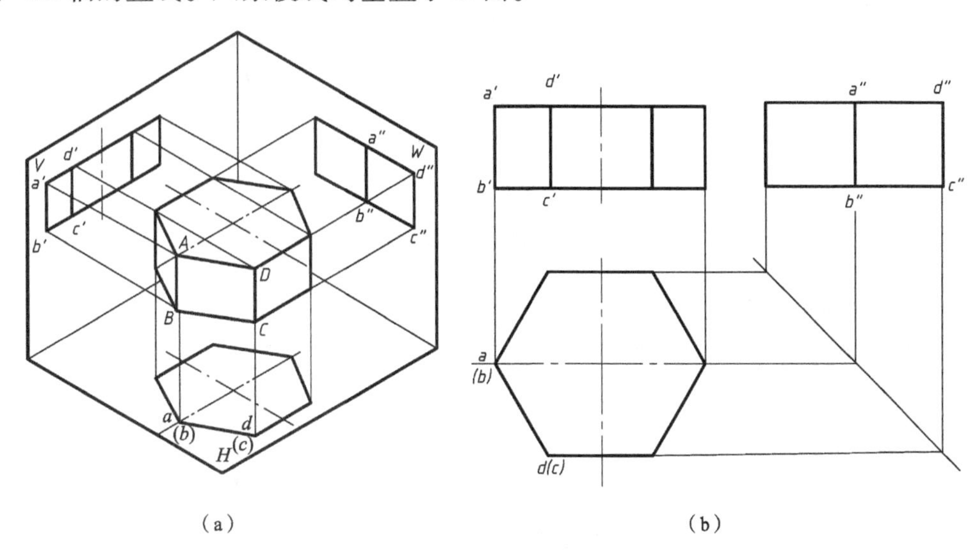

（a）　（b）

图1-2-5　正六棱柱的投影图和三视图

俯视图：正六棱柱的俯视图由一正六边形组成，反映顶面和底面的六边形实形。六个侧面垂直于水平面，它们的投影都积聚在正六边形的六条边上。

左视图：正六棱柱的左视图反映六棱柱左边和右边的两个棱面的重合投影，不反映实形。前、后面在左视图上积聚成两条直线，顶面和底面的投影积聚为两条水平直线。

2. 棱锥的三视图

棱锥上的棱线交于一点。常见的棱锥有三棱锥、四棱锥、五棱锥等。现以正三棱锥为例分析其三视图。

（1）正三棱锥的放置

图1-2-6a所示为正三棱锥的立体图，将正三棱锥放在三投影面体系中，使其底面平行于 *H* 面，后棱面垂直于 *W* 面，如图1-2-6b所示，然后将三投影面展开后得到三视图，如图1-2-6c所示。

（2）各表面投影分析及正三棱锥三视图分析

侧棱面△*SAB* 是一般位置平面（与三投影面均倾斜），它的三个投影均为三角形的类似形。同理，可分析△*SBC*。

后棱面△*SAC* 是侧垂面（垂直于 *W* 面），它的侧面投影积聚成一倾斜直线，正面和水平面投影为棱面的类似形。

底面△*ABC* 是水平面（平行于 *H* 面），它的水平面投影反映底面实形，正面和侧面投影均积聚成一直线。

SB 是侧平线（平行于 *W* 面），它的侧面投影反映棱线的实长；*SA*、*SC* 是一般位置直

线（与三投影面均倾斜），它们的三面投影均为缩短了的直线。

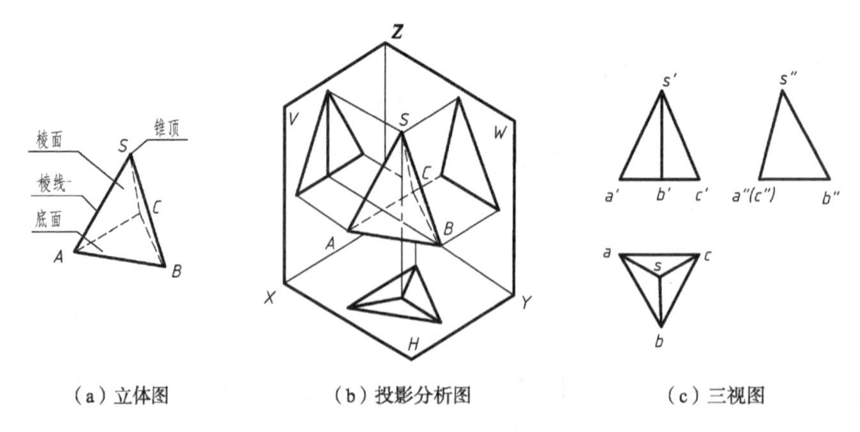

（a）立体图 （b）投影分析图 （c）三视图

图 1-2-6 分析正三棱锥的三视图

（二）曲面立体的三视图

工程上常见的曲面立体是回转体。

活动2：

绘制如图 1-2-7 所示陀螺（由圆锥圆柱圆台组成，轴线垂直于 *W* 面）的三视图。

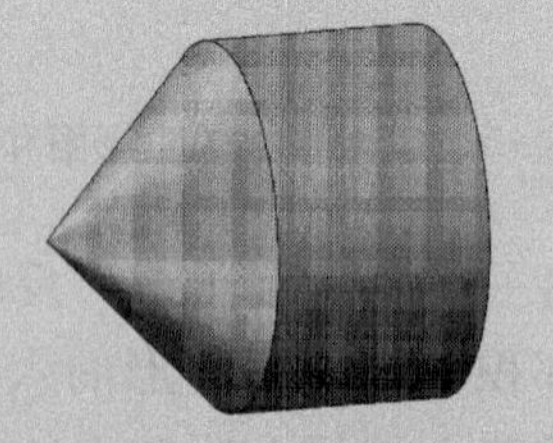

图 1-2-7 陀螺

1. 回转体的形成

回转体是由回转面或回转面与平面所围成的立体。回转面是由母线（直线或曲线）绕某一轴线旋转而形成的。最常见的回转体有圆柱、圆锥、圆球和圆环等。

（1）圆柱面形成

当母线 CC_1 为平行于回转轴线 OO_1 的直线段时，形成圆柱面，如图 1-2-8a 所示。

（2）圆锥面形成

当母线 BB_1 为与回转轴线 OO_1 相交的直线段时，形成圆锥面，如图 1-2-8b 所示。

（3）球面形成

当母线为一个圆（或半圆）时，形成圆球面，如图 1-2-8c 所示。

母线在回转面上的任意一个位置称为素线。在回转面上无数条素线中，特殊的是最前、最后、最左、最右素线，是决定某一投射方向上观察回转面时可见与不可见的分界线。

2. 圆柱三视图

（1）圆柱放置

图 1-2-9a 为圆柱投影立体图。图中圆柱轴线垂直于水平面，顶面和底面平行于水平

面，圆柱面垂直于水平面。

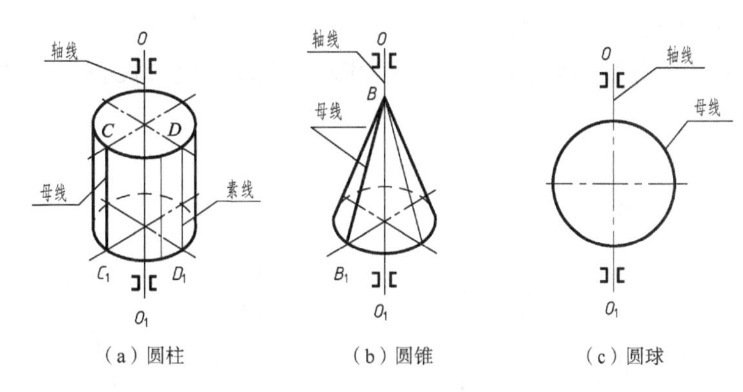

图 1-2-8　回转体的形成

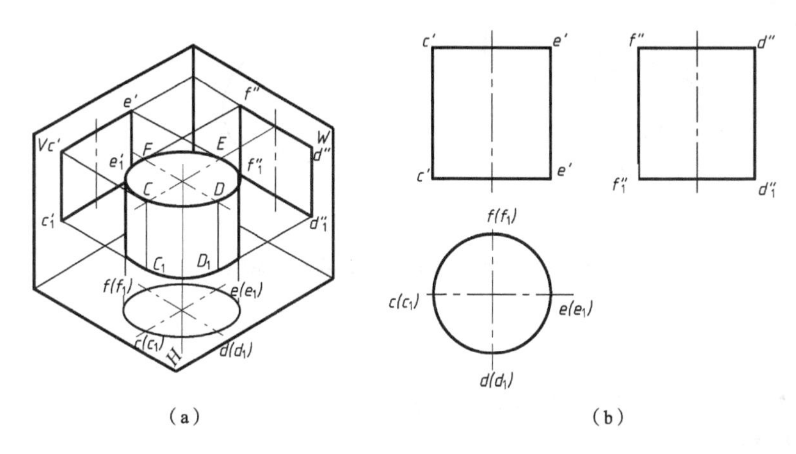

图 1-2-9　圆柱体的投影图和三视图

(2) 圆柱投影及三视图分析

如图 1-2-9 所示，主视图是由顶面、底面的投影和最左素线投影 $c'c_1'$、最右素线投影 $e'e_1'$组成的矩形。主视图所能看见的部分为前半圆柱面，看不见的部分为后半圆柱面。

俯视图是顶面、底面的投影重合为一圆且反映实形，圆柱面的水平投影积聚于圆周上。

左视图是由圆柱顶面、底面的投影和最前素线投影 $d''d_1''$、最后素线投影 $f''f_1''$组成的矩形；左视图上看见的为左半圆柱面，看不见的为右半圆柱面。

3. 圆锥三视图

圆锥由圆锥面和圆形底面所围成。

(1) 圆锥放置

如图 1-2-10a 所示，圆锥轴线垂直于 H 面，底面平行于 H 面。在此放置位置下，底面圆为水平面，圆锥面上的 SA 和 SB 分别为最左素线和最右素线，是圆锥面前、后方向可见与不可见的分界线；SC 和 SD 分别为最前素线和最后素线，是圆锥面左、右方向可见与不可见的分界线。

(2) 圆锥投影分析及三视图

① 主视图是一个等腰三角形，其底边为圆锥底面的积聚性投影。$s'a'$ 和 $s'b'$ 是最左和

最右素线的投影。

② 俯视图是一个圆，为圆锥面与圆锥底面在 *H* 面的重合投影。

③ 左视图也是一个等腰三角形，其底边为圆锥底面的积聚性投影，*s″c″*和 *s″d″*是最前和最后素线的投影。

图 1-2-10b 所示为圆锥三视图。

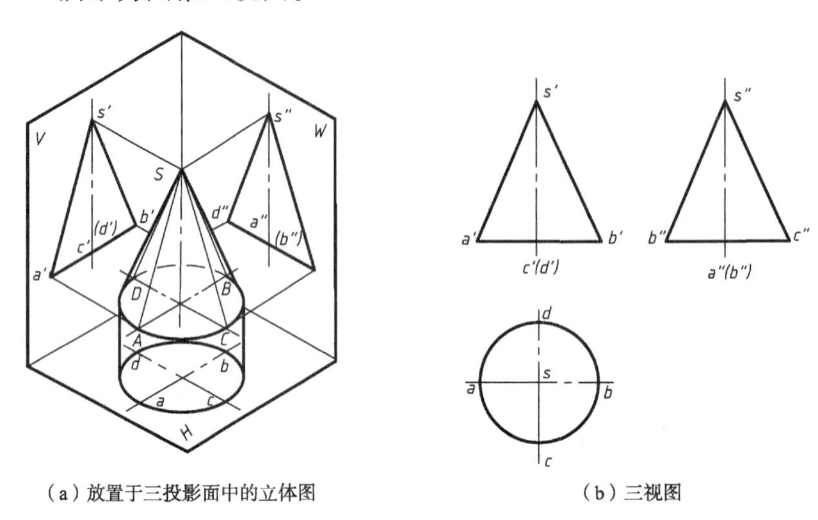

（a）放置于三投影面中的立体图　　（b）三视图

图 1-2-10　圆锥的投影图和三视图

4. 圆球三视图

（1） 圆球的形成

球面是以圆为母线绕其某一直径旋转而成。

（2） 球的投影

如图 1-2-11 所示，圆球的三面投影都是直径相等的圆。这三个圆在空间相互垂直，是三个不同方向球的轮廓素线圆的投影。

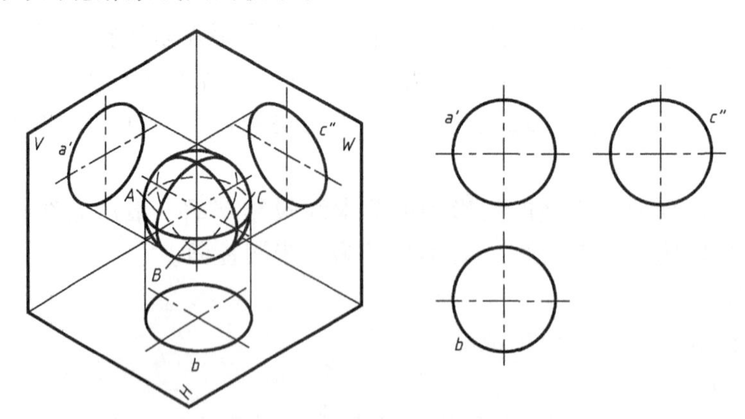

图 1-2-11　圆球的投影图和三视图

（三） 截断体

截断体是形体被平面截断后分成两部分，每部分均称为截断体。因截平面的截切，在物体上形成的平面或由交线围成的平面图形，称为截断面。截平面与立体之间的交线称为截交线。平面立体和曲面立体与平面相交时的截交线是不同的。

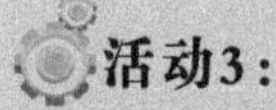

活动3：

绘制图 1-2-12 所示截切六棱柱的三视图并标注尺寸。

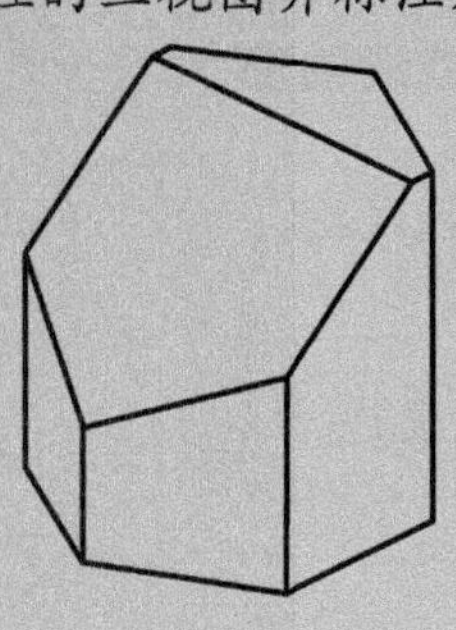

图 1-2-12　截断体

1. 平面立体的截交线

平面立体的表面都是由平面所围成的。截交线是截平面 P 与平面立体表面的交线，是由直线围成的封闭多边形，如图 1-2-13 所示，是截平面 P 与平面立体的共有线。

截断体：形体被平面截断后分成两部分，每部分均称为截断体。

截断面：因截平面的截切，在物体上形成的平面或由交线围成的平面图形。

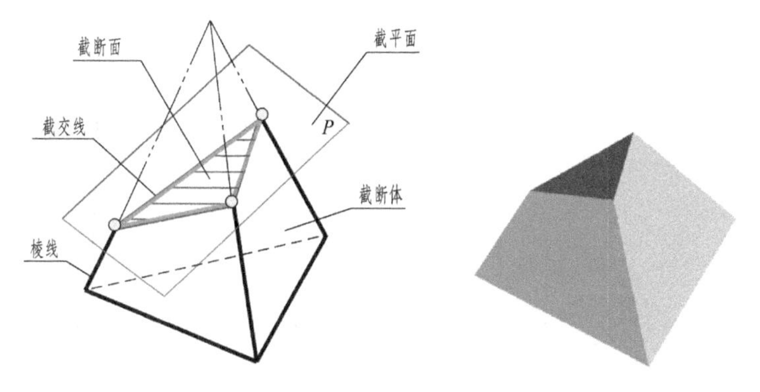

图 1-2-13　平面立体被截切

（1）平面立体截交线的性质

① 截交线是一个封闭的平面图形。

② 截交线是截平面与形体表面的共有线，截交线上的点是截平面与形体表面的共有点。

③ 截交线的形状取决于被截形体的几何形状，以及形体和截平面的相对位置。

小贴士：

求截交线的实质是求截平面与形体表面的全部共有点。

（2）求四棱锥被截切后截断体的俯视图和左视图

分析：截平面与正面垂直（垂直于 V 面并对 H 面和 W 面倾斜），正面投影积聚成一条直线，另两投影是原形（四边形）的类似形，其顶点是截平面与各棱线的交点；求截交线的投影的关键是把这四个交点的投影求出来。

作图：先作出四棱锥没有被切的左、俯视图，如图 1-2-14 所示，求出截平面与各棱线的交点：*A*、*B*、*C*、*D* 的投影→将所求点依次连接成四边形→擦去切掉的棱线的部分，完善留下的部分，即为所求。

**小贴士：**

某方向不可见的棱要绘制虚线表达。

2. 曲面立体的截交线

(1) 圆柱的截交线

回转体表面的截交线可以是直线、曲线或直线和曲线的组合。当截交线为非圆曲线时，通常先求出能够确定截交线形状和范围的特殊点，即最高、最低、最前、最后、最左、最右点以及可见与不可见部分的分界点等，然后再求出若干个一般点，最后光滑地连接成曲线，并判别可见性。平面与圆柱相交有三种情况，如图 1-2-15 所示。

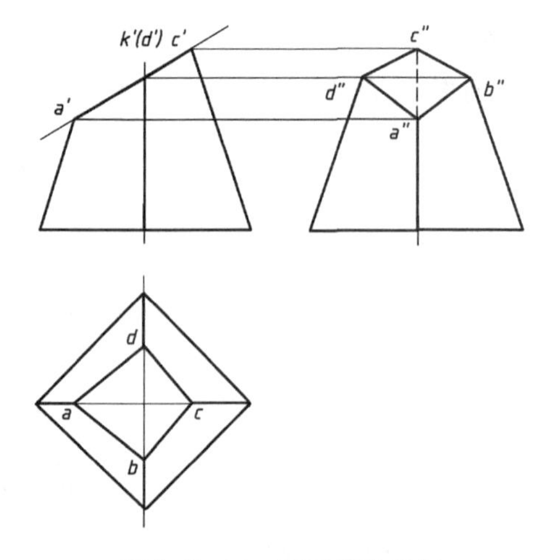

图 1-2-14　正四棱锥斜切

平面斜切圆柱的截交线作图方法如下。

分析：

如图 1-2-16 所示平面 *P* 斜切圆柱后其截交线为椭圆。求椭圆的方法是利用求截平面与圆柱共有点Ⅰ、Ⅱ、Ⅲ、Ⅳ、Ⅴ、Ⅵ、Ⅶ、Ⅷ，然后将共有点光滑连成椭圆，即为截交线。

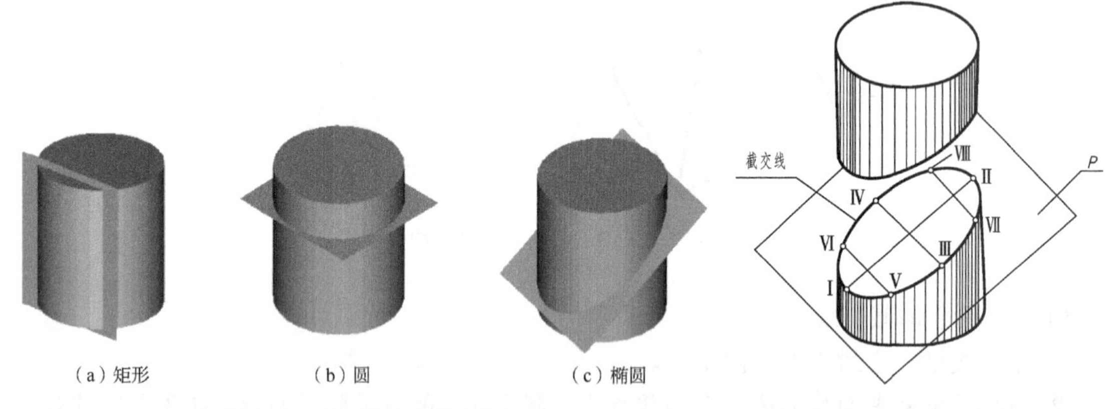

(a) 矩形　(b) 圆　(c) 椭圆

图 1-2-15　圆柱的截交线

图 1-2-16　平面斜切圆柱立体图

作图：

按照图 1-2-17 所示，截平面与圆柱的轴线倾斜，截交线的正面投影积聚成一直线，水平投影与圆柱的水平投影重影为一圆，需要求作的是侧面投影椭圆，其作图方法是：

① 求特殊点。特殊点主要是确定截交线的大致范围。从图上直接确定正面投影点 1′、2′、3′、4′，水平投影点 1、2、3、4 和侧面投影点 1″、2″、3″、4″。

② 求一般点。先在水平投影上确定点 5、6 和点 7、8，再在正面投影确定点 5′、6′、7′、8′（点 6′、8′）为不可见点；最后根据点 5′、6′、7′、8′和点 5、6、7、8，作出侧面投影点 5″、6″、7″、8″。

③ 连接曲线。依次光滑地连接各点的侧面投影，即得到椭圆（截交线）的侧面投影，

即完成全图如图 1-2-17 所示。

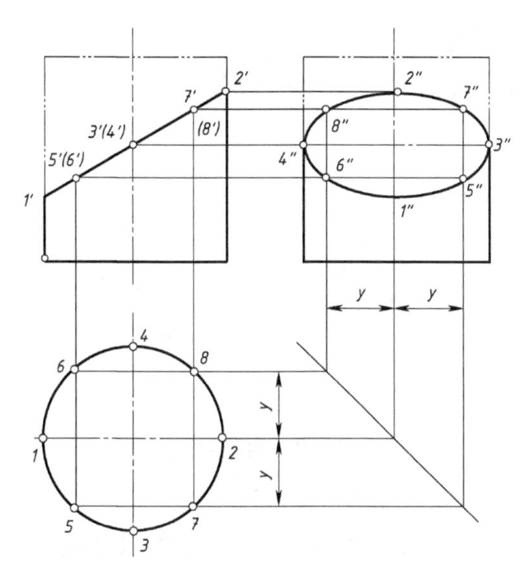

图 1-2-17　斜切圆柱截交线的作图

作图实例：

如图 1-2-18a 所示，求作切口圆柱的水平投影。

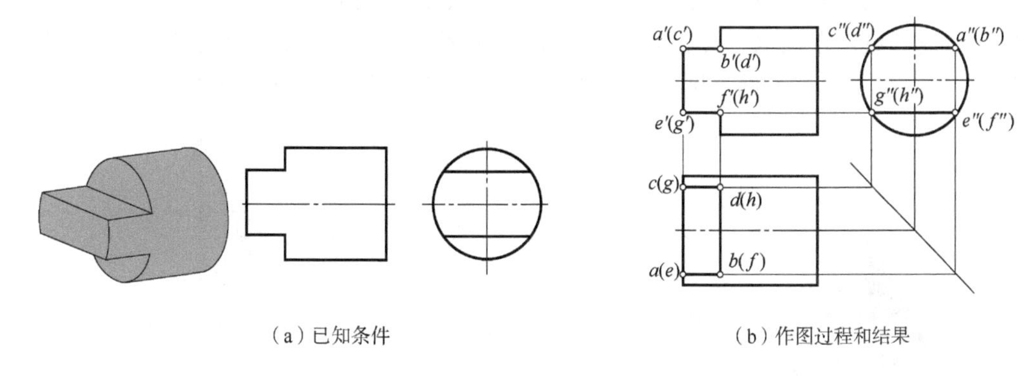

（a）已知条件　　（b）作图过程和结果

图 1-2-18　切口圆柱的投影

作图结果如图 1-2-18b 所示。根据截平面的位置找出切口具有积聚性和反映实形的正面和侧面投影。按照投影关系，求得上面切口两截平面所得截交线的水平投影，并作出截平面之间交线的投影。下面切口的水平投影用同样方法求出，与上切口的水平投影重合。

（2）圆锥的截交线

圆锥截交线形状的几种情况如图 1-2-19 所示。

正平面（与正立投影面平行的面）截切圆锥的截交线作图。

分析：

如图 1-2-20 所示截平面 P 平行于圆锥的轴线并且与 V 面平行放置，其截交线为双曲线，求双曲线的方法是求圆锥与截平面共有点Ⅰ、Ⅱ、Ⅲ、Ⅳ、Ⅴ，然后将共有点连成光滑曲线，即为截交线。

作图：

截平面（正平面位置）平行于圆锥的轴线时，双曲线的侧面投影和水平投影都具有

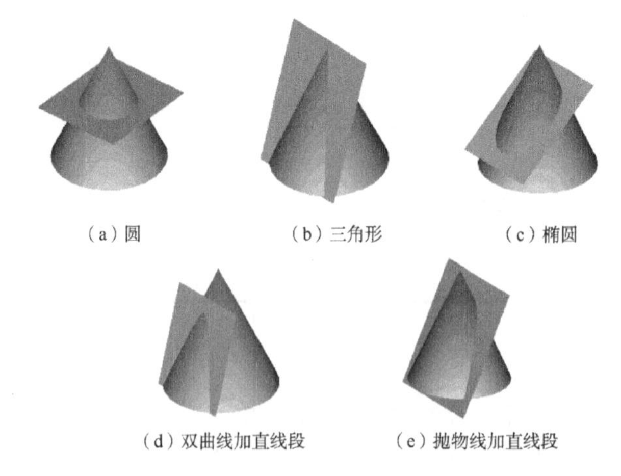

图 1-2-19　圆锥的截交线

积聚性，正面投影反映实形，其作图方法如下。

a. 求特殊点。如图 1-2-20 所示，点Ⅲ是截交线上的最高点，在圆锥的最前素线上，可由投影点 3″求出投影点 3′、3。点Ⅰ、Ⅴ是截交线上的最低点，也是截交线上最左、最右两点，其水平投影 1、5 在底圆的圆周上，由此可求出投影点 1′、5′和 1″、5″，如图 1-2-21a 所示。

b. 求一般点。在正面投影的最高点和最低点之间，作水平面与圆锥相交，其交线是一个圆（辅助圆法）。辅助圆（也可用辅助素线法）的水平投影与截平面的水平投影相交于点 2 和 4，即为水平投影点，根据水平投影点，再求出正面投影点 2′、4′和侧面投影点 2″、(4″)，Ⅱ点在左圆锥面上，在左视图可见，Ⅳ在右圆锥面上，不可见，如图 1-2-21b 所示。

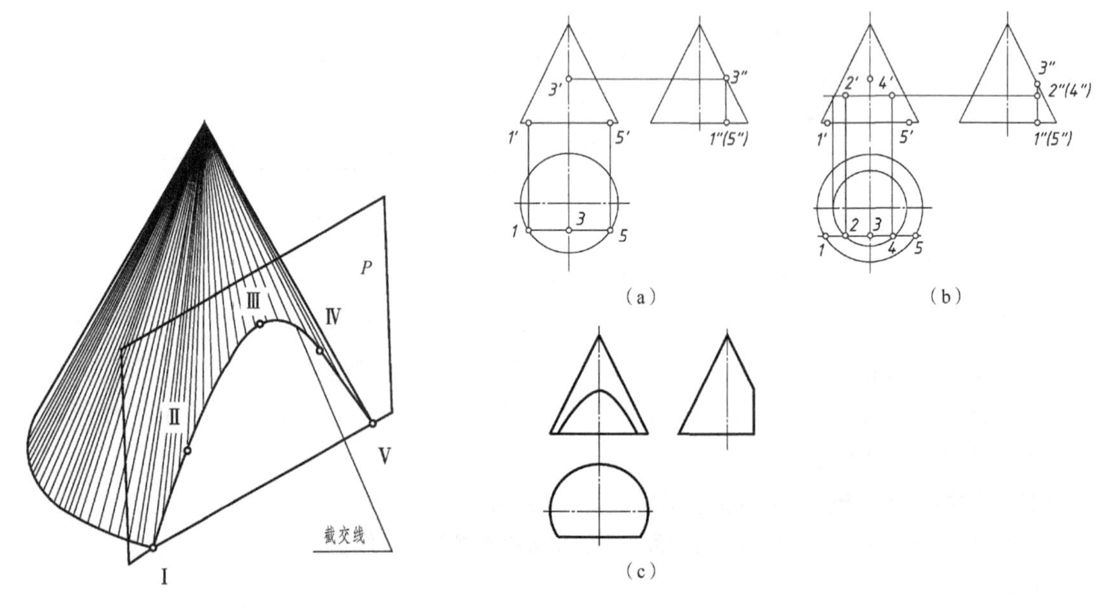

图 1-2-20　正平面截切圆锥立体图　　**图 1-2-21　圆锥的截交线作图**

c. 连接曲线。依次光滑地连接各点的正面投影点 1′、2′、3′、4′、5′，即得到双曲线（截交线）的正面投影，整理截切后圆锥的轮廓线投影，完成全图，如图 1-2-21c 所示。

（3）圆球被截切

不论截平面怎样截切球体，其截交线的形状均为圆，如图 1-2-22 所示，但根据截平面与投影面的相对位置不同，其截交线的投影可能为圆、椭圆或积聚成一条直线。

图 1-2-23 所示为半球切槽立体图，半球的上部正中被两个侧平面和一个水平面截切，形成一个通槽。水平面和侧平面与圆球截切其截交线均为圆，其作图方法如下：

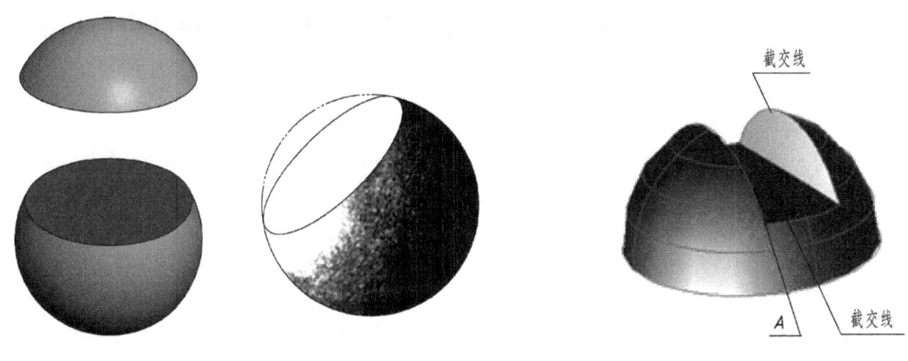

图 1-2-22　圆球的截交线　　　　图 1-2-23　半球切槽立体图

① 先画出完整的半球三视图，并在主视图上画出通槽，如图 1-2-24 所示。

② 画俯视图，在主视图槽底处作水平线与圆弧相交，得到交点，找到槽底所在的圆弧（截交线）半径 R_1，点 A 在通槽底部左前方，找到其正面投影 a′，如图 1-2-24a 所示。

③ 画左视图，应根据槽宽确定交线圆弧（截交线）半径 R_2，找到其侧面投影 a″，作出通槽侧面投影，如图 1-2-24b 所示。

需要指出的是，在左视图中，形成槽底的截交线被遮挡而不可见，应画成虚线，并将切掉的半球轮廓线擦去。

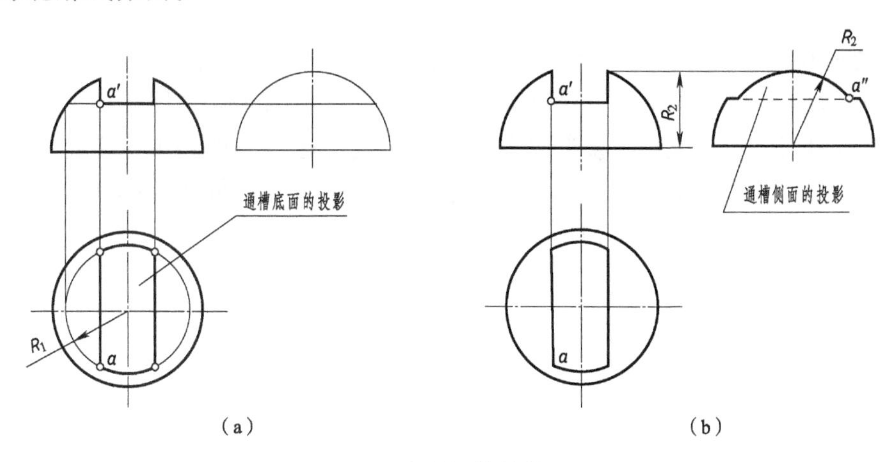

图 1-2-24　半球切槽的截交线作图

二、尺寸注法

机械图样中，国家标准对图线、文字、尺寸标注等均有规定，见国家标准 GB/T 4458. 4—2003《机械制图 尺寸注法》、国家标准 GB/T 19096—2003《机械制图　图样画法》，其中包括对尺寸标注的基本规则、尺寸标注要素等的严格规定。

（一）基本规则

（1）机件的真实大小应以图样上所注的尺寸数值为依据，与图形的大小及绘图的准确度无关。

(2) 图样中(包括技术要求和其他说明)的尺寸，以毫米(mm)为单位时，不需标注计量单位的符号或名称。若采用其他单位，则必须注明相应的计量单位的符号或名称。

(3) 图样中所标注的尺寸，为该图样所示机件的最后完工尺寸，否则应另加说明。

(4) 机件的每一尺寸，一般只标注一次，并应标注在反映该结构最清晰的图形上。

(二) 尺寸要素

一个标注完整的尺寸应标注出尺寸数字、尺寸线和尺寸界线(含尺寸线终端)三要素。尺寸数字表示尺寸的大小，尺寸线表示尺寸的方向，而尺寸界线则表示尺寸的范围，如图 1-2-25 所示。

1. 尺寸界线

尺寸界线表示尺寸的度量范围，用细实线绘制。一般由图形的轮廓线、轴线或对称中心线处引出，也可利用轮廓线、轴线或对称中心线作为尺寸界线。

尺寸界线一般应与尺寸线垂直，必要时允许与尺寸线成适当的角度；尺寸界线应超出尺寸线 2 ~ 3 mm，如图 1-2-25 所示。

2. 尺寸线

尺寸线表示尺寸的度量方向，用细实线绘制。尺寸线不能用其他图线代替，一般也不得与其他图线重合或画在其延长线上。线性尺寸的尺寸线必须与所标注的线段平行。

标注相互平行的尺寸线时，小尺寸在内，大尺寸在外，依次排列整齐。并且各尺寸线的间距要均匀，间隔在 7 mm 左右为宜，以便标注尺寸数字和有关符号，如图 1-2-25 所示。

如图 1-2-26 所示尺寸线终端可以有箭头、斜线两种形式。箭头的形式适用于各种类型的图样。在空间不够的情况下，允许用圆点或斜线代替箭头，如图 1-2-26b 所示。

机械图样一般用箭头形式，箭头尖端与尺寸界线接触，不得超出也不得离开；当尺寸线太短，没有足够的位置画箭头时，允许将箭头画在尺寸界线外边；标注连续的小尺寸时可用圆点代替箭头，如图 1-2-26 所示。

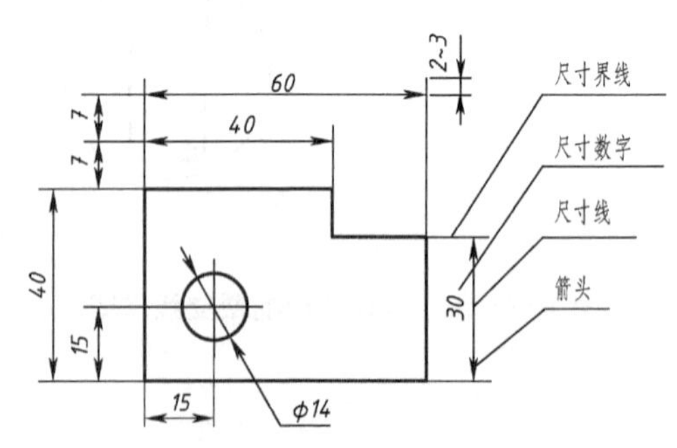

图 1-2-25 尺寸的标注示例

(1) 箭头。箭头的形式如图 1-2-26a 所示，d 为粗实线的宽度。

(2) 斜线。斜线终端用细实线绘制，其方向和画法如图 1-2-26b 所示，h 为字体高度。当采用该终端形式时，尺寸线与尺寸界线必须相互垂直。同一张图样中只能采用一种尺寸线终端形式。

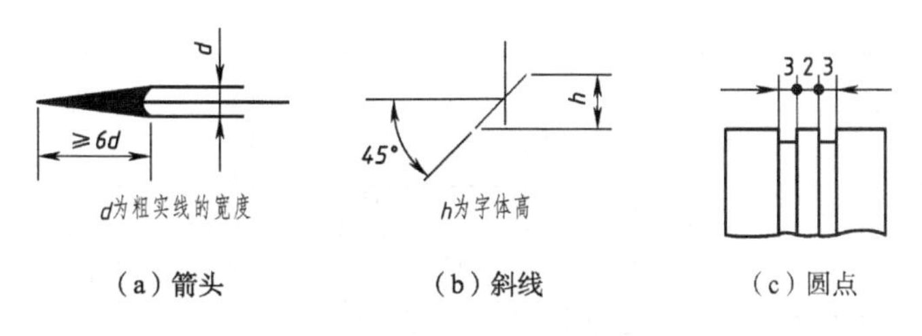

（a）箭头　　（b）斜线　　（c）圆点

图 1-2-26　尺寸线的终端形式

3. 尺寸数字

尺寸数字表示尺寸度量的大小即标注尺寸的数值。尺寸数字书写遵循以下几点要求：

（1）线性尺寸的数字一般应写在尺寸线的上方（水平尺寸）、左方（竖直尺寸）或尺寸线的中断处，如表 1-2-1 所示。但同一图纸中只能采用上方（左）或中断处一种形式。

（2）尺寸数字不能被任何图线通过，否则必须将该图线断开，如表 1-2-1 所示。

（3）在同一张图上，尺寸数字的高要一致，一般采用 3.5（高度 3.5 mm）号字。

（三）尺寸组成要素标注要求

表 1-2-1　尺寸组成要素标注要求

标注内容	图　例	说　明
尺寸数字	58；38；(8)；R1.5；C2；SR5；90°；φ20；φ28；φ16；M20-6g；5；5	线性尺寸的数字一般应注写在尺寸线的上方，也允许注写在尺寸线的中断处，但一张图纸上只能采用一种标注形式
	30°；20；16；（a）；（b）	线性尺寸数字一般应按左图 a 所示的方向注写，并尽可能避免在图示 30°范围内标注尺寸，当无法避免时可按左图 b 的形式标注
	φ40；轮廓线断开；中心线断开；φ25；剖面线断开；10；30；φ15	尺寸数字不可被任何图线通过。当不可避免时，图线必须断开

续表

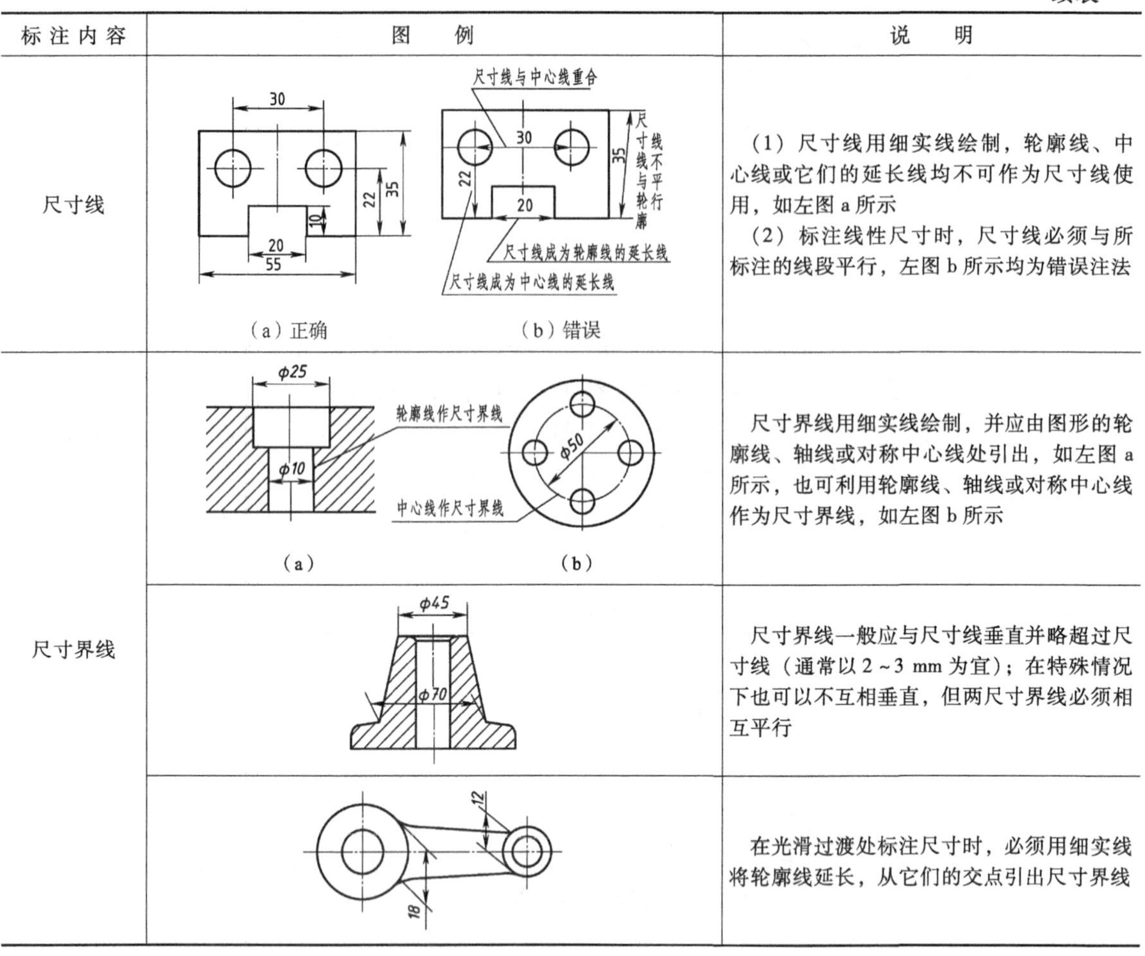

标注内容	图例	说明
尺寸线	尺寸线与中心线重合；尺寸线不与轮廓平行；尺寸线成为轮廓线的延长线；尺寸线成为中心线的延长线 （a）正确　（b）错误	（1）尺寸线用细实线绘制，轮廓线、中心线或它们的延长线均不可作为尺寸线使用，如左图 a 所示 （2）标注线性尺寸时，尺寸线必须与所标注的线段平行，左图 b 所示均为错误注法
尺寸界线	轮廓线作尺寸界线；中心线作尺寸界线 （a）　（b）	尺寸界线用细实线绘制，并应由图形的轮廓线、轴线或对称中心线处引出，如左图 a 所示，也可利用轮廓线、轴线或对称中心线作为尺寸界线，如左图 b 所示
		尺寸界线一般应与尺寸线垂直并略超过尺寸线（通常以 2 ~ 3 mm 为宜）；在特殊情况下也可以不互相垂直，但两尺寸界线必须相互平行
		在光滑过渡处标注尺寸时，必须用细实线将轮廓线延长，从它们的交点引出尺寸界线

（四）常见的尺寸标注方法（见表 1-2-2）

表 1-2-2　常见的尺寸标注方法

标注内容	图例	说明
圆的直径	φ30　φ20　φ40　φ30	当标注圆的直径时，应在尺寸数字前加注符号“φ”，表示这个尺寸是圆直径值
圆的半径	R20　R30　R24　R16	当标注圆弧的半径时，应在尺寸数字前加注符号“*R*”，尺寸线的终端应画成箭头
	R80　SR64 （a）　（b）	当圆弧半径过大或在图纸范围内无法标出其圆心位置时，可将圆心移至近处示出，将半径的尺寸线画成折线，如左图 a 所示。当不需要标出圆心位置时，按左图 b 所示的形式标注

续表

标注内容	图例	说明
圆弧长度	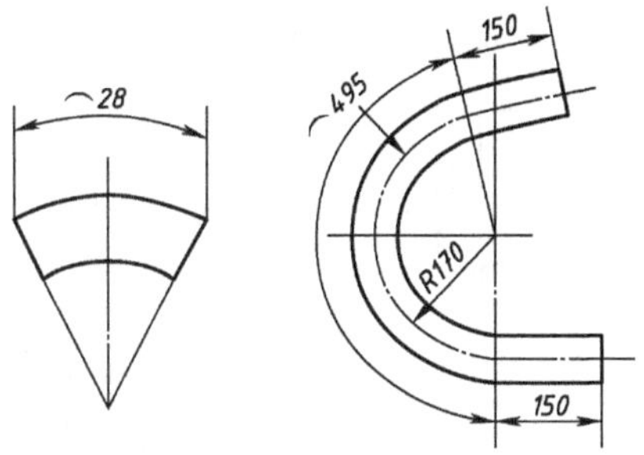 ⌒28 ⌒495 150 R170 150 (a) (b)	当标注弧长时，应在尺寸数字左方或上方加注符号“⌒”弧长的尺寸界线应平行于该弦的垂直平分线，如左图 a 所示。当弧度较大时，可沿径向引出，如左图 b 所示
圆球尺寸	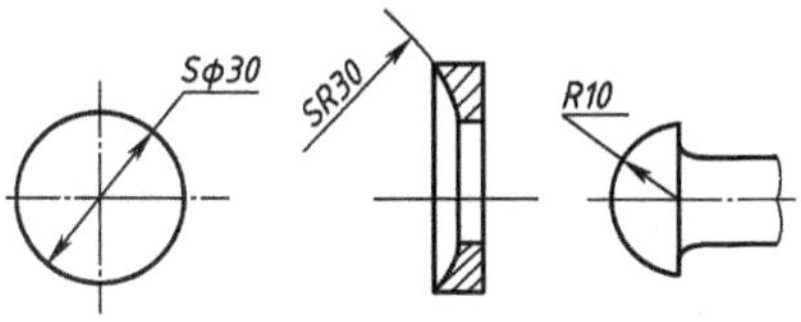 Sϕ30 SR30 R10 (a) (b) (c)	当标注球面的直径或半径时，应在符号“ϕ”或“R”前加注符号“S”，如左图 a、b 所示 对于铆钉的头部、轴（包括螺杆）的端部以及手柄的端部等，在不致引误解的情况下可省略符号“S”，如左图 c 所示
角度尺寸	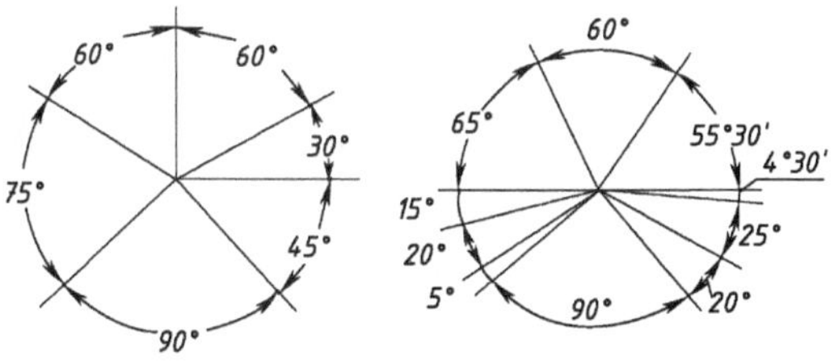 60° 60° 30° 75° 45° 90° 60° 65° 55°30′ 4°30′ 15° 20° 25° 5° 90° 20° (a) (b)	当标注角度时，角度的数字一律写成水平方向，一般注写在尺寸线的中断处，如左图 a 所示，必要时也可按图 b 的形式标注
	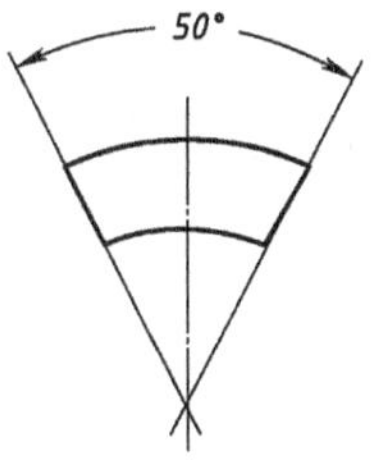 50°	当标注角度时，尺寸界线应沿径向引出，尺寸线应画成圆弧，其圆心是该角的顶点
小尺寸	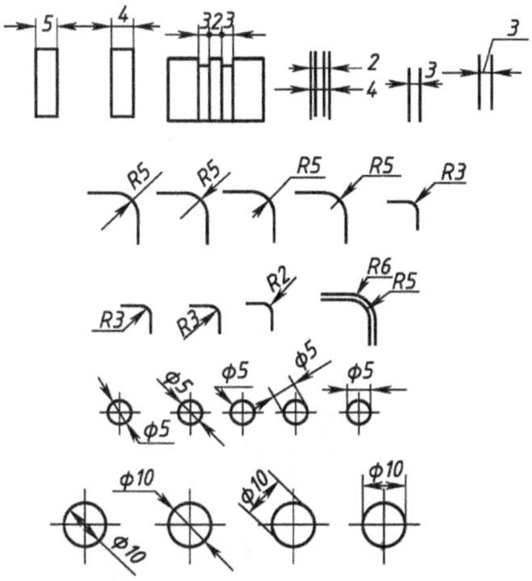 5 4 323 2 4 3 3 R5 R5 R5 R5 R3 R3 R3 R2 R6 R5 ϕ5 ϕ5 ϕ5 ϕ5 ϕ5 ϕ10 ϕ10 ϕ10 ϕ10	在图样上标注尺寸时，如果没有足够的位置画箭头或注写数字，可按左图所示的形式标注

续表

标注内容	图例	说明
对称图形的尺寸注法		当对称机件的图形只画出一半或略大于一半时，尺寸线应略超过对称中心线或断裂处的边界，此时仅在尺寸线的一端画出箭头
正方形结构的尺寸注法		当标注断面为正方形结构的尺寸时，可在正方形边长尺寸数字前加注符号“□”，如左图所示（符号“□”是一种图形符号，表示正方形）

三、基本体的尺寸标注

平面立体、曲面立体、截断体的尺寸是表达立体形状的重要依据，其形状特征不同，在尺寸标注时也有所区别。

（一）平面立体的尺寸标注

1. 棱柱尺寸的标注

在三视图上标注尺寸时，应将长、宽、高三个方向的尺寸标注齐全，既不能少，也不能重复和多余。

小贴士：

（1）图 1-2-27c 中所示“□12”表示“边长为 12 的正方形”；

（2）图 1-2-27d 中所示加括号的尺寸“（18.5）”为参考尺寸；

（3）尺寸尽量集中标注在形状特征比较明显的一个或两个视图上。

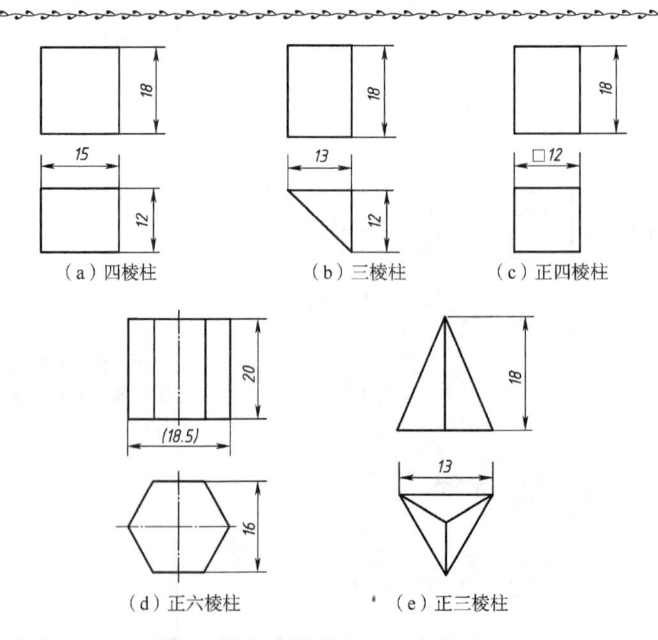

（a）四棱柱　（b）三棱柱　（c）正四棱柱

（d）正六棱柱　（e）正三棱柱

图 1-2-27　棱柱、棱锥尺寸标注

2. 棱台的尺寸标注

标注四棱台、正四棱台的尺寸，如图 1-2-28 所示。

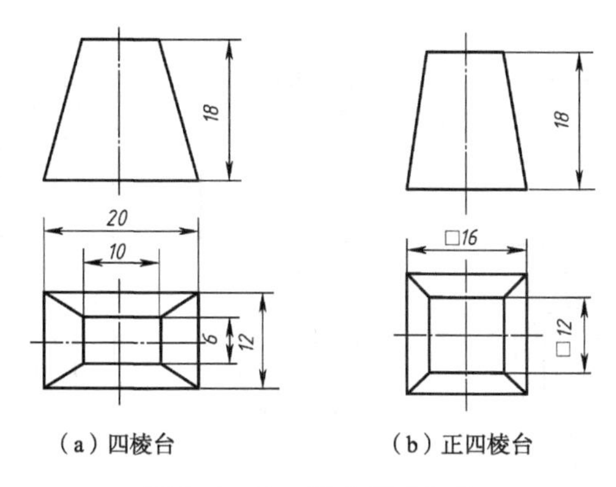

图 1-2-28　棱台尺寸标注

（二）曲面立体的尺寸标注

曲面立体的尺寸标注一般情况下，只需标出径向、轴向两个方向尺寸。曲面立体的直径一般应标注在投影为非圆的视图上，并在尺寸数字前加注直径符号"ϕ"，球的直径前加注"$S\phi$"。因为用这种标注形式一般用一个视图就能确定其形状和大小，其他视图就可省略。常见曲面立体的标注方法，如图 1-2-29 所示。

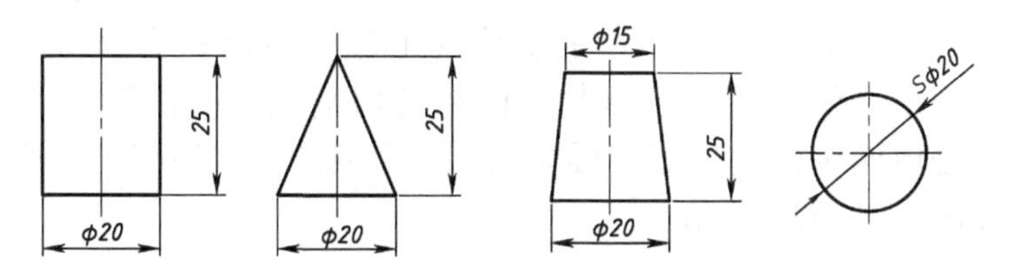

图 1-2-29　曲面立体尺寸标注

（三）截断体的尺寸标注（见图 1-2-30）

（1）基本体切口后的尺寸标注

应注出基本形体的尺寸及截平面的位置尺寸。需要注意的是，在截交线上不能标注尺寸。因为截交线为截平面截断立体后自然形成的交线。

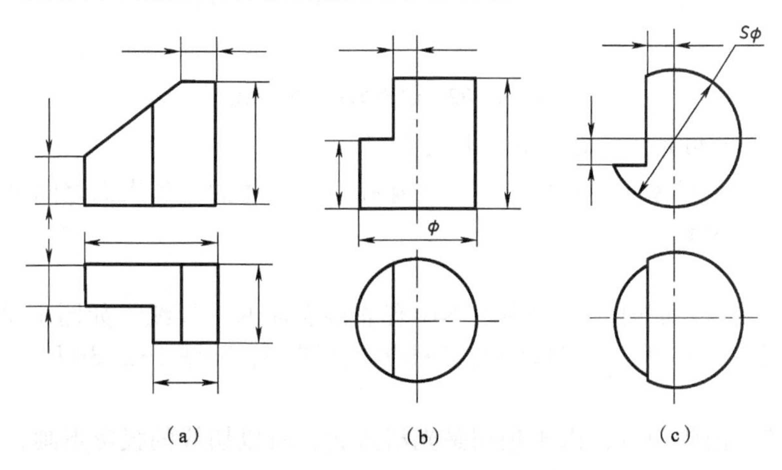

图 1-2-30　截断体的尺寸标注

（2）基本体穿孔或切槽后的尺寸标注

这种形体除注出完整基本体大小尺寸外，还应注出槽和孔的大小及位置尺寸（见图 1-2-31）。

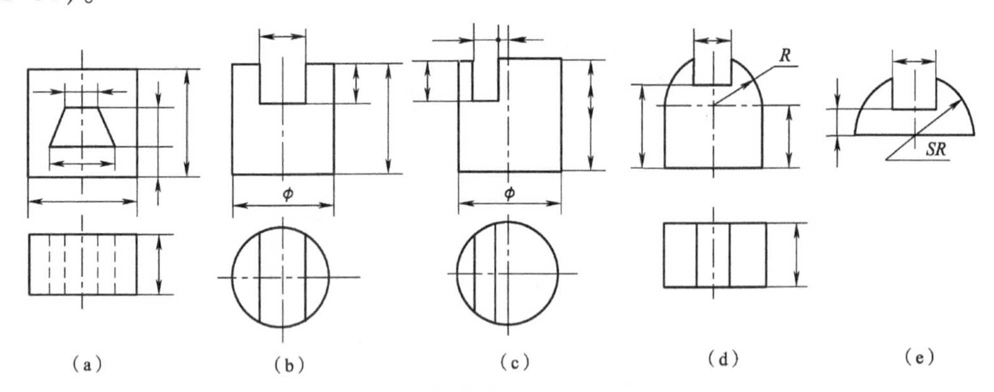

图 1-2-31　基本体穿孔或切槽后的尺寸标注

四、组合体

任何机器或零件，从形体的角度分析，都可以看成是由一些简单的基本体经过叠加、切割或穿孔等方式组合而成的。这种由两个或两个以上的基本体组合构成的整体称为组合体。

（一）组合体的构成方式

组合体按其构成方式，通常分为叠加型、切割型和综合型三种。叠加型组合体是由若干基本体叠加而成，如图 1-2-32a 所示的螺栓（毛坯）可以认为是由六棱柱、圆柱和圆台叠加而成。切割型组合体则可看成由基本体经过切割或穿孔后形成的，如图 1-2-32b 所示模型可以认为是由四棱柱经过切割再穿孔以后形成的。多数组合体则是既有叠加又有切割的综合型，如图 1-2-32c 所示。

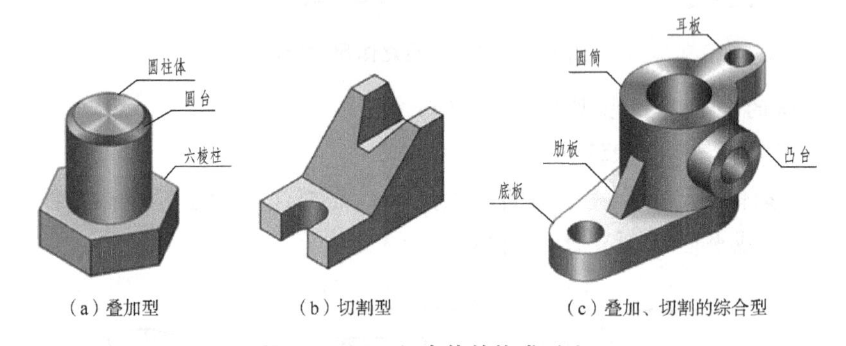

（a）叠加型　（b）切割型　（c）叠加、切割的综合型

图 1-2-32　组合体的构成形式

（二）组合体上相邻表面之间的连接关系

组合体中的基本形体经过叠加、切割或穿孔后，形体的相邻表面之间会形成共面、相切或相交三种连接关系。

（1）共面

两形体邻接表面共面时，在共面处不应有邻接表面的分界线，如图 1-2-33 所示；当两形体邻接表面不共面时，两形体的投影间应由线隔开，如图 1-2-34 所示。

（2）相切

两形体邻接表面相切时，由于相切是光滑过渡，所以切线的投影不画，相切处画线是错误的。

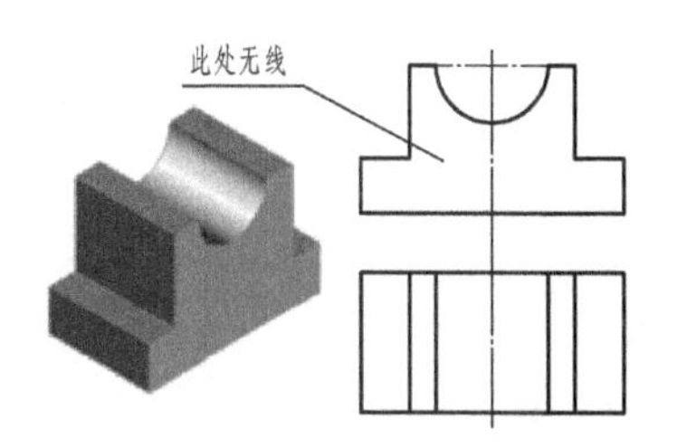

图 1-2-33　组合体表面共面

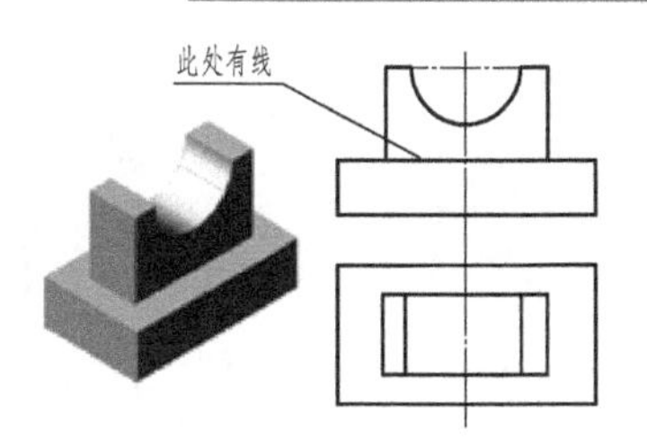

图 1-2-34　组合体表面不共面

（3）相交

两形体相交，相邻表面必产生交线，相交处应画出交线的投影，如图 1-2-35 所示为表面相切，图 1-2-36 所示为表面相交。

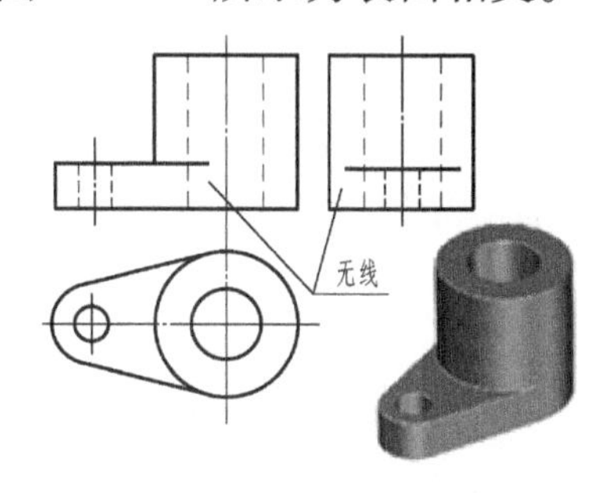

图 1-2-35　表面相切

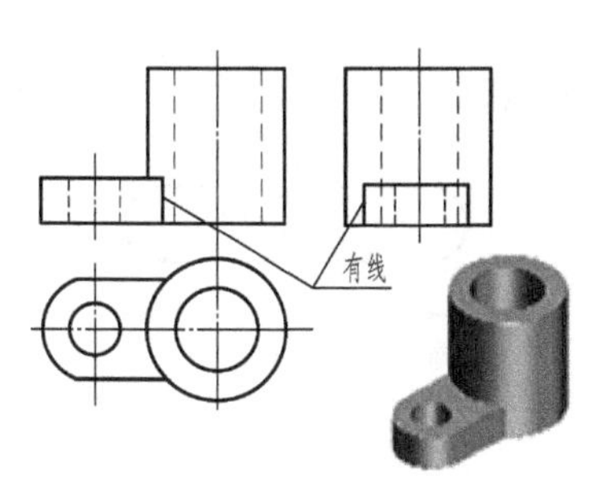

图 1-2-36　表面相交

（三）组合体的形体分析法

在识读和绘图时，可假想把组合体分解成若干个基本形体，然后确定它们的组合形式、相对位置以及基本体相邻表面间的连接关系，最后弄清组合体的结构形状，这种方法称为形体分析法。形体分析法是指导画图和读图的基本方法。

小贴士：

基本形体可以是完整或不完整的柱、锥、球等基本体，或者是它们的简单组合。

图 1-2-32c 为支座立体图，用形体分析法对其结构进行分析，可知其由底板、肋板、圆筒、耳板和凸台五部分组成。这样识读和绘制三视图就较为容易。

（四）组合体的线面分析法

在分析视图时，由于切割类组合体不能像叠加类那样较为方便地将形体分解为若干小块，所以前面介绍的形体分析法对切割类组合体就不太适用了。

所谓线面分析法，就是运用线、面的投影规律，来分析组合体表面的性质、形状和相对位置，以帮助画图和读图的方法。

（五）组合体三视图绘制

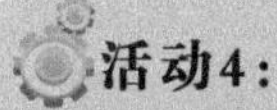
活动4：

分析图 1-2-37 所示叠加式组合体的组成部分、相对位置、表面关系等，绘制出其三视图。

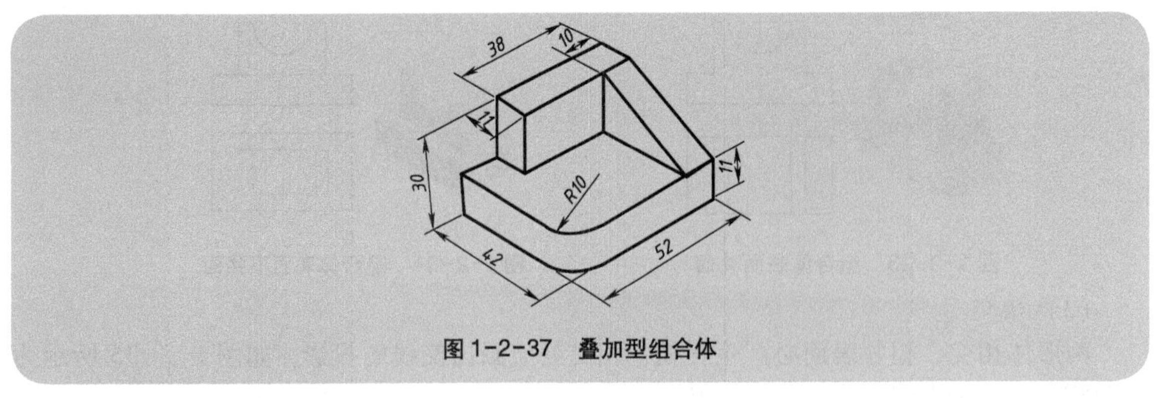

图 1-2-37　叠加型组合体

1. 绘制叠加型组合体三视图

组合体三视图画图步骤如图 1-2-38 所示。

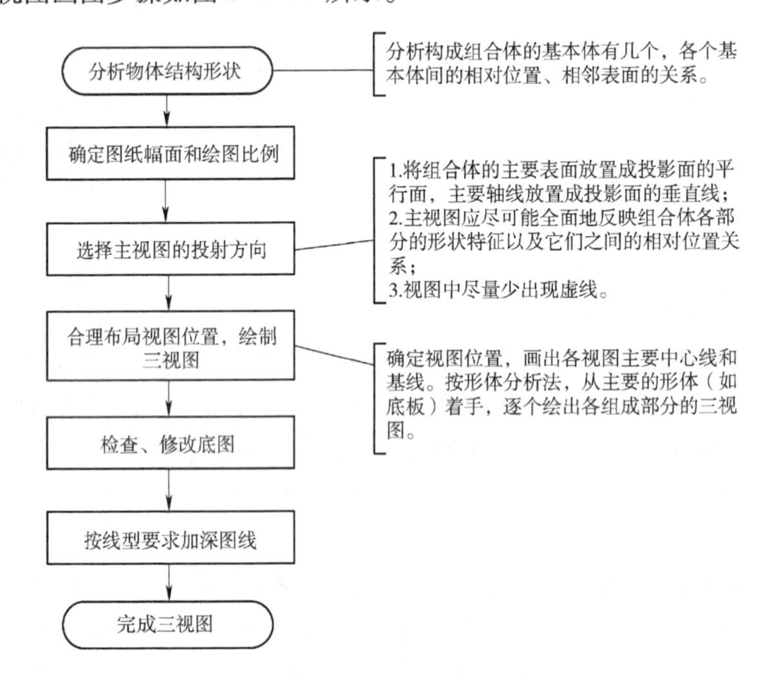

图 1-2-38　绘制三视图步骤及说明

现以图 1-2-39 所示垫块为例，说明其三视图绘图方法与步骤，见表 1-2-3。

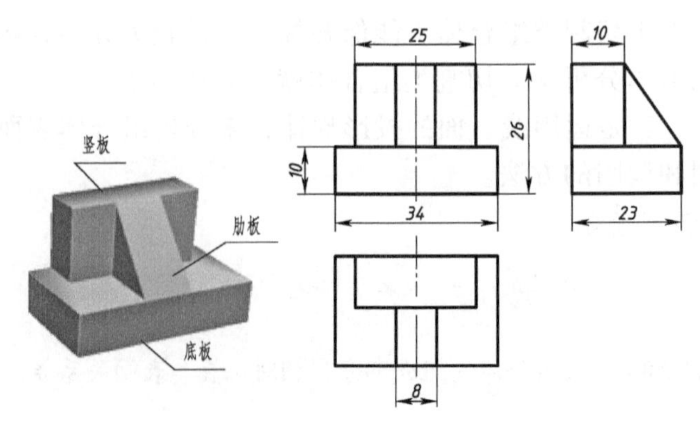

图 1-2-39　垫块的三视图

表 1-2-3　垫块三视图绘图方法与步骤

方法和步骤	图　　例
（1）分析垫块结构 （2）绘制定位线（右图 a） （3）根据“长对正，高平齐，宽相等”三视图投影规律绘制底板的三视图（右图 b） （4）根据三视图投影关系绘制竖板的三视图（右图 c） （5）绘制肋板三视图（右图 d） （6）检查、描深、完善三视图（右图 d）	（a）　（b） （c）　（d）

小贴士：

画叠加式组合体的三视图时应注意以下几点：

① 运用形体分析法，逐个画出各部分的基本形体，同一形体的三视图按投影关系应同时画出，而不是先画完组合体的一个视图后，再画另外一个视图。这样可以减少投影作图错误，也能提高绘图速度。

② 画一个具体基本体三视图时，应先画反映该基本体形状特征的视图，如肋板先画左视图，再画主、俯视图。

③ 完成各基本体的三视图后，应检查形体间表面连接处的投影是否正确；是否相交，相交要画出交线；是否共面，共面不画分界线；是否相切，相切不画线等。

2. 绘制切割型组合体视图

活动5：

小组讨论图 1-2-40 所示切割式组合体的结构形成，并绘制其三视图。

图 1-2-40　切割型组合体

（1）切割式组合体的画图顺序

在画出组合体原形的基础上，按切去部分的位置和形状依次画出切割后的视图。

如图 1-2-41 所示组合体可看成由长方体切去形体 1 、2 而形成。切割型组合体视图的画法是在形体分析的基础上，结合线面分析法作图。

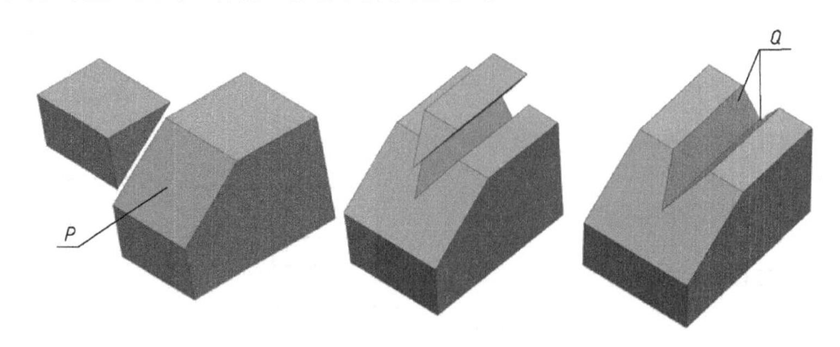

图 1-2-41　切割式组合体

（2）画切割式组合体三视图的注意事项

① 画每个切口投影时，应先从反映形体特征轮廓且具有积聚性投影的视图开始，再按投影关系画出其他视图。

② 注意切口截面投影的类似性。如图 1-2-42a 中截平面 P 形成的截面水平投影 p 与侧面投影 p''是类似形；图 1-2-42b 中的 V 形槽的侧垂面 Q 形成的截面，其水平投影 q 和正面投影 q' 应为类似形。

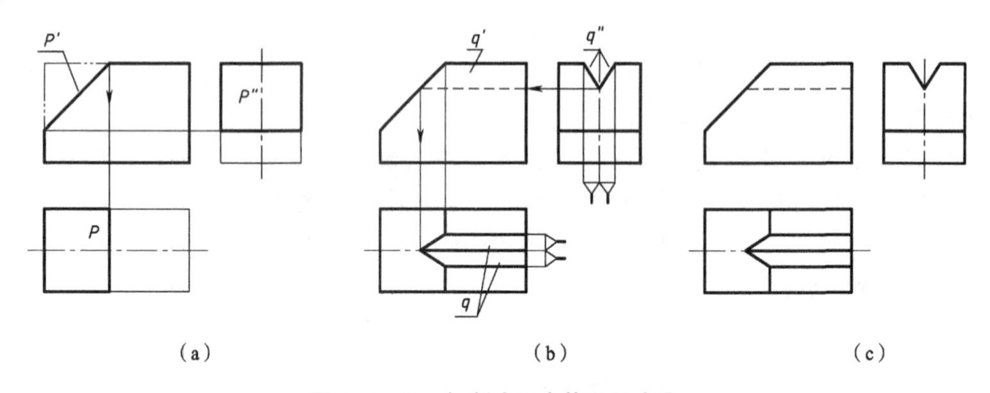

图 1-2-42　切割式组合体画图步骤

（六）立体的相贯

图 1-2-44 所示三通管可以看成是基本体的相交，属于组合体的一种。一般将相交的立体称为相贯体，而相交立体的表面交线则称为相贯线。

回转体相交比较多见，其交线即相贯线比较特殊难画，所以一般说的相贯是回转体的相交。

1. 相贯线的性质

两立体相交称为相贯，如图 1-2-43 所示，立体表面相交有三种情况，一种是立体的外表面相交；一种是外表面与内表面相交；一种是内表面与内表面相交，如图 1-2-44 所示。机件上常见的相贯线，多数是由两回转体相交而成。

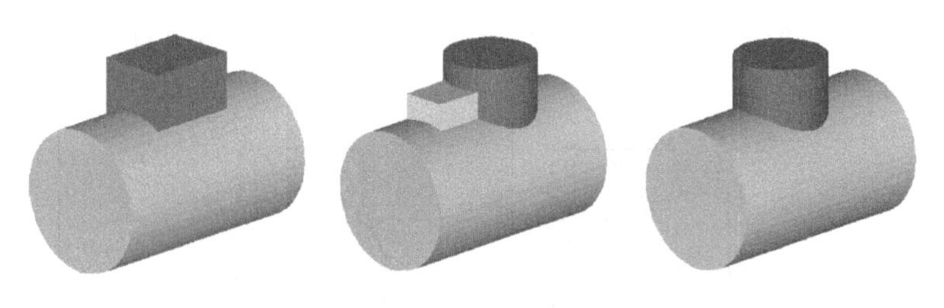

图 1-2-43　立体表面相交

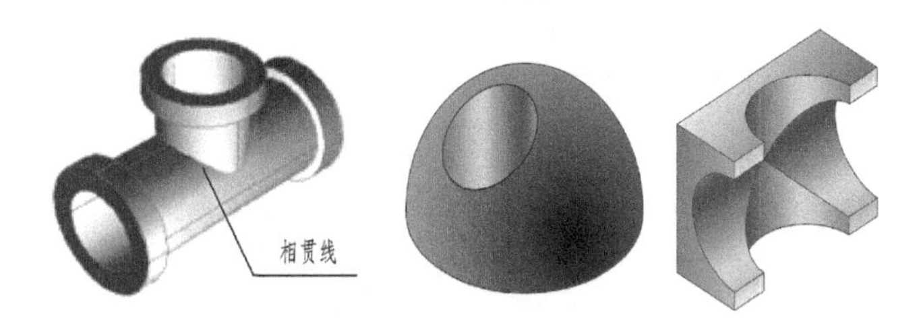

图 1-2-44　相贯体的相贯情况

相贯线具有以下性质：

(1) 相贯线是两回转体表面的共有线，相贯线上的每一个点都是两回转体表面的共有点，这些共有线和共有点位于两回转体的轮廓分界线上。

(2) 相贯线一般为封闭的空间曲线，特殊情况下是平面曲线或直线。

2. 圆柱正交时相贯线的变化趋势

如图 1-2-45 所示，正交两圆柱的相贯线，随着两圆柱直径大小的变化，其相贯线的形状、弯曲方向随之改变。当两圆柱的直径不等时，相贯线在正面投影中总是朝向大圆柱的轴线弯曲；当两圆柱的直径相等时，相贯线则变成两个平面曲线（椭圆），从前往后看，投影成两条相交直线。相贯线的水平投影则重影在圆周上。

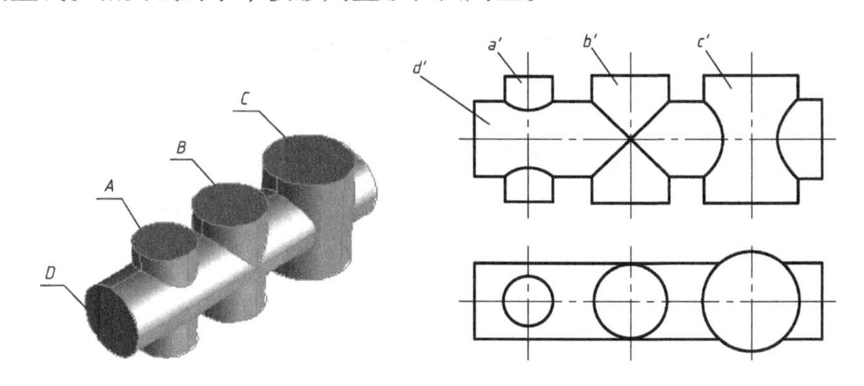

图 1-2-45　相贯线的变化趋势

3. 相贯线的画法

(1) 表面取点法

相贯线是两立体表面的共有线，也是立体表面的分界线。相贯线上的点是相贯体的共有点，常用表面取点法（见图 1-2-46），找出一系列共有点的投影，光滑连接而得相贯线的投影。

(2) 简化近似画法

若两相贯的圆柱直径相差较大时，也可采用近似画法作出相贯线，即用一段圆弧代替相贯线。以大圆柱的半径为圆弧半径（$D>D_1$、$R=0.5D$），圆心位于小圆柱轴线上，作图过程如图 1-2-47 所示。

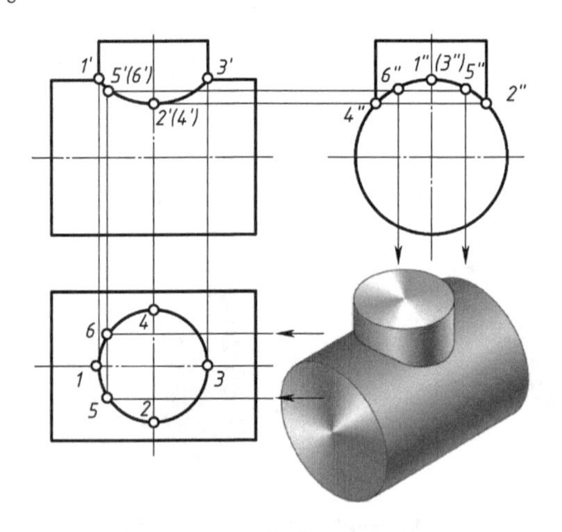

图 1-2-46　取点法求相贯线

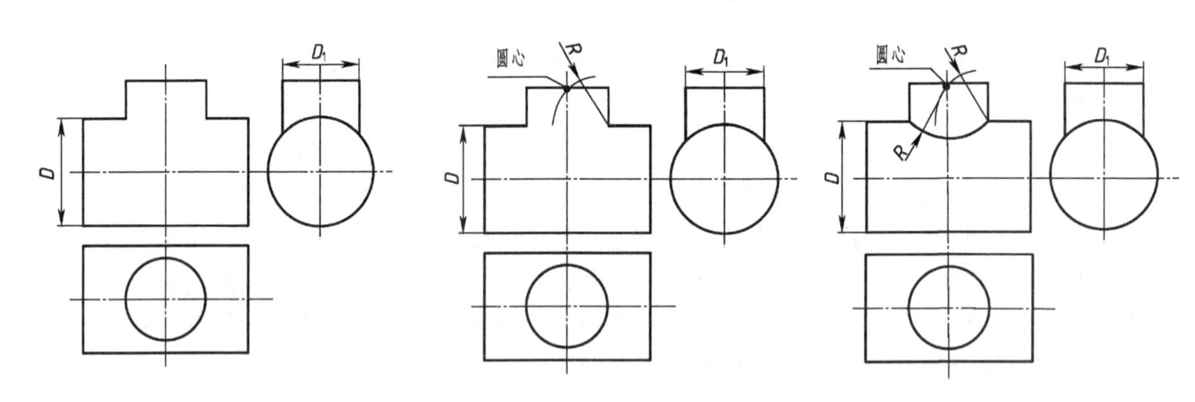

图 1-2-47　相贯线的近似画法

（3）省略、模糊画法

在不致于引起误解时，图形中的相贯线可以简化，可用直线、圆弧代替非圆曲线，也可以采用模糊画法省略相贯线，融项目二融任务二“五、简化画法”将具体说明。

五、组合体的尺寸标注

（一）组合体尺寸标注基本要求

尺寸是制造、加工、检验零件的主要依据，因此在标注尺寸时应做到正确、完整、清晰。

（1）正确。是指要严格遵守国家标准《机械制图 尺寸注法》的基本规则和方法。

（2）完整。标注尺寸必须齐全，不能重复，也不能遗漏。应该按形体分析法标注出各基本形体的大小尺寸及各形体间相对位置尺寸，最后按组合体的结构特点标注出总体尺寸。

（3）清晰。尺寸的布局要整齐、清晰，便于查找和看图。

（二）组合体尺寸标注的种类

尺寸可以分为三大类，在读图或制图时可以分类来识读或标注零件尺寸。现以图 1-2-48

为例，说明组合体尺寸标注。

（1）定形尺寸。确定组合体各基本形体（长、宽、高）的尺寸。例如确定轴承座底板形状的尺寸：长（72 mm）×宽（30 mm）×高（6 mm）以及圆角尺寸 *R*8 mm。

（2）定位尺寸。确定组合体各基本形体间的相对位置的尺寸。如底板上两个 ϕ8 mm 孔的位置尺寸 56 mm 及 22 mm。

（3）总体尺寸。表明组合体外形大小的总长、总宽、总高的尺寸。例如轴承座的总长 72 mm，总宽 30 mm，总高需要根据圆筒的定位尺寸 40 mm 以及定形尺寸 ϕ30 mm 换算得出。

小贴士：

国家标准规定工程图样中的尺寸是以毫米（mm）为单位，因此如无特殊要求，一般图纸中的尺寸均是以毫米（mm）为单位。

标注相贯体的尺寸时，应标注出两相交基本体的定形尺寸，还要注出确定两相交基本体相对位置的定位尺寸，如图 1-2-49 所示。

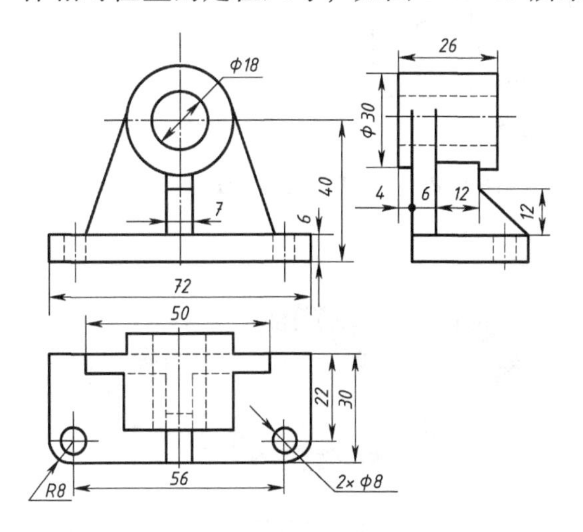

图 1-2-48　轴承座的尺寸标注

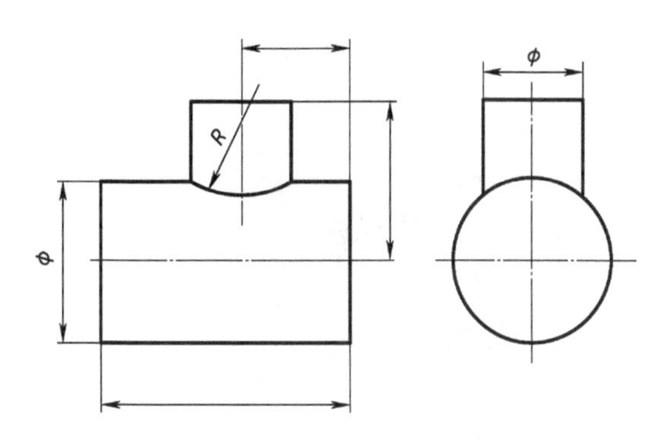

图 1-2-49　相贯体尺寸标注

（三）尺寸基准

标注尺寸的起点称为尺寸基准，简称基准。

基准选择：组合体有长、宽、高三个方向的尺寸，标注每个方向的尺寸时至少选择一个尺寸基准。通常选择组合体的对称面、底面、重要端面、回转体轴线等作为尺寸基准。如图 1-2-50 所示轴承座，长度方向的基准为轴承座左右对称面；宽度方向的基准为底板的后面；高度方向的基准为底板的底面。

（四）标注尺寸应注意事项

（1）定形尺寸尽量标注在反映该部分形状特征的视图上。切口尺寸注在反映实形的视图上，如图 1-2-51 所示。

小贴士：

图 1-2-52 所示为板件，这些结构也通常会作为零件的底板，这些结构的统一特征是在高度方向上，其截面形状是相同的，因此通常将定形尺寸标注在能反映形状的视图上，如图 1-2-53 所示。

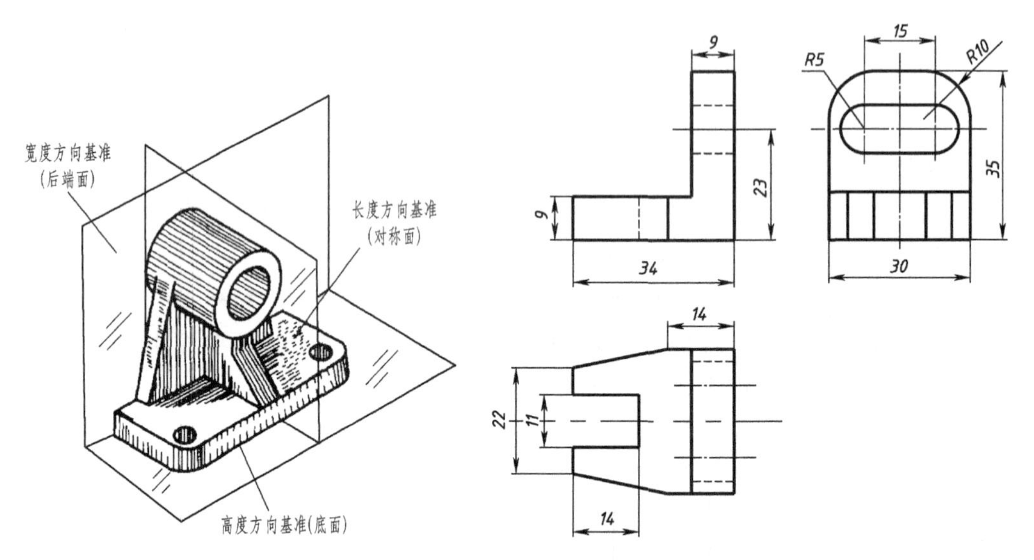

图 1-2-50　轴承座的基准　　　　图 1-2-51　切口尺寸标注

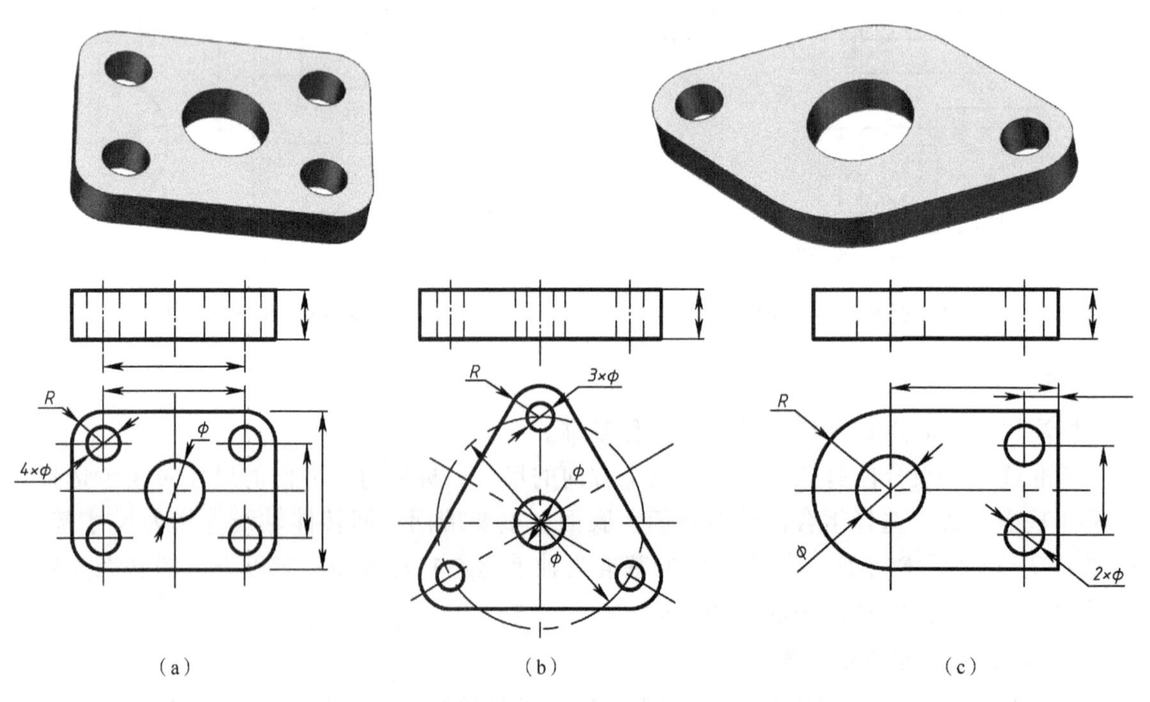

(a)　　　　(b)　　　　(c)

图 1-2-52　板件标注

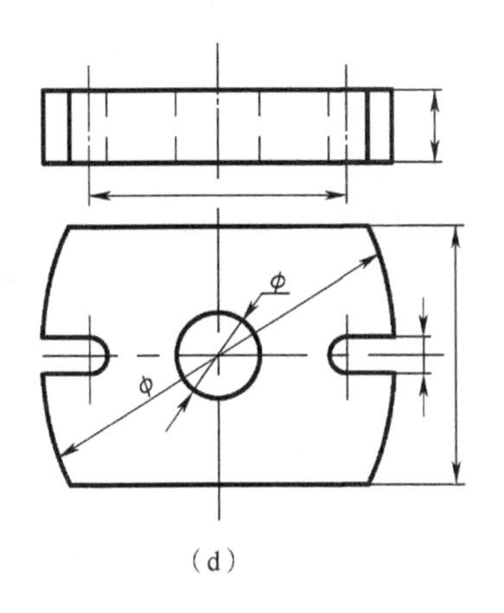

(d)

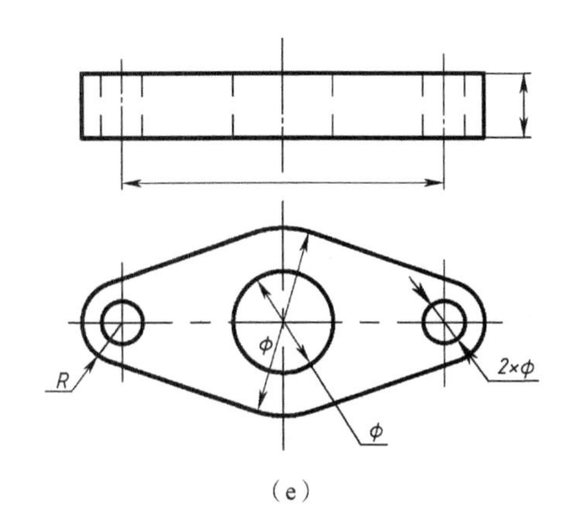

(e)

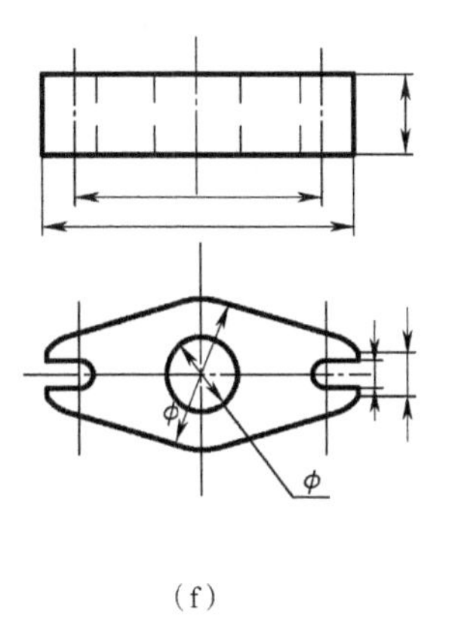

(f)

图 1-2-53　板件尺寸标注（续）

（2）同一形体的定形尺寸、定位尺寸，应相对集中标注在一、二个投影图上，便于读图时查找。

（3）避免在虚线上标注尺寸。

（4）同轴回转体的直径尺寸，最好标注在非圆视图上；圆弧半径尺寸应标注在投影为圆弧的视图上。

小贴士：

当组合体的一端（或两端）为回转体时，通常不以轮廓线为界标注其总体尺寸。

图 1-2-54 所示的组合体，其总高尺寸是由 28 mm 和 R14 mm 间接确定的。

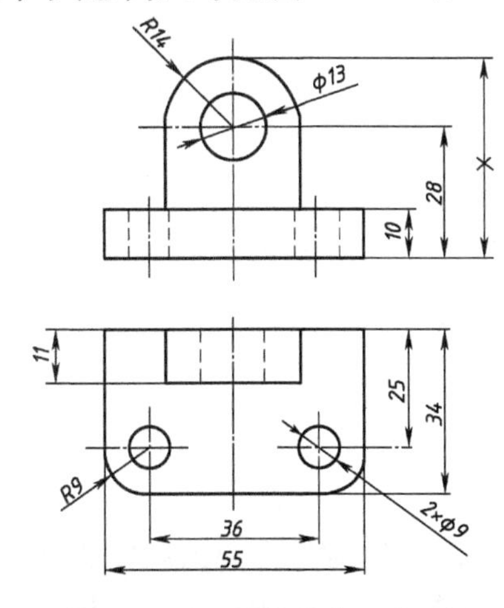

图 1-2-54　不注总高尺寸示例

绘制鲁班锁的三视图计划分析如图 1-2-55 所示。

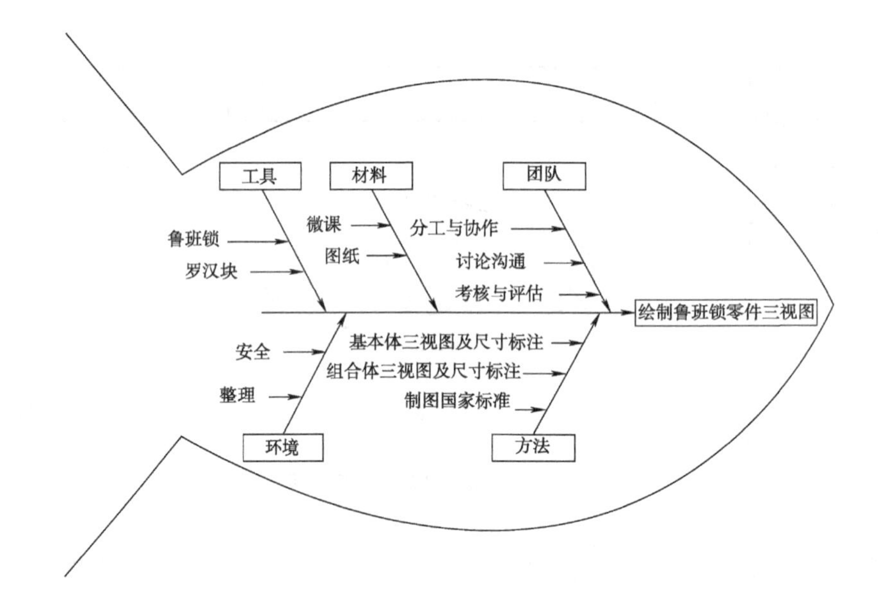

图 1-2-55　绘制鲁班锁零件三视图计划分析

要求：

根据所提供的鲁班锁，结合基本体、组合体有关知识，掌握绘制鲁班锁块三视图的方法并绘制出一套鲁班锁块三视图，为下一步生产做好准备。

人员组织：

6 ~ 8 人一组，先学习基本体、截断体及组合体有关知识并完成相关任务，再共同分析讨论鲁班锁零件三视图及其绘制方法。

材料：

鲁班锁、罗汉块积木、图纸。

工具：

教材、绘图工具。

方法：

鲁班锁的单个零件可以看成是一个长方体的基本体，然后在长方体的基础上切割而成，因此绘制鲁班锁零件三视图需要掌握基本体的三视图及尺寸标注、组合体的三视图及尺寸标注等方法，以及相关的尺寸标注的国家标准。

任务实施前

在绘制鲁班锁零件三视图之前，先对每个鲁班锁零件进行形体分析，小组内商讨其放置位置，确定主视图。另外需要掌握一定的规定画法，同时需完成信息搜集活动，逐步掌握这些基本的理论。

任务实施中

现选择鲁班锁其中一块，如图 1-2-56 所示，进行其三视图的绘制步骤说明，见表 1-2-4。

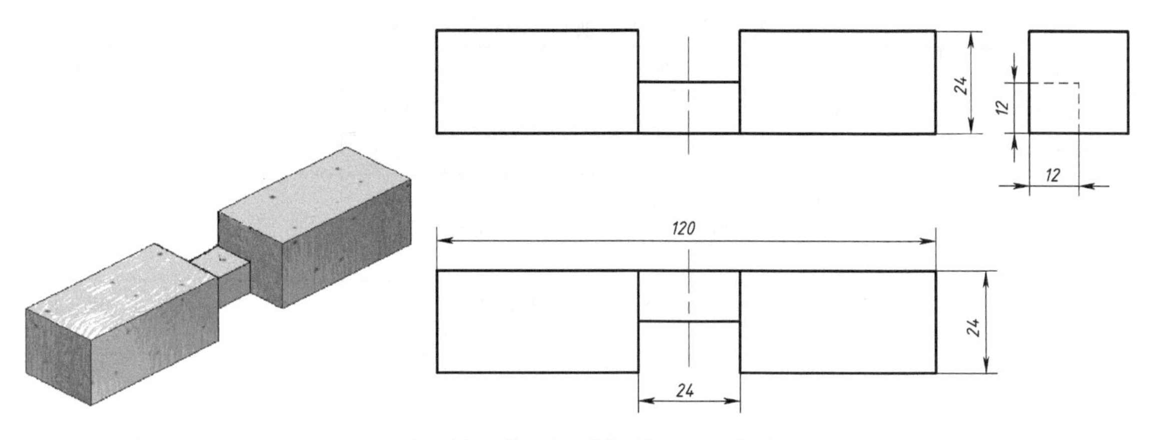

图 1-2-56　鲁班锁零件及三视图

表 1-2-4　鲁班锁零件三视图绘制步骤

方法和步骤	图　例
（1）分析形体，可理解为由长方体切割而成（也可理解为由几个长方体组合而成） （2）确定主视图的投射方向，进而确定三视图 （3）绘制定位线（右图 a） （4）根据“长对正，高平齐，宽相等”三视图投影规律绘制完整鲁班锁块基本体的三视图（右图 b） （5）根据三视图投影关系绘制中间竖切口前部的三视图（右图 c） （6）绘制中间竖切口后部的三视图（右图 d） （7）检查、描粗（右图 e） （8）标注尺寸（右图 f）	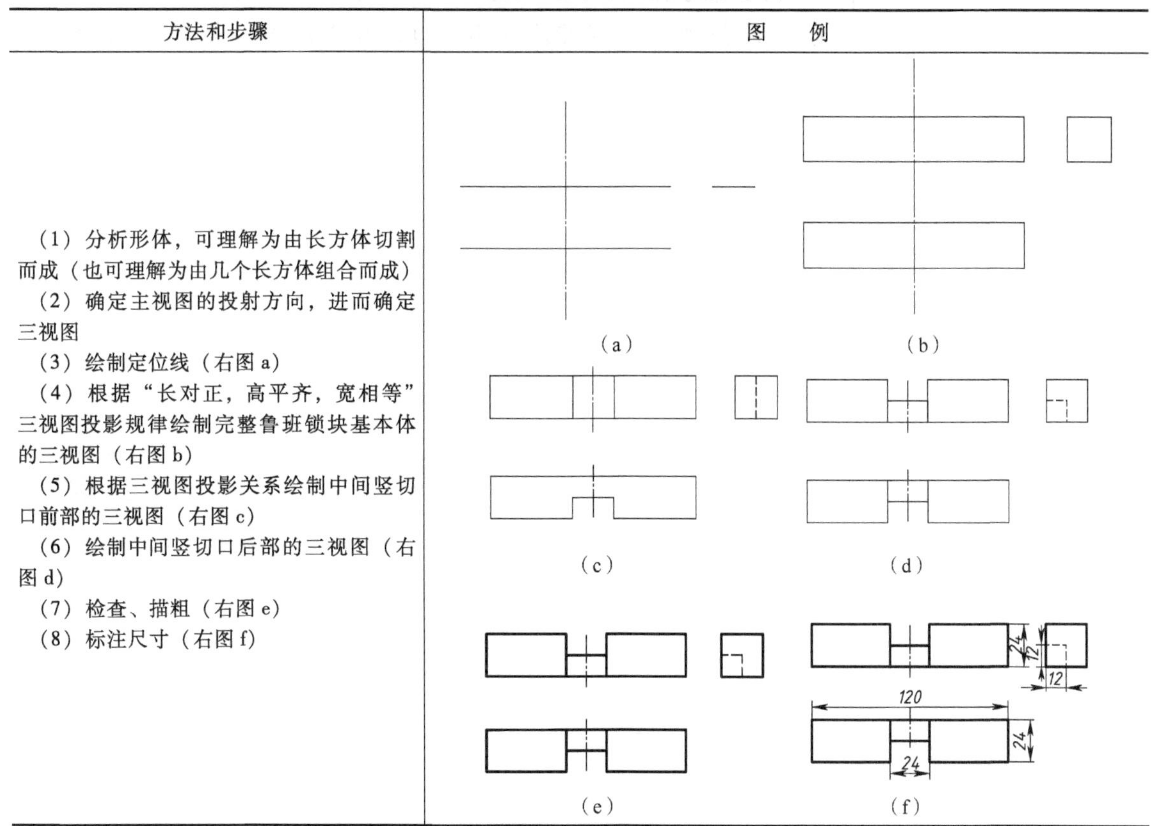

任务实施后

任务实施后，对所有学习资料、绘图工具进行检查整理，对绘图教室环境进行打扫。

1. 按照评分表 1-2-5 对鲁班锁零件的三视图进行评分

要求自评、互评，互评为小组内互相评价，每次评价得出相应分数，评价人签名保证分数的公正、合理。

表 1-2-5　鲁班锁零件三视图评分表

<table>
<tr><td>姓名</td><td></td><td>学号</td><td colspan="2"></td><td>自评</td><td>互评</td></tr>
<tr><td>评分项</td><td colspan="3">评分标准</td><td>分值</td><td></td><td></td></tr>
<tr><td>图幅、比例</td><td colspan="3">图幅、比例选择合理</td><td>10 分</td><td></td><td></td></tr>
<tr><td>视图</td><td colspan="3">1. 三视图对应关系正确 35 分
2. 三视图表达方案合理正确 45 分，一处不合理扣 2 分，最多扣 15 分</td><td>80 分</td><td></td><td></td></tr>
<tr><td>图面质量</td><td colspan="3">图面整洁 2 分，布局 2 分，字体 3 分，图线清晰、粗细分明 3 分</td><td>10 分</td><td></td><td></td></tr>
<tr><td colspan="4">总分</td><td>100 分</td><td>（签名）</td><td>（签名）</td></tr>
</table>

2. 针对工作过程，依据融能力，评价师生

小组汇报鲁班锁零件三视图绘制情况，根据汇报，对小组人员理论知识、实践技能、社会能力、独立能力四个能力进行评价（参照附录 K 表），并将评价结果填入附录 K 中表 K－1。

融项目二 绘制机器零件图

融项目二绘制机器零件图包含四个任务：

融任务一绘制齿轮油泵泵盖零件图。本任务通过齿轮油泵泵盖零件图的绘制，使学生掌握剖视图的画法以及盘盖类零件的结构特点、视图表达方法、尺寸标注和技术要求等有关知识，使学生能识读、绘制盘盖类零件图。

融任务二绘制齿轮油泵传动齿轮轴零件图。本任务通过齿轮油泵传动齿轮轴零件图的绘制，使学生掌握轴类零件的视图表达方法、尺寸标注和技术要求等有关知识以及齿轮、螺纹等画法，使学生能识读、绘制轴类零件图。

融任务三计算机绘制齿轮油泵泵体零件图。本任务通过齿轮油泵泵体零件图的绘制，使学生掌握箱体类零件的视图表达方法、尺寸标注和技术要求等有关知识以及AutoCAD绘图技能，使学生能识读、绘制箱体类零件图。

融任务四计算机绘制轴承座零件图。本任务通过轴承座零件图的绘制，使学生掌握叉架类零件的视图表达方法、尺寸标注和技术要求等相关知识，使学生能识读、绘制叉架类零件图。

融任务一　绘制齿轮油泵泵盖零件图

齿轮油泵（见图 2-1-1）是机器润滑系统中的一个部件，主要作用是将润滑油压入机器，使其内部做相对运动零件的接触面之间产生油膜，从而降低零件间的摩擦，并减少磨损，确保每个零件（如轴承、齿轮等）正常工作。齿轮油泵主要由齿轮轴、泵体、泵盖、轴端密封件等组成。泵体中一对回转齿轮，一个主动，一个被动，依靠两齿轮的相互啮合，把泵内的整个工作腔分两个独立的部分。齿轮油泵在运转时主动齿轮带动被动齿轮旋转，当齿轮从啮合到脱开时在吸入侧就形成局部真空，液体被吸入。被吸入的液体充满齿轮的各个齿谷而带到排出侧，齿轮进入啮合时液体被挤出，形成高压液体并经泵排出口排出泵外。

齿轮油泵泵盖是齿轮油泵中的一个零件，其主要起支承、轴向定位和密封等作用。

图 2-1-2 所示为齿轮油泵泵盖样件，作为绘图员，请根据客户要求，对样件进行测绘，查阅机械制图标准、公差配合等资料，对泵盖结构进行分析，确定图幅、比例及表达方案，在规定时间内，完成泵盖的零件图，并交付资料管理部门，同时在工作中应注意技术文件的管理制度和保密制度。

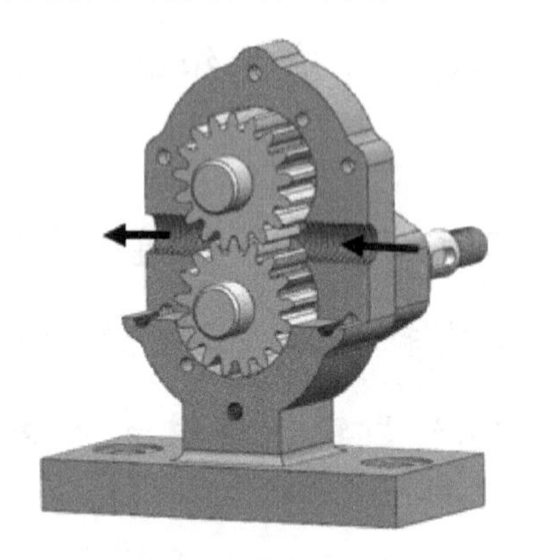

图 2-1-1　齿轮油泵

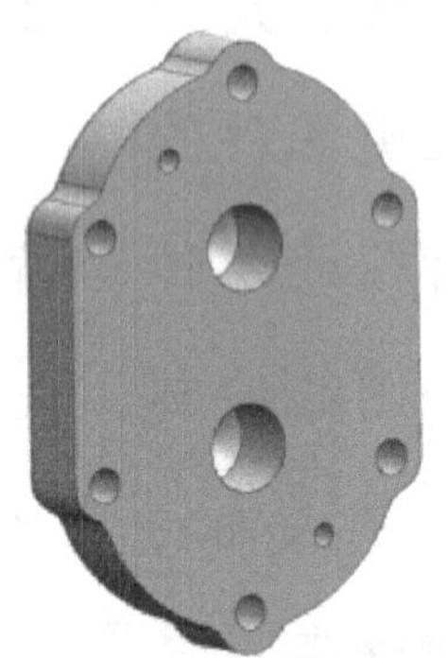

图 2-1-2　齿轮油泵泵盖三维图

零件图是指导制造和检验零件的图样，是零件生产中的重要技术文件。齿轮油泵泵盖根据其结构特征属于轮盘类零件，轮盘类零件多为回转体或其他几何形状的扁平盘状体，其径向尺寸要远大于轴向尺寸。轮盘类零件通常会采用剖视图来表达，根据其结构特点以及加工方法的不同，尺寸标注、技术要求等也有一定的特点。因此根据任务要求，要绘制完整、清晰、正确的齿轮油泵零件图需要掌握图 2-1-3 所示信息。

一、零件图的功用和内容

零件图是设计部门提交给生产部门的重要技术文件，它反映了设计者的意图，表达了

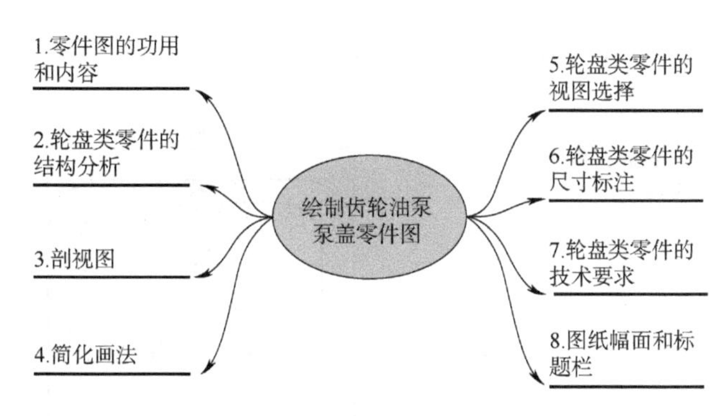

图 2-1-3　绘制齿轮油泵泵盖零件图相关知识

对零件的要求（包括对零件的结构形状和大小、制造工艺的可能性、合理性要求等），是制造和检验零件的依据。

（一）零件图的功用

零件是机器中最基本的组成单元，任何一台机器或一个部件都是由若干个零件按一定的装配关系和使用要求装配而成的（图 2-1-4 为齿轮油泵分解图），制造机器必须首先制造零件。零件图就是直接指导制造和检验零件的图样，是零件生产中的重要技术文件。

表示单个零件内、外结构形状、尺寸大小及技术要求的图样称为零件图。

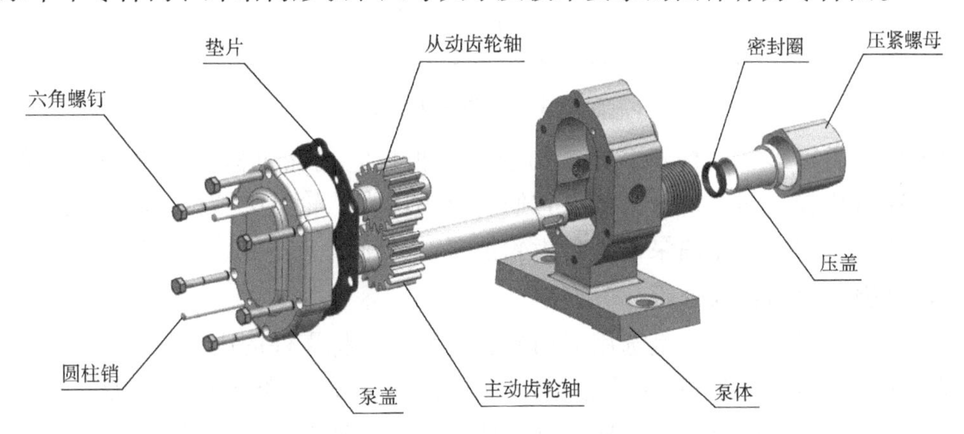

图 2-1-4　齿轮油泵分解图

（二）零件图的内容

零件图是直接指导零件生产的图样，是检验零件质量的依据，如图 2-1-5 所示的端盖零件图，一张完整的零件图包括表 2-1-1 所示四项内容。

表 2-1-1　零件图的内容

序　号	内　容	作　用
1	一组视图	用适当的表达方法，将零件各部分形状和内外结构正确、完整、清晰、简洁地表达出来
2	完整尺寸	正确、完整、清晰、合理地标注出零件在制造和检验时所需的全部尺寸
3	技术要求	用规定的代号、符号或文字，简明、准确地给出零件在制造和检验过程中所应达到的各项技术指标。主要有表面结构（用粗糙度符号表示）、尺寸公差 、几何公差、热处理及其他要求
4	标题栏	填写零件名称、材料、比例、图号、图样的设计单位及有关责任人签字等

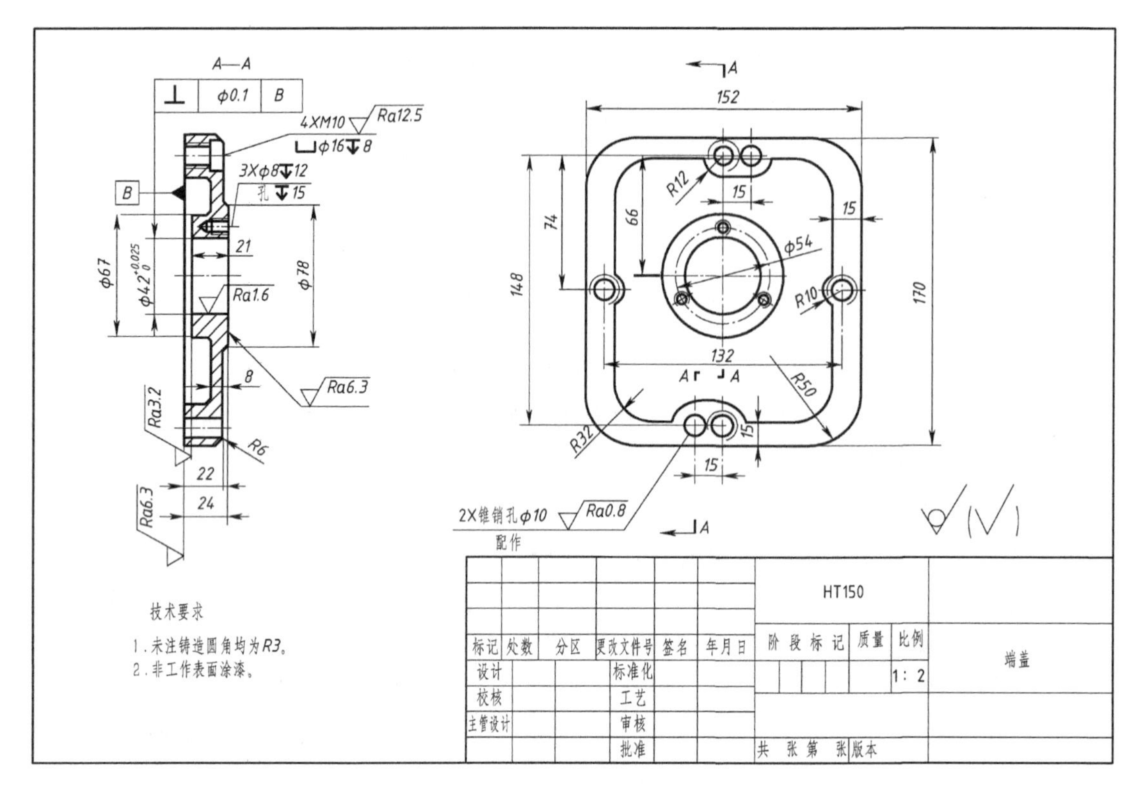

图 2-1-5　端盖零件图

机器零件种类繁多，结构形状千变万化，但根据它们在机器（或部件）中的作用和形状特征，通过比较、归纳，可大体将它们划分为四类：轮盘类零件、轴套类零件、箱体类零件、叉架类零件。齿轮油泵泵盖是齿轮油泵的其中一个零件，属于轮盘类零件。

二、轮盘类零件的结构分析

绘制零件图的基本要求就是选用适当的表达方法，将零件的内、外结构形状完整、清晰、合理表达，同时便于读图和简化绘图。因此，了解轮盘类零件在机器（或部件）中的作用，并对其结构进行分析，以便于确定此类零件合理的表达方案。

（一）轮盘类零件的作用

轮盘类零件是机器上的常见零件，包含齿轮、手轮、传动带轮、飞轮等各种轮子、法兰盘、端盖、压盖等。该类零件主要起支承、轴向定位和防尘、密封等作用。

图 2-1-6 所示为几种常见的轮盘类零件。

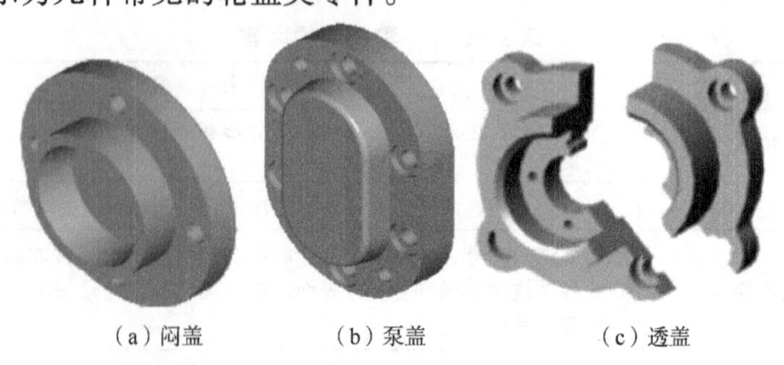

（a）闷盖　　（b）泵盖　　（c）透盖

图 2-1-6　轮盘类零件三维造型图

（二）轮盘类零件结构分析

尽管各种轮盘类零件结构形状各不相同，但在视图表达方面具有许多共同特点。轮盘类零件的基本形体一般为回转体或其他几何形状的扁平盘状体，通常还带有键槽、各种形状的凸缘、均布的孔（螺孔或光孔、销孔等）和肋等局部结构。其主要结构特点是径向尺寸远大于轴向尺寸。

三、剖视图

轮盘类零件上各种孔较多，内部结构比较复杂，视图中会有较多的虚线，这样既影响图形的清晰，又不利于看图和标注尺寸。为了清楚地表示内部结构复杂的机件，国家标准中规定了剖视图的基本表示法。如图 2-1-5 所示的主视图就采用了剖视图的表达方法。

（一）剖视图的概念和画法

活动1：

（1）理解剖视图的概念；

（2）将图 2-1-7 所示主视图画成剖视图，作图比例 1:1。

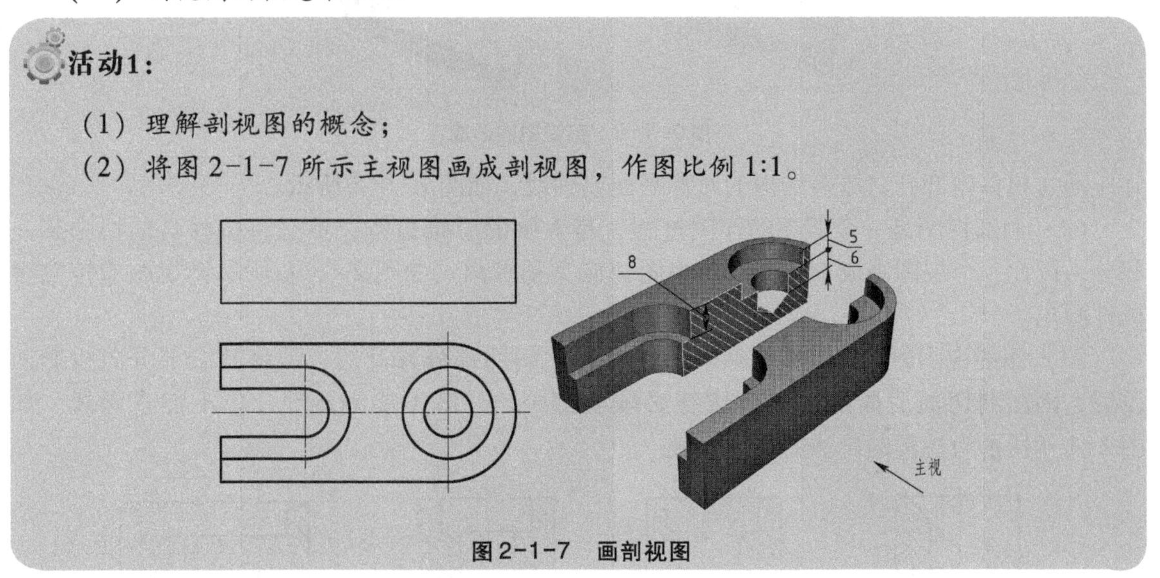

图 2-1-7　画剖视图

1. 剖视图概念

假想用剖切面剖开机件，将处在观察者与剖切面之间的部分移去，将其余部分向投影面投射所得的图形称为剖视图，简称剖视，如图 2-1-8 所示。

小贴士：

（1）剖切面：剖切零件的假想平面或曲面。

（2）将图 2-1-8 所示视图与剖视图相比较，可以看出，由于主视图采用了剖视的画法，将零件不可见的部分变成了可见的，图中原有的细虚线变成了粗实线，再在剖面区域画上剖面线，使零件内部结构形状表达得即清晰，又有层次感。

（3）剖切面与机件接触部分称为剖面区域。

（4）剖视图主要用来表达机件的内部结构形状。

2. 剖视图的画法

画剖视图时，要正确理解剖视图的概念，注意以下几点：

（1）画剖视图时，为了得到机件内部的真实形状，通常选用与投影面平行的剖切平面，

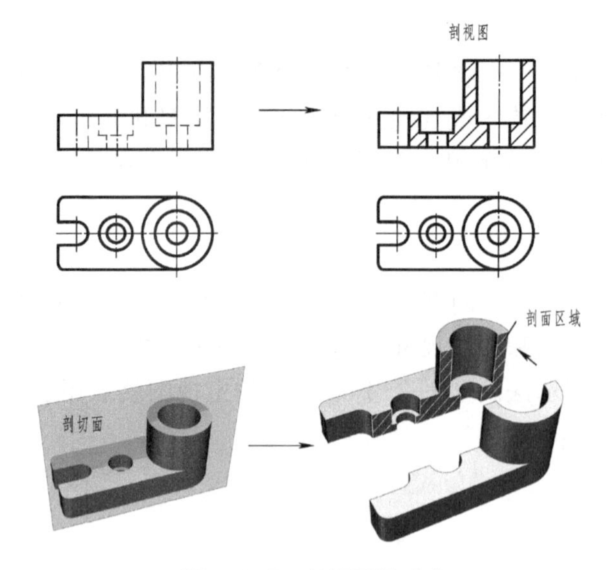

图 2-1-8　剖视图的形成

并应通过机件内部孔、槽等结构的对称平面或轴线，如图 2-1-8 所示。

（2）画剖视图是一个假想的作图过程，是大脑的思维过程，不是将机件真的切去某一部分，因此一个视图画成剖视，其他视图仍应完整画出。如图 2-1-8 所示俯视图应按完整机件画出。

（3）画剖视图时，将处在观察者和剖切面之间的部分移开后，需将其余部分向投影面投射，因此剖切面后面的可见轮廓线必须全部画出，既不能漏画线，也不能多画线。如图 2-1-9所示为视图的画法的正误比较。

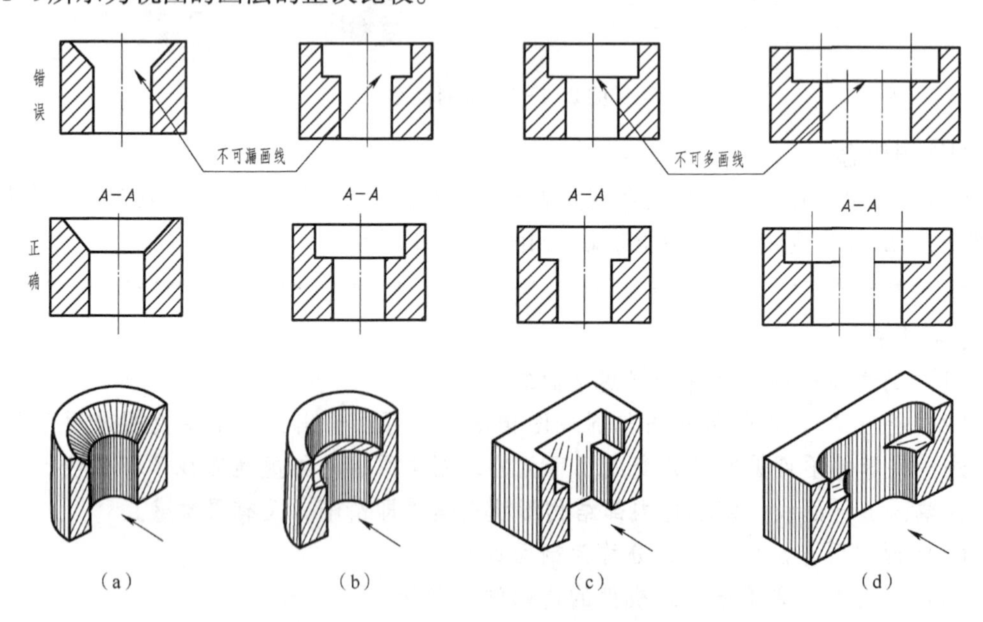

图 2-1-9　剖视图中容易漏画及多画的线

（4）画剖视图的目的是使图形清晰，一般情况下，在剖视图上已经表达清楚的结构，在其他视图上此部分结构的投影为虚线时，其虚线省略不画，如图 2-1-10 所示。但没有表示清楚的结构，若画出少量的细虚线能减少视图的数量时，也可画出少量必要的虚线，如图 2-1-11所示。

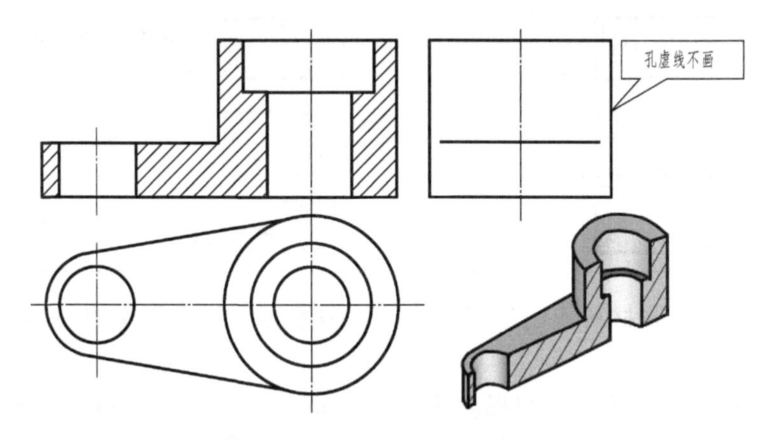

图 2-1-10　左视图中内孔投影的细虚线不画

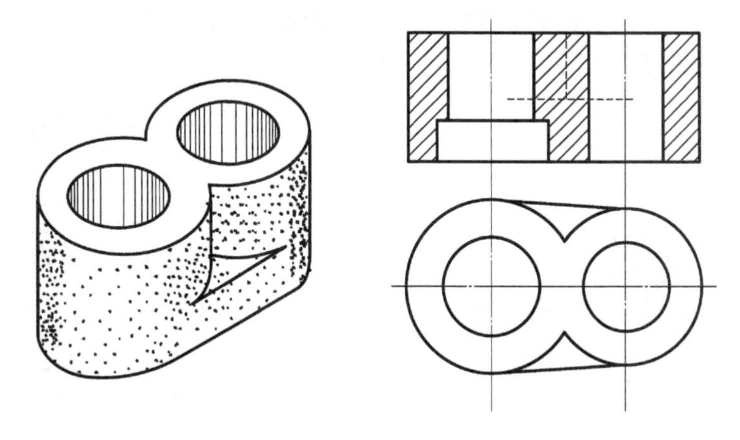

图 2-1-11　剖视图中的情况细虚线画法

画剖视图的步骤如下：

（1）确定剖切面的位置。

（2）将处在观察者和剖切面之间的部分移去，而将其余部分全部向投影面投射。

（3）在剖面区域内画上剖面符号。

（二）剖面符号

在剖面区域内画上剖面符号，以区别机件的实体和空腔部分。不同的材料有不同的剖面符号，有关剖面符号的规定见表 2-1-2。

表 2-1-2　材料的剖面符号（摘自 GB/T 4457.8—2013）

材料类别	图　例	材料类别	图　例	材料类别	图　例
金属材料（已有规定剖面符号者除外）		混凝土		木材（纵断面）	
非金属材料（已有规定剖面符号者除外）		钢筋混凝土		木材（横断面）	

续表

材料类别	图例	材料类别	图例	材料类别	图例
转子、电枢、变压器和电抗器等的叠钢片		型砂、填砂、粉末冶金、砂轮、陶瓷刀片、硬质合金刀片等		木质胶合板（不分层数）	
线圈绕组元件		砖		液体	
玻璃及供观察用的其他透明材料		基础周围的泥土		格网（筛网、过滤网等）	

在机械设计中，金属材料使用最多，为此，国家标准规定用简明易画的平行细实线作为剖面符号，称为剖面线。

绘制剖面线时，同一零件各剖视图中的所有剖面区域，剖面线应间距相等，方向相同。剖面线的方向一般与主要轮廓或剖面区域的对称线成45°，如图 2-1-12 所示。如剖面线与主要轮廓线平行时，可将该图形的剖面线画成与水平成 30°或 60°，但其倾斜方向与其他图形的剖面线一致，如图 2-1-13 所示。

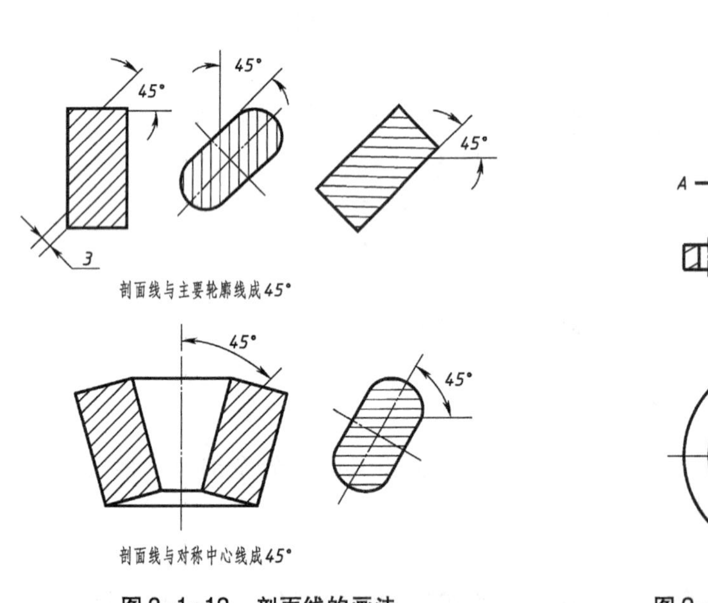

图 2-1-12　剖面线的画法

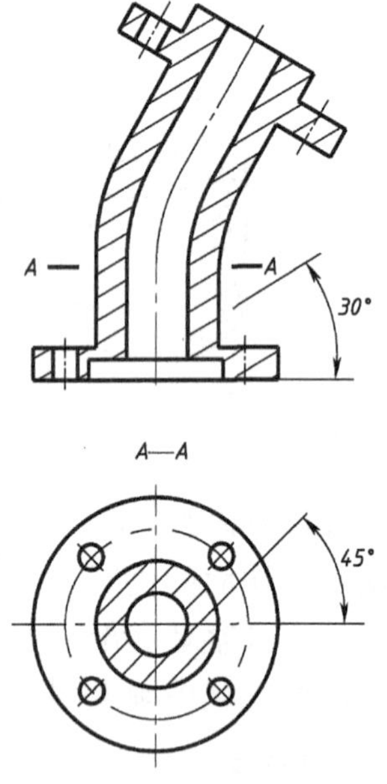

图 2-1-13　剖面线画法示例

（三）剖视图的标注

（1）剖视图的标注有三个要素。

① 剖切线：指示剖切面位置的线，用细点画线表示，剖视图中通常省略不画此线，如图 2-1-14a 所示

② 剖切符号：指示剖切面起始和转折位置（用粗实线的短画表示）及投射方向（用箭头表示）的符号，如图 2-1-14b 所示

③ 字母：表示剖视图的名称“ ×一× ”，用大写字拉丁

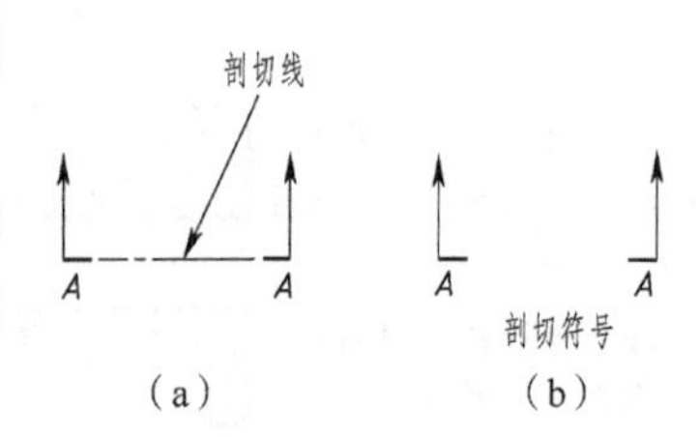

图 2-1-14　剖切线、剖切符号

母注写在剖视图的上方。

（2）剖视图的标注方法可分为三种情况，即全标、不标和省标。

① 全标：上述三要素全部标出，这是基本规定。

一般应在视图的上方用大写拉丁字母标出剖视图的名称。在相应的视图上方用剖切符号表示剖切位置和投射方向（用箭头表示），并标注相同的字母，如图 2-1-15 所示。

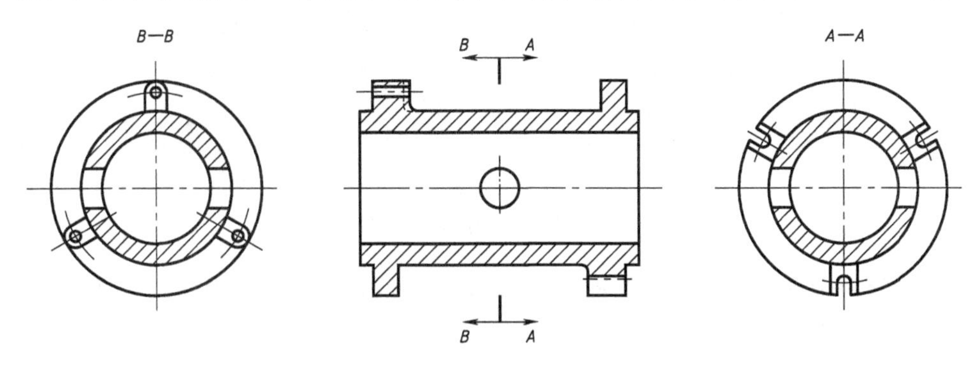

图 2-1-15　剖视图的标注（一）

② 不标：指上述三要素均不必标注。但是，必须同时满足两个条件方可不标，即单一剖切平面通过机件的对称平面或基本对称平面剖切；剖视图按投影关系配置，且中间没有其他图形隔开。如图 2-1-16 所示的主视图，同时满足了两个不标条件，故未加任何标注。

③ 省标：指仅满足不标条件中的后一个条件，则可省略表示投射方向的箭头，如图 2-1-16 左视图。

自行分析图 2-1-16 中 C—C 剖视图的标注。

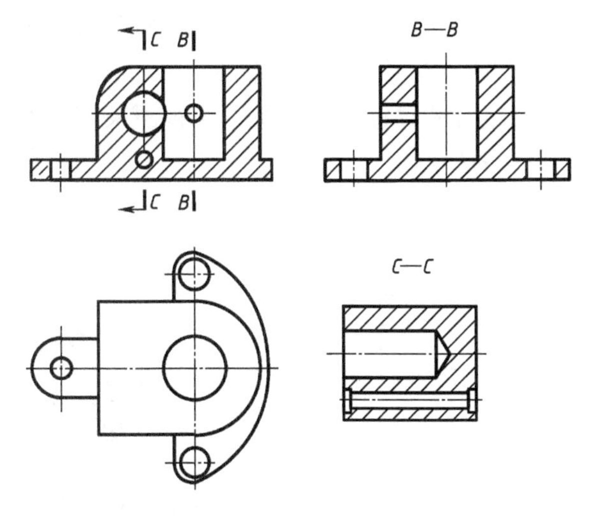

图 2-1-16　剖视图的标注（二）

（四）剖视图的种类

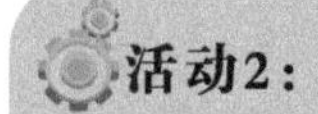

活动2：

（1）叙述全剖视图和半剖视图的区别；

（2）根据图 2-1-17 所示零件特征，将主视图画成剖视图，作图比例 1:1。

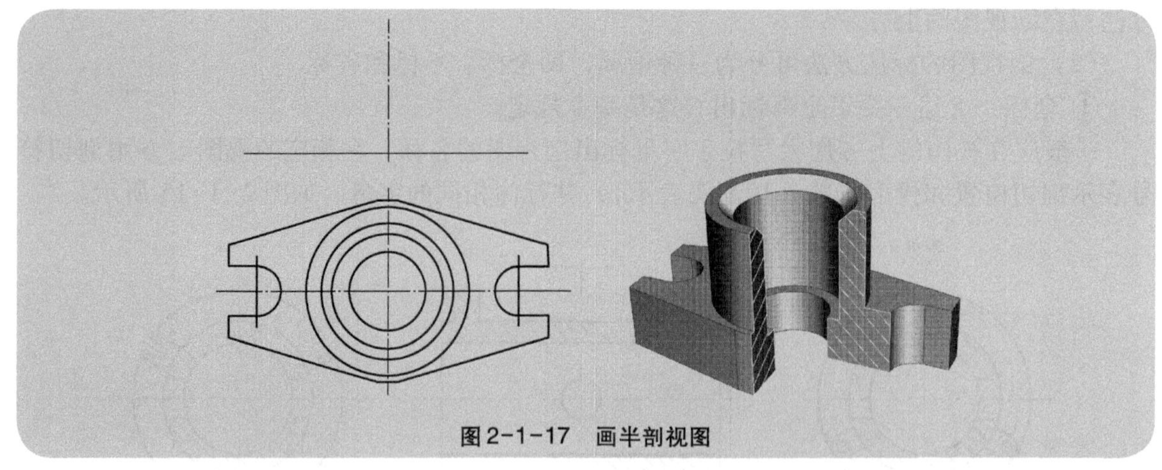
图 2-1-17　画半剖视图

剖视图可分为全剖视图、半剖视图、局部剖视图三种。局部剖视图在“融任务 2 绘制齿轮油泵主动齿轮轴零件图”中讲解。

（1）全剖视图

用剖切平面完全地剖开机件所得的剖视图，称为全剖视图。全剖视图主要用于表达内部结构复杂、外形比较简单的不对称机件，如图 2-1-16 所示零件主视图。

（2）半剖视图

若机件具有对称平面，在向垂直于对称平面的投影面投射时，可以以对称中心线为界，一半画成剖视图，另一半画成视图，这种组合的图形称为半剖视图。

半剖视图的优点在于，一半（剖视图）能表达机件的内部结构，而另一半（视图）可以表达外形，多应用于内、外形状均需表达的对称机件。如机件的形状基本对称，且不对称部分已在其他视图中表达清楚时，也可画成半剖视图。

如图 2-1-18 所示，机件的左右、前后都对称，主视图采用半剖，即表示了轴孔的内部结构，又表示了机件前面凸台的外形。

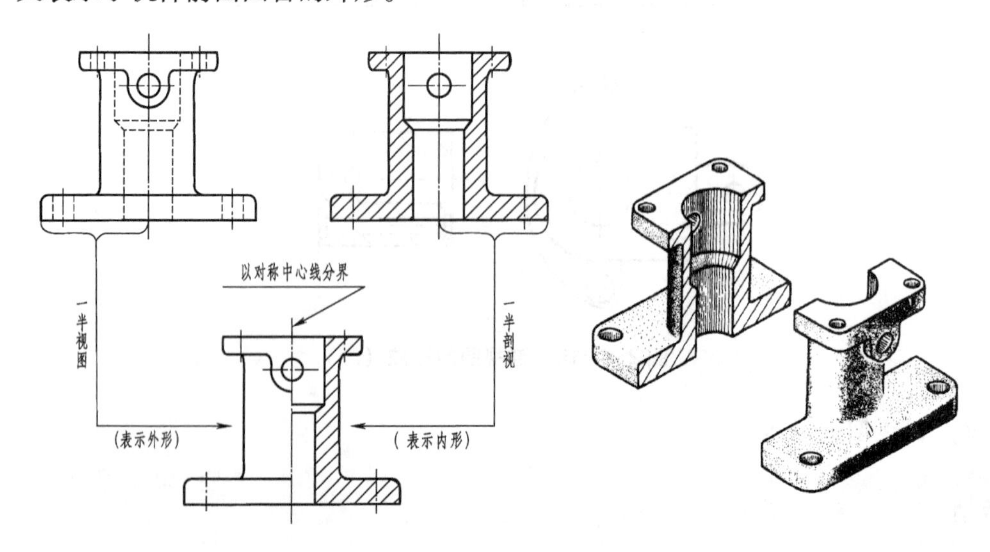

图 2-1-18　半剖视图

如图 2-1-19 所示，不对称部分已在俯视图中表达清楚，主视图也可画成半剖视图。

小贴士：

（1）在半剖视图中，半个外形视图和半个剖视图的分界线必须画成点画线。

（2）由于图形是对称的，半个剖视图中已经表达清楚的内部结构，在半个不剖的外形图中，表达内部形状的虚线应省去不画。

（3）半剖视图的标注方法与全剖视图相同。

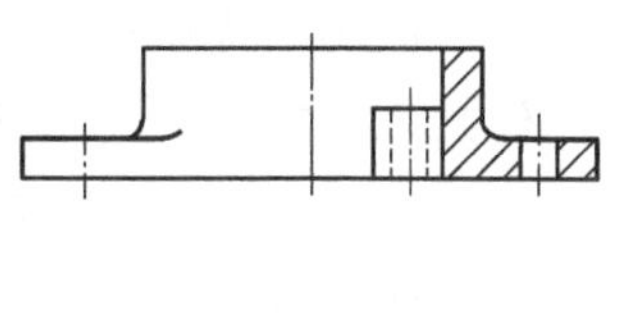

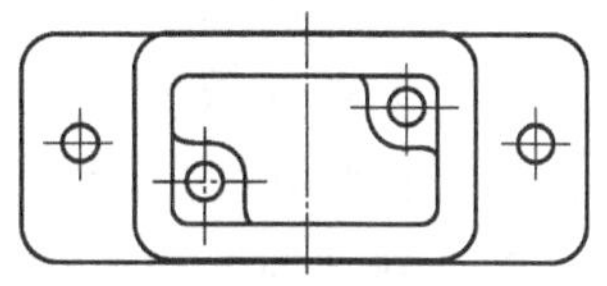

图 2-1-19　基本对称机件的半剖视图

（五）剖切面的种类

活动3：

（1）叙述剖切面种类共有几种，每一种分别适合表达哪些类型零件的内部结构；

（2）用合适的剖切平面将图 2-1-20a、b 中的主视图改画成剖视图。

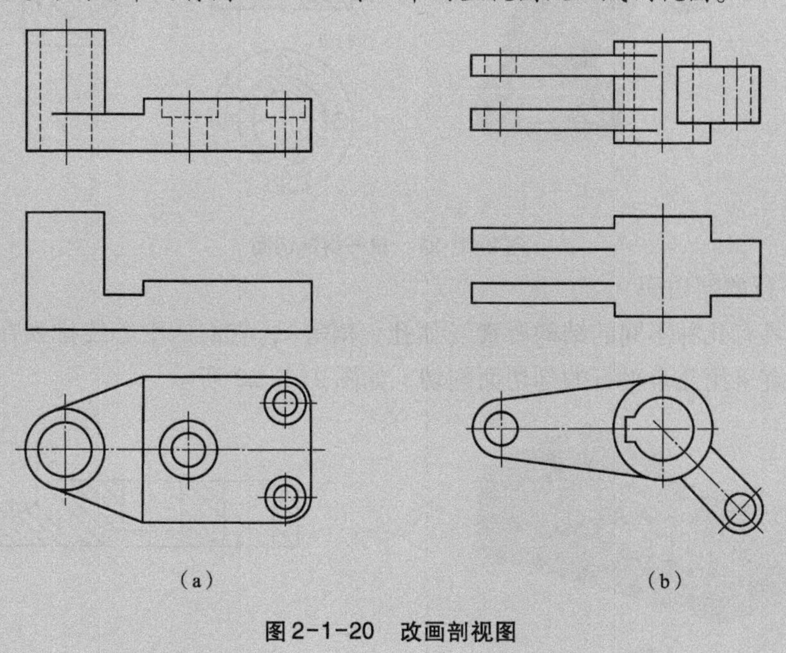

图 2-1-20　改画剖视图

剖切面指的是剖切零件的假想平面或曲面。

盘类零件的形状、结构千差万别，只用单一的剖切面很难完整、清晰地表达其形状结构。图 2-1-5 为端盖零件图，主视图是被两个互相平行的剖切面剖开的全剖视图；而对于齿轮油泵泵盖轴测图，要将其上孔的内部结构在一个剖视图中表达清楚，需要两个相交的剖切面将其剖开。因此，根据机件的结构特点，国家标准规定了各种不同形式的剖切面：单一剖切面、几个平行的剖切面、几个相交的剖切平面。无论采用哪种剖切面剖开机件，都可获得全剖视图、半剖视图、局部剖视图。

1. 单一剖切面

用于内部结构位于同一剖切面上的机件。其可以平行于某一基本投影面，也可以不平行于任何基本投影面（称为单一斜剖切面）。

平行于某一基本投影面的单一剖切平面应用最多，如图 2-1-16 所示。

当需要表达倾斜的内部结构时，可采用单一斜剖切面剖开机件。画图时，所得的剖视图可按投影关系（按箭头所指的方向）配置，也可以平移到其他适当位置，在不致引起误解时，允许将倾斜图形转正，但应在图形上方加注旋转符号，如图 2-1-21 所示 *A—A* 剖视图。

单一斜剖的标注要注意字母一律水平书写，与倾斜部分的倾斜方向无关。

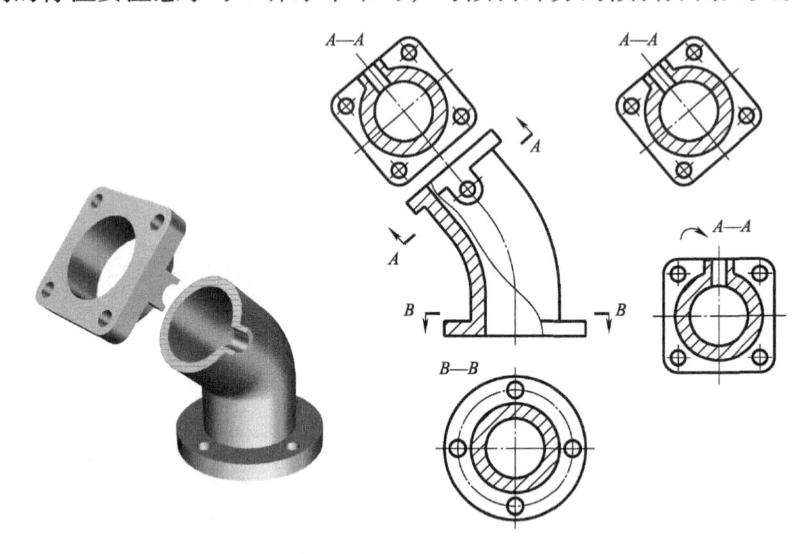

图 2-1-21　单一斜剖切面

2. 几个平行的剖切面

当机件上具有几种不同的结构要素（如孔、槽等），它们的中心线排列在几个互相平行的平面上时，宜采用几个平行的剖切面剖切，如图 2-1-22 所示。

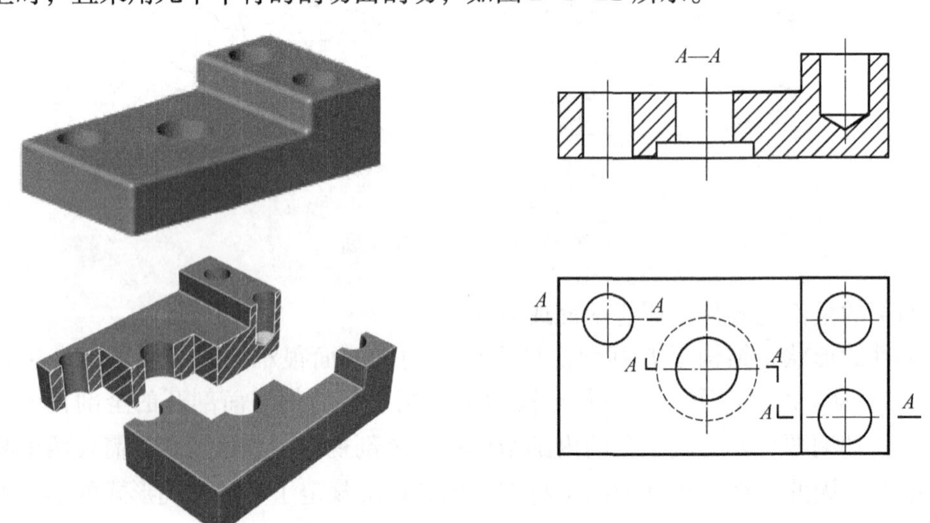

图 2-1-22　几个平行的剖切面

平行的剖切平面的数量可能是两个或两个以上，各剖切平面的转折处成直角，剖切平面必须是投影面的平行面。

投影方法：

将假想的几个平行的剖切面看成一个剖切面，移去观察者与剖切面之间的全部或部分结构，将其余部分向投影面进行投射。

采用几个平行的剖切面画剖视图时应注意下列几点：

① 不应在几个平行的剖切平面转折处画线，如图 2-1-23a 所示。

② 剖切平面的转折处不应与图中的轮廓线重合，如图 2-1-23b 所示。

③ 在剖视图中不应出现不完整要素，如图 2-1-23c 所示。

④ 仅当两个要素在图形上具有公共对称中心线或轴线时，才可以出现不完整的要素，可以各画一半，并以对称中心线或轴线为界，如图 2-1-24 所示。

⑤ 剖视图标注：必须在剖切面剖切起始和转折处画上粗短画线表示剖切位置，并应注上相同字母。若剖视图按投影关系配置，中间又没有其他图形隔开时，允许省略箭头，如图 2-1-24所示。

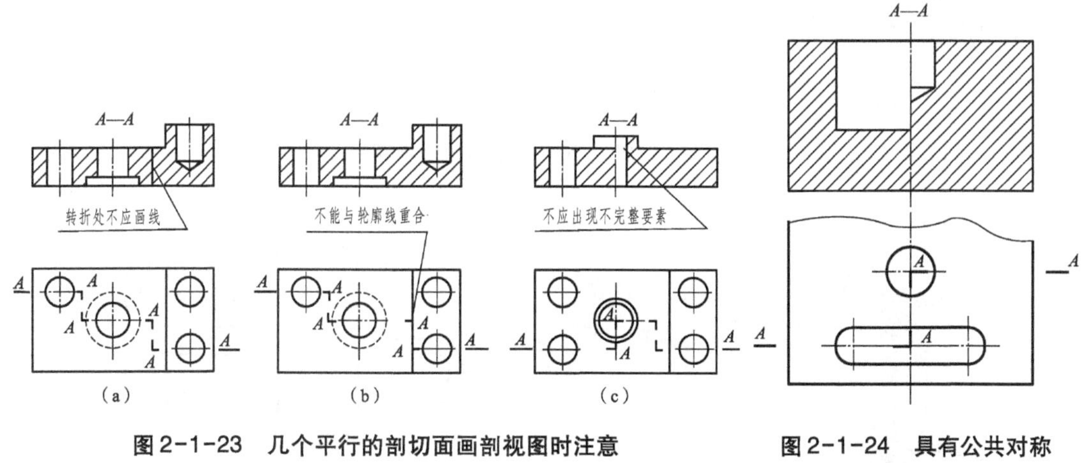

图 2-1-23 几个平行的剖切面画剖视图时注意

图 2-1-24 具有公共对称中心线的剖视图

3. 几个相交的剖切平面（交线垂直于某一个投影面）

当机件上的孔（槽）等结构不在同一平面上，但却沿机件的某一回转轴线分布时，可采用几个相交于回转轴线的剖切面剖开机件，以表达机件的内部形状，如图 2-1-25 所示。

投影方法：先假想按剖切位置剖开机件，然后将被剖开的倾斜部分结构及有关部分，绕回转轴旋转到与选定的投影面平行后再投射。

采用几个相交的剖切面画剖视图时应注意下列几点：

（1）几个相交剖切面（包括平面或柱面）都与同一个投影面垂直，且其交线与机件上回转轴线重合。

（2）剖切面后边的其他结构，一般仍按原来位置进行投射，如图 2-1-25 所示的小油孔。

（3）当剖切后产生不完整要素时，应将此部分按不剖绘制，如图 2-1-26 所示。

（4）还可以采用展开画法，此时在剖视图上方应标注“ ×—×展开”，如图 2-1-27 所示。

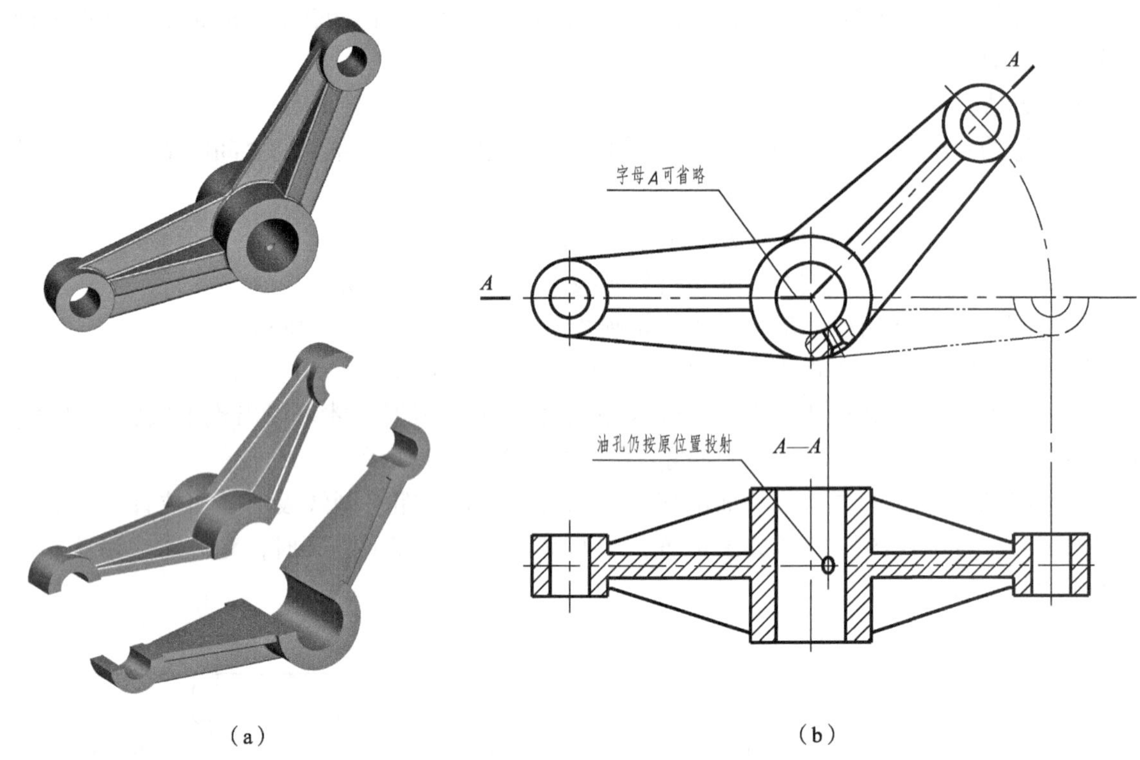

图 2-1-25　几个相交的剖切平面

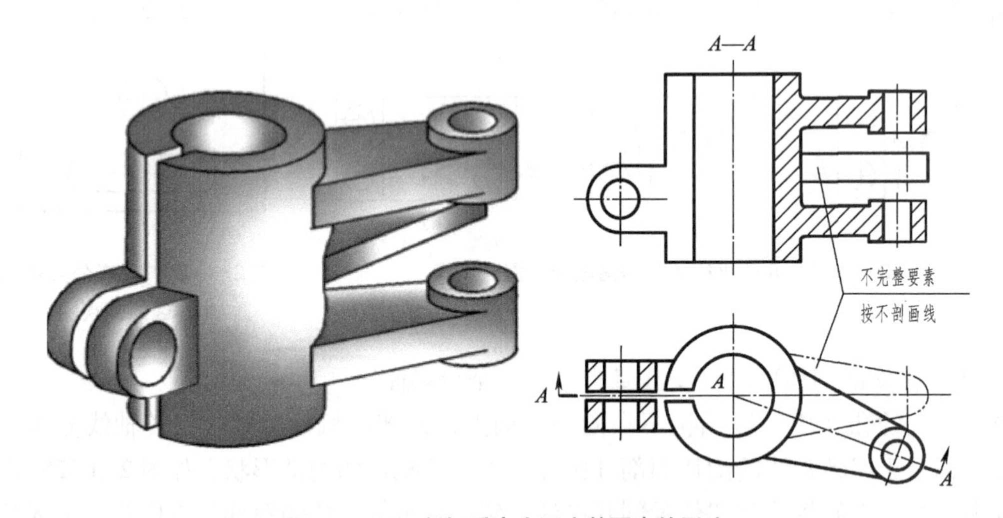

图 2-1-26　剖切后产生不完整要素的画法

（5）必须对旋转剖视图进行标注，其标注形式及内容，与几个平行平面剖切的剖视图相同，如图 2-1-27 所示。

4. 组合剖切平面

组合剖切平面法是用几个平行的、相交的剖切平面或柱面组合起来剖开机件的方法，如图 2-1-28 所示。

画法：按所属剖切类型画出各部分剖视图。

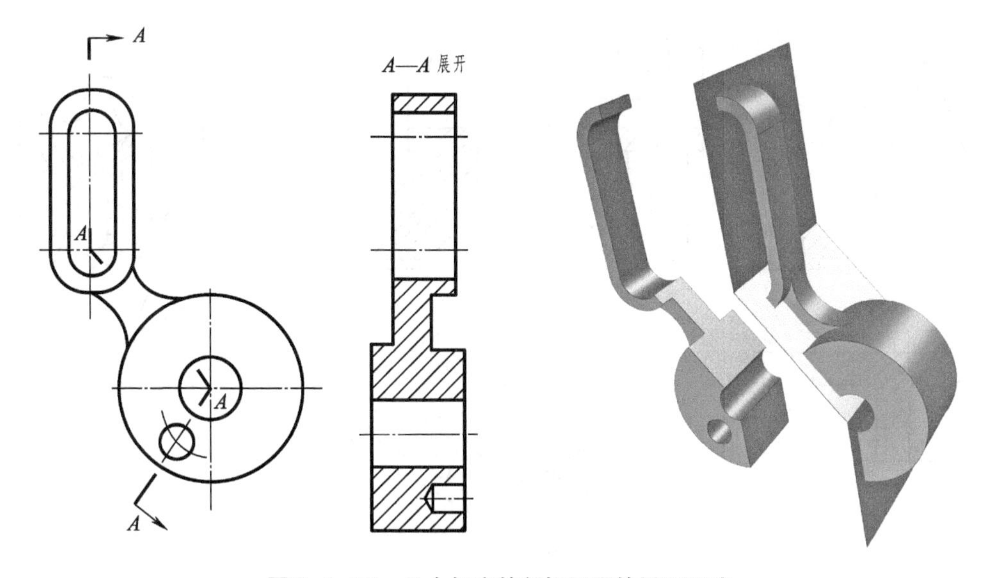

图 2-1-27　几个相交的剖切平面的展开画法

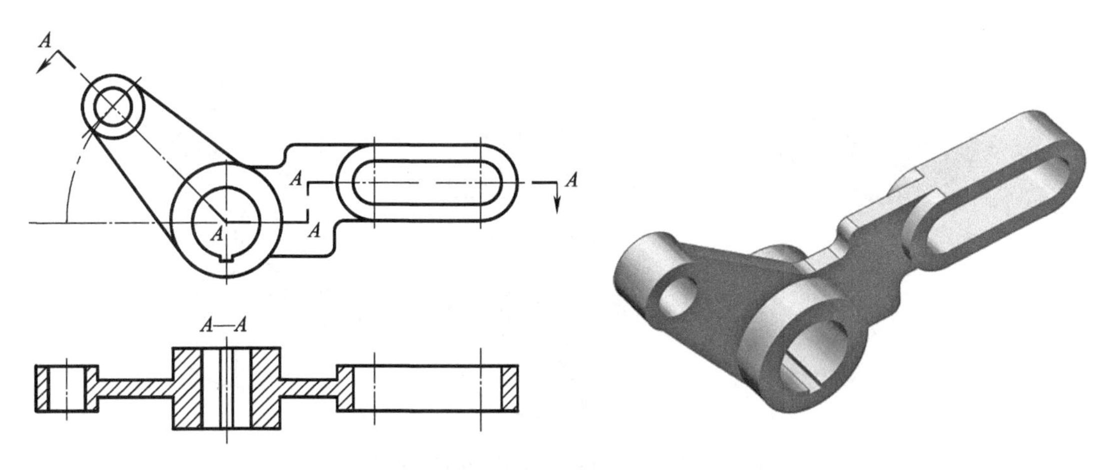

图 2-1-28　组合剖切平面图例

四、简化画法

（1）机件的肋、轮辐及薄壁等结构的规定画法

对于机件上的肋板、轮辐及薄壁等结构，画各种剖视图时，若按纵向剖切，这些结构都不画剖面符号，而用粗实线将它们与邻接部分分开，横向剖切时，需要画剖面符号如图 2-1-29 所示。

（2）回转体上均布结构的规定画法

回转体上均匀分布的肋板、孔等结构不处于剖切平面上时，可假想将这些结构旋转到剖切平面上画出；对均匀分布的孔，可只画出一个，用对称中心线表示其他孔的位置即可，如图 2-1-30 所示。

（3）对称机件的简化画法

在不致引起误解时，对称机件的视图可画略大于一半，也可只画出一半或四分之一，并在对称中心线的两端画出对称符号（两条与对称中心线垂直的平行细实线），如图 2-1-31 所示。

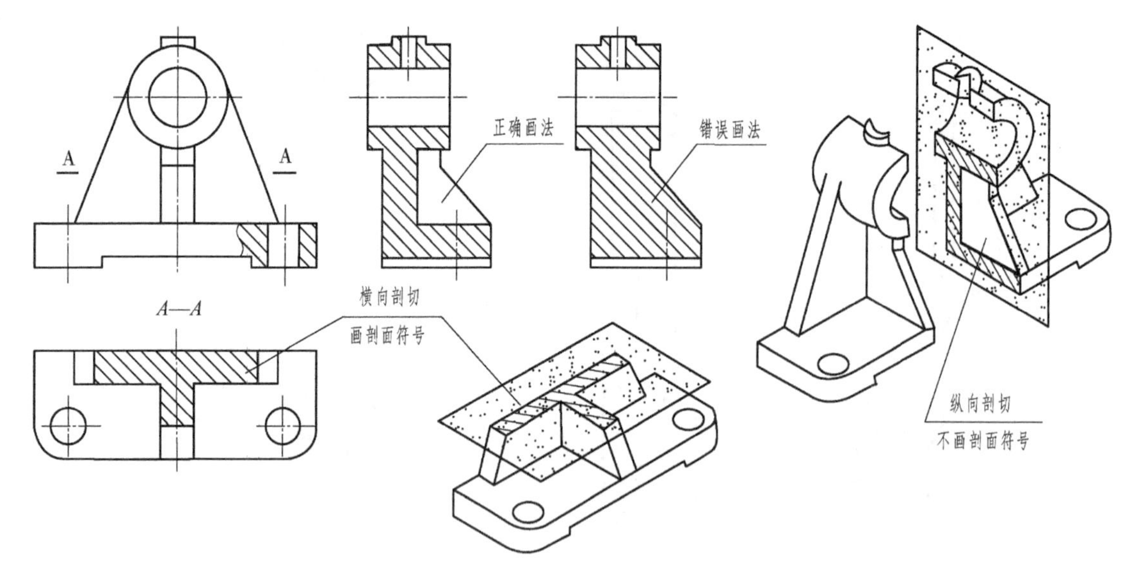

图 2-1-29　机件上肋板的规定画法

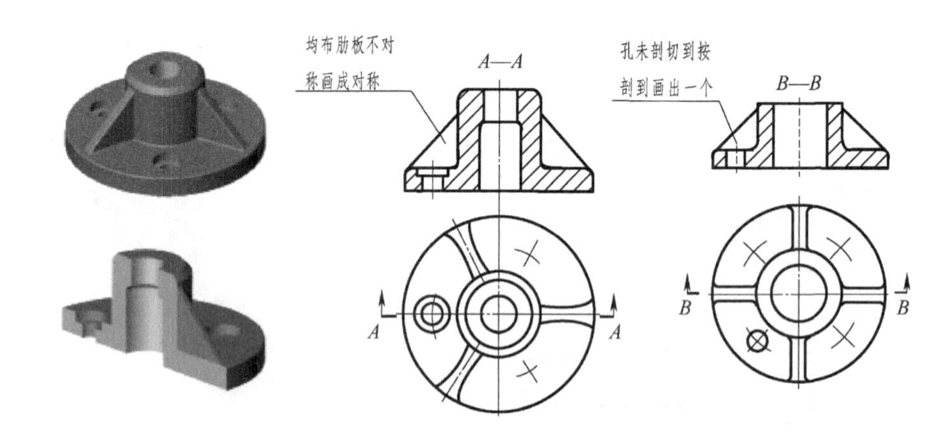

图 2-1-30　均布在圆盘上孔和肋的规定画法

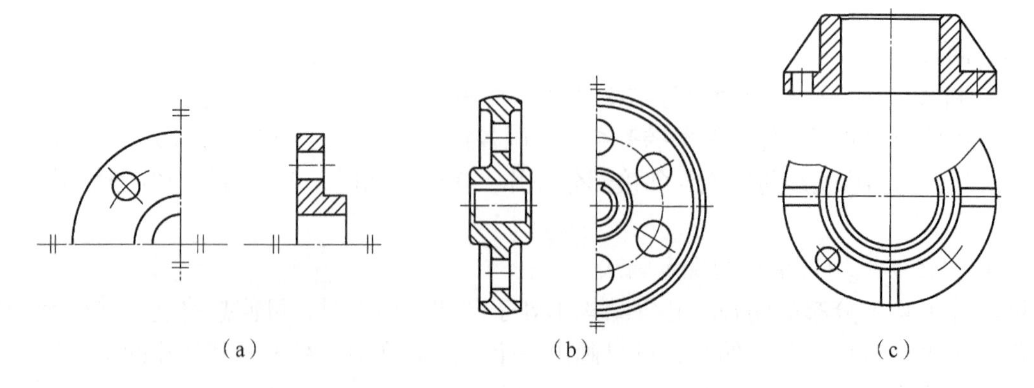

图 2-1-31　对称机件的简化画法

(4) 圆盘形法兰和类似零件上均匀分布的孔的画法

圆盘形法兰和类似零件上均匀分布的孔，可按图 2-1-32 所示的方法表示。

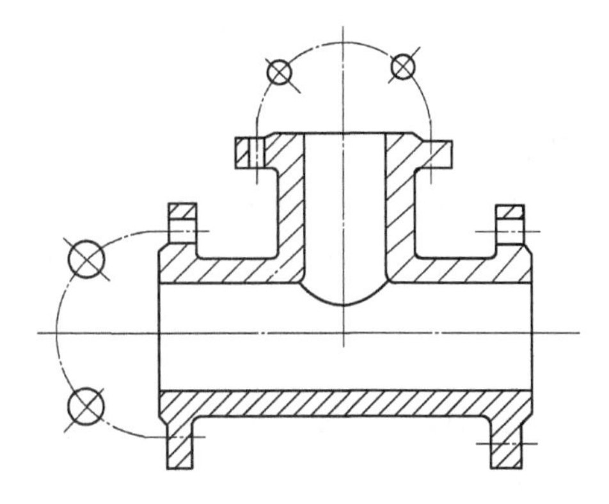

图 2-1-32　圆柱形法兰均布孔的简化画法

五、轮盘类零件视图选择

零件的视图选择主要考虑两点：主视图和其他视图。主视图是一个核心视图，主视图选择恰当与否，将直接影响到其他视图的数量和表达方法的确定，关系到画图、看图是否方便。若主视图未能完全表达机件的内、外结构或形状，就应选择其他视图及合适的表达方案进行补充。因此，机件的总体表达方案中，每个视图及其表达方案都应有一个表达重点。

轮盘类零件的视图选择应先从主视图开始。

（1）主视图选择

轮盘类零件的毛坯有铸件或锻件，其机械加工工序大部分是在车床或磨床上进行的。因此主视图一般按加工位置选择，将轴线水平放置，为了表达机件内部结构，主视图常采用剖视图。这样，在加工时机件所处的位置与图形的方向一致，便于看图，如图 2-1-33 所示。

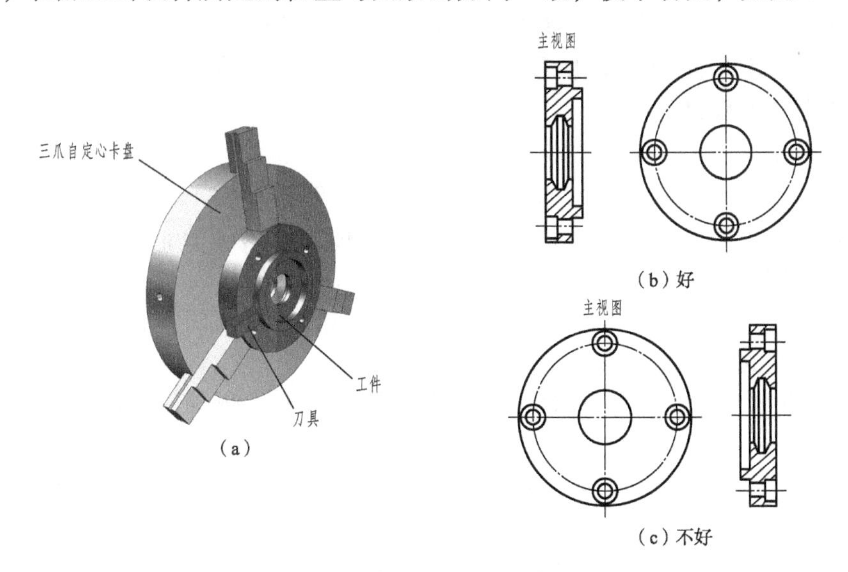

图 2-1-33　盘类零件主视图方案比较

（2）其他视图的选择

轮盘类零件只用一个主视图不能完整表达其结构形状，除剖视的主视图外，还需选用一个端面视图（左视图或右视图）来表达外形轮廓和零件上均布的孔、槽、肋、轮辐等结构的分布情况，如图 2-1-33b 所示。

小贴士：

选择其他视图时应注意以下几点：

（1）所选择的每个视图都应具有明确的表达重点和独立存在的意义，各个视图所表达的内容相互配合、相互补充，避免不必要的重复。

（2）选择视图时，应优先选择基本视图，在基本视图上作剖视图，并按投影关系配置。

（3）视图数量的多少与零件的复杂程度有关，在完整、清晰表达零件形状结构的前提下，应使视图数量最少。

六、轮盘类零件的尺寸标注

零件图的尺寸是零件加工和检验的重要依据，除了要符合前面讲过的完整、正确、清晰的要求外，还应使尺寸标注合理。所谓“合理”是指所注尺寸既满足零件的设计要求，又能符合加工工艺要求，以便于零件的加工、测量和检验。

（一）正确选择尺寸基准

尺寸基准就是标注尺寸和度量尺寸的起点。

尺寸基准根据其作用分为两类：设计基准和工艺基准。

（1）设计基准

设计基准是根据零件的结构和设计要求而选定的标注尺寸的起点。零件有长、宽、高三个方向，每个方向都要有一个设计基准，该基准又称为主要基准。对于轴套类和轮盘类零件，实际设计中经常采用的是轴向基准和径向基准，而不用长、宽、高基准。

常见的设计基准有：零件上主要回转结构的轴线；零件结构的对称面；零件的重要支承面、零件之间的结合面和主要加工面等。图 2-1-34 所示的法兰盘零件，其回转轴线是各外圆表面和内孔的设计基准。

（2）工艺基准

为便于零件加工、测量和装配而选定的标注尺寸的起点为工艺基准。工艺基准有时可能与设计基准重合，该基准不与设计基准重合时又称为辅助基准。

如图 2-1-34 所示，零件的左端面 *A* 为装配时用的工艺基准。

在加工法兰盘时，将其套在心轴上磨削外圆表面时，内孔回转轴线即为工艺基准，即回转轴线既是径向的设计基准又是工艺基准。

如图 2-1-35 所示，为便于轴承座顶部油杯孔的加工和测量，选定凸台顶部为高度方向辅助基准。

小贴士：

（1）选择基准的原则是，尽可能使设计基准与工艺基准一致，以减少两个基准不重合而引起的尺寸误差。当设计基准与工艺基准不一致时，应以保证设计要求为主，将重要尺寸从设计基准注出，次要基准从工艺基准注出，以便加工和测量。

（2）当零件同一方向有多个尺寸基准时，主要基准只有一个，其余均为辅助基准，辅助基准必须有尺寸与主要基准相联系。

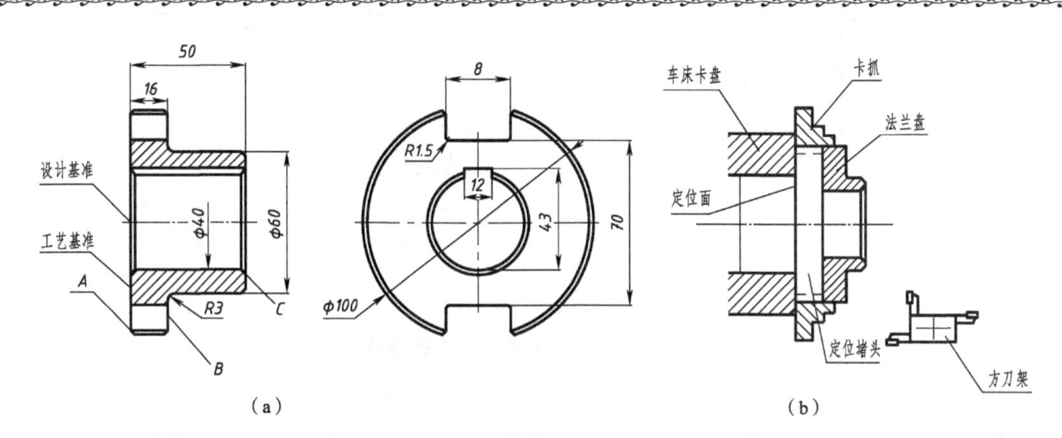

图 2-1-34　法兰盘的设计基准和工艺基准

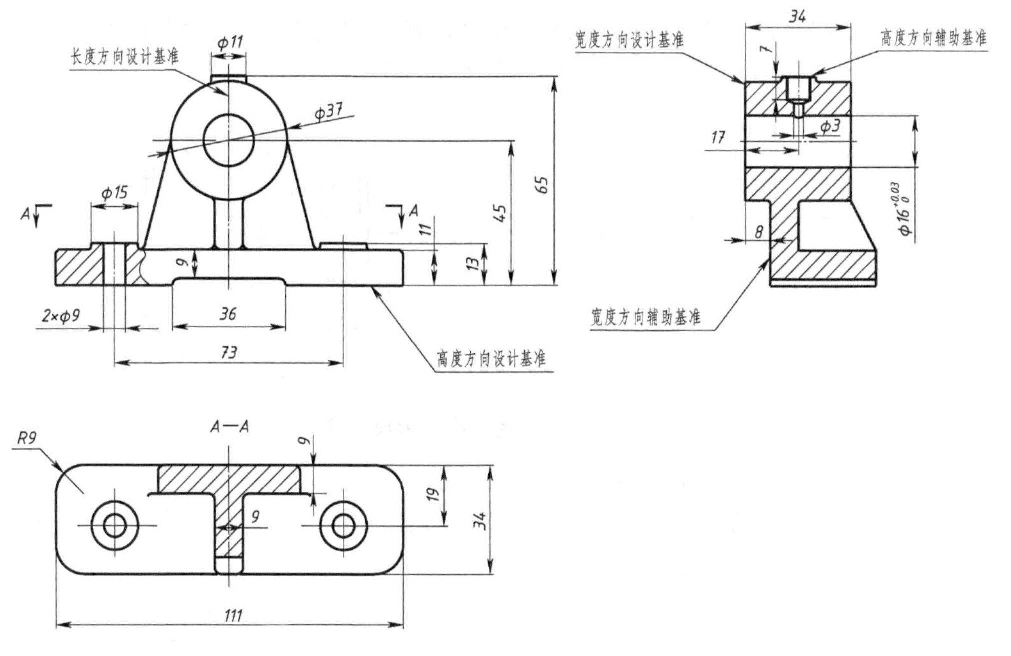

图 2-1-35　轴承座尺寸基准

（二）标注尺寸应注意的几个问题

（1）重要尺寸应直接注出

重要尺寸是指影响零件性能、工作精度和互换性的重要尺寸（规格性能尺寸、配合尺寸、安装尺寸、定位尺寸等）。图 2-1-36 所示为轴承座的尺寸标注，图 2-1-36a 中所示的轴承孔的中心高度 *A* 和安装孔的距离 *L* 都是主要尺寸，必须直接标注出来，而图 2-1-36b 中所示的主要尺寸需要计算才能得到，这样会造成误差积累，是不合理的尺寸标注。

（2）应避免注成封闭尺寸链

封闭的尺寸链是指一个零件同一方向上的尺寸像车链一样，一环扣一环首尾相连，成为封闭形状的情况。

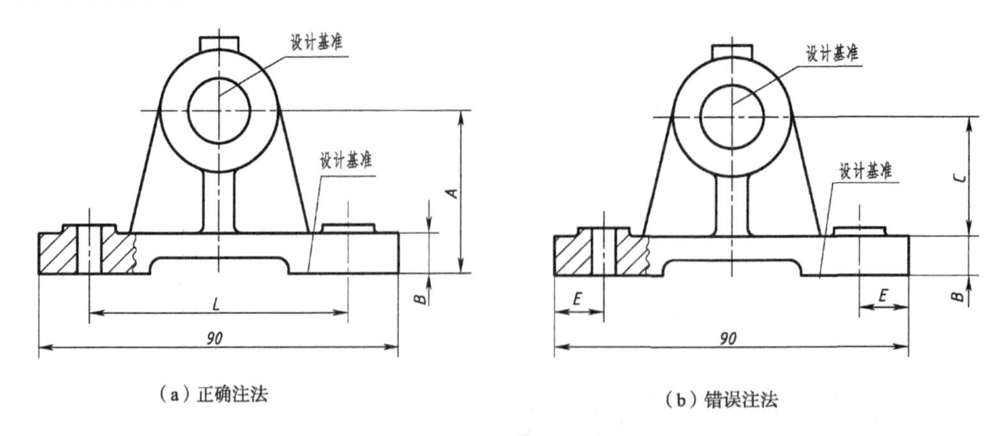

图 2-1-36 重要尺寸应直接注出

各分段尺寸与总体尺寸间形成封闭的尺寸链，在生产中是不允许的，因为各段尺寸加工不可能绝对准确，总有一定尺寸误差，而各段尺寸误差的和不可能正好等于总体尺寸的误差。为此，在标注尺寸时，常将尺寸链中次要的尺寸空着不注（称为开口环），其他各段加工的误差都积累至这个不要求检验的尺寸上，允许制造误差集中到这个尺寸上，而全长及主要轴段的尺寸则因此得到保证，如图 2-1-37b 所示。

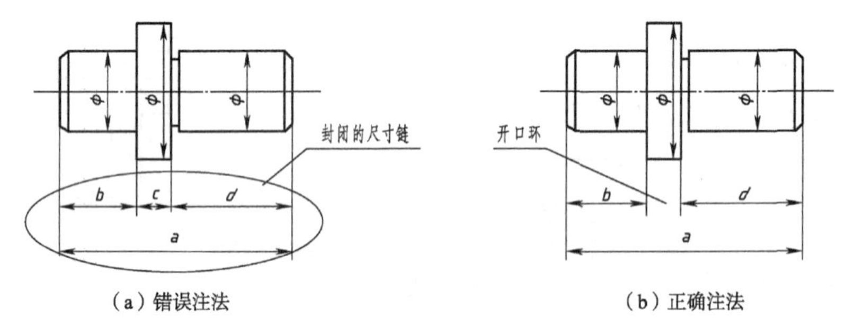

图 2-1-37 避免注成封闭尺寸链

(3) 应考虑加工方法，符合加工顺序

图 2-1-38a 所示为按加工顺序，从工艺出发标注尺寸，图 2-1-38b 所示方便不同工种的工人看图，按工种不同标注尺寸。

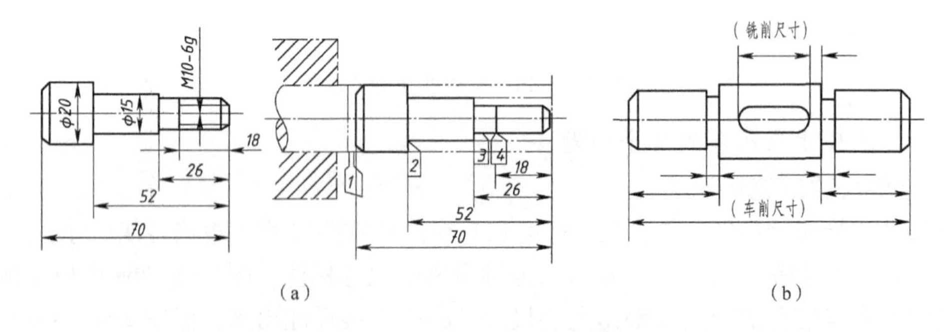

图 2-1-38 便于加工的尺寸标注

(4) 标注尺寸应考虑测量方便

标注尺寸要考虑零件在加工过程中测量方便。如图 2-1-39b 所示，孔深尺寸 14 不便测量，图 2-1-39d 所示尺寸 5 和 29 在加工时也无法直接测量。

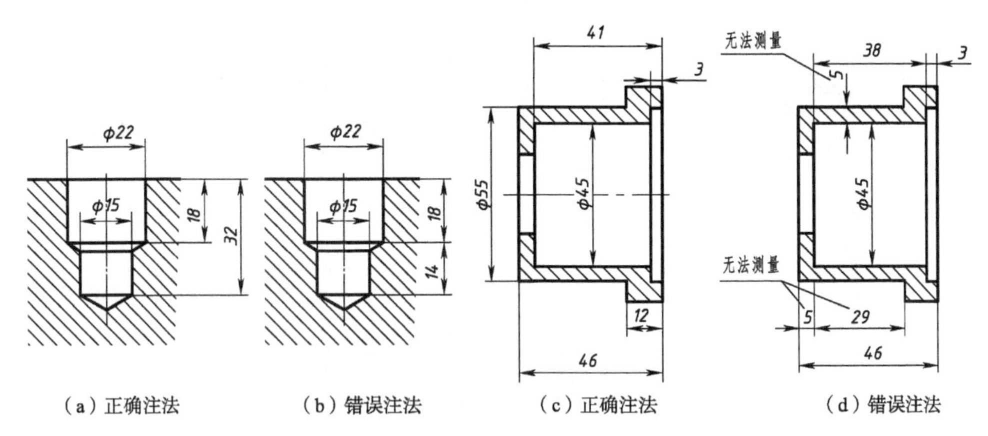

（a）正确注法　（b）错误注法　（c）正确注法　（d）错误注法

图 2-1-39　便于测量的尺寸标注

（三）各种常见孔的尺寸标注

孔是机械零件中常见的结构，而且孔的类型、深度、大小、数量等都需要标注清楚，常见的孔的尺寸标注见表 2-1-3。

表 2-1-3　常见孔的尺寸标注

类　型	一般注法	旁注法		说　明
光孔	4Xφ4　10	4Xφ4 ↧10	4Xφ4 ↧10	“↧”为深度符号 4×φ4 表示 4 个直径为 4 mm 的光孔，孔深可与孔径连注，也可分注
	4Xφ4H7　10　12	4Xφ4H7 ↧10 ↧12	4Xφ4H7 ↧10 ↧12	钻孔深度为 12，钻孔后需精加工至 φ4H7，深度为 10
	锥销孔没有普通注法	锥销孔φ4 配作	锥销孔φ4 配作	“配作”是指与相邻零件的同位锥销孔一起加工
螺孔	3XM6	3XM6	3XM6	3×M6 表示 3 个公称直径为 6 的螺纹孔
	3XM6　12　10	3XM6 ↧10 ↧12	3XM6 ↧10 ↧12	3×M6 表示 3 个公称直径为 6 的螺纹孔螺孔深为 10，钻孔深 12

续表

类　型	一般注法	旁注法		说　明
沉孔	90° φ13 6Xφ7	6Xφ7 ⌵φ13X90°	6Xφ7 ⌵φ13X90°	“⌵”为埋头孔符号
	φ12 4.5 4Xφ6.4	4Xφ6.4 ⌴φ12 ↧4.5	4Xφ6.4 ⌴φ12 ↧4.5	“⌴”为沉孔及锪平孔的符号
锪孔	φ20 4Xφ9	4Xφ9 ⌴φ20	4Xφ9 ⌴φ20	锪孔通常只需锪平到不出现毛面即可，深度不需标注

（四）轮盘类零件的尺寸标注特点

轮盘类零件的尺寸有径向尺寸和轴向尺寸两大类。径向尺寸通常选用通过轴孔的水平轴线作为径向主要尺寸基准，轴向尺寸的主要基准常选用重要的端面。

零件上均布的小孔，一般采用“$n\times\phi$EQS”的标注形式，其定位尺寸的定位圆直径是轮盘类零件的典型定位尺寸。

如图 2-1-40 所示的电动机盖零件图，主视图采用全剖，表达其内部结构，左视图表达机盖的外形轮廓和其上均布的孔；机盖的径向主要尺寸基准为轴孔的水平轴线，由此标出了电机盖所有的内径和外径值；轴向主要尺寸基准为电动机盖最大凸缘的右端面，由此

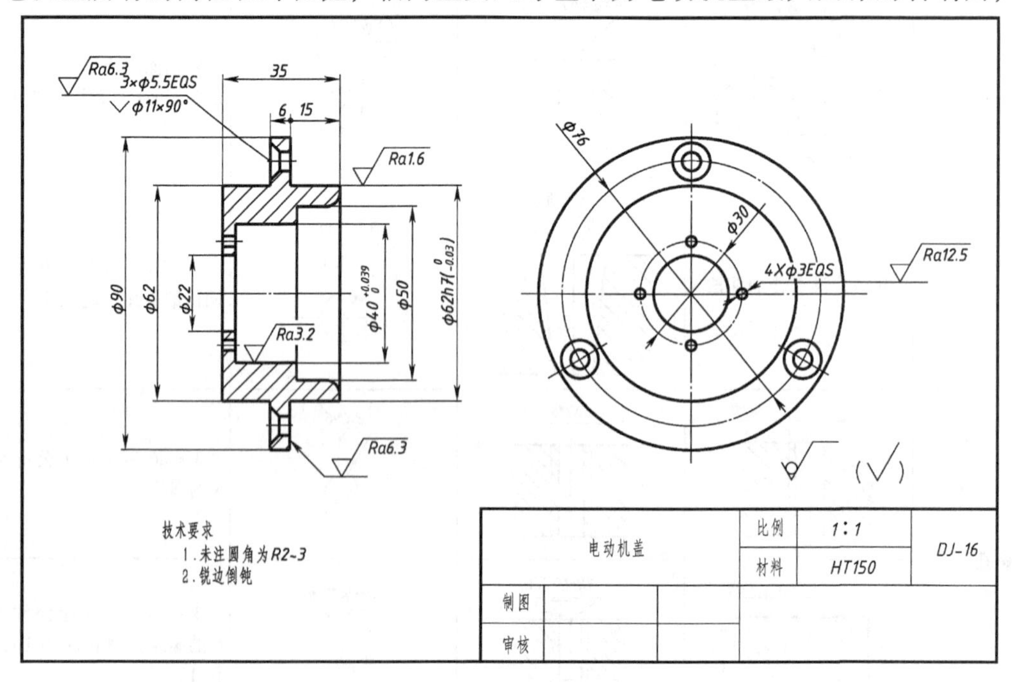

图 2-1-40　电动机盖零件图

标出了 6 mm 和 15 mm，以电动机盖的右端面为轴向辅助基准，标出了总长 35 mm。均布孔的定形尺寸可见图 2-1-40所示主视图中 3 × ϕ5. 5EQS 与左视图中 4 × ϕ3EQS。

七、轮盘类零件的技术要求

零件图上仅有图形和尺寸并不能完全反映出对零件的全面要求，还必须标注必要的技术要求。零件图上的技术要求主要有以下几个方面的内容：极限与配合、几何公差、表面结构、零件热处理和表面处理及表面修饰等内容。这些内容中凡是有规定代号的，用代号直接标注在零件图上；无规定代号的则用文字说明，写在标题栏上方。

泵盖零件的主要加工表面包括两轴孔内表面和泵盖大端面。其质量要求包括尺寸极限与配合、几何公差和表面结构。

（一）极限与配合（GB/T 1800. 1—2009）

为了满足现代专业化大批量生产的需要，必须要保证零件在尺寸方面具有互换性，即一批规格相同的零件，不经过挑选和修配，就能顺利地装配到一起，并能保证机器使用的性能要求。要实现零件的互换性，必然要提高零件的尺寸精度。

在实际生产中，由于加工和测量总是不可避免地存在着误差，因此将所有相同规格的零件的尺寸做成与理想一样的状况是不可能实现的，人们通过大量的实践证明，把尺寸的加工误差控制在一定的范围内时，仍然能使零件达到互换的目的，标准尺寸极限与配合就是依据互换性原理制定的。

1. 尺寸和尺寸公差

图 2-1-41 是尺寸及其公差的基本概念图解。

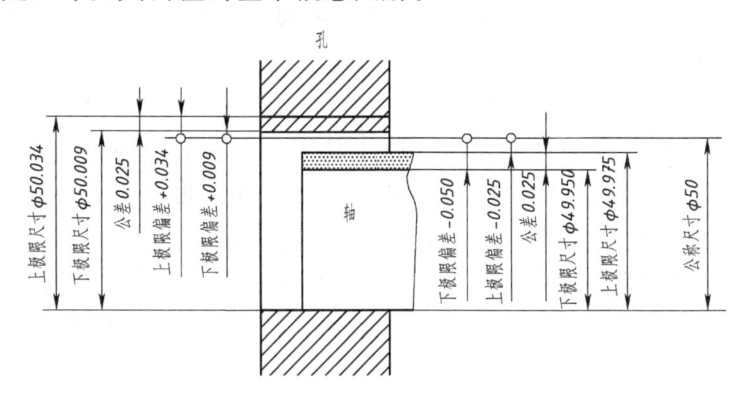

图 2-1-41　尺寸及公差基本概念图解

（1）公称尺寸：由图样规范确定的理想形状要素的尺寸，如图 2-1-41 所示孔和轴的公称尺寸均为 ϕ50。

（2）极限尺寸：指允许尺寸变化的两个极限值。其中较大的一个称为上极限尺寸；较小的一个称为下极限尺寸。如图 2-1-41 所示，孔的上极限尺寸为 ϕ50. 034，下极限尺寸为 ϕ50. 009；轴的上极限尺寸为 ϕ49. 975，轴的下极限尺寸为 ϕ49. 950。

通过测量零件所得的尺寸称为实际尺寸，实际尺寸在上极限尺寸和下极限尺寸之间，即为合格。

（3）极限偏差：极限尺寸减其公称尺寸所得的代数差为极限偏差。偏差可以为正、为负或为零。

极限偏差包含上极限偏差和下极限偏差。

上极限偏差：上极限尺寸减其公称尺寸所得的代数差，孔用 ES 、轴用 es 表示。

下极限偏差：下极限尺寸减其公称尺寸所得的代数差。孔用 EI 、轴用 ei 表示。

如图 2-1-41 所示；

孔的上极限偏差（ES） =50.034 - 50 = +0.034（mm）。

孔的下极限偏差（EI） =50.009 - 50 = +0.009（mm）。

轴的上极限偏差（es） =49.975 - 50 = -0.025（mm）。

轴的下极限偏差（ei） =49.950 - 50 = -0.050（mm）。

(4) 尺寸公差（简称公差），指允许尺寸的变动量，是一个没有符号的绝对值。

尺寸公差 = 上极限尺寸 - 下极限尺寸 = 上极限偏差 - 下极限偏差。如图 2-1-41 所示：

孔的公差 =50.034 - 50.009 =0.025 或 +0.034 - (+0.009) =0.025(mm)

轴的公差 =49.975 - 49.950 =0.025 或 -0.025 - (-0.050) =0.025(mm)

小贴士：

公差是用于限制尺寸误差，是尺寸精度的一种度量。公差越小，尺寸的精度越高；反之，公差越大，尺寸的精度越低。

2. 公差带的含义及代号

在公差分析中，常把公称尺寸、极限偏差和尺寸公差的关系简化成公差带图。在公差带图解中，由代表上极限偏差和下极限偏差或上极限尺寸和下极限尺寸的两条直线所限定的一个区域称为公差带。

如图 2-1-42 所示，零线是表示公称尺寸的一条直线，沿水平方向绘制，以其为基准确定偏差和公差，正偏差位于其上，负差位于其下。上、下极限偏差之间的宽度（即图中由上、下极限偏差围成的方框）表示了公差带的大小，即公差值。可见采用公差带图能够直观地表示出公称尺寸、极限偏差和尺寸公差的关系。

由图 2-1-42 中可以看出，公差带是由公差带的大小和公差带的位置（相对于零线的位置）两个要素组成。公差带的大小由标准公差确定，其相对零线的位置由基本偏差来确定。

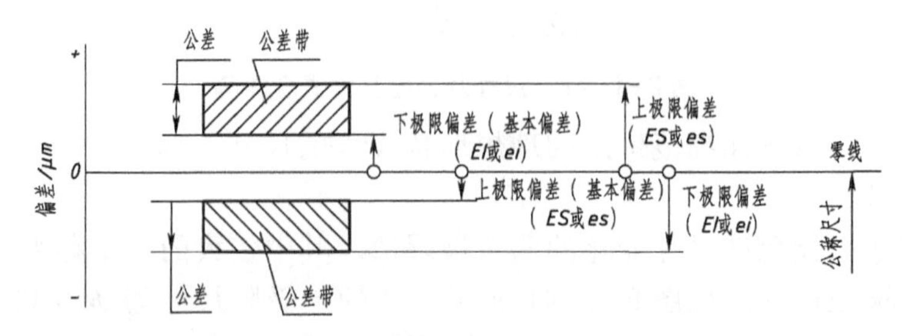

图 2-1-42 公差带图解

3. 标准公差（代号 IT）

标准公差是国家标准规定的确定公差带大小的任一公差。标准公差的数值与公称尺寸和公差等级有关。其中公差等级确定尺寸精确程度，决定着加工的难易程度。公称尺寸在 500 mm 以内，国家标准将标准公差等级分成 IT01，IT0，IT1，…，IT18 共 20 级。“IT”

表示标准公差，阿拉伯数字01，0，…，18表示公差等级。在同一尺寸段内，IT01精度最高，IT18精度最低，而相应的标准公差数值依次增大。其关系为

高 ——精度——→ 低

IT01　IT0　IT1 … IT18

小 ←——标准公差值—— 大

标准公差数值见附录A。

4. 基本偏差

基本偏差是在国家标准极限与配合制中，确定公差带相对零线位置的那个极限偏差。一般为靠近零线的那个偏差，它可以是上极限偏差或下极限偏差。当公差带在零线上方时，下极限偏差为基本偏差；反之，当公差带在零线下方时，上极限偏差为基本偏差，当公差带对称的分布在零线上时，其上、下偏差都可作为基本偏差。

图2-1-43为基本偏差系列示意图。国家标准对孔和轴的每一基本尺寸段各规定了28个基本偏差。基本偏差代号用英文字母表示，大写字母表示孔的基本偏差代号，小写字母表示轴的基本偏差代号。

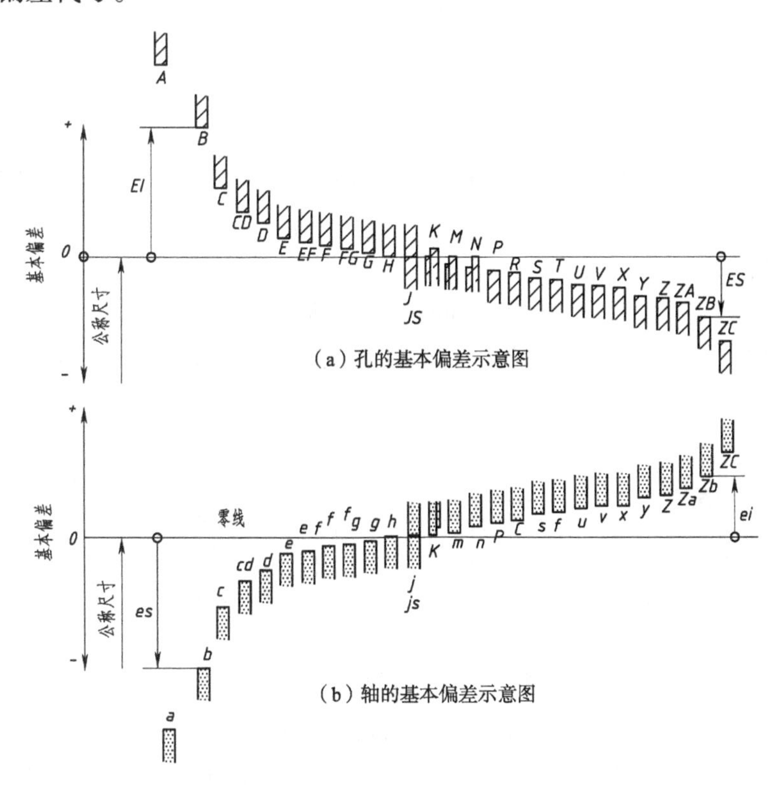

（a）孔的基本偏差示意图

（b）轴的基本偏差示意图

图2-1-43　基本偏差系列示意图

基本偏差系列示意图只表示公差带的位置，不表示公差带的大小，因此公差带只画出属于基本偏差的一端，另一端则是开口的，即公差带开口的另一端应由标准公差来限定。

5. 公差带代号

公差带代号由基本偏差的字母和公差等级数字组成。

ϕ65H7的含义如下所示。

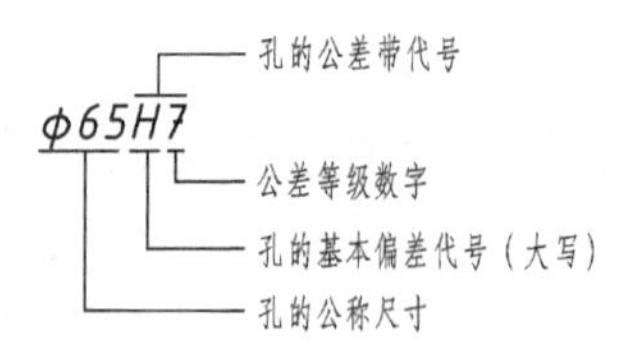

由公称尺寸和相应的公差带代号，可以根据国家标准 GB/T 1800. 2—2009 查出孔和轴的极限偏差值，见附录 B 和附录 C。例如 ϕ15f7，可由轴的极限偏差表（附录 C）查出。在公称尺寸“>14～18 mm”行与“f7”列交汇处找到“-16，-34”，即轴的上极限偏差为 -0. 016 mm，下极限偏差为 -0. 034 mm。

6. 配合及配合种类

配合：指公称尺寸相同、相互结合的孔和轴公差带之间的关系，如图 2-1-44 所示。

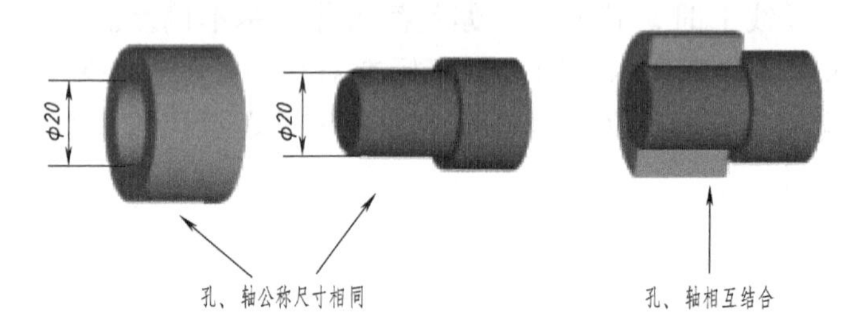

图 2-1-44 孔与轴的配合

根据使用要求不同，孔与轴之间的配合有松有紧，“松”则产生“间隙”，“紧”则产生“过盈”。因此根据孔和轴公差带之间的关系，国家标准将配合分为三种：间隙配合、过盈配合、过渡配合。

（1）间隙配合：孔与轴装配时具有间隙（包括最小间隙等于零）的配合。轴的实际尺寸比孔的实际尺寸小，装配在一起后，轴和孔之间总是有间隙，如图 2-1-45 所示。

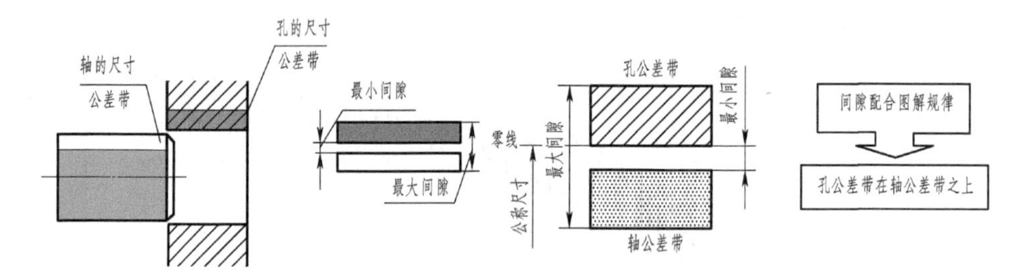

图 2-1-45 间隙配合示意图

间隙配合主要用于孔、轴之间需产生相对运动的活动连接。

（2）过盈配合：孔与轴装配时具有过盈（包括最小过盈等于零）的配合。轴的实际尺寸总比孔的实际尺寸大，装配时需要一定的外力才能把轴压入孔中，如图 2-1-46 所示。

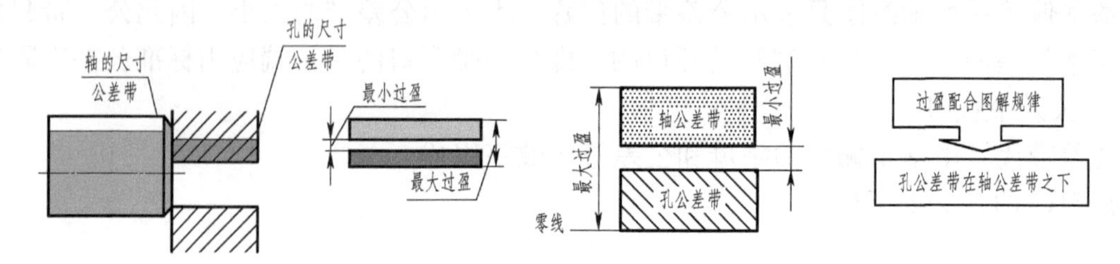

图 2-1-46 过盈配合示意图

过盈配合主要用于孔、轴之间不允许产生相对运动的紧固连接。

（3）过渡配合：孔与轴装配时可能具有间隙或过盈的配合。轴的实际尺寸有时比孔的实际尺寸小，有时比孔的实际尺寸大，过渡配合是处于间隙配合和过盈配合之间的一种配合，如图 2-1-47 所示。过渡配合主要用于孔、轴之间的定位连接。

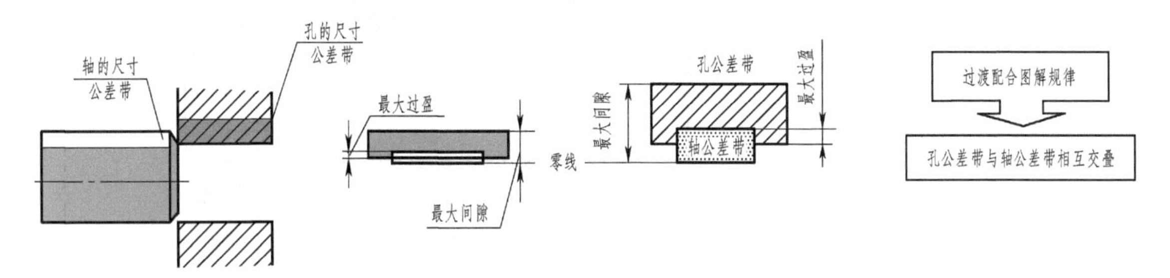

图 2-1-47　过渡配合示意图

7. 配合制

从前面三种配合的示意图可知，变更轴、孔公差带的相对位置，可以组成不同性质、不同松紧的配合。但为简化起见，无需将孔、轴公差带同时变动，只需固定一个，变更另一个，便可满足不同使用性能要求的配合，且获得良好的技术经济效益，称为配合制。国家标准规定了两种配合制：基孔制和基轴制。

（1）基孔制配合：基本偏差为一定的孔的公差带，与不同基本偏差的轴的公差带形成各种配合的一种制度。

如图 2-1-48 所示，基孔制配合中选作基准的孔称为基准孔，基本偏差为 H，其下极限偏差为 0，公差带偏置在零线上侧。

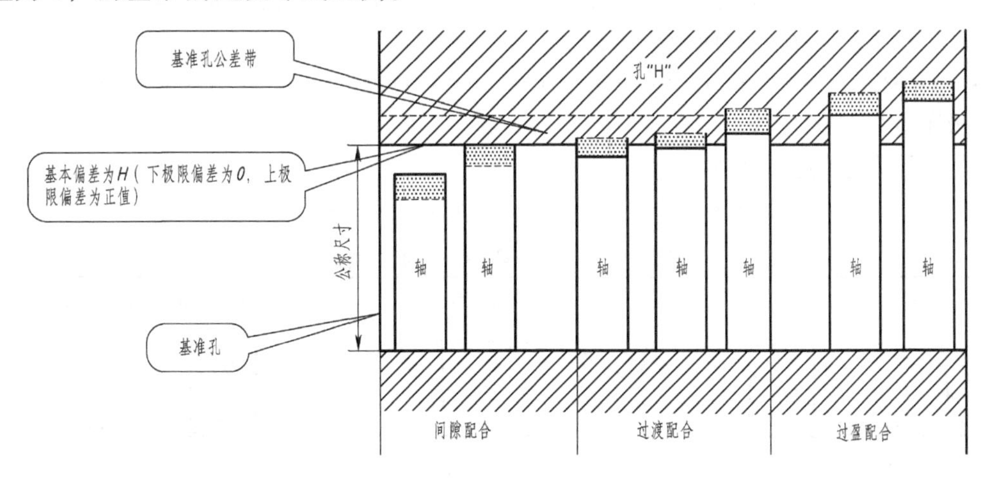

图 2-1-48　基孔制配合

（2）基轴制配合：基本偏差为一定的轴的公差带，与不同基本偏差的孔的公差带形成各种配合的一种制度。

如图 2-1-49 所示，基轴制配合中选作基准的轴称为基准轴，基本偏差为 h，其上极限偏差为 0，公差带偏置在零线下侧。

图 2-1-48 和图 2-1-49 中所示水平实线代表孔和轴的基本偏差，虚线代表另一个极

限，表示孔和轴之间可能的不同组合与公差等级有关。

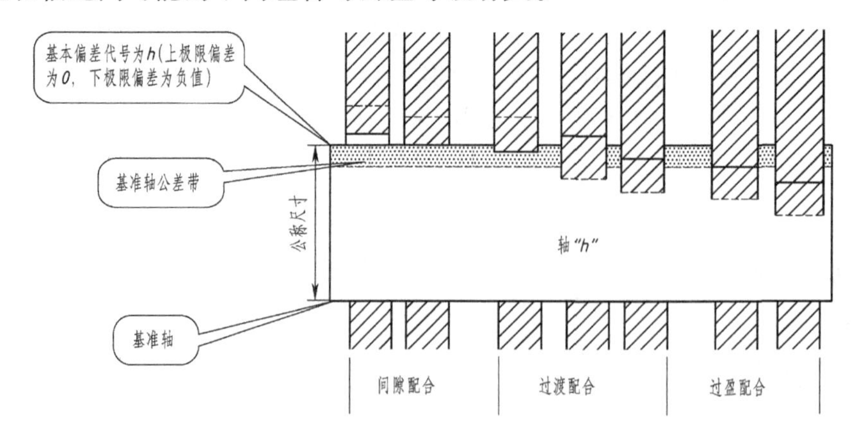

图 2-1-49 基轴制配合

一般情况下，优先采用基孔制配合。基孔制和基轴制的优先、常用配合见附录 D 和附录 E。

**小贴士：**

基准制的选择：

（1）在机器制造业中（例如机床、汽车、拖拉机、动力机械、机车制造等）广泛使用的是基孔制。采用基孔制可以节省生产劳动量及减少孔加工刀具与尺寸系列，从而降低生产成本。

（2）基轴制常用于纺织机械及农业机械的制造业中。在这类机器中，经常见到在一根光轴上装有几个不同的零件。因此，采用基轴制可以使同一轴径与不同零件的孔（公称尺寸相同）有不同的配合要求。

8. 极限和配合的标注

（1）零件图上的公差注法

零件图上线性尺寸的公差注法有三种形式，见表 2-1-4。

表 2-1-4 零件图上公差的三种注法

标注公差带代号	标注极限偏差	标注公差带代号和极限偏差
$\phi 65H7$ $\phi 65k6$	$\phi 65^{+0.03}_{0}$ $\phi 65^{+0.021}_{+0.002}$	$\phi 65H7(^{+0.03}_{0})$ $\phi 65K6(^{+0.021}_{+0.002})$
用于大批量生产的、采用专用量具检验的零件	用于单件、小批量生产的零件	用于产品转产频繁、生产批量不定的零件

标注注意事项：

① 上极限偏差应注在公称尺寸的右上方，下极限偏差应与公称尺寸注在同一底线上。上下极限偏差的数字字号应比公称尺寸的数字的字号小一号，同时，上、下极限偏差的小数点必须对齐，如图 2-1-50a 所示。

② 若某一偏差为零时，数字“0”必须标出，并与另一偏差的个位数对齐，如图 2-1-50b 所示。

③ 上下极限偏差中小数点后最末位的“0”一般不予注出，如图 2-1-50d、e 所示；如果为了使上下偏差的小数点后的位数相同，可以用“0”补充，如图 2-1-50f 所示。

④ 若上下极限偏差绝对值相同符号相反时，在公称尺寸右边注“ ± ”号，且只写出一个限偏差数值，其字体大小与公称尺寸相同，如图 2-1-50c 所示。

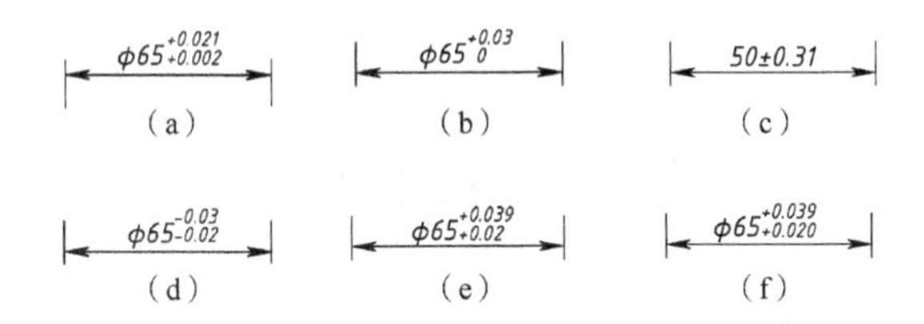

图 2-1-50　零件图上公差注法注意图解

(2) 在装配图上的配合注法

在装配图中标注线性尺寸的配合代号时，必须在公称尺寸的右边用分数形式标注，分子位置标注孔的公差带代号，分母位置标注轴的公差带代号，如图 2-1-51a 所示。必要时也允许按图 2-1-51b 或图 2-1-51c 所示的形式标注。

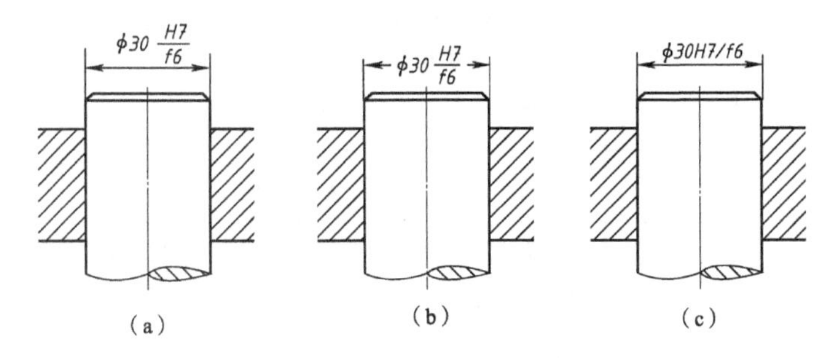

图 2-1-51　装配图上的配合注法

9. 标准公差等级和配合的优先选择

(1) 公差等级的优先选择

公差等级与使用要求的关系见表 2-1-5。

表 2-1-5　公差等级的优先选择

选择顺序	公差等级	说　明
优先选择	IT9	为基本公差等级。用于机构中的一般连接或配合；配合要求有高度互换性；装配为中等精度
	IT6 IT7	用于机构中的重要连接或配合；配合要求有高度均匀性和互换性；装配要求精确，使用要求可靠
	IT11	用于对配合要求不很高的机构
	IT7 IT8	应用场合与 IT6、IT7 的类似，但要求条件较低，基本上用在过渡配合

续表

选择顺序	公差等级	说　明
其次选择	IT12	用于要求较低机构中的次要连接或配合；虽间隙较大而不致影响使用
再次选择	IT10	应用场合与 IT9 的类似，但要求可较低
	IT5 IT6	用于机构中极精确的配合处；配合公差要求很小，而且形状精度很高
IT14 IT15 IT16		用于粗加工的尺寸，以及锻、热冲、砂模及硬模铸造、轧制及焊接所成的毛坯和半制成品的尺寸。一般用于自由尺寸或工序间的公差

公差等级的选择，既取决于使用要求，也要考虑加工的经济性。公差等级与加工方法的对应关系可以查阅机械设计手册。

（2）配合的选择

优先配合的选用见表 2-1-6。

表 2-1-6　优先配合的选用

优先配合		说　明
基孔制	基轴制	
$\frac{H11}{c11}$	$\frac{C11}{h11}$	间隙非常大的配合。用于装配方便的、很松的、转动很慢的间隙配合或要求大公差与大间隙的外露组件
$\frac{H9}{d9}$	$\frac{D9}{h9}$	间隙很大的自由转动配合。用于精度非主要要求，或温度变动大，高速或大轴颈压力时
$\frac{H8}{f7}$	$\frac{F8}{h7}$	间隙不大的转动配合。用于速度及轴颈压力均为中等的精确转动；也用于中等精度的定位配合
$\frac{H7}{g6}$	$\frac{G7}{h6}$	间隙很小的转动配合。用于要求自由转动、精密定位时
$\frac{H7}{h6}$ $\frac{H8}{h7}$ $\frac{H9}{h9}$ $\frac{H11}{h11}$	$\frac{H7}{h6}$ $\frac{H8}{h7}$ $\frac{H9}{h9}$ $\frac{H11}{h11}$	均为间隙定位配合。零件可以自由装拆，而工作时一般相对静止不动。在最大实体条件下间隙为零；在最小实体条件下间隙由公差等级决定
$\frac{H7}{k6}$	$\frac{K7}{h6}$	过渡配合。用于精密定位
$\frac{H7}{n6}$	$\frac{N7}{h6}$	过渡配合。允许有较大过盈的精密定位
$\frac{H7}{p6}$	$\frac{P7}{h6}$	过盈定位配合，即小过盈配合。用于定位精度特别重要时，能以最好的定位精度达到部件的刚性及对中性要求，而对内孔承受压力无特殊要求，不依靠配合的紧固传递摩擦载荷
$\frac{H7}{s6}$	$\frac{S7}{h6}$	中等压入配合。用于一般钢件或薄壁件的冷缩配合。用于铸铁可得到最紧的配合
$\frac{H7}{u6}$	$\frac{U7}{h6}$	压入配合。用于可以受高压力的零件，或不宜承受大压力的冷缩配合

小贴士：

未注公差尺寸：是指在零件图上只注公称尺寸而不标注极限偏差的尺寸。此类尺寸在车间一般加工条件下即可保证，主要用于较低精度的非配合尺寸。

（二）国家标准 GB/T 1182—2008《产品几何技术规范（GPS）几何公差　形状、方向、位置和跳动公差标注》

零件在加工过程中不仅会产生尺寸误差，还会产生形状和相对位置等方面的误差，如果零件存在严重的几何误差，将对其装配造成困难，影响机器质量，如图 2-1-52 所示。

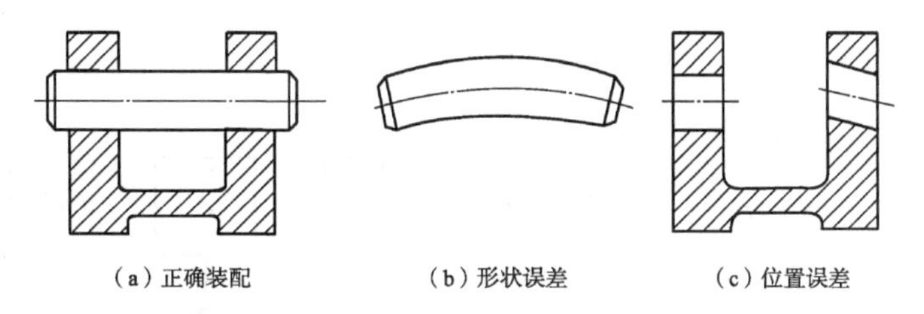

（a）正确装配　（b）形状误差　（c）位置误差

图 2-1-52　几何误差

对几何误差的控制是通过几何公差来实现的。

几何公差是指零件的实际形状和实际位置相对于理想形状和理想位置所允许的最大变动量。几何公差由形状公差、方向公差、位置公差和跳动公差等组成，其在图样上应按照 GB/T 1182—2008 的规定进行标注。

1. 几何公差的几何特征和符号

常见的几何公差的分类、几何特征、符号见表 2-1-7。

表 2-1-7　几何公差的分类、几何特征及符号

公差类型	几何特征	符号	有无基准	公差类型	几何特征	符号	有无基准
形状公差	直线度	—	无	位置公差	位置度	⌖	有或无
	平面度	⏥	无		同心度（用于中心点）	◎	有
	圆度	○	无		同轴度（用于轴线）	◎	有
	圆柱度	⌭	无		对称度	⌯	有
	线轮廓度	⌒	无		线轮廓度	⌒	有
	面轮廓度	⌓	无		面轮廓度	⌓	有
方向公差	平行度	//	有	跳动公差	圆跳动	↗	有
	垂直度	⊥	有				
	倾斜度	∠	有				
	线轮廓度	⌒	有		全跳动	⌰	有
	面轮廓度	⌓	有				

2. 几何公差的标注

几何公差要求在矩形框格中给出。该框格由两格或多格组成，框格中的内容从左到右按几何特征符号、公差值、基准字母的次序填写。

（1）几何公差代号和基准符号

几何公差要求注写在划分成两格或多格的矩形框格内。几何公差框格由几何特征符号、公差数值、基准字母组成，如图 2-1-53a 所示。基准符号如图 2-1-53b 所示，它由带大写字母的方框、直线和三角形（涂黑或空白）组成。几何公差框格和基准符号皆画细实线。

（2）被测要素的标注

用指引线连接被测要素和公差框格。指引线引自框格的任意一侧，终端带一箭头。

① 当被测要素是轮廓线或表面时，指引线的箭头指向该要素的轮廓线或其延长线上（应与尺寸线明显错开），如图 2-1-54a、b 所示。箭头也可指向被测面引出线的水平线上，如图 2-1-54c 所示。

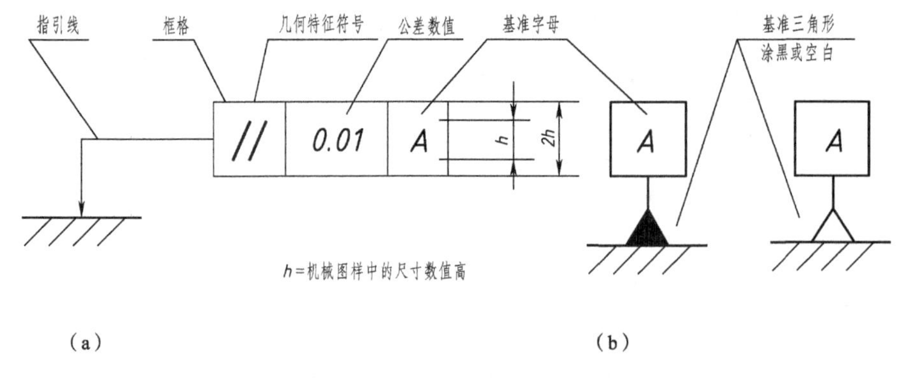

图 2-1-53　公差框格和基准符号（续）

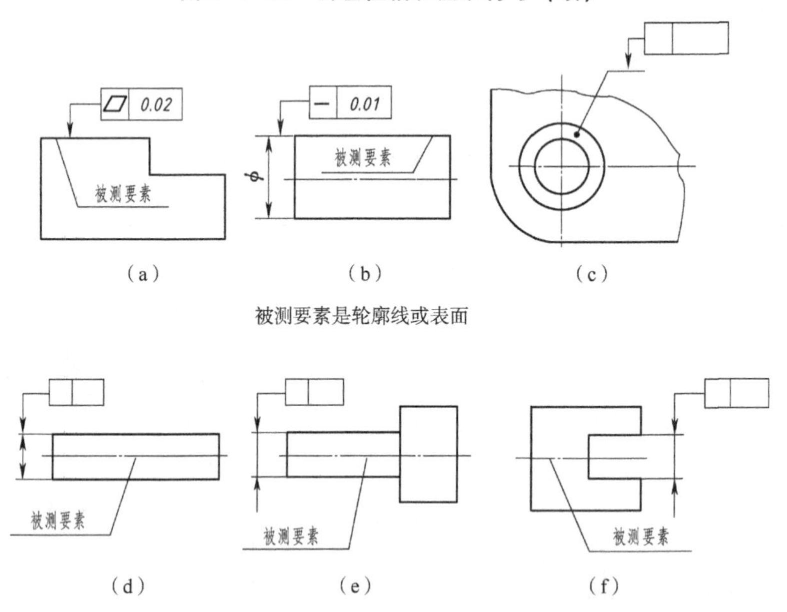

被测要素为轴线或中心平面

图 2-1-54　被测要素与指引线

② 当被测要素为轴线或中心平面时，箭头应位于尺寸线的延长线上，如图 2-1-53d、e、f 所示，公差值前加注 ϕ，表示给定的公差带为圆形或圆柱形。

（2）基准要素的标注

基准要素是零件上用于确定被测要素的方向和位置的点、线或面，用基准符号表示，如图 2-1-53b 所示。

基准符号应按如下规定放置：

① 当基准要素是轮廓线或轮廓面时，基准三角形放置在要素的轮廓线或其延长线上（与尺寸线明显错开），如图 2-1-55a、b 所示。

② 当基准要素是轴线或中心平面时，基准三角形应放置在该尺寸线的延长线上，如图 2-1-55d 所示。如果没有足够的位置标注基准要素尺寸的两个尺寸箭头，则其中一个箭头可用基准三角形代替，如图 2-1-55c 所示。

（3）几何公差标注实例

活塞杆形位公差的识读 ，如图 2-1-56 所示。

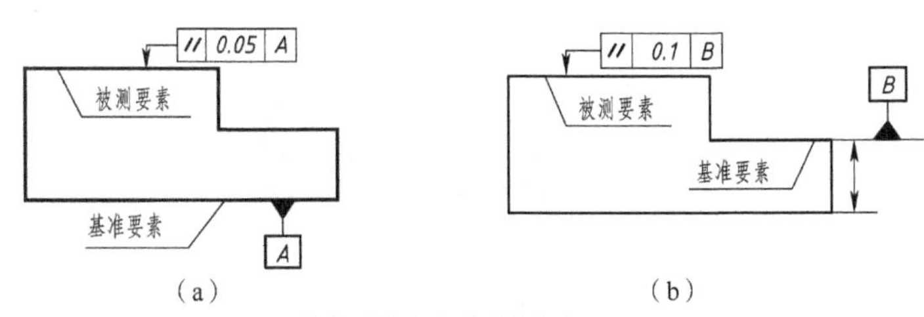

基准要素为表面时的注法

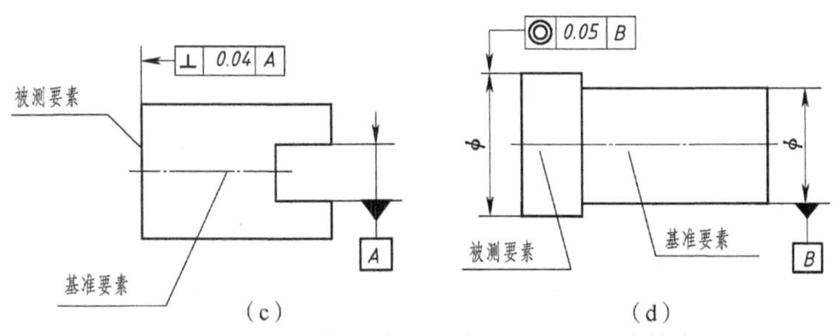

基准要素为轴线或中心线平面时的注法

图 2-1-55　基准要素与基准符号

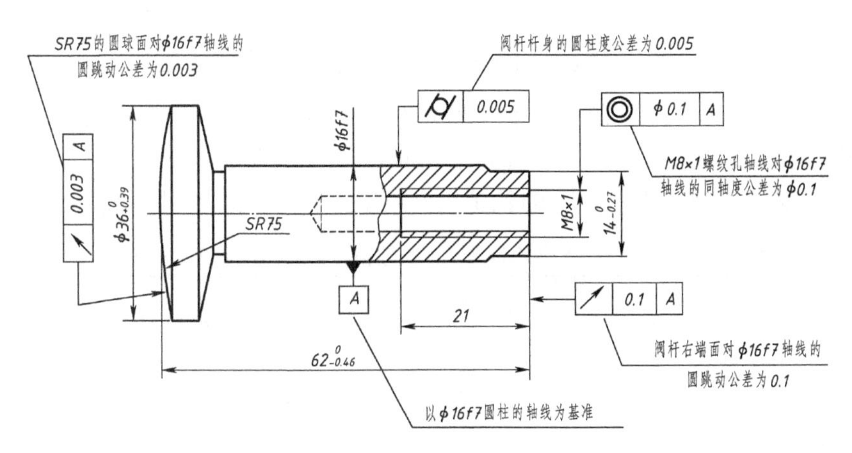

图 2-1-56　活塞杆形位公差的识读

（三）表面结构（GB/T 3505—2009）

表面结构是表面粗糙度、表面波纹度、表面缺陷、表面纹理和表面几何形状的总称。这里主要介绍常用的表面粗糙度有关知识。

（1）表面粗糙度的概念

经过加工后的机器零件，其表面状态是比较复杂的。若将其表面放大来看，零件的表面总是凹凸不平的，这些凹凸是由一些微小间距和微小峰谷组成的，如图 2-1-57 所示。这种表面上由微小间距和微小峰谷组成的微观几何形状特征，称为表面粗糙度。

表面粗糙度是评定零件表面质量的一项重要技术指标，对于零件的配合、耐磨性、耐蚀性及密封性等都有显著影响。

我国最常用的表面结构评定参数是轮廓参数 *Ra* 和 *Rz*，如图 2-1-58 所示。

Ra——算术平均偏差，是指在一个取样长度内，纵坐标值 *Z* 的算术平均值。

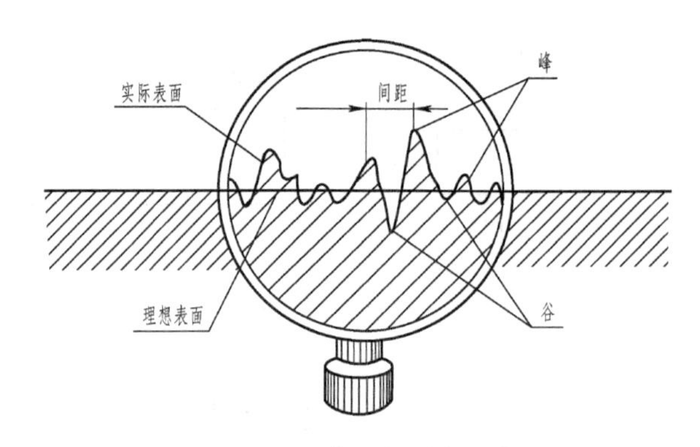

图 2-1-57　表面粗糙度示意图

Rz——轮廓最大高度，是指在一个取样长度内，最大轮廓峰高和最大轮廓谷底之和的高度（国标规定了参数 *Rz* 的数值系列，查相关手册）。

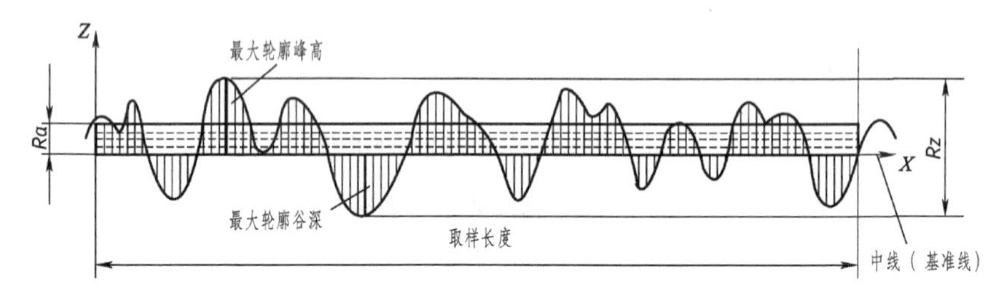

图 2-1-58　轮廓算术平均偏差 *Ra* 和轮廓最大高度 *Rz*

一般情况下，凡是零件上有配合要求或有相对运动的表面，表面粗糙度参数值都较小。表面粗糙度参数值越小，表面质量越高，加工成本也越高。

表 2-1-8 轮廓算术平均偏差 *Ra* 的数值，*Ra* 值越小，表面质量越高。

表 2-1-8　轮廓算术平均偏差 *Ra* 的数值（摘自 GB/T131—2006）　　单位：μm

Ra	0.012 0.025 0.050	0.100 0.20 0.40 0.80	1.60 3.20 6.30	12.5 25 50 100

（2）表面粗糙度代号

表面粗糙度代号见表 2-1-9 和表 2-1-10。

表 2-1-9　表面粗糙度符号及其意义

符号名称	符　号	含　义	符号画法
基本图形符号		表示表面可用任何方法获得。当不加注表面粗糙度参数值或有关说明（例如表面处理、局部热处理状况等）时，仅适用于简化代号标注	H_1 60° 60° H_2 h = 数字和字母高度 $H_1 \approx 1.4h$ $H_2 = 3h$
扩展图形符号		表示指定表面用去除材料的方法获得，例如车、铣、钻、磨、剪切、抛光、腐蚀、电火花加工、气割等	
扩展图形符号		表示指定表面用不去除材料的方法获得，例如铸、锻、冲压变形、热轧、冷轧、粉末冶金等；或者用于保持原供应状况的表面（包括保持上道工序的状况）	
完整图形符号		在上述三个符号的长边上均加一横线，用于标注有关参数和说明	

表 2-1-10　常用表面粗糙度代号及其含义

代号示例	含　　义
Ra 0.8（不允许去除材料）	表示不允许去除材料，单向上限值，轮廓算术平均偏差为 0.8 μm，不加注“U”（U 表示上限值）
Rz max 0.2	表示去除材料，单向上限值，轮廓最大高度的最大值为 0.2 μm，不加注“U”
U Ra max 3.2 L Ra 0.8（不允许去除材料）	表示不允许去除材料，双向极限值，上限值的轮廓算术平均偏差为 3. 2 μm，下限值的轮廓算术平均偏差为 0. 8 μm。“U”为单向上限值时均可不加注；“L”为单向下限值时应加注；双向值均加注

（3）表面粗糙度在图样中的注法

表面粗糙度在图样中的注法原则应根据国家标准 GB/T 131—2006《产品几何技术规范（GPS）技术产品文件中表面结构的表示法》的规定，其符号和代号的标注示例见表 2-1-11。

表 2-1-11　表面粗糙度符号和代号的标注示例

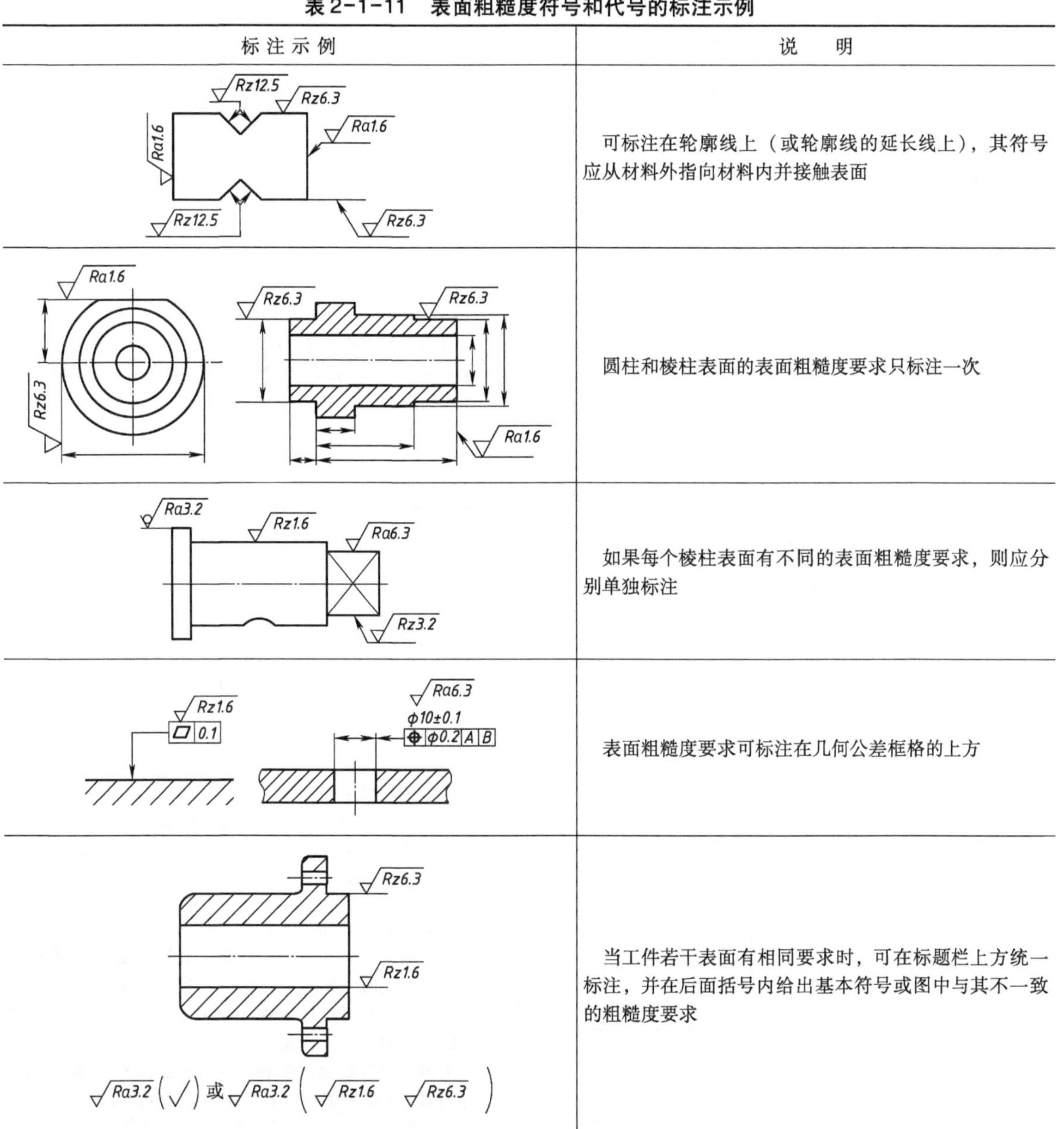

标注示例	说　明
Rz12.5　Rz6.3　Ra1.6　Ra1.6　Rz12.5　Rz6.3	可标注在轮廓线上（或轮廓线的延长线上），其符号应从材料外指向材料内并接触表面
Ra1.6　Rz6.3　Rz6.3　Rz6.3　Ra1.6	圆柱和棱柱表面的表面粗糙度要求只标注一次
Ra3.2　Rz1.6　Ra6.3　Rz3.2	如果每个棱柱表面有不同的表面粗糙度要求，则应分别单独标注
Rz1.6　0.1　Ra6.3　ϕ10±0.1　ϕ0.2 A B	表面粗糙度要求可标注在几何公差框格的上方
Rz6.3　Rz1.6　Ra3.2（√）或 Ra3.2（Rz1.6　Rz6.3）	当工件若干表面有相同要求时，可在标题栏上方统一标注，并在后面括号内给出基本符号或图中与其不一致的粗糙度要求

续表

标注示例	说　明
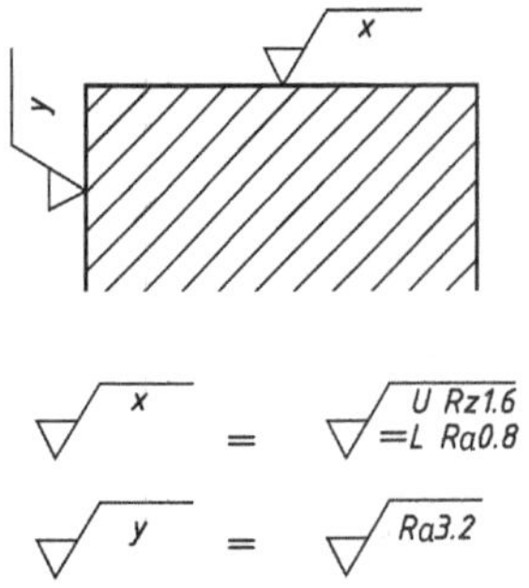 x　y　x = U Rz1.6 =L Ra0.8　y = Ra3.2	当多个表面具有相同的表面粗糙度要求时，可用带字母的完整符号，以等式的形式在图形或标题栏附近进行简化标注
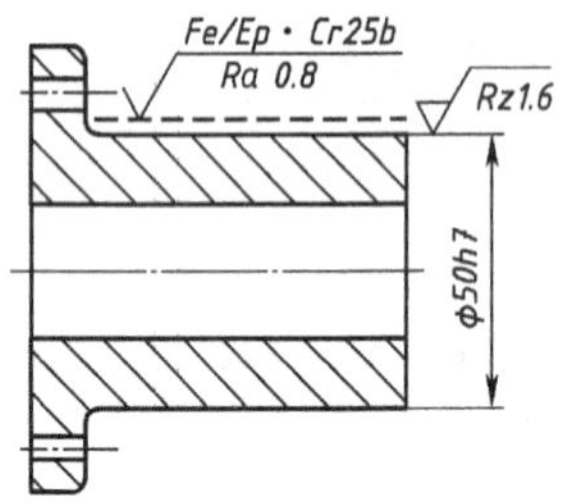 Fe/Ep·Cr25b　Ra 0.8　Rz1.6　φ50h7	由几种不同的工艺方法获得的同一表面，当需要明确每种工艺方法的表面粗糙度要求时的标注
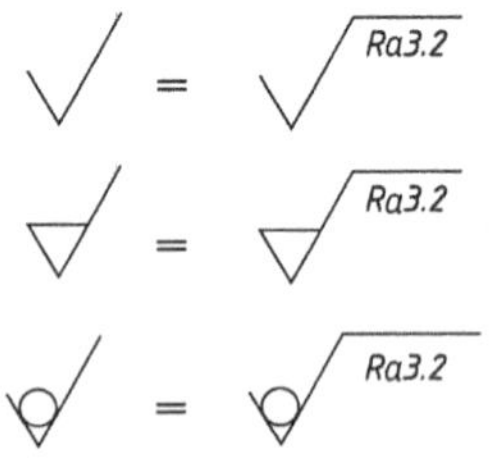 = Ra3.2　= Ra3.2　= Ra3.2	只用表面粗糙度符号的简化注法。可用表面粗糙度的基本图形符号，以等式的形式给出对多个表面共同的表面粗糙度要求

（4）确定表面粗糙度 *Ra* 值的参考因素

表面粗糙度 *Ra* 值可参考表 2-1-12 予以确定。

表 2-1-12　根据零件表面的作用确定 *Ra* 的参考值

Ra/μm	表面特征	相应的加工方法	适 用 范 围
50 25	可见明显刀痕	粗车、镗、刨、钻等	粗制后所得到的粗加工表面，一般很少采用
12.5	微见刀痕	粗车、刨、立铣、平铣、钻等	比较精确的粗加工表面，一般非结合的加工表面均采用此级粗糙度，如轴端面、倒角、钻孔、齿轮及带轮的侧面，键槽的非工作面、垫圈的接触面和轴承的支承面等
6.3	可见加工痕迹	车、镗、刨、钻、平铣、立铣、锉、粗铰、磨、铣齿等	半精加工表面。不重要零件的非配合表面，如支柱、轴、支架、外壳、衬套、盖等的端面；紧固件的自由表面：如螺栓、螺钉和螺母等表面；不要求定心及配合特性的表面，如用钻头钻的螺栓孔、螺钉孔及铆钉孔；固定支承表面，如与螺栓头及铆钉头相接触的表面、带轮、联轴器、凸轮、偏心轮的侧面、平键及键槽的上下面、斜键侧面等

续表

Ra/μm	表面特征	相应的加工方法	适用范围
3. 2	微见加工痕迹	车、镗、刨、铣、刮 1 ~ 2 点/cm^2、拉磨、锉、滚压、铣齿	半精加工表面和其他零件连接但不是配合表面，如外壳、座架盖、凸耳、端面和扳手及手轮的外圆；要求有定心及配合特性的固定支承表面，如定心的轴肩、键及键槽的工作表面；不重要的紧固螺纹的表面、非传动用的梯形螺纹、锯齿形螺纹表面、轴毛毡圈摩擦面、燕尾槽的表面等
1. 6	看不见加工痕迹	车、镗、刨、铣、铰、拉、磨、滚压、刮 1 ~ 2 点/cm^2、铣齿	接近于精加工表面，要求有定心（不精确的定心）及配合特性的固定支承表面，如衬套、轴承和定位销压入孔；不要求定心及配合特性的活动支承面，如活动关节、花键结合、8 级齿轮齿面、传动螺纹工作表面、低速（30 ~ 60 r/min）的轴颈（d < 50 mm）、楔形键及槽的上下面、轴承凸肩表面（对中心用）、端盖内倒面等
0. 8	可辨加工痕迹的方向	车、镗、拉、磨、立铣、铰、刮 3 ~ 10 点/cm^2、滚压	要求保证定心及配合特性的表面，如锥形销和圆柱销的表面、G 级与 F 级精度的球轴承的配合面、滚动轴承的孔、滚动轴承的轴颈、中速（60 ~ 120 r/min）转动的轴颈、静连接 IT7 公差等级的孔、动连接 IT9 公差等级的孔；不要求保证定心及配合特性的活动支承面，如高精度的活动球状接头表面、支承垫圈、套齿叉形件、磨削的轮齿

八、图纸幅面和标题栏

图纸是表达工程图样最重要的载体之一，在选择图纸幅面时，应参照国家标准来进行，标题栏是零件图的内容之一，也应参照相应国家标准来进行绘制。

（一）图纸幅面和格式（GB/T 14689—2008）

（1）图纸幅面

图纸幅面即图纸的大小。为了使图纸幅面统一，便于装订和管理，并符合缩微复制原件的要求，国家标准规定了 A0 ~ A4 五种不同的图纸幅面，如图 2-1-59 所示。绘制工程图样时应优先采用国家标准规定的这五种基本幅面。

必要时，允许选用加长幅面的图纸。加长幅面的尺寸必须是由基本幅面的短边成整数倍增加后得出。

（2）图框格式

图框的格式也有相应国家标准，可参照融项目一融任务一。

（二）标题栏

每张图纸上都必须画出标题栏，一般应位于图纸的右下角，如图 2-1-60 所示。GB/T 10609. 1—2008 中规定了标题栏的格式和尺寸，如图 2-1-60b 所示。建议学生在制图作业中采用简化标题栏，如图 2-1-60a 所示。

标题栏的长边置于水平方向并与图纸的长边平行时，构成 X 型图纸；若标题栏的长边与图纸的长边垂直时，则构成 Y 型图纸。此时，看图的方向与看标题栏的方向是一致的。

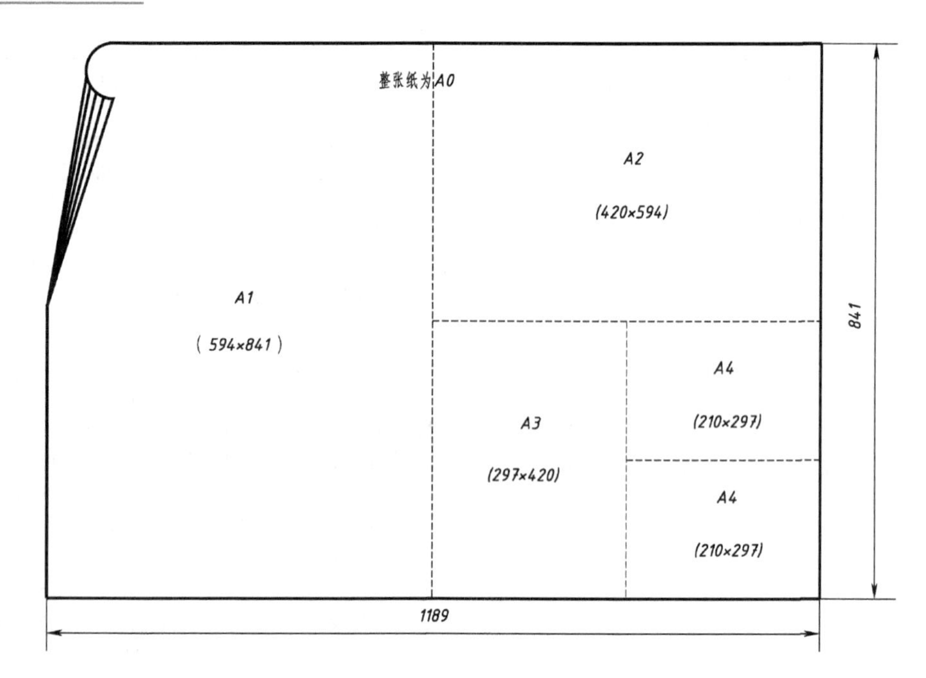

图 2-1-59　基本幅面的尺寸关系

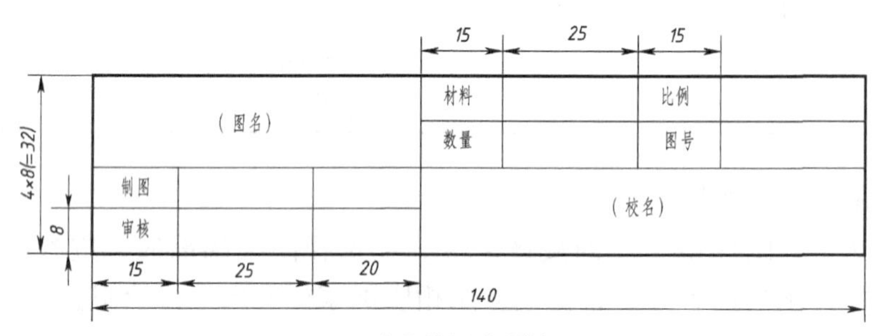

(a) 学生用标题栏

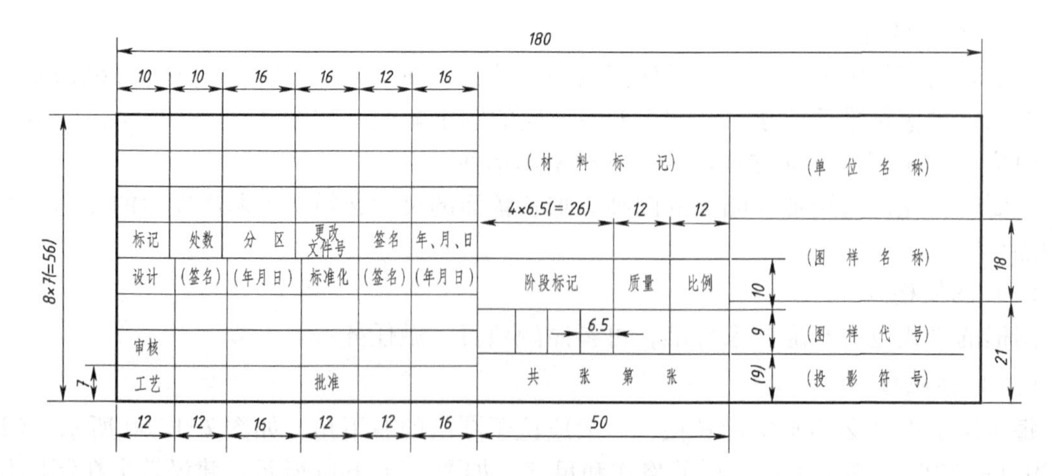

(b) 工程图标题栏格式

图 2-1-60　标题栏

为了利用预先印制的图纸，允许将 X 型图纸的短边置于水平位置使用，或将 Y 型图纸的长边置于水平位置使用，这时，为了明确看图的方向，应在图纸下边对中符号处画出一个方向符号，如图 2-1-61 所示。

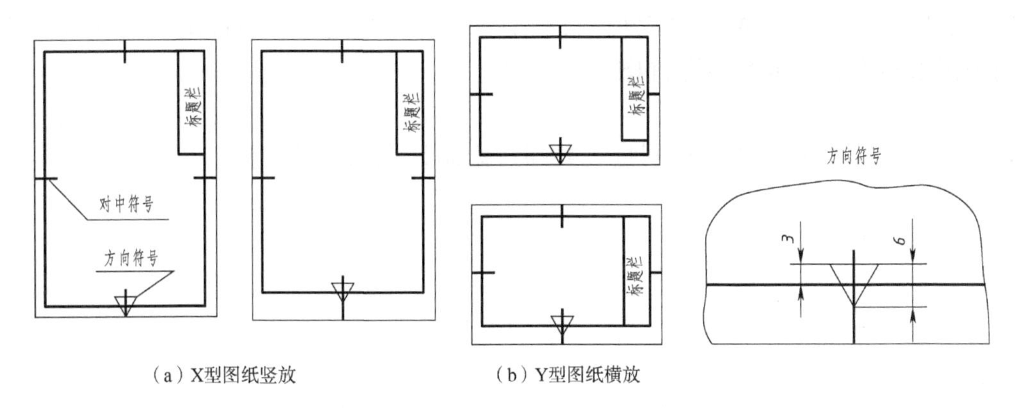

图 2-1-61　标题栏的方位和附加符号

小贴士：

附加符号：有对中符号和方向符号两种。

(1) 对中符号：为了使图样复制和缩微摄影时定位方便，对基本幅面的各号图纸，均应在图纸各边的中点处分别画出对中符号。对中符号用粗实线绘制，线宽不小于0.5 mm，长度为从纸边界开始至伸入图框内约 5 mm。

(2) 方向符号：当使用预先印制的图纸时，为了明确绘图与看图时图纸的方向，应在图纸的下边对中符号处画出一个方向符号。方向符号是用细实线绘制的等边三角形，其大小和所处的位置如图 2-1-61 所示。

计划分析

绘制齿轮油泵泵盖零件图的计划分析如图 2-1-62 所示。

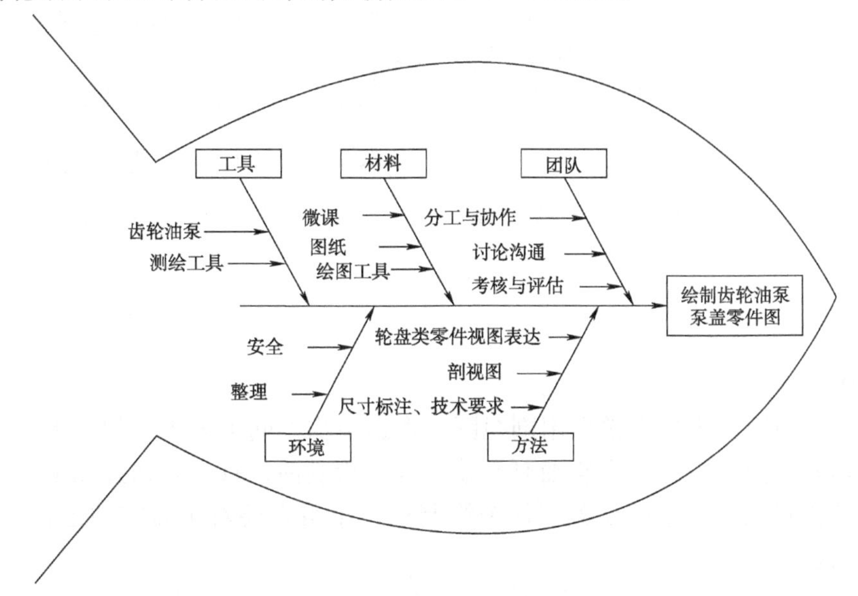

图 2-1-62　绘制齿轮油泵泵盖零件图的计划分析

要求：

根据所提供的齿轮油泵泵盖零件进行测绘，结合轮盘类零件的视图表达方法以及机械制图相关国家标准，完成泵盖零件图。

人员组织：

6～8 人一组，先对泵盖进行测量，共同讨论制订视图表达方法。

材料：

绘图工具，图纸。

工具：

齿轮油泵 1 台/组，游标卡尺、钢板尺 2 把/组。

方法：

绘制泵盖零件图，需运用图 2-1-63 所示方案，确定泵盖零件的表达方法，参照图 2-1-64绘制泵盖零件图流程图进行绘图。

环境：

在产品创新过程中要注意绿色环保，在绘图过程中应注意资料的搜集整理。

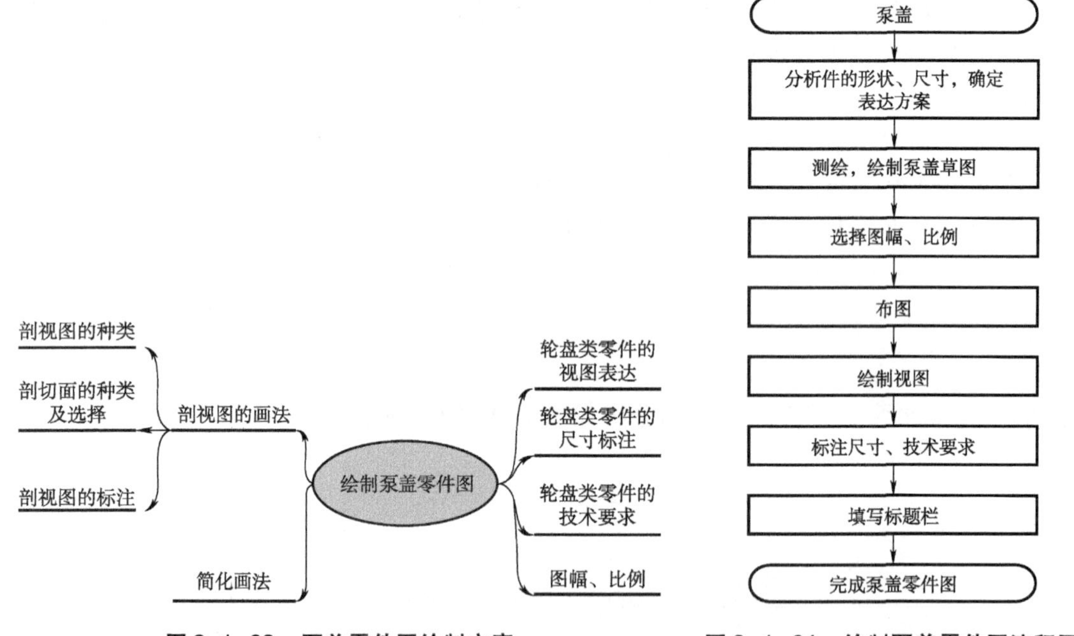

图 2-1-63　泵盖零件图绘制方案　　图 2-1-64　绘制泵盖零件图流程图

任务实施前

轮盘类零件的视图表达通常采用剖视图，根据结构不同可采用全剖或半剖，所采用的剖切面也不相同，因此在完成齿轮油泵泵盖零件图绘制前，首先要通过几个小任务掌握剖视图绘制的有关知识。在进行泵盖零件图绘制前，小组内要对泵盖零件进行检查、测绘，绘制零件草图。

任务实施中

（1）画图前的准备工作

画图前要准备好绘图工具和仪器，按各种线型的要求削好铅笔和圆规中的铅芯，并备好图纸。先定出主视图的投射方向，确定表达方案。

（2）齿轮油泵泵盖视图表达方案

如图 2-1-65 所示，齿轮油泵泵盖基本形体为长圆形状的扁平盘状体，其上加工有两个轴孔、两个销孔和六个螺钉孔等结构。

主视图选择加工位置，将主要轴孔轴线水平放置，采用两个相交的剖切平面剖开泵盖，将所有孔的内部结构都在主视图上清楚地表达出来。

左视图采用视图的表达方式，将泵盖的六个螺钉孔、两个销孔的分布情况及泵盖的外部形状清楚地表达出来。

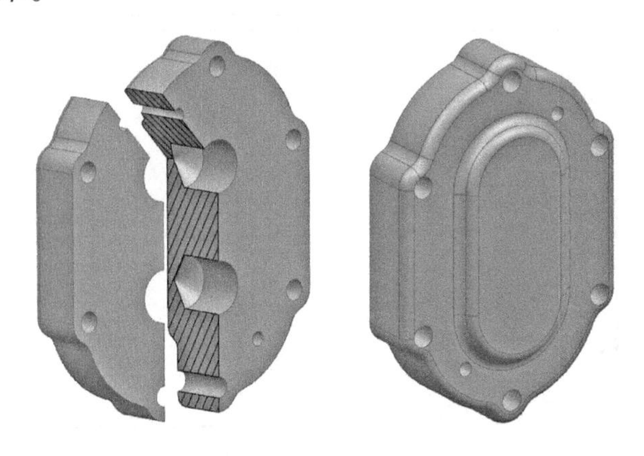

图 2-1-65　齿轮油泵泵盖

（3）画底稿

① 选比例，定图幅。比例：按照物体的大小，确定适当的绘图比例。若机件不是太大或太小，尽量使用 1:1 的比例。若机件较大或较小，则要缩小或放大绘出，比例的大小以画出的图能清晰的反映物体的形状大小为宜，切不可把物体画得太小或太大，以免造成看图困难或浪费图纸。

定图幅：如果视图共有三个图，则横向有主视图与左视图，占据横向图幅的主要是主视图的总长与左视图的总宽，考虑标注尺寸等因素，因此图纸长必须大于物体总长与总宽之和，一般图纸长取为物体总长与总宽之和的 1. 5 倍以上，保证有足够的空间标注尺寸。同样图纸宽一般取为物体总高与总宽之和的 1. 5 倍以上。

② 固定图纸（见图 2-1-66）。将选好的图纸用胶带纸固定在图板上。固定时，应使图纸的水平边与丁字尺的工作边平行，图纸的下边与图板底边的距离要大于一个丁字尺的宽度。

③ 画图框及标题栏（见图 2-1-67）。按国家标准所规定的幅面、周边尺寸和标题栏位置，先用细实线画出图纸边界线、图框及标题栏。

④ 布置图形的位置（见图 2-1-68）。图形在图纸上布置的位置要力求匀称，不宜偏置或过于集中在某一角。根据每个图形的长、宽尺寸，并考虑到有足够的图面注写尺寸和文字说明等。

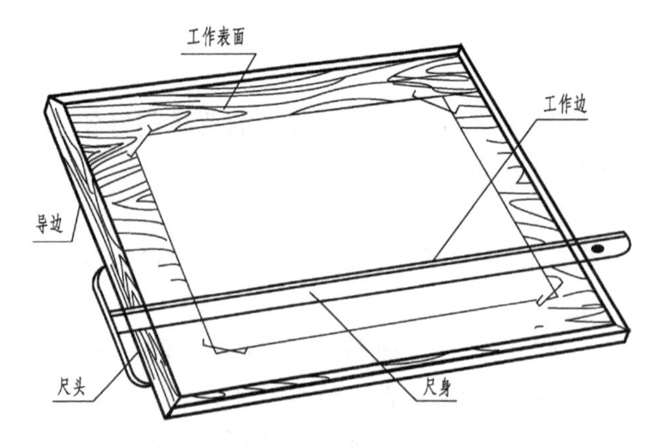

图 2-1-66　固定图纸

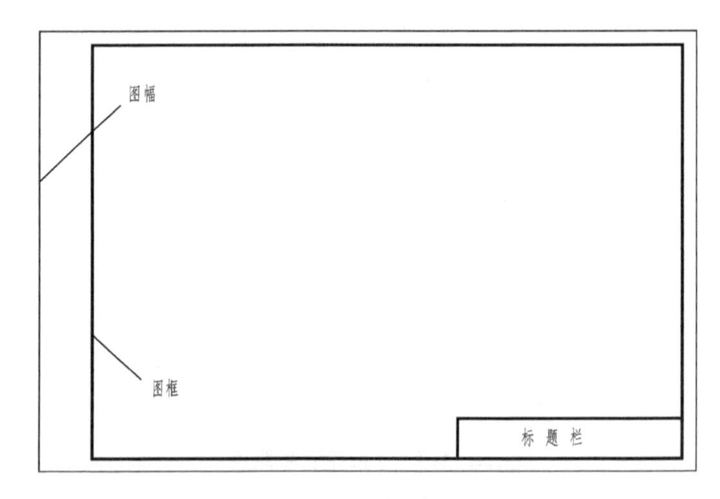

图 2-1-66　图框及标题栏

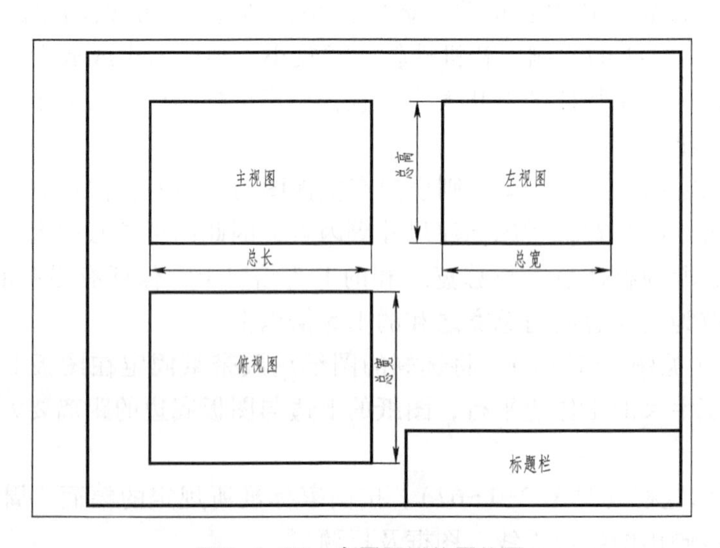

图 2-1-67　布置图形位置位置

⑤ 画底稿图。绘制主、左视图的对称中心线和作图基准线（见图 2-1-68），布图时，要考虑各视图间应留有注写尺寸的位置。

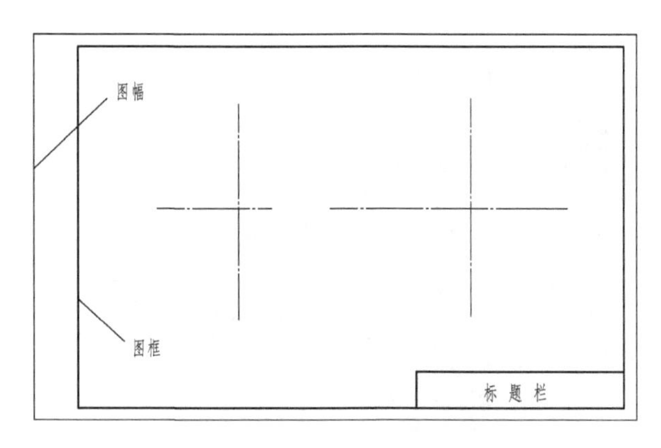

图 2-1-68　画中心线

然后画出零件的内、外结构，再画出剖面线。画底稿图时，宜用较硬的铅笔（2H 或 H），底稿线应画得轻、细、准，以便于擦拭和修改。

（4）铅笔加深图线

加深图线前要仔细校对底稿，修正错误，擦去多余的图线或污迹，保证线型符合国家标准的规定。加深不同类型的图线，应选用不同型号的铅笔。

加深图线原则：不同线型，先粗、实，后细、虚；有圆有直，先圆后直；多条水平线，先上后下；多条垂直线，先左后右；多个同心圆，先小后大；最后加深剖面线、图框和标题栏。

（5）标注尺寸

图线加深前，选定尺寸基准，画出尺寸界线、尺寸线。应将尺寸界线和尺寸线都一次性地画出，最后注写箭头、尺寸数字及符号等。注意标注尺寸要正确、清晰，符合国家标准的要求。

泵盖的尺寸包括总体尺寸、所有结构的定形尺寸和定位尺寸。标注尺寸时需要注意以下几点：

① 尺寸基准。观察图 2-1-1，可以看出：泵盖的右端面是与泵体的端面相接触的，所以表面质量要求比较高，是长度方向的尺寸基准，由此标注泵盖长度方向的尺寸；泵盖结构前后对称，故选择对称面为宽度方向的尺寸基准，由此标注宽度方向的尺寸；泵盖与主动齿轮轴配合的轴孔比较重要，技术要求比较高，其轴线是高度方向的尺寸基准，由此标注高度方向的尺寸。

② 主要尺寸。如图 2-1-1 所示，为保证齿轮油泵正常工作，两齿轮应很好地啮合，要求保证两齿轮轴的中心距离，因此在泵盖零件图中，要直接标注出泵盖上与两齿轮轴配合的轴孔中心距；为使泵盖能够顺利地安装在泵体上，对沉头螺钉孔间的距离在尺寸精度上有一定的要求，因此应在泵盖零件图中直接标注出沉头螺钉孔间的定位尺寸。

③ 总体尺寸。泵盖零件的总长、总宽、总高尺寸需要通过计算得出，从总体尺寸可以想象出泵盖的总体形状大小。

（6）注写有关技术要求

根据齿轮油泵泵盖加工要求及其在部件中的装配关系，确定其零件图的技术要求。

齿轮油泵是一对齿轮轴在泵体内做啮合传动来输送润滑油。如图 2-1-69 所示，泵盖上两个轴孔与两个齿轮轴配合，泵盖通过螺钉和销与泵体连接，右端面与泵体左端面接触，因此，泵盖的主要加工表面包括两轴孔内表面和泵盖右端面。

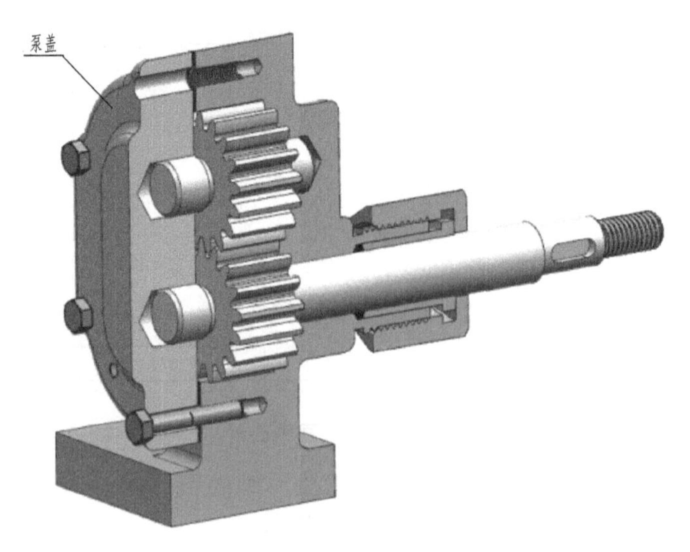

图 2-1-69　齿轮油泵

为了保证两齿轮很好地啮合，泵盖上两个轴孔应该有尺寸公差、几何公差（平行度、垂直度等方向公差）、表面粗糙度等技术要求。

为了保证泵盖与泵体正常安装，右端面有表面粗糙度要求，同时与轴孔之间有几何公差（垂直度）等要求；螺钉孔、销孔等有表面粗糙度要求。

① 泵盖的尺寸公差。

由表 2-1-4 所示，根据公差等级的优先选择及基孔制优先的原则，选择泵盖的公差为 H7、H8、H9 三种；由于齿轮油泵工作时，泵盖与两齿轮轴之间有相互运动，是间隙配合，由附录 D 可知，优先配合有六种，分析表 2-1-5 中这六种优先配合的特性，选定轴与轴孔的配合为 H8/ f7，即轴孔的公差为 H8，齿轮轴的公差为 f7。

② 泵盖的几何公差。

a. 公差值的选择。根据泵盖的功能、结构、刚性、加工经济性和尺寸，按几何公差数值表确定要素的公差值。查相关国家标准《形状和位置公差　未注公差值》（GB/T 1184—1996）确定泵盖的平行度和垂直度公差值。

b. 基准的选择。主动齿轮轴是主要的轴，所以两轴孔的平行度公差应以主动齿轮轴的轴线为基准；为了保证泵盖安装后轴线水平，垂直度公差应以轴向加工面右端面为基准。

③ 泵盖的表面粗糙度值。参考表 2-1-12 来确定泵盖的表面粗糙度值。

为保证齿轮油泵正常工作，保证齿轮轴可以在泵盖轴孔内自由转动，以及保障齿轮油泵的密封，防止油外漏，对泵盖的轴孔内表面及右端面的表面结构有较高的要求；此外对六个螺钉孔、销孔内表面、倒角等表面都有表面粗糙度的要求。

④ 其他技术要求。泵盖为铸件，需经人工时效处理，不允许有砂眼、裂纹等严重缺陷，及未注铸造圆角和未注倒角等。

（7）检查整理

待绘图工作全部完成后，经仔细检查，确认无错漏，最后在标题栏“制图”一格内签上姓名和绘图日期。

任务实施后

任务实施后，对所绘图纸进行检查、归档，并对绘图工具进行整理，对绘图教室环境进行打扫。

1. 按照评分表对零件图进行评分

请参照附录 K 附表 K－3 中的评分项对你所绘制的齿轮油泵泵盖零件图进行评分，见表 2-1-13。要求自评、互评、评分要客观、公正、合理。

表 2-1-13　齿轮油泵泵盖零件图评分表

姓名		学号		自评	互评
评分项	评分标准		分值		
图幅、比例	图幅、比例选择合理		5 分		
视图	（1）三视图对应关系正确 5 分 （2）三视图表达方案合理正确 40 分，一处不合理扣 2 分，最多扣 15 分		45 分		
尺寸标注	尺寸标注符合标准要求 20 分，每少标一个尺寸扣 2 分，最多扣 10 分		20 分		
技术要求	形状公差标准完整，有基准、形状公差 8 分，表面粗糙度 5 分，技术要求 2 分		15 分		
标题栏	零件名称、比例、材料、姓名、单位，每项 1 分		5 分		
图面质量	图面整洁 2 分，布局合理 2 分，字体正确 3 分，图线清晰、粗细分明 3 分		10 分		
总分			100 分	（签名）	（签名）

2. 针对工作过程，依据融能力，评价师生

在附录 K 表 K－1《融课程教学评估表》中，对本次课的四种能力进行评价。

融任务二　绘制齿轮油泵传动齿轮轴零件图

齿轮油泵主要是依靠缸体与啮合齿轮间所形成的工作容积变化和移动来输送液体或使之增压的回转泵。由两个齿轮、泵体与前后盖组成两个封闭空间，在图 2-2-1 所示齿轮油泵中，主要是依靠主动齿轮轴和从动齿轮轴上轮齿的啮合来形成工作容积的变化，当齿轮转动时，齿轮脱开侧的空间的体积从小变大，形成真空，将液体吸入，齿轮啮合侧的空间的体积从大变小，而将液体挤入管路中去。吸入腔与排出腔是靠两个齿轮的啮合线来隔开的。主动齿轮轴和从动齿轮轴是齿轮油泵中两个重要的零件，工作时间较长时轮齿部分很容易产生胶合或磨损，造成轮齿损坏，现齿轮厂接到一批订单，加工齿轮泵中主动齿轮轴，作为设计人员，你需要测绘现有齿轮轴，完善其尺寸，绘制完整的零件图，以指导加

工。在工作中应注意技术文件的管理制度和保密制度。

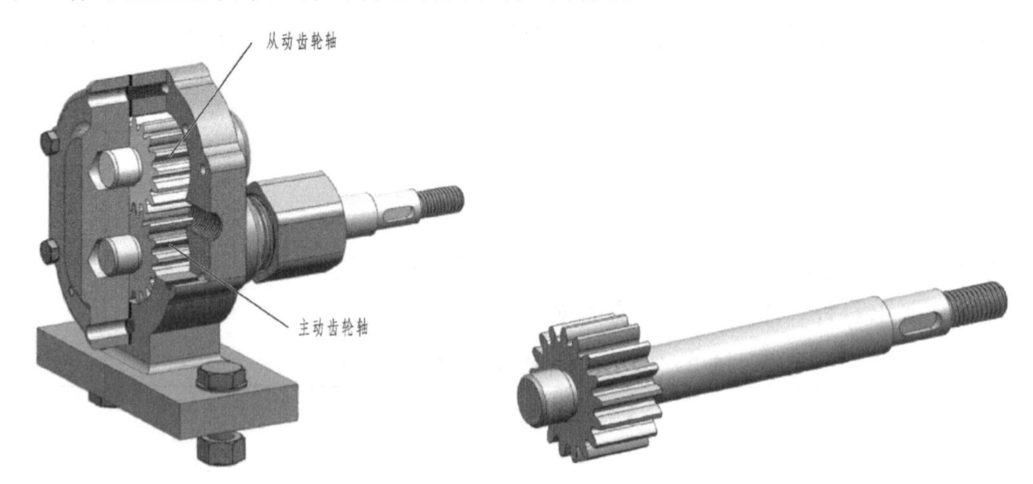

图 2-2-1　齿轮轴

轴类零件属于回转类零件，其上带有键槽、螺纹、退刀槽等结构。为了完整、清晰地表达出这些结构，在轴类零件的视图表达中常常用到局部剖视图、断面图、局部放大图以及一些简化画法，齿轮轴还有轮齿和螺纹的规定画法。根据轴类零件的结构特点以及加工方法，在尺寸标注、技术要求等方面也有一定的特点。因此根据任务要求，要绘制完整、清晰、正确的传动齿轮轴零件图还需要掌握图 2-2-2 所示信息。

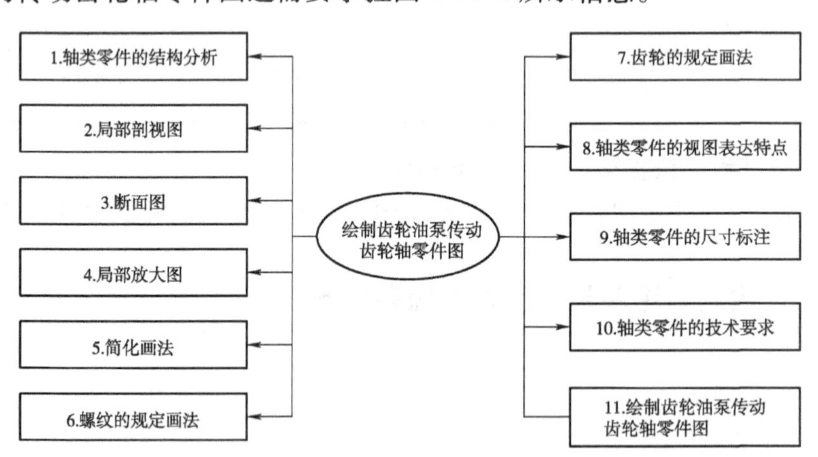

图 2-2-2　绘制齿轮油泵传动齿轮轴零件图相关知识

一、轴类零件的结构分析

零件结构分析是绘制零件图的依据。了解轴类零件在机器（或部件）中的作用，并对其结构进行分析，以便于确定此类零件合理的表达方案。

（一）轴类零件的作用

轴类零件是机器中经常遇到的典型零件之一。它主要用来支承和传递动力，传递扭矩和承受载荷。

图 2-2-3 所示为几种轴类零件的三维造型图。其结构形状虽各不相同，但在视图表

达方面具有许多共同特点。

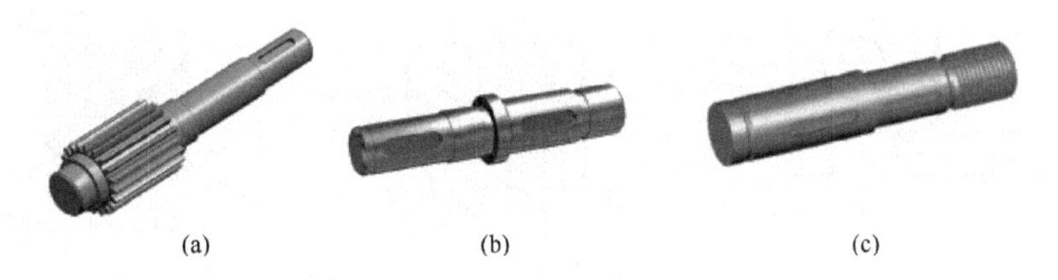

图 2-2-3　轴类零件三维造型图

（二）轴类零件的结构分析

轴类零件属于回转类零件，一般由同一轴线、不同直径、不同长度的数段圆柱体组成。轴向尺寸远大于径向尺寸。根据设计、安装和加工的要求，轴上通常有倒角、倒圆、退刀槽、砂轮越程槽，键槽、销孔、螺纹、中心孔、锥度等结构，齿轮轴还有轮齿结构，这些结构和尺寸大部分已标准化，如图 2-2-4 所示。

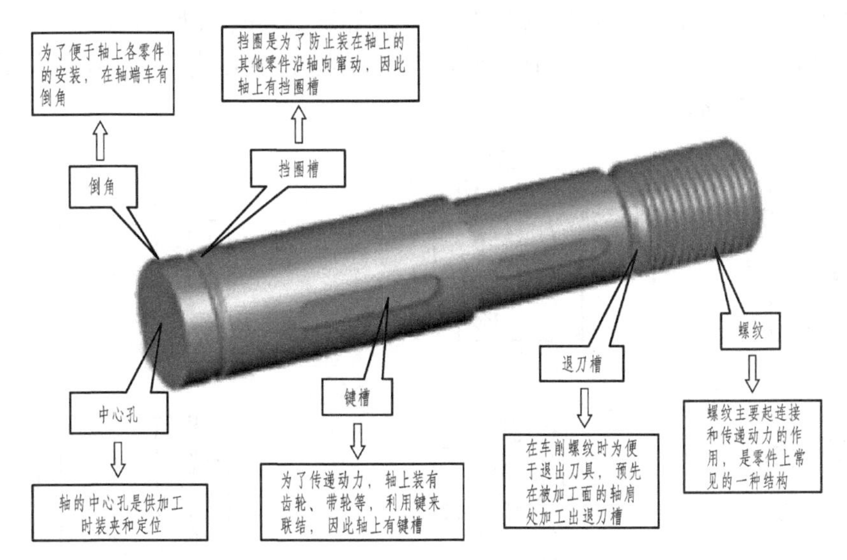

图 2-2-4　轴上常见的结构

为了完整、清晰地表达出退刀槽、键槽、销孔、螺纹、轮齿等结构，在轴类零件的视图表达中常常用到局部剖视图、断面图、局部放大图和一些简化画法，以及齿轮轴齿轮和螺纹的规定画法。下面来学习这些画法的相关知识。

二、局部剖视图

假想用剖切面局部剖开机件所得的剖视图，称为局部剖视图。局部剖的范围可大可小，根据需要而定，应用很灵活，如图 2-2-5 所示。

局部剖视图画法：用波浪线表示局部剖视图的范围，将剖开后可见部分的轮廓画为实线，在剖面区域画上剖面符号。

画局部剖视图时，应注意以下几点：

（1）在局部剖视图中，剖视与视图的分界线为波浪线。

① 波浪线应画在机件的实体部分上，如遇孔、槽时，波浪线必须断开，如图 2-2-6a 所示。

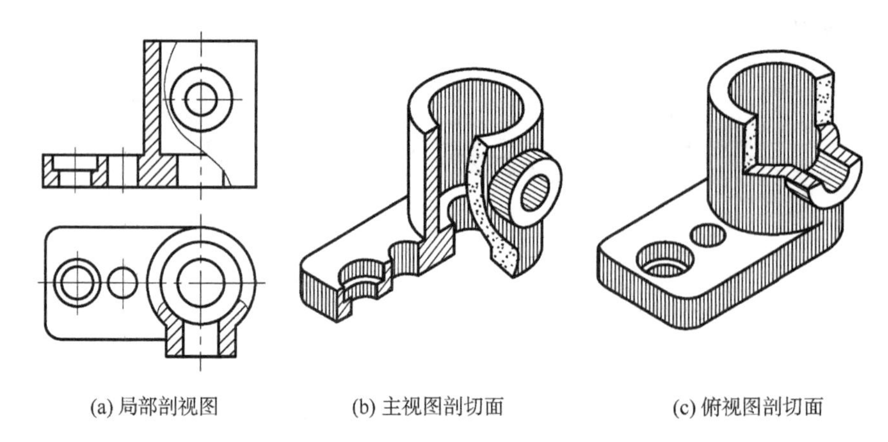

(a) 局部剖视图　(b) 主视图剖切面　(c) 俯视图剖切面

图 2-2-5　局部剖视图

② 波浪线不能超出视图的外形轮廓线，如图 2-2-6b 所示。

③ 波浪线不应与图形上的其他图线重合，如图 2-2-6c、d 所示。

④ 当被剖的局部结构为回转体时，允许将该结构的中心线作为局部剖视图与视图的分界线，如图 2-2-7 所示。

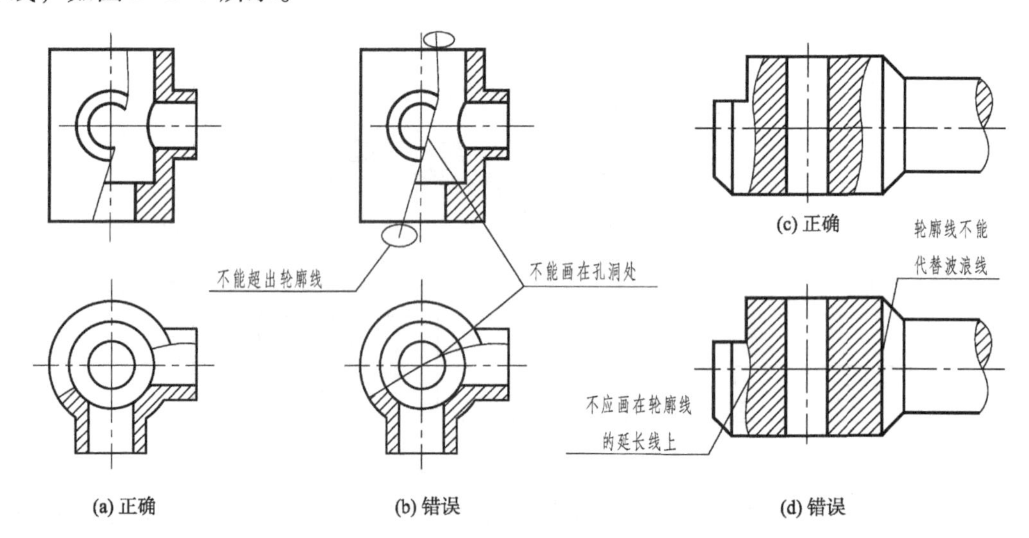

(a) 正确　(b) 错误　(c) 正确　(d) 错误

图 2-2-6　局部剖视图中波浪线的画法

（2）局部剖视图的图形是由一部分剖视与一部分视图组合而成的，运用得当，可使图形表达简洁、清晰；但在一个视图中局部剖视图不宜用得太多，否则，会使图形过于破碎，反而不利于看图。

（3）局部剖视图一般适用于下列情况：

① 当对称机件的对称中心线与轮廓线重合，不宜采用半剖视时，可采用局部剖视图，如图 2-2-8 所示（图中相交的两细实线是表示平面的符号）。

② 如图 2-2-9 所示，为了表达实心轴上销孔，只需局部地剖开实心轴，而其余的实体部分不用剖切。

③ 当不对称机件的内、外形状均需表达时，可采用局部剖视图，如图 2-2-10 所示。

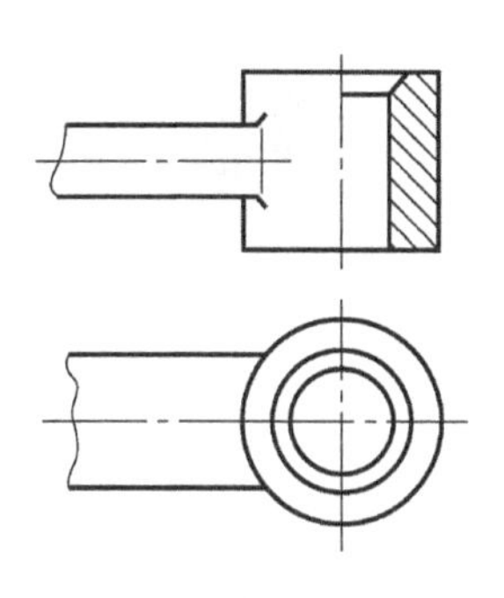

图 2-2-7　回转体局部剖视图

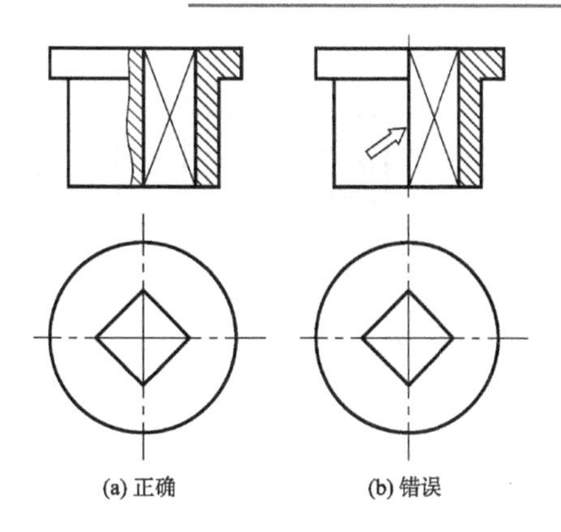

图 2-2-8　局部剖视图应用示例（一）

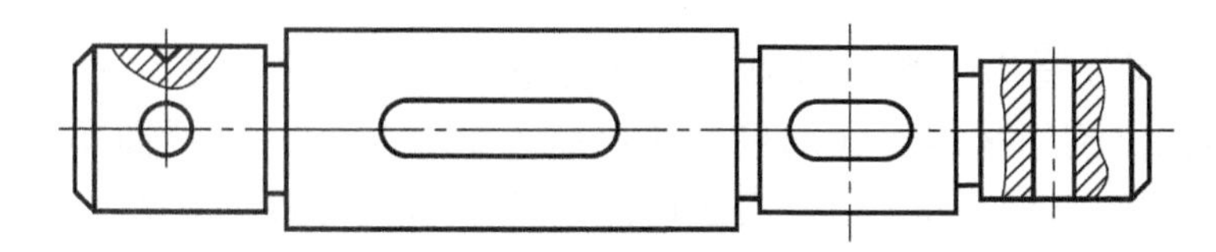

图 2-2-9　轴类零件上局部结构的剖视表达

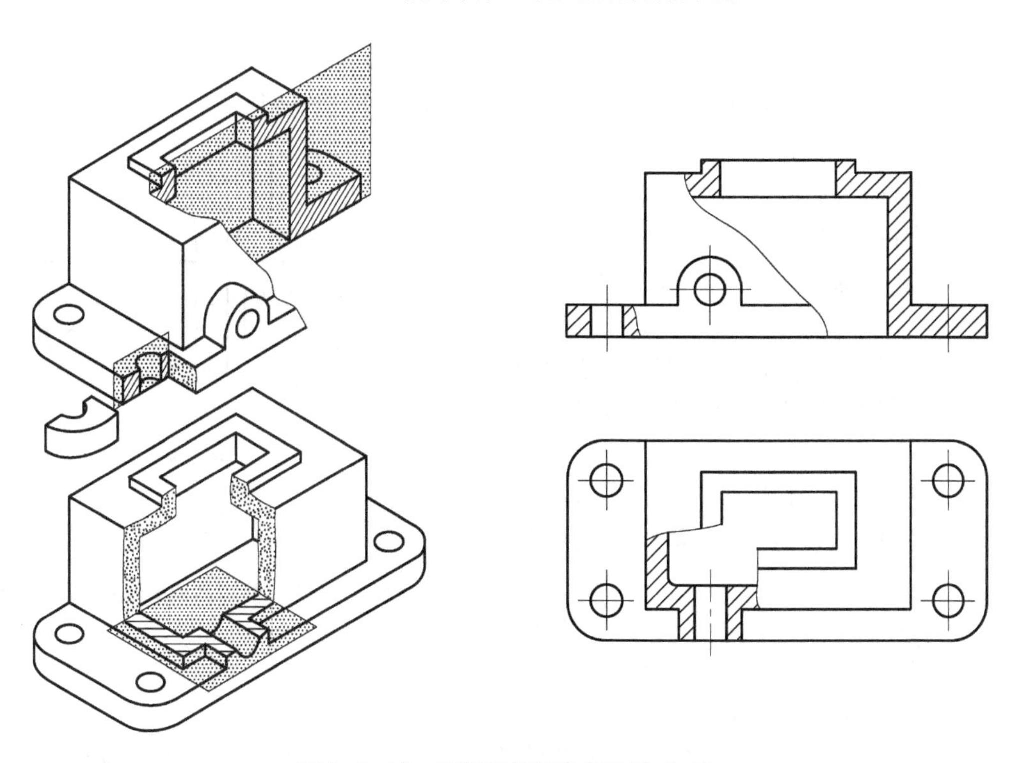

图 2-2-10　局部剖视图应用示例（二）

三、断面图

断面图的概念：假想用剖切面将物体的某处切断，仅画出该剖切面与物体接触部分（剖面区域）的图形，称为断面图，如图 2-2-11 所示。

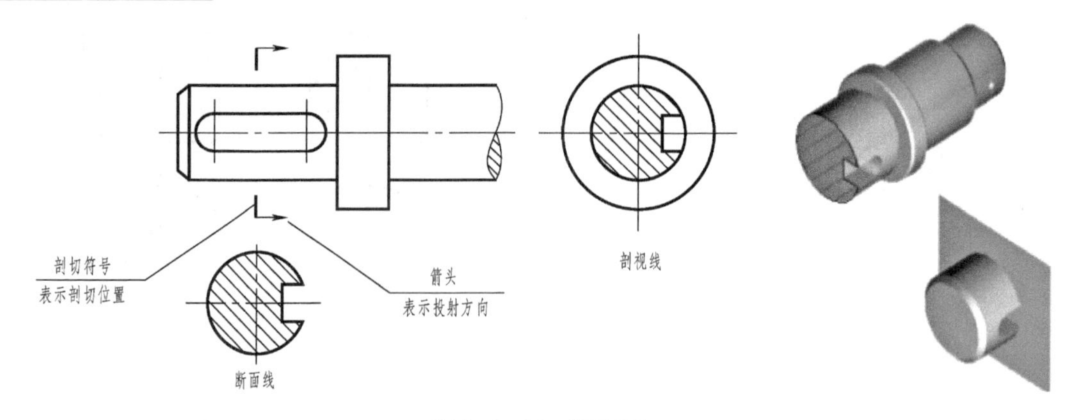

图 2-2-11　断面图

由图 2-2-11 可以看出，断面图是仅画出机件断面形状的图形，而剖视图除要画出断面形状外，还需画出剖切平面后面的可见轮廓线。通过比较，画断面图比画剖视图简单，而且图形更清晰，因此断面图常用来表达机件上某一部位的断面形状。

根据在图样中的摆放位置不同，断面图分为移出断面图和重合断面图两种。在轴类零件中移出断面图较为常用。

（一）移出断面图

移出断面图即画在视图之外的断面图，轮廓线用粗实线绘制。

1. 移出断面图的画法

画移出断面图的注意事项有以下几点：

（1）移出断面图尽量配置在剖切符号或剖切线的延长线上，也可画在其他适当的位置，如图 2-2-12所示。

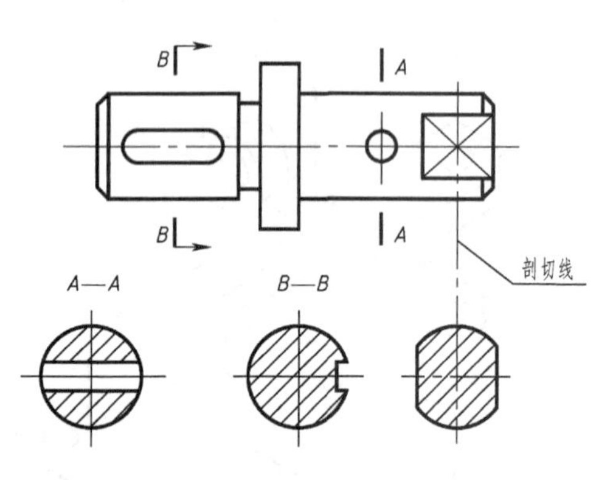

图 2-2-12　移出断面图画法示例（一）

（2）当剖切面通过由回转面形成的孔或凹坑的轴线时，这些结构按剖视图绘制，如图 2-2-13a 所示。

（3）当剖切面通过非圆孔会导致出现完全分离的两个断面时，这些结构按剖视图绘制，如图 2-2-13b 所示。

（4）在不致引起误解时，允许将图形旋转，但必须标注旋转符号，如图 2-2-13b 所示。

（5）对称的移出断面可画在视图的中断处，如图 2-2-14a 所示。

（6）由两个或两个以上相交平面剖切所得的移出断面图，中间应断开，如图 2-2-14 b 所示。

2. 移出断面图的标注

移出断面图的标注内容与剖视图相同，一般应在断面图上方标注断面图的名称“×-×”（“×”为大写拉丁字母），在相应视图上用剖切符号表示剖切位置和投射方向，并标注相同字母。根据移出断面图的放置位置和断面是否对称，其省略标注如图 2-2-15 所示。移出断面图的标注总结见表 2-2-1。

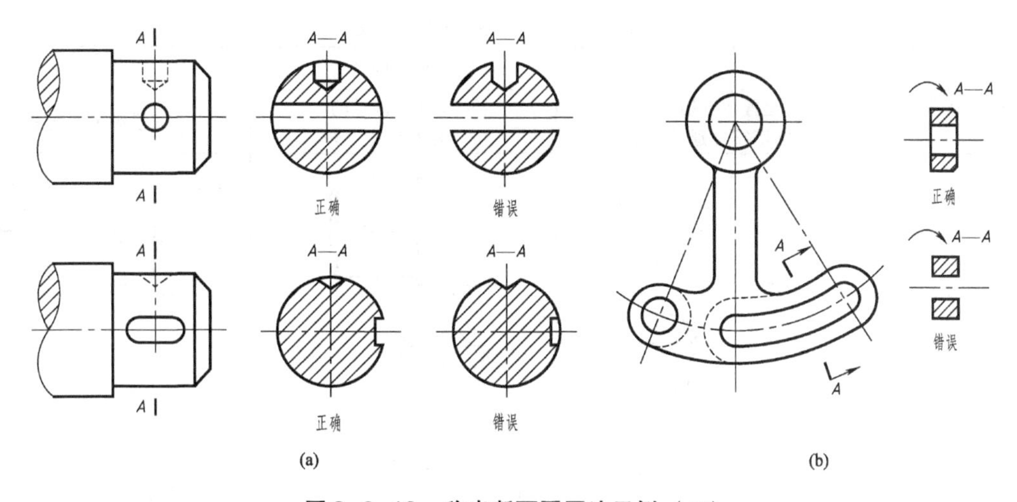

图 2-2-13 移出断面图画法示例（二）

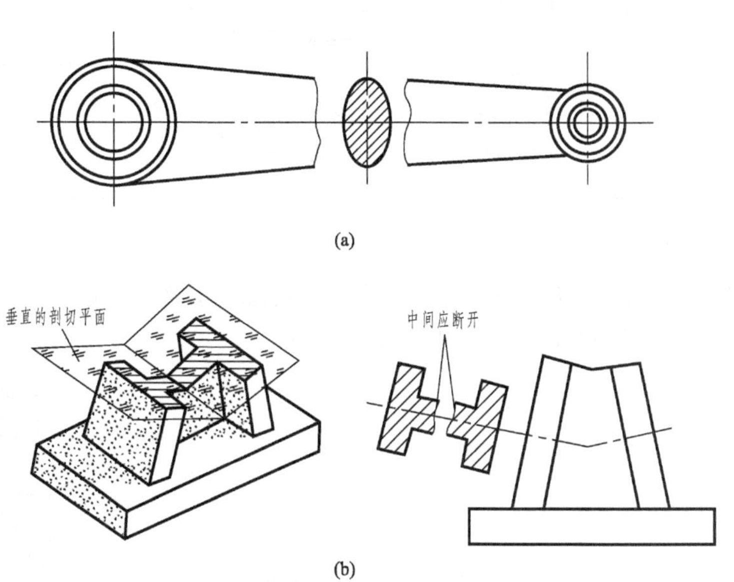

图 2-2-14 移出断面图画法示例（三）

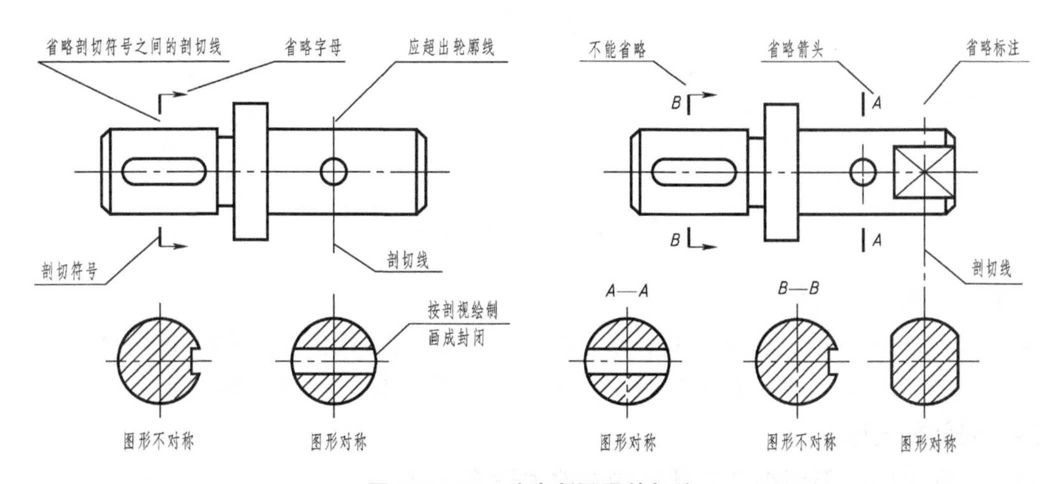

图 2-2-15 移出断面图的标注

表 2-2-1　移出断面图的标注

断面类型	剖切平面的位置		
	配置在剖切线或剖切符号延长线上	不在剖切符号的延长线上	按投影关系配置
对称的移出断面	剖切线 细点画线 省略标注	A A A—A 省略箭头	A A—A A 省略箭头
不对称的移出断面	省略字母	A A A—A 全标注（剖切符号和字母）	A A—A A 省略箭头

（二）重合断面图

画在视图内的断面图，称为重合断面图，其轮廓线用细实线绘制，如图 2-2-16 所示。重合断面图在箱体类和叉架类零件中经常用到。

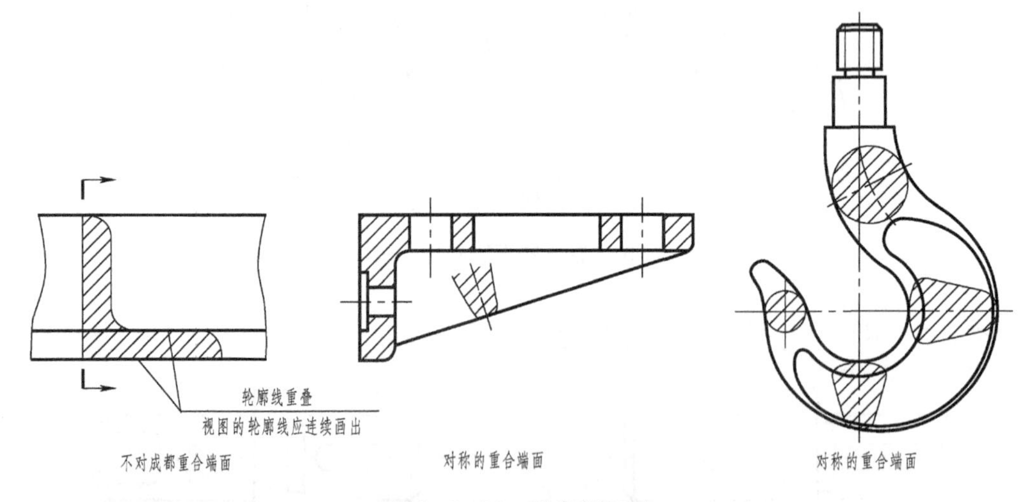

图 2-2-16　重合断面图

画重合断面图的注意事项：

① 当视图的轮廓线与重合断面的图形重叠时，视图的轮廓线仍应连续画出，不可中断。

② 对称结构的重合断面图不标注，不对称结构则要标注投射方向。

四、局部放大图

轴类零件上的局部细小结构常用局部放大图来表达。

（一）局部放大图的概念及适用场合

将图样中所表示物体的部分结构，用大于原图形的绘图比例所绘出的图形，称为局部放大图。如图 2-2-17 所示。

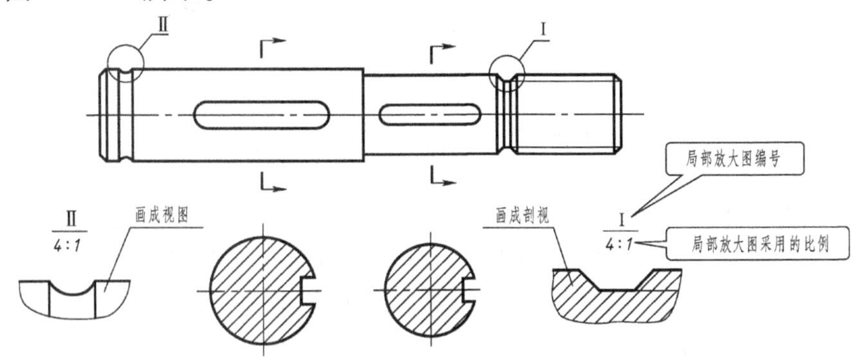

图 2-2-17　局部放大图

适用场合：当机件上的细小结构在视图中表达不清楚，或不便于标注尺寸时，可采用局部放大图。

（二）画局部放大图的注意事项

（1）局部放大图可以画成视图、剖视图或断面图，与被放大部分的原表达方式无关。

（2）图形所用的放大比例应根据结构需要而定。

（3）局部放大图应尽量配置在被放大部位的附近。

（三）局部放大图的标注

当同一物体上有多处被放大的部位时，必须用细实线圈出被放大部位，并用指引线引出，依次注上罗马数字；在局部放大图的上方用分数形式标注，分子注罗马数字，分母注上采用比例，如图 2-2-17 所示。

五、简化画法

（1）相同结构要素的简化画法

① 机件上具有若干相同结构（如孔、槽等），并按一定规律分布时，只需画出一个或几个，其余只需表示其中心位置或用细实线相连，如图 2-2-18 所示。

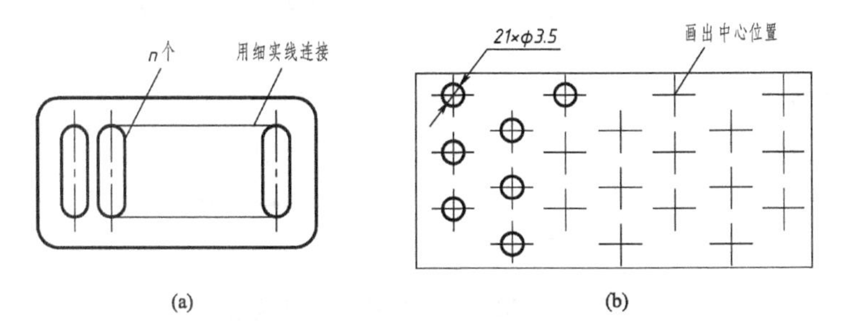

图 2-2-18　多个相同要素的简化画法

② 网状物、编织物或零件上的滚花部分，可在轮廓线内用粗实线示意画出，并在零件图上或技术要求中注明这些结构的具体要求，如图 2-2-19 所示。

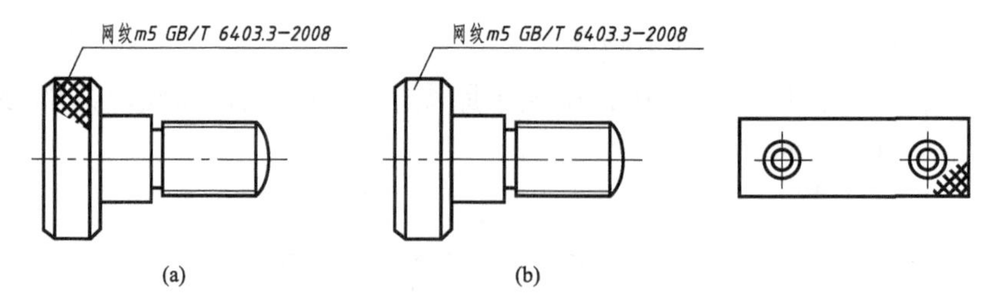

图 2-2-19　滚花、网纹等简化画法

（2）较小结构、较小斜度的简化画法

在不至于引起误解时，零件图中的小圆角、锐边的小圆角或 45° 小倒角允许省略不画，但必须标注尺寸或在技术要求中加以说明，如图 2-2-20 所示。

（3）倾斜圆的简化画法

当圆或圆弧与投影面倾斜角度小于或等于 30° 时，其投影可以用圆或圆弧代替椭圆，如图 2-2-21 所示

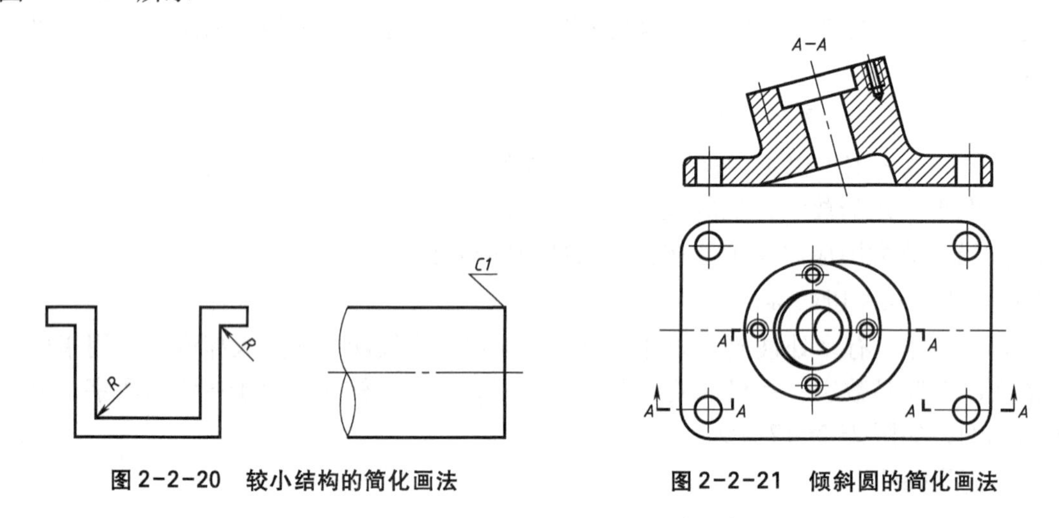

图 2-2-20　较小结构的简化画法　　图 2-2-21　倾斜圆的简化画法

（4）较长零件的断开画法

当较长零件（轴、杆等）沿长度方向的形状一致或按一定规律变化时，可断开后缩短绘制，采用这种画法时，尺寸应按原长标注，如图 2-2-22 所示。

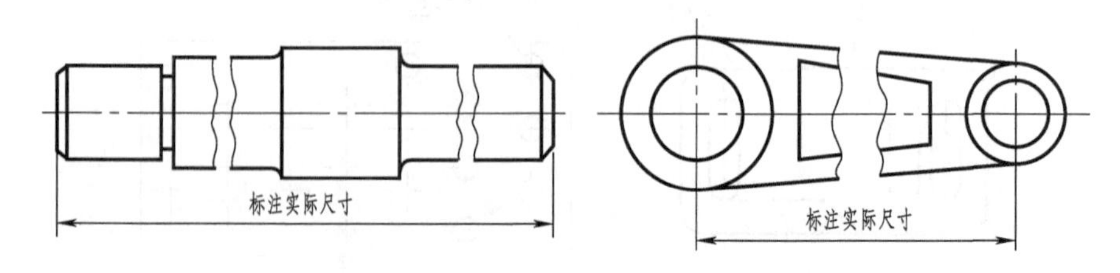

图 2-2-22　较长机件的断开画法

（5）平面符号的画法

当回转体零件上的平面在图形中不能充分表达时，可用平面符号（两条相交的细实线）表示，如图 2-2-23 所示。

（6）剖切面前面结构的绘制

在需要表示剖切面前面的结构时，这些结构按假想投影的轮廓线绘制，即以细双点画线画出，如图 2-2-24 所示。

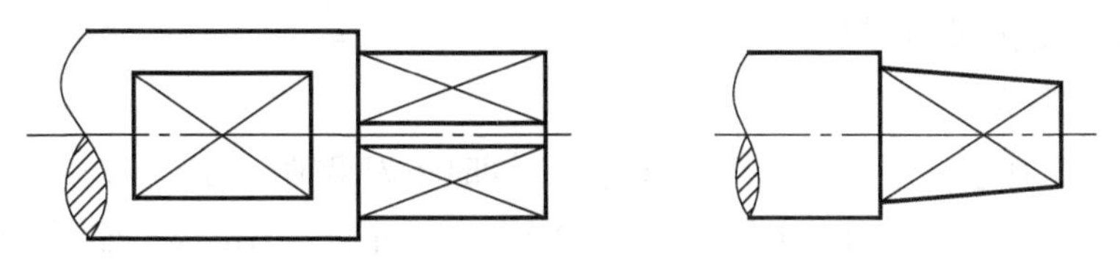

图 2-2-23　回转体上的平面符号

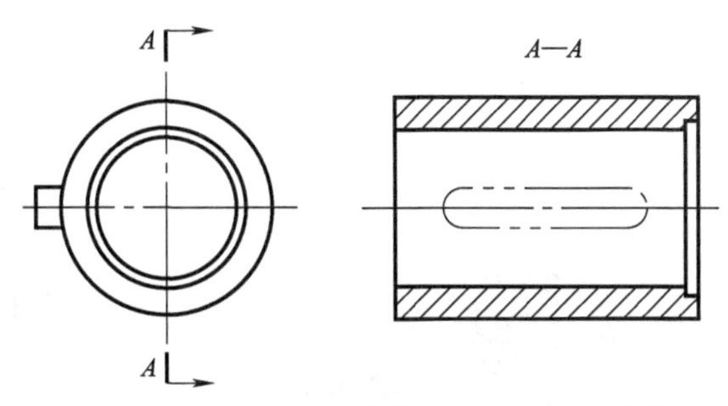

图 2-2-24　用细双点画线表示机件被剖切掉的结构

（7）表面交线的简化画法

①在圆柱、圆锥面上因钻小孔、铣键槽等出现的交线允许简化，但必须有一个视图清楚地表示孔、槽的形状，如图 2-2-25 所示。

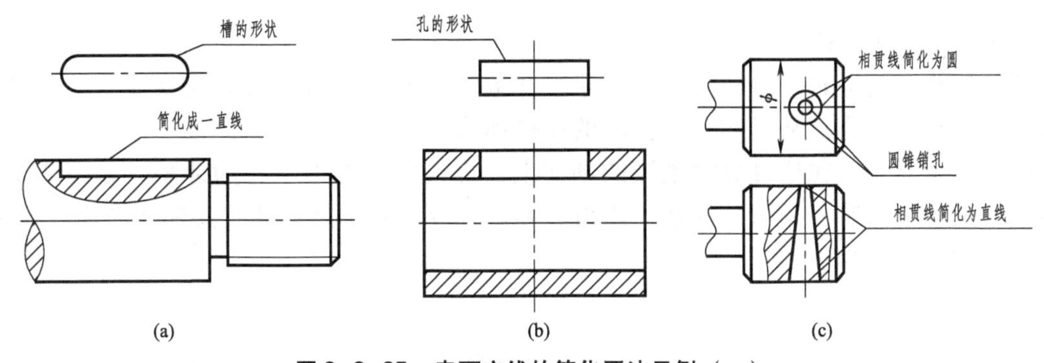

图 2-2-25　表面交线的简化画法示例（一）

②在不引起误解时，可用圆弧或直线代替非圆曲线、过渡线和相贯线，也可采用模糊画法表示相贯线，如图 2-2-26 所示。

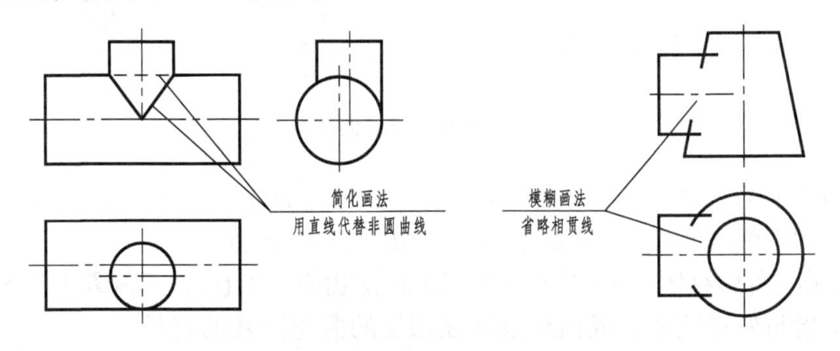

图 2-2-26　表面交线的简化画法示例（二）

六、螺纹

螺纹是零件上常见的一种结构。螺纹是指在圆柱或圆锥表面上，沿着螺旋线所形成的具有相同剖面的连续凸起和凹槽。

（一）螺纹的形成

螺纹通常是在车床上加工的，工件匀速旋转，同时车刀沿轴向匀速移动，刀尖在工件表面刻出的痕迹为螺旋线，只要刀尖切入工件表面一定深度，即可加工出螺纹，如图 2-2-27a、b 所示。用丝锥加工直径较小的内螺纹，称攻螺纹，用板牙加工的外螺纹称套螺纹如图 2-2-27c 所示。

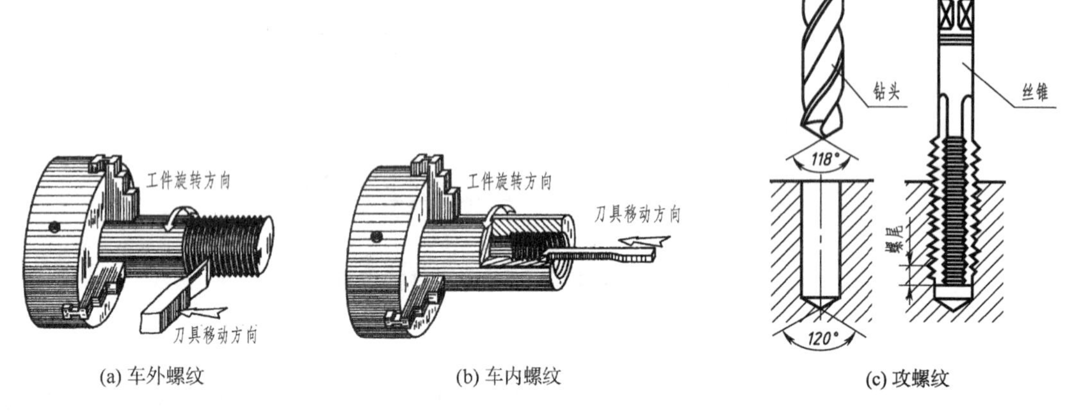

图 2-2-27　螺纹加工方法

（二）螺纹的要素

螺纹的基本要素有牙型、直径、螺距、线数和旋向。只有螺纹五要素完全一致的内、外螺纹才能相互旋合。从而实现零件间的连接和传动。

（1）螺纹牙型：在通过螺纹轴线的剖面上，螺纹的轮廓形状称为牙型，如图 2-2-28 所示。常见的牙型有三角形、梯形、锯齿形和矩形等，其中矩形螺纹尚未标准化，其余牙型的螺纹均为标准螺纹。

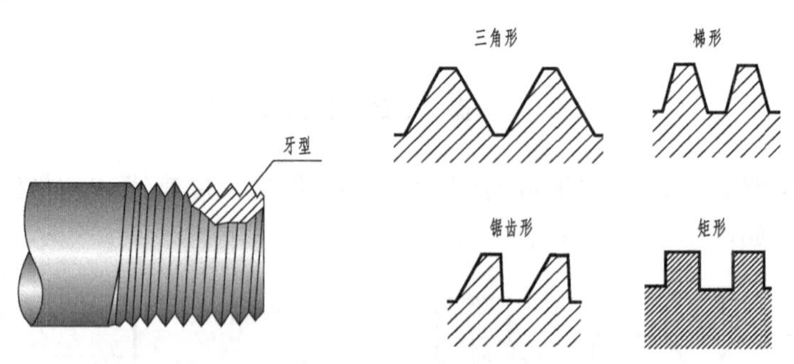

图 2-2-28　螺纹的牙型

（2）螺纹直径：直径有大径（d、D）、中径（d_2、D_2）和小径（d_1、D_1）之分。其中外螺纹大径 d 和内螺纹小径 D_1 又称为顶径，如图 2-2-29 所示。

大径：是指与外螺纹牙顶或内螺纹牙底相切的假想圆柱的直径，又称螺纹的公称直径。

小径：是指与外螺纹牙底或内螺纹牙顶相切的假想圆柱的直径。

中径：是指一个假想圆柱的直径，该圆柱的母线通过牙型上沟槽和凸起宽度相等的地方。

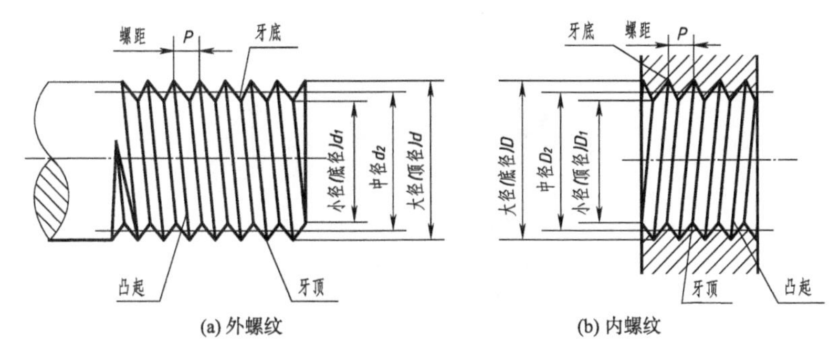

(a) 外螺纹　(b) 内螺纹

图 2-2-29　螺纹的直径

（3）线数：螺纹有单线与多线之分。沿一条螺旋线所形成的螺纹，称为单线螺纹；沿两条或两条以上、在轴向等距分布的螺旋线所形成的螺纹，称为多线螺纹。线数的代号用 n 表示，如图 2-2-30 所示。

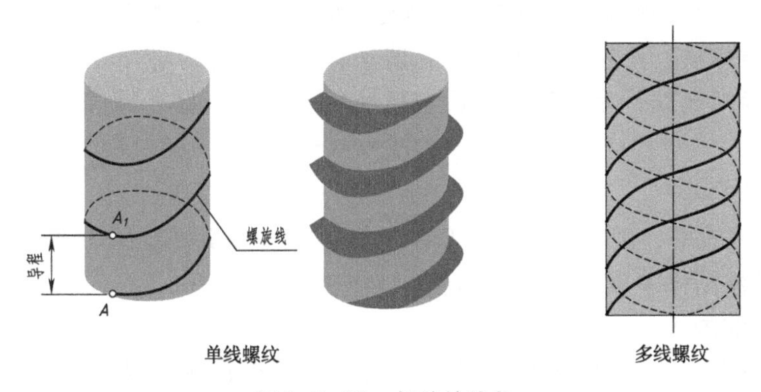

单线螺纹　多线螺纹

图 2-2-30　螺纹的线数

（4）螺距和导程

螺距：螺纹相邻两牙在中径线上对应两点间的轴向距离，称为螺距，用 P 表示。

导程：同一条螺旋线上的相邻两牙在中径线上对应两点间的轴向距离，称为导程，用 P_h 表示。

对于单线螺纹，导程与螺距相等，即 $P_h = P$；对于多线螺纹，$P_h = nP$，如图 2-2-31 所示。

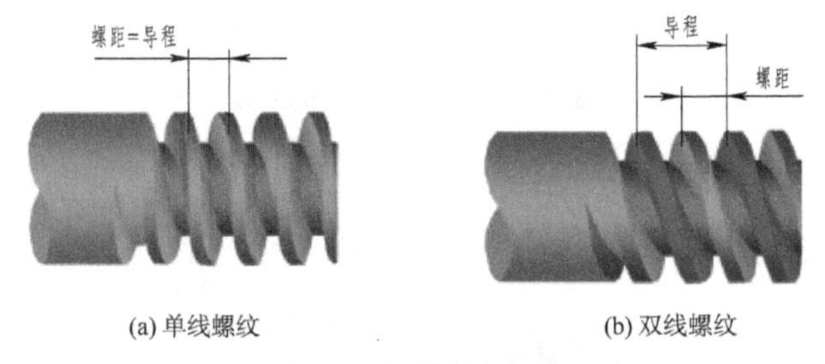

(a) 单线螺纹　(b) 双线螺纹

图 2-2-31　螺纹的螺距和导程

（5）旋向

螺纹的旋向有左、右之分。顺时针旋入的螺纹称为右旋螺纹；逆时针旋入的螺纹称为左旋螺纹。判别螺纹的旋向可采用图 2-2-32 所示的简单方法，即面对轴线竖直的外螺纹，螺旋线左低右高为右旋，反之为左旋。

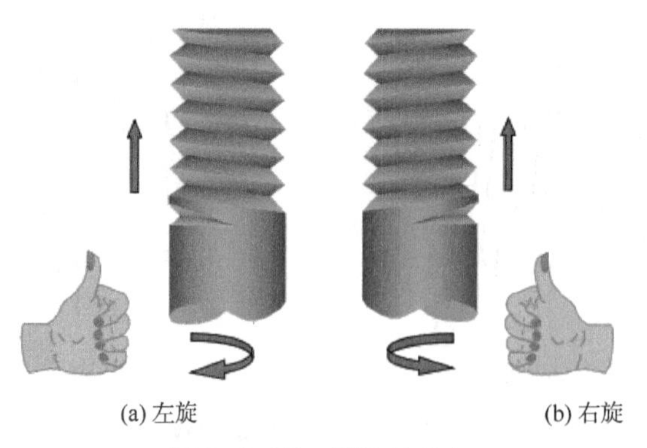

图 2-2-32　螺纹的旋向

小贴士：

（1）牙型、大径和螺距是决定螺纹结构规格的最基本的要素，称为螺纹三要素。

（2）标准螺纹：凡螺纹三要素符合国家标准的，称为标准螺纹。

（3）非标准螺纹：牙型不符合国家标准的，称为非标准螺纹。

（三）螺纹的画法

为了提高绘图效率，国家标准 GB/T 4459. 1—1995《机械制图 螺纹及螺纹紧固件表示法》规定了在机械图样中表示螺纹的画法。

（1）外螺纹的画法

如图 2-2-33 所示，外螺纹大径用粗实线表示，小径用细实线表示（通常按大径的 0. 85 绘制），并画入螺杆的倒角或倒圆部分，螺纹终止线用粗实线表示。在投影为圆的视图中，表示小径的细实线圆只画 3/4 圈，表示螺纹端部倒角的圆省略不画。

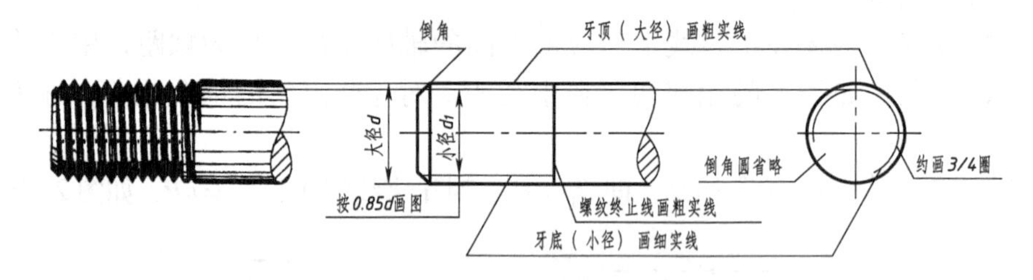

图 2-2-33　外螺纹的画法

当外螺纹被剖切时，被剖切部分的螺纹终止线只在螺纹牙处画出，中间是断开的；剖面线必须画到表示牙顶的粗实线处，如图 2-2-34 所示（盲孔的底部为 120°）。

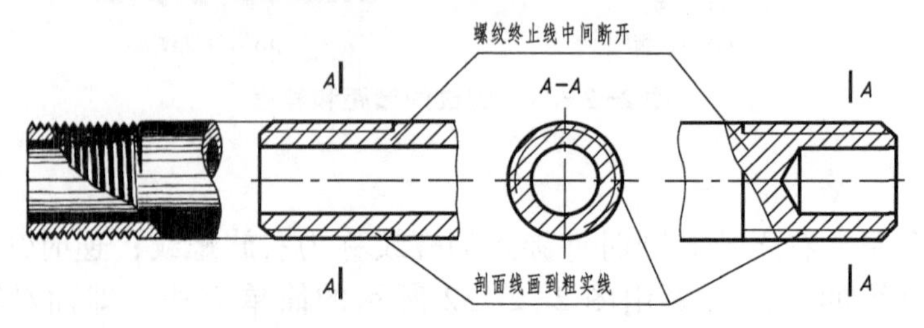

图 2-2-34　外螺纹剖视图的画法

（2）内螺纹的画法

如图2-2-35a、b所示，内螺纹一般画成剖视图，内螺纹的小径用粗实线表示，大径用细实线表示，终止线用粗实线画出。在投影为圆的视图中，表示大径的细实线圆只画约3/4圈，且倒角的投影圆省略不画；剖面线也必须画到表示牙顶的粗实线处。不可见螺纹的所有图线都用虚线绘制，如图2-2-35c所示。

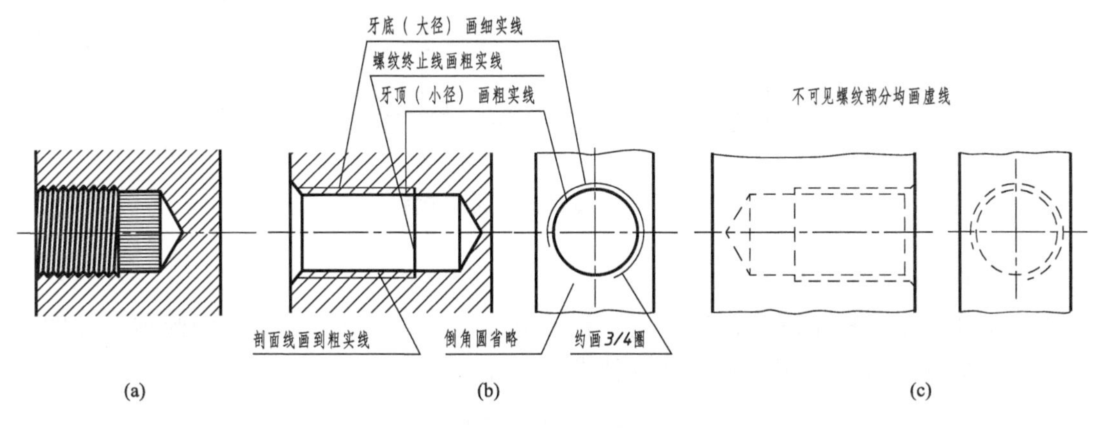

图2-2-35　内螺纹的画法

钻孔底部与内螺纹孔、阶梯孔的画法，如图2-2-36所示。不通螺纹孔的画法：将钻孔深度与螺纹深度分别画出，钻孔深度应比螺纹孔深度大0.5D（D为螺纹大径）。

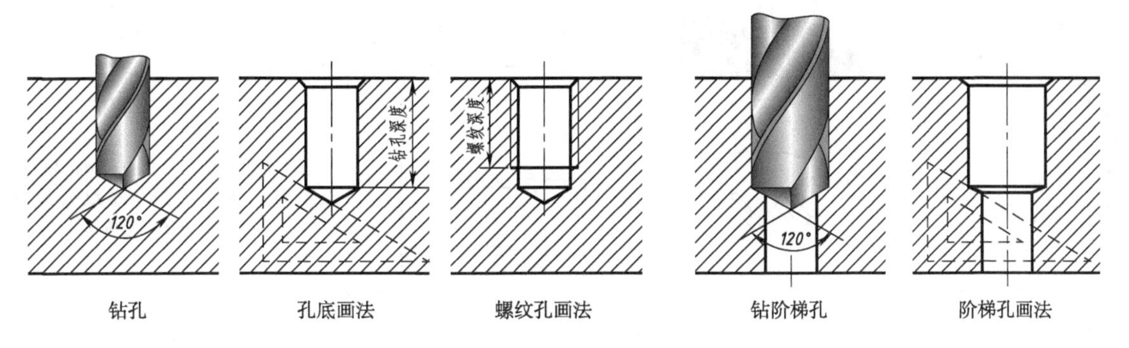

图2-2-36　钻孔底部与螺纹孔、阶梯孔的画法

（3）螺纹连接的画法

内外螺纹连接一般用剖视图表示。根据规定画法，内、外螺纹的旋合部分按外螺纹画法绘制，非旋合部分仍按各自的画法绘制，如图2-2-37所示。

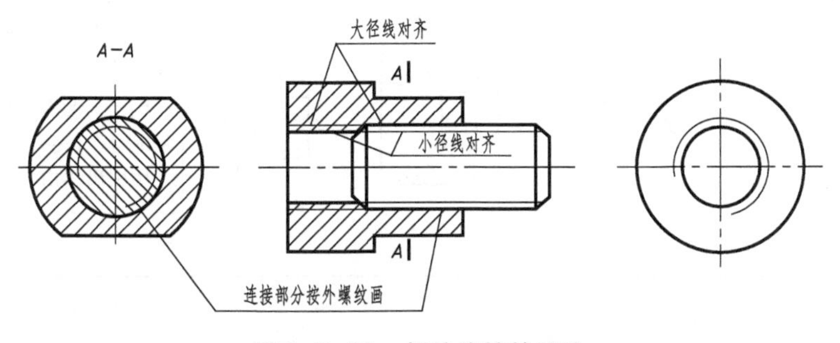

图2-2-37　螺纹连接的画法

(4) 牙型的表示方法

当需要表示牙型时可采用图 2-2-38 所示的绘制方法，标准的螺纹牙型一般不必表示。

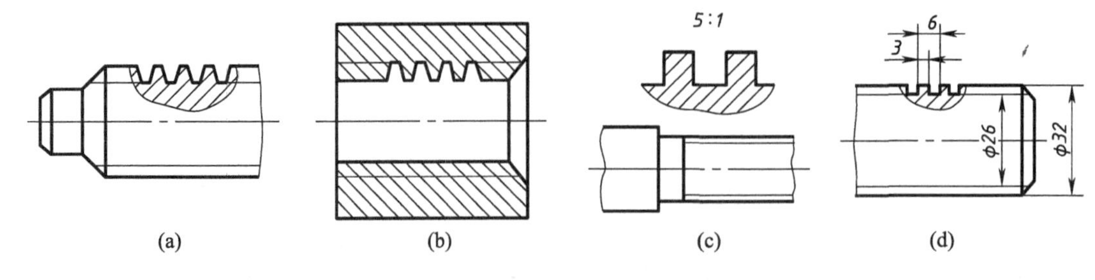

图 2-2-38　螺纹牙型的表示方法

(四) 螺纹种类及其标注

由于螺纹采用了规定画法，没有完全表示出螺纹要素及其精度等，因此需要在图样中对螺纹进行标注。各种常用的标准螺纹种类和标注示例见表 2-2-2。

表 2-2-2　常用标准螺纹的种类、标记和标注

螺纹类别			特征代号	牙　型	标注示例	说　明
连接和紧固用螺纹	粗牙普通螺纹		M		M20-5g6g	粗牙普通螺纹，公称直径 $d=20$ mm，螺距为 2.5 mm（查附表 A-1），右旋。螺纹公差带：中径为 5g、大径为 6g。中等旋合长度
	细牙普通螺纹			60°	M20×2-6H-S-LH	细牙普通螺纹，公称直径 $d=20$ mm，螺距为 2 mm，左旋。螺纹公差带：中径、小径均为 6H。短旋合长度
55°管螺纹	55°非密封管螺纹		G		G3/4A	55°非密封管螺纹尺寸代号 3/4 英寸，公差等级为 A 级，右旋。用引出线由大径引出标注
	55°非密封管螺纹	圆锥内螺纹	R_c	55°	$R_c1\frac{1}{2}$　$R_21\frac{1}{2}$	55°密封的圆锥内管螺纹，尺寸代号 1½英寸，右旋（与其配合的圆锥外螺纹代号为 R_2 1½）。 R_1——与 R_p 相配合，R_2——与 R_c 相配合，1½——尺寸代号 用引出线由大径引出标注
		圆柱内螺纹	R_p			
		圆锥外螺纹	R_1 R_2			

续表

螺纹类别		特征代号	牙型	标注示例	说明
传动螺纹	梯形螺纹	Tr	30°	Tr30×12P6-7H	梯形螺纹 公称直径 d = 30 mm，多线螺纹，导程、螺距均 6 mm，右旋。螺纹公差带：中径为 7H。中等旋合长度
	锯齿形螺纹	B	3° 30°	B36×6-8c-L-LH	锯齿形螺纹 公称直径 d =36 mm，螺距 =6 mm，单线，左旋，中径公差带代号为 8c，长旋合长度

（1）普通螺纹的标注（GB/T 197—2018）

普通螺纹牙型为等边三角形，牙型角为 60°，常用于连接零件，是应用最多的螺纹。根据螺距的大小有粗牙和细牙之分，其直径与螺距系列见附录 J。普通螺纹的完整标注为：

[螺纹特征代号 M 公称直径 × 螺距] – [中径公差带代号 顶径公差带代号] – [旋合长度] – [旋向代号]

公称直径为螺纹的大径，粗牙普通螺纹不标注螺距，细牙必须标注螺距；右旋不注旋向，左旋应注出旋向代号“LH”（各种螺纹皆如此）；中径、顶径公差带相同时，只注一个；旋合长度分为短（S）、中等（N）和长旋合（L）三组，中等旋合长度最常用，代号 N 在标记中省略。

在图样中普通螺纹的标记应标注在螺纹大径的尺寸线上或其延长线上。

内、外螺纹连接时，公差带代号应用斜线分开，如 M20-6H/6g，M10×1-6H/5g6g 等。

（2）梯形螺纹和锯齿形螺纹的标注

梯形螺纹牙型为等腰梯形，牙型角为 30°，特征代号为“Tr”，常用于传递动力。

锯齿形螺纹牙型为锯齿形，两侧不对称，倾角分别为 30°和 3°，特征代号为“B”。

单线螺纹和多线螺纹标记方法不同，单线螺纹的完整标记为：

[螺纹特征代号] [公称直径] × [螺距] – [中径公差带] – [旋合长度] – [旋向代号]

多线螺纹的完整标记为：

[螺纹特征代号] [公称直径] × [Ph 导程 P 螺距] – [中径公差带] – [旋合长度] – [旋向代号]

两种螺纹的公称直径为外螺纹大径，只标注中径公差带代号；旋向、旋合长度以及在图样中的标记与普通螺纹相同。

（3）管螺纹的标注

管螺纹的牙型为等腰三角形，牙型角有 55°和 60°两种，55°管螺纹有非密封管螺纹和密封管螺纹两类，常用于连接管道，如管接头、旋塞、阀门等。管螺纹的标注通式为：

螺纹特征代号 尺寸代号 - 公差等级代号 - 旋向代号

55°非密封管螺纹的螺纹特征代号为 G，其内、外螺纹都是圆柱管螺纹。外螺纹标注公差等级代号（A、B 两级），内螺纹不标注。

55°密封管螺纹分两类，一是圆柱内螺纹 R_p 与圆锥外螺纹 R_1 配合；二是圆锥内螺纹 R_c 与圆锥外螺纹 R_2 配合。密封管螺纹公差带只有一种，所以省略标注。

需要说明，管螺纹的尺寸代号不是螺纹大径值，在图样中，管螺纹的标记应标注在由螺纹大径引出的指引线上，这一点一定要与普通螺纹或梯形螺纹的标注方法严格区分。

此外，对牙型、直径不符合国家标准的螺纹，在图样中一般应表示出牙型，并注出所需要的尺寸及有关要求，如图 2-2-38d 所示。

七、齿轮的规定画法

活动：

图 2-2-39 所示为齿轮，模数为 5，齿数可从图中数出，压力角 20°，请计算齿轮轮齿各部分尺寸，绘制该齿轮的零件图。

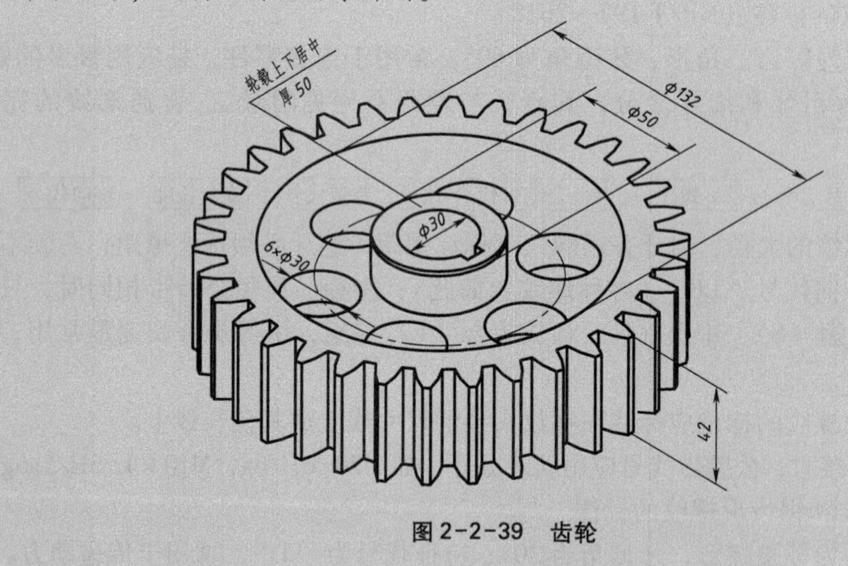

图 2-2-39　齿轮

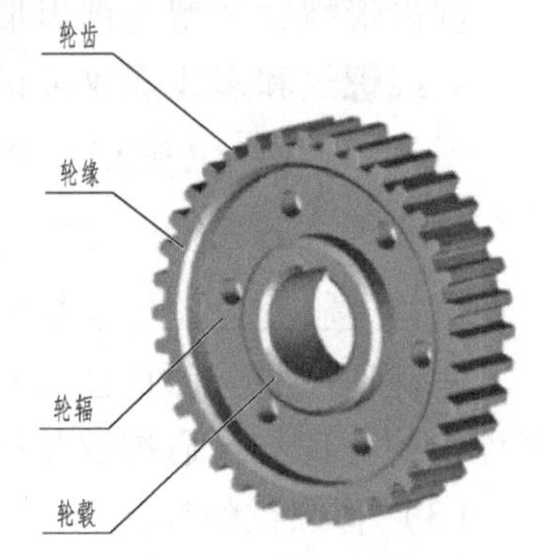

图 2-2-40　齿轮

齿轮轴是在一轴段上直接加工出轮齿，是齿轮和轴组合连成一体的轴。要绘制齿轮轴的零件图，应先学习有关轮齿的基本知识和规定画法。单个齿轮一般分为分为轮毂、轮辐、轮缘和轮齿四部分，如图 2-2-40 所示，这四部分中，如果轮齿部分按真实的形状与结构作图，那将是非常费时的事情，为了简化作图，国家制图标准规定了齿轮轮齿的简化画法。这里以常用的直齿圆柱齿轮为例来介绍轮齿的规定画法。

（一）直齿圆柱齿轮各几何要素的名称与代号

直齿圆柱齿轮的轮齿各部分名称及代号，如图 2-2-41 所示。

（1）齿顶圆直径（d_a）：通过齿轮顶部的圆周直径。

（2）齿根圆直径（d_f）：通过轮齿根部的圆周直径。

（3）分度圆直径（d）：分度圆直径是齿轮设计和加工时的重要参数。分度圆是一个假想的圆，在该圆上齿厚 s 与槽宽 e 相等，它的直径称为分度圆直径。

（4）齿距（p）：分度圆上相邻两个轮齿上对应点之间的弧长 。齿距 p 由齿厚 s 和齿槽宽 e 组成，$p=s+e$。在标准齿轮中分度圆上齿厚 $s=$ 齿槽 e ，即 $s=e=p/2$ 。

（5）齿高（h）：是指齿顶圆与齿根圆之间的径向距离。分度圆将齿高分为两个不等的部分。齿顶圆与分度圆之间称为齿顶高，以 h_a 表示。分度圆与齿根圆之间称为齿根高，以 h_f 表示。齿高是齿顶高与齿根高之和，即 $h=h_a+h_f$。

（6）中心距（a）：两啮合齿轮轴线之间的距离，即 $a=(d_1+d_2)/2$

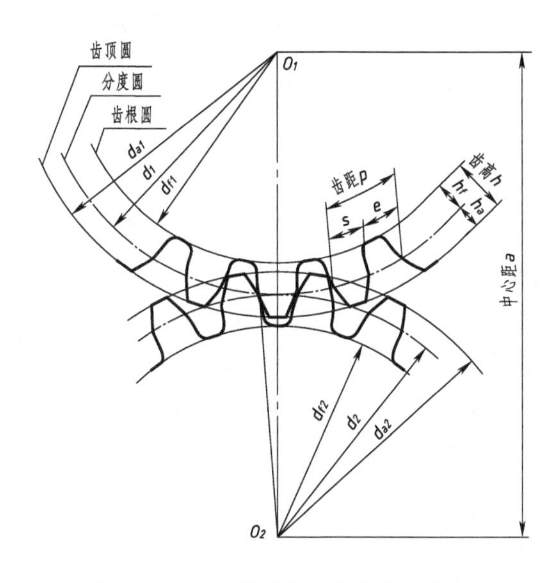

图 2-2-41　轮齿各部分名称及代号

（二）直齿圆柱齿轮的基本参数

（1）齿数（z）：齿轮上轮齿的个数。

（2）模数（m）：设齿轮的齿数为 z，则分度圆的周长为 $\pi d=zp$，$d=zp/\pi$，为方便计算和测量，令 $m=p/\pi$，则 $d=mz$ ，这里 m 称为模数，单位为 mm。

模数是齿轮的一个重要参数。模数越大，轮齿越厚，齿轮的承载能力越大。为了便于设计和加工，国家标准中规定了齿轮模数的标准数值，见表 2-2-3。

表 2-2-3　圆柱齿轮的模数（摘自 GB/T 1357—2008）　　单位：mm

第一系列	1，1.25，1.5，2，2.5，3，4，5，6，8，10，12，16，20，25，32，40，50
第二系列	1.125，1.375，1.75，2.25，2.75，3.5，4.5，5.5，(6.5)，7，9，11，14，18，22，28，35，45

注：优先采用第一系列，应避免采用第二系列中的模数 6.5。

（3）压力角（α）：相互啮合的一对齿轮，其受力方向（齿廓曲线的公法线方向）与运动方向之间所夹的锐角，称为压力角，也称齿形角。同一齿廓的不同点上的压力角是不同的，在分度圆上的压力角，称为标准压力角。国家标准规定，标准压力角为 20°，如图 2-2-42 所示。

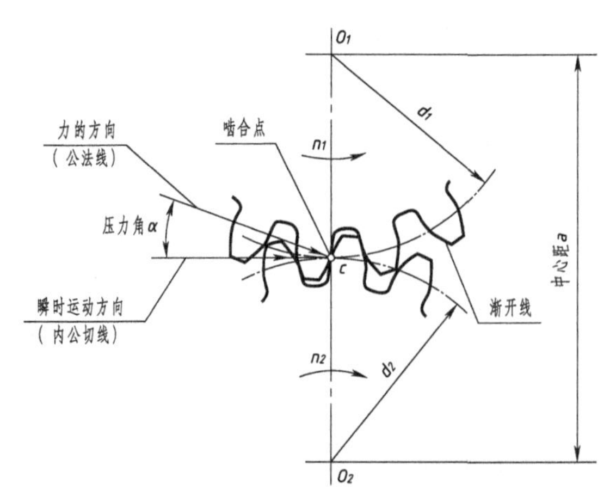

图 2-2-42　两啮合的直齿圆柱齿轮的压力角

小贴士：

只有模数和压力角都相同的齿轮才能相互啮合。

（三）直齿圆柱齿轮轮齿各部分的尺寸关系

模数 m、齿数 z 和齿形角 α 是齿轮的三个基本参数，它们的大小是通过设计计算并按相关标准确定的。轮齿各部分尺寸与模数 m、齿数 z 的关系见表 2-2-4。

表 2-2-4　标准直齿圆柱齿轮轮齿各部分的尺寸关系

名称	代号	计算公式	名称	代号	计算公式
齿顶高	h_a	$h_a = m$	齿顶圆直径	d_a	$d_a = d + 2h_a = m\ (z+2)$
齿根高	h_f	$h_f = 1.25m$	齿根圆直径	d_f	$d_f = d - 2h_f = m\ (z-2.5)$
齿高	h	$h = h_a + h_f = 2.25m$	中心距	a	$a = (d_1 + d_2)/2 = m\ (z_1 + z_2)/2$
分度圆直径	d	$d = mz$			

（四）单个圆柱齿轮的规定画法

齿轮属于盘类零件，其视图表达也与盘类零件相同，主视图常采用剖视图，左视图用视图表示外形。与一般的盘类零件不同的是齿轮属于常用件，其轮齿部分是标准结构，在机械图样中，轮齿部分按规定画法绘制，其余部分按其投影绘制。

如图 2-2-43 所示，轮齿部分的规定画法如下：

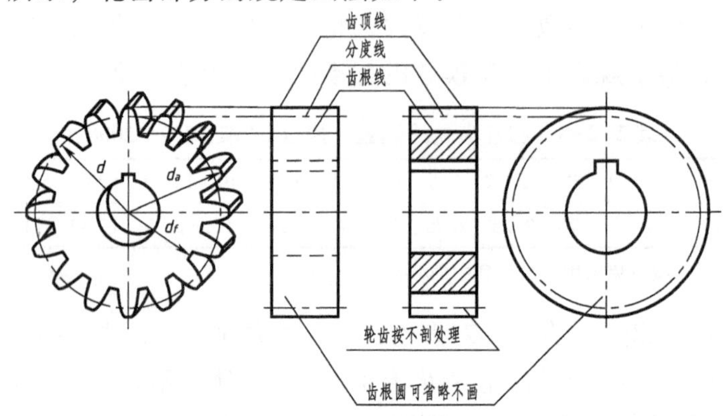

图 2-2-43　单个圆柱齿轮的规定画法

（1）齿顶圆和齿顶线用粗实线绘制。

（2）分度圆和分度线用细点画线绘制。

（3）齿根圆和齿根线用细实线，可省略不画；在剖视图中，齿根线用粗实线绘制，且不可省略。

（4）在剖视图中，当剖切平面通过齿轮的轴线时，轮齿部分一律按不剖处理。

（5）斜齿和人字齿的圆柱齿轮，可用三条与齿线方向一致的细实线表示，直齿则不需表示，如图 2-2-44b、c 所示。

渐开线圆柱齿轮的零件图示例如图 2-2-45 所示。

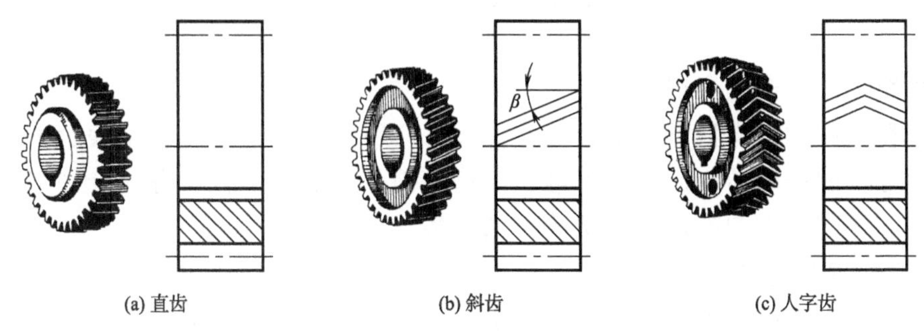

图 2-2-44　圆柱齿轮轮齿表示法

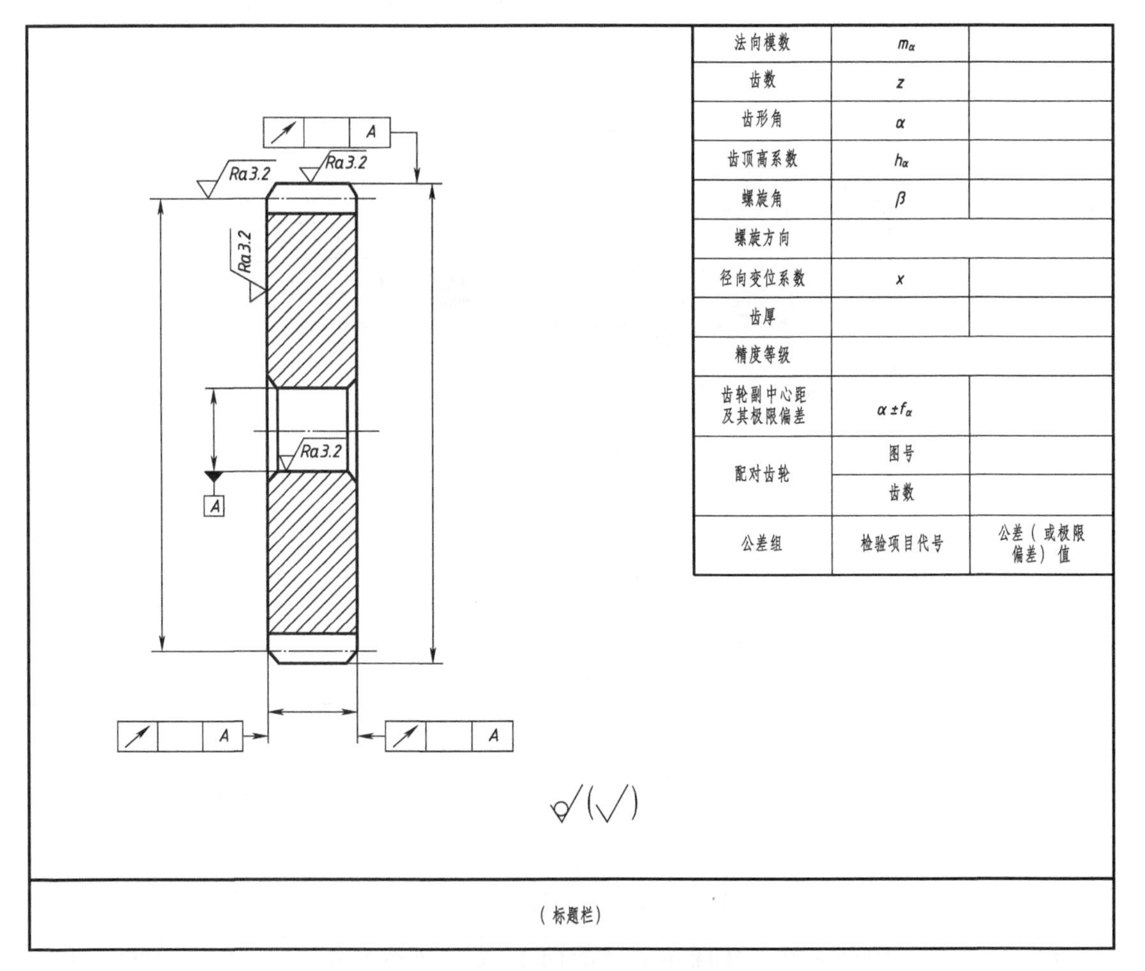

法向模数	m_{α}	
齿数	z	
齿形角	α	
齿顶高系数	h_{α}	
螺旋角	β	
螺旋方向		
径向变位系数	x	
齿厚		
精度等级		
齿轮副中心距及其极限偏差	$\alpha \pm f_{\alpha}$	
配对齿轮	图号	
	齿数	
公差组	检验项目代号	公差（或极限偏差）值

图 2-2-45　渐开线圆柱齿轮零件图示例

（五）零件图中有关齿轮的参数表

在零件图中，需要注明轮齿的有关参数。参数表位于零件图的右上角，如图 2-2-45 所示，参数表中列出的参数项目常根据需要进行增减，一般需注明齿轮的模数 m、齿数 z、压力角等。

小贴士：

在进行齿轮的尺寸标注时，齿顶圆直径、分度圆直径及有关齿轮的基本尺寸是加工齿轮的依据，必须直接注出；齿根圆直径一般在加工时由刀具决定，规定不注。

八、轴类零件的视图表达

根据轴类零件的结构特点，配合尺寸标注，一般只用一个基本视图表示。

轴上通常有的局部结构，如退刀槽、键槽、销孔、螺纹、轮齿等，分别采用局部剖视图、断面图、局部放大图或规定画法等方法来表达。

（一）主视图的选择

轴类零件的主要加工方法是车削和磨削，为了加工时读图方便，主视图按加工位置选择，将零件的轴线水平放置，将与垂直轴线方向作为主视图的投射方向，如图 2-2-46 所示。

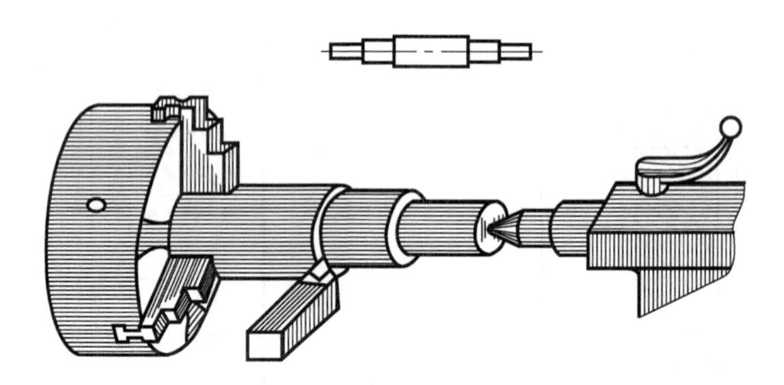

图 2-2-46　轴类零件的主视图选择

（二）其他视图

轴上的局部结构如螺纹和轮齿按规定画法绘制，其他局部结构的表达方法可参照表 2-2-5。

表 2-2-5　轴类零件上细小结构的表达方法

序号	知识点	表达方法配图
(1)	倒角和倒圆	C2　R3
		当倒角和倒圆的尺寸很小时，在图样中不必画出，但必须注明尺寸或在技术要求中加以说明

续表

序号	知识点	表达方法配图	
(2)	退刀槽和砂轮越程槽	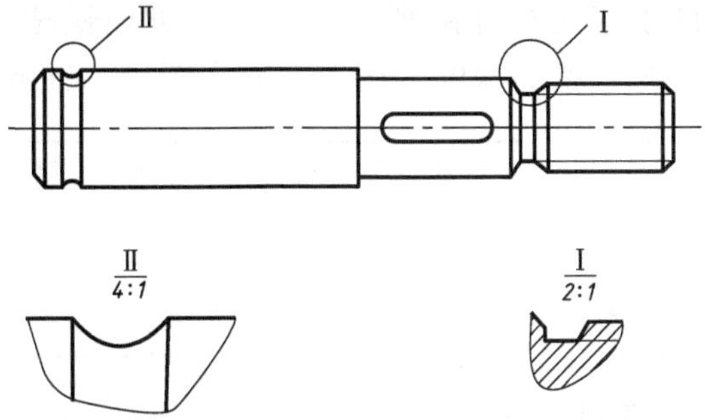 Ⅱ　Ⅰ　Ⅱ 4:1　Ⅰ 2:1	
		退刀槽和砂轮越程槽常用局部放大图来表达细小结构	
(3)	键槽	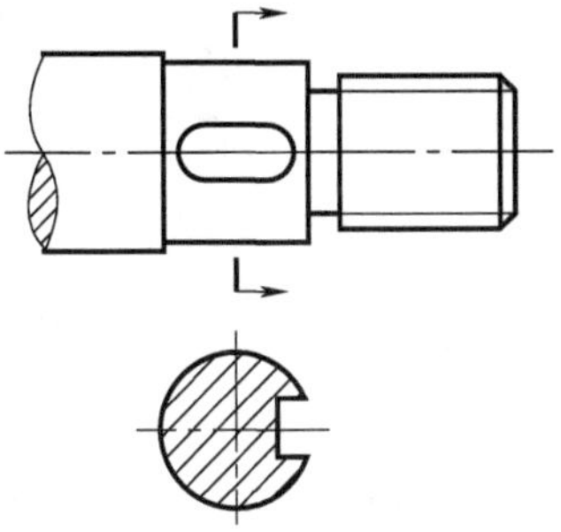	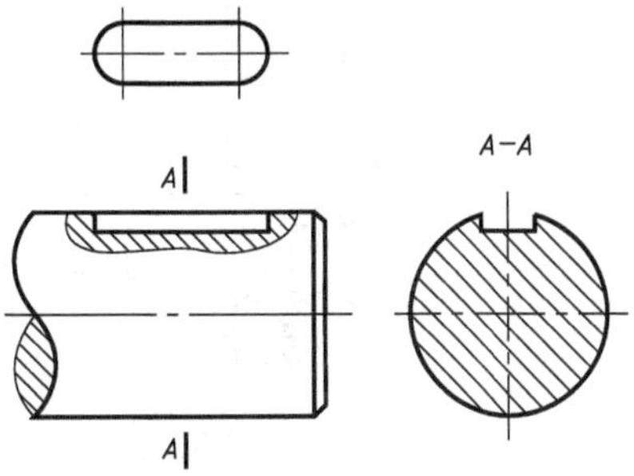 A-A　A　A
		当键槽朝向正前方时，用移出断面图反映键槽的深度	局部剖视图反映键槽的轴向位置；用局部视图表示键槽的形状；用移出断面反映键槽的深度
(4)	销孔	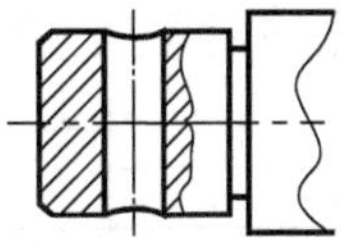	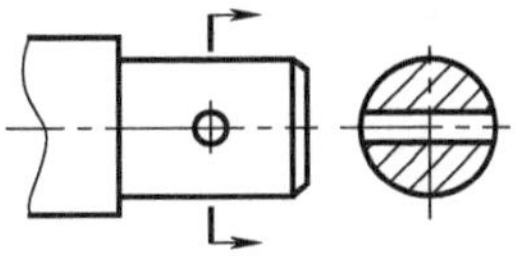
		在主视图上采用局部剖视	采用移出断面图来表达
(5)	螺纹	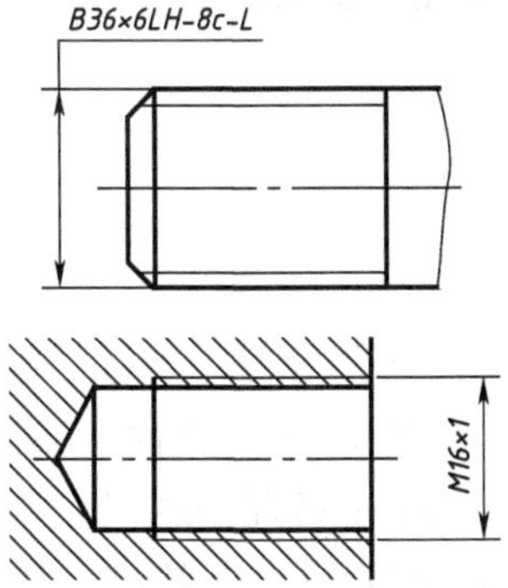 B36×6LH-8c-L　M16×1	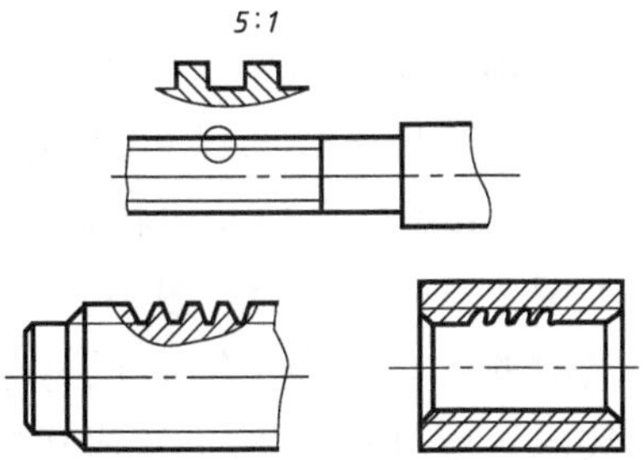 5:1
		标准螺纹的表达方法，其牙型一般不必表示，只标注	非标准的螺纹牙型表示法
(6)	中心孔	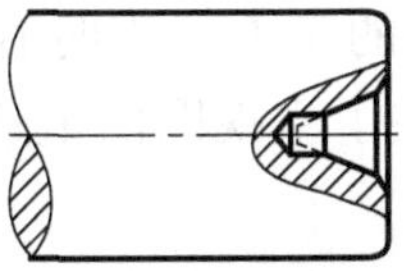 采用局部剖视图或局部放大图的方法	

图 2-2-47 为传动轴零件图，主视图按加工位置选择，将零件的轴线水平放置，这样清楚地反映出传动轴的主体结构、各轴段形状及相对位置，也反映轴上各种局部结构的轴向位置；在主视图上采用局部剖视，表达最右轴段键槽的位置，用局部视图表示键槽形状，用移出断面反映键槽的深度，用局部放大图表达轴的左端部小孔的内部结构。

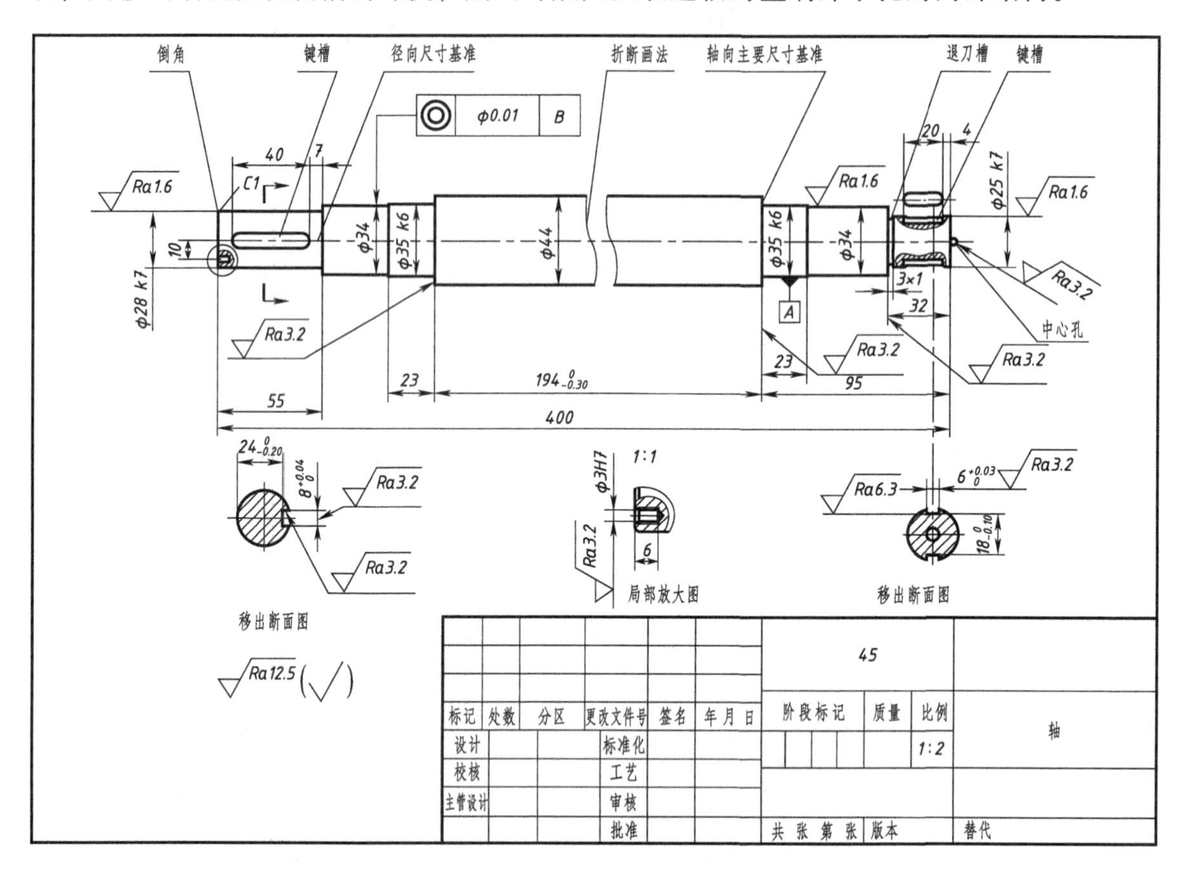

图 2-2-47　传动轴零件图

九、轴类零件的尺寸标注

轴套类零件有径向尺寸和轴向尺寸。

（一）主视图中的尺寸标注

如图 2-2-48 所示，图中径向尺寸以水平轴线为基准，既是其径向的设计基准，也是车、磨时的工艺基准；轴向尺寸基准一般选取重要的定位面（轴肩）或端面，按加工、测量要求选取辅助基准（工艺基准），图 2-2-48 中的轴向主要基准为安装齿轮时的轴向定位面，考虑加工要求，左、右两端面为辅助基准，三个基准之间由尺寸 67、106 联系；重要的尺寸 $30_{-0.05}^{0}$ 从主要基准直接注出，为了避免注成封闭尺寸链，没有配合的 $\phi 35$ 轴段的轴向尺寸不注。

如图 2-2-47 所示，为了方便不同工种的工人加工时看图，车削的相关尺寸注在了主视图的下边，铣削键槽所需的相关尺寸注在了主视图的上边。图 2-2-47 中的其他尺寸读者可自行分析。

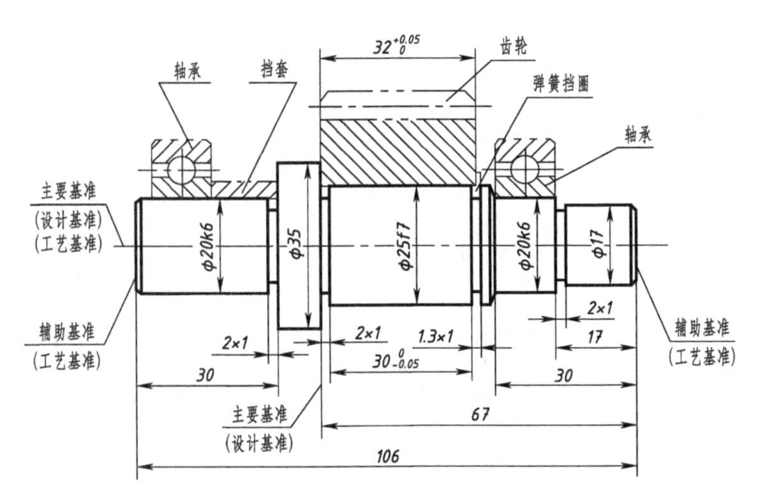

图 2-2-48　轴类零件尺寸标注示例

（二）其他视图的尺寸标注

对于轴上的标准结构（如倒角、倒圆、键槽、退刀槽等），其尺寸应查阅国家标准，按规定注出。各结构尺寸注法见表 2-2-6。

表 2-2-6　轴上局部标准结构的尺寸标注

序　号	结　构	尺 寸 标 注
(1)	倒角和倒圆	45°倒角注法　非45°倒角注法　倒圆注法 倒角和倒圆的尺寸，按轴（孔）径查附录 F 确定。倒角一般采用 45°（用符号 C 表示），也可采用 30°或 60°
(2)	退刀槽和砂轮越程槽	其结构形式和尺寸，根据轴径和孔径，从附录 G 中查得。其尺寸注法按“ $b \times a$ ”即“槽宽 × 槽深”或“$b \times \phi$”即“槽宽 × 直径”的形式标注

续表

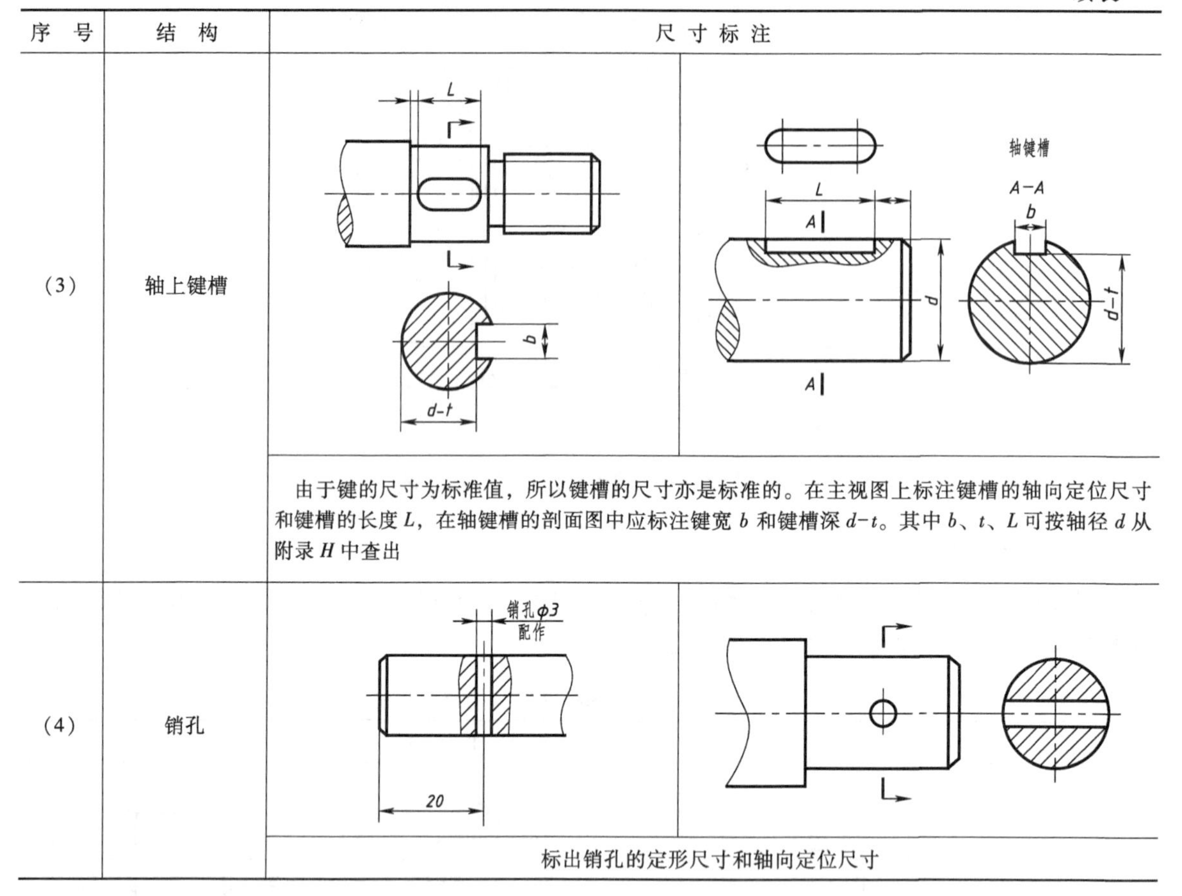

序　号	结　构	尺寸标注
（3）	轴上键槽	由于键的尺寸为标准值，所以键槽的尺寸亦是标准的。在主视图上标注键槽的轴向定位尺寸和键槽的长度 L，在轴键槽的剖面图中应标注键宽 b 和键槽深 $d-t$。其中 b、t、L 可按轴径 d 从附录 H 中查出
（4）	销孔	标出销孔的定形尺寸和轴向定位尺寸

十、轴类零件的技术要求

（1）尺寸精度：有配合要求的轴段都有尺寸精度要求。如图 2-2-48 所示，与齿轮和滚动轴承配合的轴段，其轴径有尺寸公差要求。

注：尺寸公差的选择可以根据使用、配合要求来确定，见“融任务 1：绘制齿轮油泵泵盖零件图”中表 2-1-4 和表 2-1-5。

（2）表面粗糙度：有配合要求的轴段和重要的轴肩，其相应的表面结构要求也较严。其中与轴承或传动零件配合的轴段，其表面粗糙度 Ra 值常选用 0.8 μm 或 1.6 μm；重要的轴肩处一般为 1.6 μm 或 3.2 μm，键槽工作面为 1.6 μm 或 3.2 μm，其他加工面为 6.3 μm 或 12.5 μm。读者可自行分析图 2-2-47 中的表面结构的标注。

注：表面粗糙度值可以参考“融任务 1：绘制齿轮油泵泵盖零件图”中表 2-1-11 来确定。

（3）几何公差：轴类零件的几何公差一般有同轴度、圆跳动或全跳动的要求。重要的轴段常标注圆度，键槽常标注对称度等，图 2-2-47 中标注了同轴度要求。

（4）其他技术要求

对热处理、未注尺寸公差等其他技术要求采用文字进行说明。

绘制齿轮油泵传动齿轮轴零件图计划分析如图 2-2-49 所示。

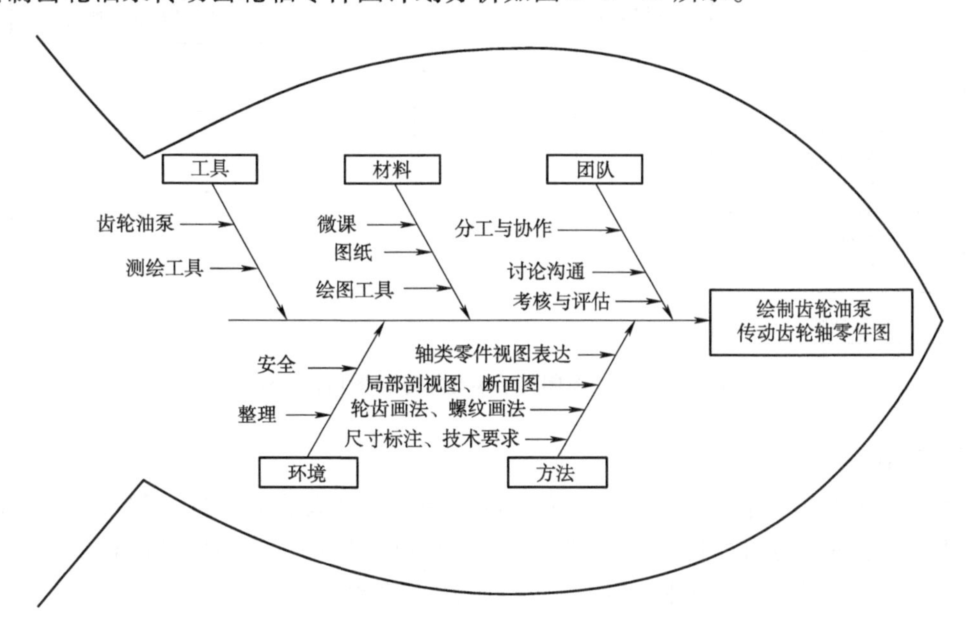

图 2-2-49　绘制齿轮油泵传动齿轮轴零件图计划分析

要求：

根据所提供的齿轮油泵传动齿轮轴零件进行测绘，结合轴类零件的视图表达方法以及机械制图相关国家标准，完成传动齿轮轴零件图。

人员组织：

6～8 人一组，先对传动齿轮轴进行测量，共同讨论制订视图表达方法。

材料：

绘图工具，图纸。

工具：

齿轮油泵 1 台/组，游标卡尺、钢板尺 2 把/组。

方法：

绘制传动齿轮轴零件图，需运用图 2-2-50 所示方案，确定传动齿轮轴零件的表达方法。

任务实施前

在轴类零件的视图表达中，这些结构常用局部剖视图、断面图、局部放大图等进行表达，传动齿轮轴还有轮齿和螺纹的规定画法，因此在完成其零件图绘制前，首先要通过几个小任务掌握这些画法。在进行传动齿轮轴零件图绘制前，小组内要对齿轮轴进行结构分析、测绘，绘制零件草图。

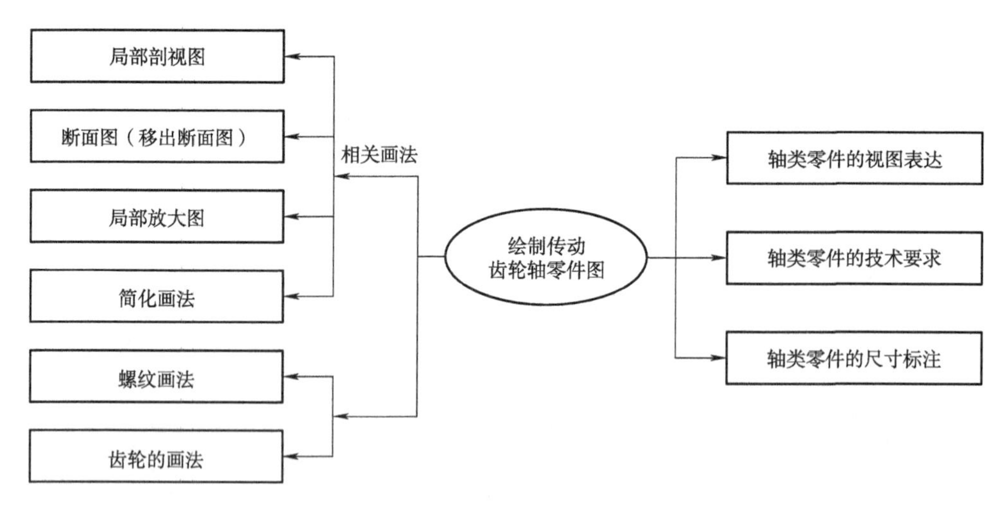

图 2-2-50　绘制传动齿轮轴零件图所需方法

任务实施中

齿轮轴属于轴类零件，其视图表达方案按照轴类零件表达方案进行配置，轴上的轮齿部分和螺纹部分按照各自的规定画法进行。请根据已学知识，绘制传动齿轮轴零件图。

参考前面“轴类零件的视图表达”的有关知识来确定齿轮油泵传动齿轮轴的视图表达方案。

参考前面“轴类零件的尺寸标注”的有关知识来标注齿轮油泵传动齿轮轴的尺寸。

参考前面“轴类零件的尺寸标注”的有关知识来制订齿轮油泵传动齿轮轴的技术要求。

任务实施后

任务实施后，对所绘图纸进行检查、归档，并对绘图工具进行整理，对绘图教室进行打扫。

1. 按照评分表对零件图进行评分

请参照附录 K 表 K-3《零件图评分表》中的评分员对所绘制的齿轮油泵传动齿轮轴零件图进行评分，见表 2-2-7。要求自评、互评，评分要客观、公正、合理。

表 2-2-7　齿轮油泵传动齿轮轴零件图评分表

姓名		学号		自评	互评
评分项	评分标准		分值		
图幅、比例	图幅、比例选择合理		5 分		
视图	（1）三视图对应关系正确 5 分 （2）三视图表达方案合理正确 40 分，一处不合理扣 2 分，最多扣 15 分		45 分		
尺寸标注	尺寸标注符合标准要求 20 分，每少标一个尺寸扣 2 分，最多扣 10 分		20 分		

续表

评分项	评分标准	分值		
技术要求	形状公差标注完整，有基准、形状公差 8 分，表面粗糙度 5 分，技术要求 2 分	15 分		
标题栏	零件名称、比例、材料、姓名、单位，每项 1 分	5 分		
图面质量	图面整洁 2 分，布局 2 分，字体 3 分，图线清晰、粗细分明 3 分	10 分		
总分		100 分	（签名）	（签名）

2. 针对工作过程，依据融能力，评价师生

在附录 K 表 K-1《融课程教学评估表》中，对本次课的四种能力进行评价。

融任务三　计算机绘制齿轮油泵泵体零件图

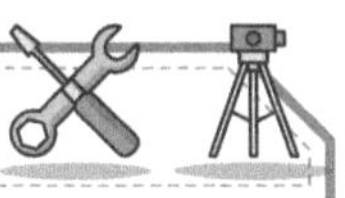

泵体（图 2-3-1）是齿轮油泵的重要组成零件。现企业接到一批生产泵体的订单，技术部门下达了一项新的任务，对泵体进行测绘，并用 AutoCAD 软件绘制其零件图，以便后续进行工艺安排及零件加工使用。在工作中应注意技术文件的管理制度和保密制度。

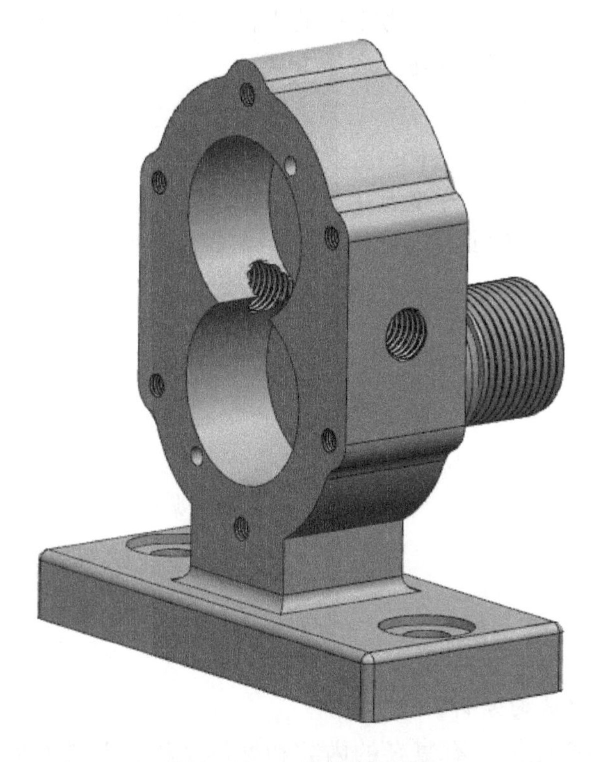

图 2-3-1　齿轮油泵泵体

齿轮油泵泵体属于箱体类零件，箱体类零件大多都较复杂，毛坯多为铸件，一般经多种工序加工而成，加工位置多变，一般需要两个或两个以上的基本视图才能将其主要结构形状表示清楚。为了清晰地表达内部结构，常采用剖视的画法；局部结构常用局部视图、局部剖视图、断面图和局部放大图等来表达。根据其结构特点以及加工方法，在尺寸标注、技术要求等也有一定的特点。因此根据任务要求，结合前面已学过的知识，要绘制完整、清晰、正确的齿轮油泵泵体零件图还需要掌握以下信息。计算机绘制齿轮油泵泵体零件图相关知识如图 2-3-2 所示。

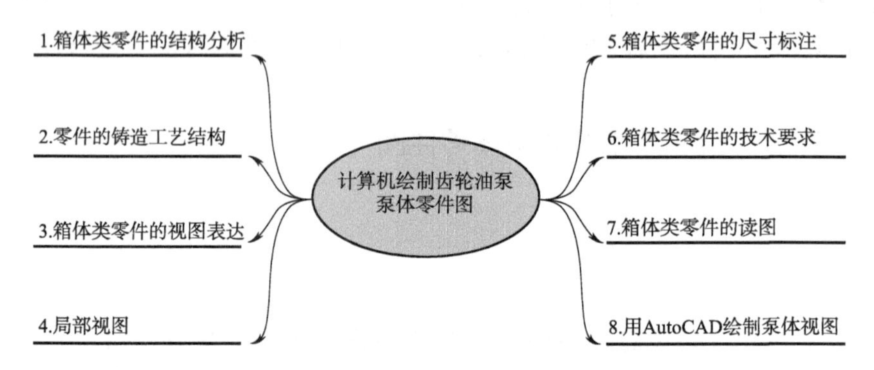

图 2-3-2 计算机绘制齿轮油泵泵体零件图相关知识

一、箱体类零件的结构分析

箱体零件图中主视图的选择一般为零件的工作位置或加工位置，了解箱体的作用和结构，有助于在绘制箱体类零件图时确定表达方案。

（一）箱体类零件的作用

箱体类零件是机器（或部件）中的主要零件，如各种减速器箱壳、泵体、阀体、缸体、机床床身等，种类繁多，结构形式千变万化，在各类零件中是最为复杂的一类。它们的作用是用来支承、包容、保护运动零件或其他零件。图 2-3-3 为几种箱体类零件的三维造型图。

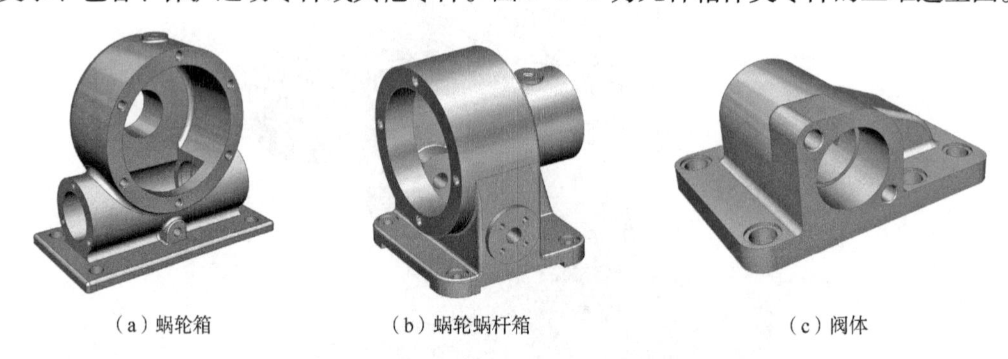

（a）蜗轮箱　　（b）蜗轮蜗杆箱　　（c）阀体

图 2-3-3 箱体类零件三维造型图

（二）箱体类零件的结构分析

箱体类零件多为中空壳体，有复杂的内腔和外形结构，并常有安装底板、轴孔、轴承孔、润滑油孔、油槽、放油螺孔、凸台（或凹坑）、加强肋板、安装孔等结构。这类零件的结构大致可分为三部分：

（1）包容部分。容纳运动零件和储存润滑油的内腔，是包容整个机构、四面又留有余地的壳体，由厚薄较均匀的壁组成（结构形状有圆形、方形、椭圆形等）。

（2）支承部分：箱壁上支承和安装运动零件的孔及安装端盖上的凸台（或凹坑）、螺孔等。

（3）安装部分：将箱体固定在机座上的带安装孔的底板，底板上常有凸台或凹坑，如图 2-3-4 所示。

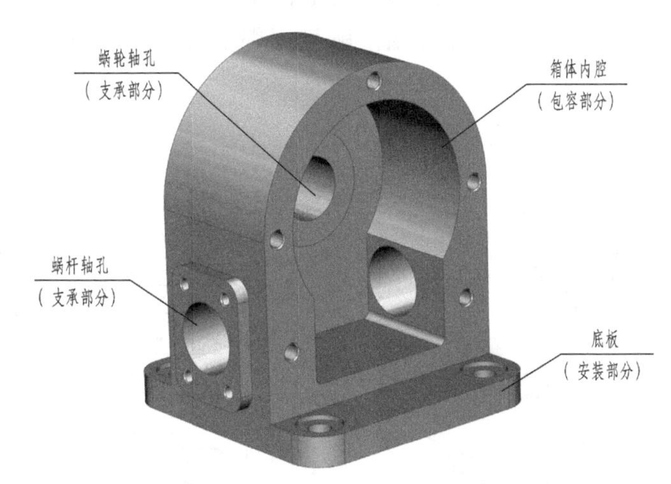

图 2-3-4　蜗轮蜗杆箱体结构分析

二、零件的铸造工艺结构

箱体类零件的毛坯一般为铸件，因此箱体类零件的结构形状，不仅要满足其在机器中的使用要求，还必须满足铸造工艺的要求。

（一）拔模斜度

用铸造的方法制造零件毛坯时，为了便于在砂型中取出木模，一般沿木模起模方向作出斜度，称为拔模斜度（一般取 1:10～1:20，也可取角度为 1°～3°）。因此在铸件上也有相应的拔模斜度，如图 2-3-5a 所示。这种斜度在图上可以不予标注，也不一定画出，必要时，可以在技术要求中用文字说明。

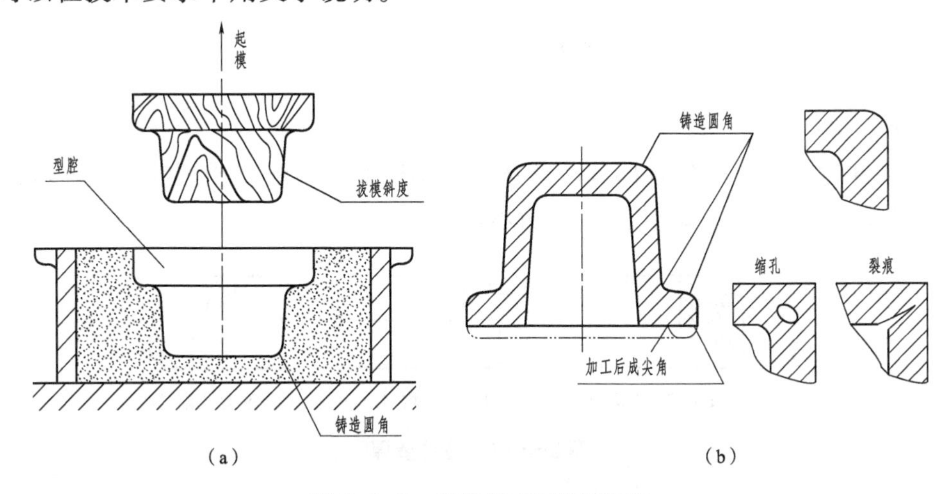

图 2-3-5　起模斜度与铸造圆角

（二）铸造圆角与过渡线

在铸件毛坯各表面的相交处，都有铸造圆角，如图 2-3-5 所示，这样既能方便起模，又能防止浇铸铁水时将砂型转角处冲坏，还可以避免铸件在冷却时产生裂纹或缩孔。铸造圆角在图上一般不予标注，而是注写在技术要求中。

由于受铸造圆角的影响，使铸件两相交表面间的交线不十分明显，为了在读图或画图时能区分不同形体的表面，此时仍需画出两表面的交线，称为过渡线。过渡线与相贯线画法相同，只是在其端处不与其他轮廓线相接触且用细实线绘制，如图 2-3-6 所示。

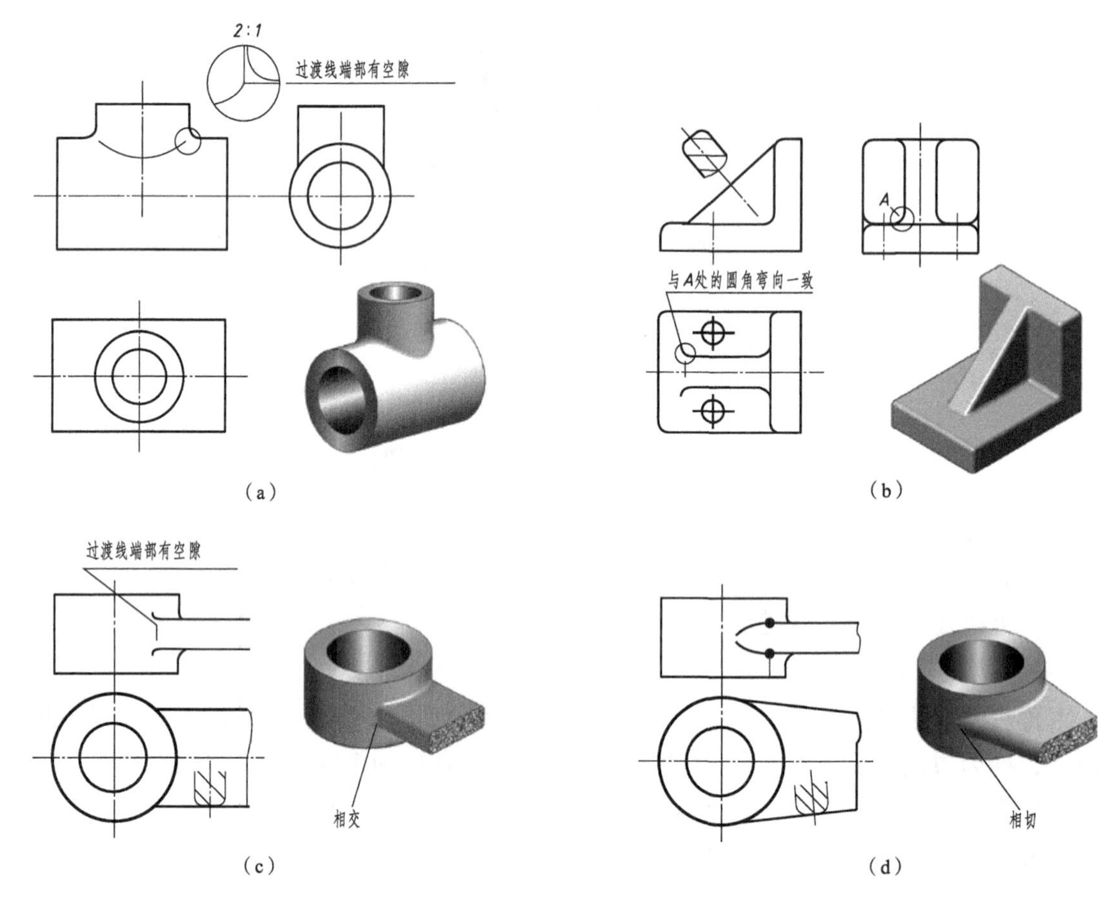

图 2-3-6　过渡线画法

（三）铸件壁厚

在浇铸零件时，为了避免各部分冷却速度的不同而产生缩孔或裂纹，故要求铸件壁厚均匀一致或采取逐渐变化，如图 2-3-7 所示。

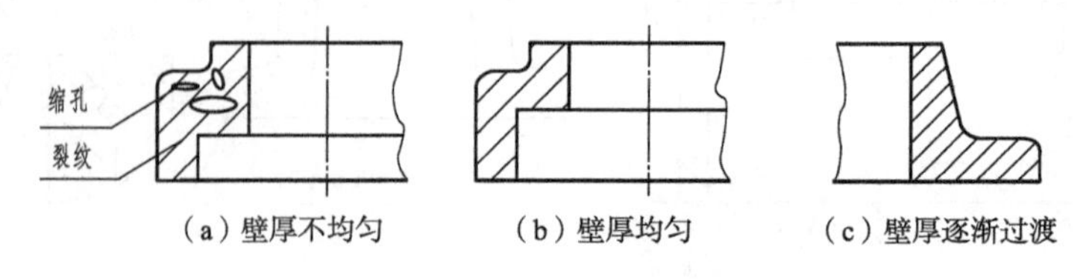

图 2-3-7　铸件壁厚

三、箱体类零件的视图表达

箱体类零件大多都较复杂，一般需要两个或两个以上的基本视图才能将其主要结构形状表示清楚。常用局部视图、局部剖视图和局部放大图等来表达尚未表达清楚的局部结构。铸造工艺的结构也需要反映。

（一）主视图的选择

箱体类零件一般经多种工序加工而成，加工位置多变，但其在机器中工作位置是固定的，所以箱体的主视图常按工作位置原则及形状特征原则来选择，为了清晰地表达内部结构，常采用剖视的方法，采用通过主要支承孔轴线的剖视图表达其内部形状结构。

如图 2-3-8 所示为蜗轮减速箱主视图，选择 K 向作为主视图的投射方向，主视图沿主要支承孔轴线（前后对称面）取全剖视图，这样在主视图中既表达了箱体内腔以及凸台、螺纹孔等的内部结构，又表达了蜗轮箱内腔、轴孔、安放油杯螺孔、左端面螺孔、蜗杆内凸台、底板等的相对位置以及肋板、蜗杆内凸台的形状。

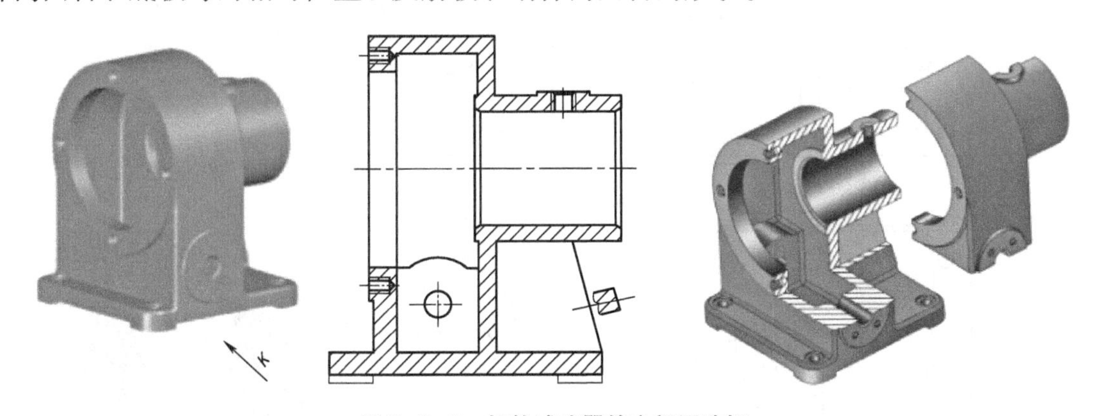

图 2-3-8　蜗轮减速器箱主视图选择

小贴士：

工作位置原则是指主视图放置位置应与零件在机器（或部件）的工作位置和安装位置一致，这样便于把零件和机器（部件）联系起来，想象零件工作状态及其作用，有利于读、画装配图。如图 2-3-9 所示为吊钩的主视图。

（二）其他视图的选择

主视图未表示清楚的结构，用其他视图来补充表达，局部结构常用局部视图、局部剖视图、局部放大图和断面图等来表达。

如图 2-3-8 所示，主视图表达了箱体绝大部分的内部结构，但箱体内腔的形状、底板的形状、蜗杆支承部分的内部结构和其外凸台的形状等都还没表达清楚，因此还需要选择合适的其他视图进行补充表达。

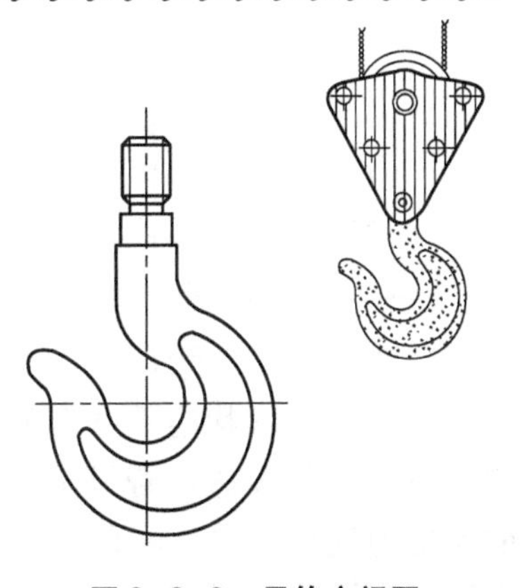

图 2-3-9　吊钩主视图

如图 2-3-10 所示，因为蜗轮减速箱前后对称，所以左视图、俯视图都选择半剖视图。在左视图半个剖视图中表达了整个箱体内腔的形状及蜗杆支承部分内凸台的结构；半个视图表达了箱体的外形及左端面上螺孔的均布形状，局部剖表达了底板上地脚螺栓孔的内部结构。俯视图主要是表达底板的形状，在半个剖视图里，兼顾表达了蜗杆的内腔及其支承部分内凸台的结构、肋板的断面以及它们与底板的相对位置，半个视图表达了箱体包容部分与底板的相对位置，同时表达了安放油杯处凸台的形状。

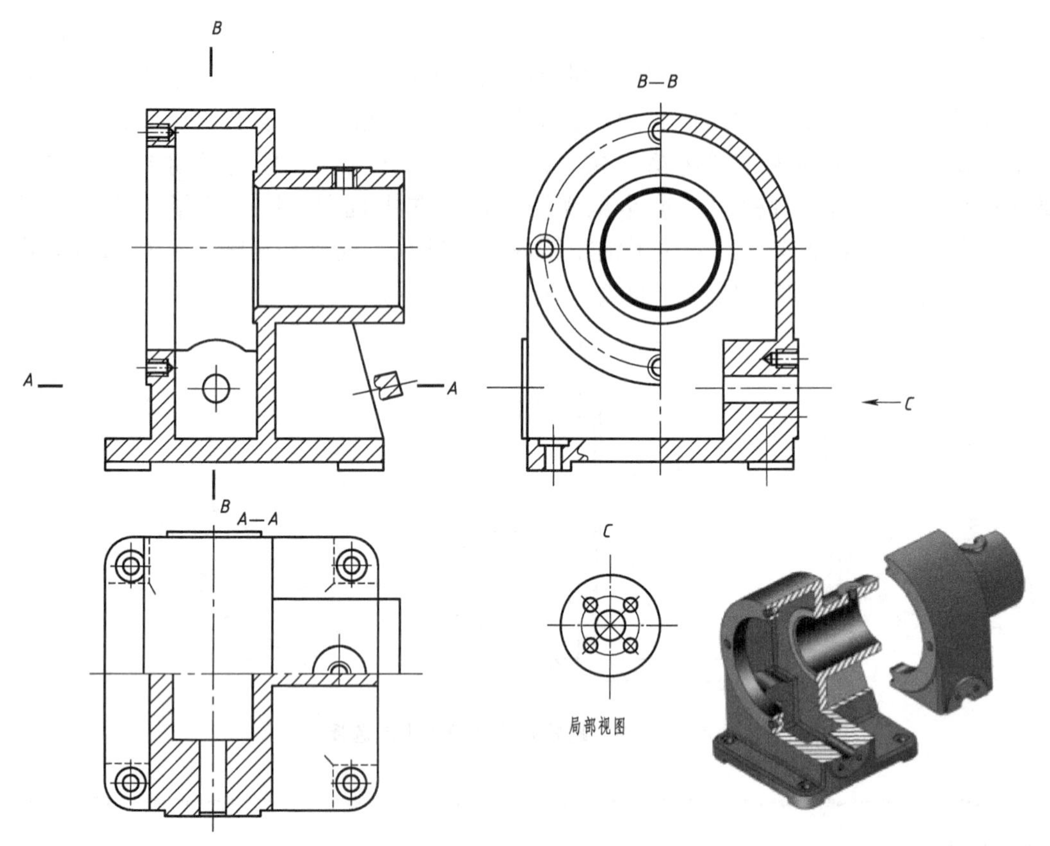

图 2-3-10　蜗轮减速器箱视图选择

三个视图将箱体的主要结构形状都表达清楚了，只剩下蜗杆支承部分外凸台的形状没有表达清楚。图 2-3-10 中 *C* 向视图是只画出了外凸台形状的右视图，称为局部视图。局部视图在箱体零件的表达方案中比较常用。

四、局部视图

当机件的主要形状已在一定数量的基本视图上表达清楚，而仍有某些局部结构未表达出来，但又没有必要再画出完整的基本视图时，可以将这些局部结构单独向基本投影面投射，这样得到的视图称为局部视图。

（一）局部视图的应用场合

如图 2-3-11 所示，主、俯两个基本视图已经表达了机件的主要结构形状，但其右侧和左侧凸台的形状还不够清晰，若因此再画两个基本视图（左视图和右视图），则大部分结构属于重复表达。若只画出基本视图的一部分，即用两个局部视图来表达，则可使图形重点更为突出，左、右两个凸台的形状更清晰，画图又简单。如图 2-3-11 所示局部视图 *C* 和 *B* 表示凸台形状。

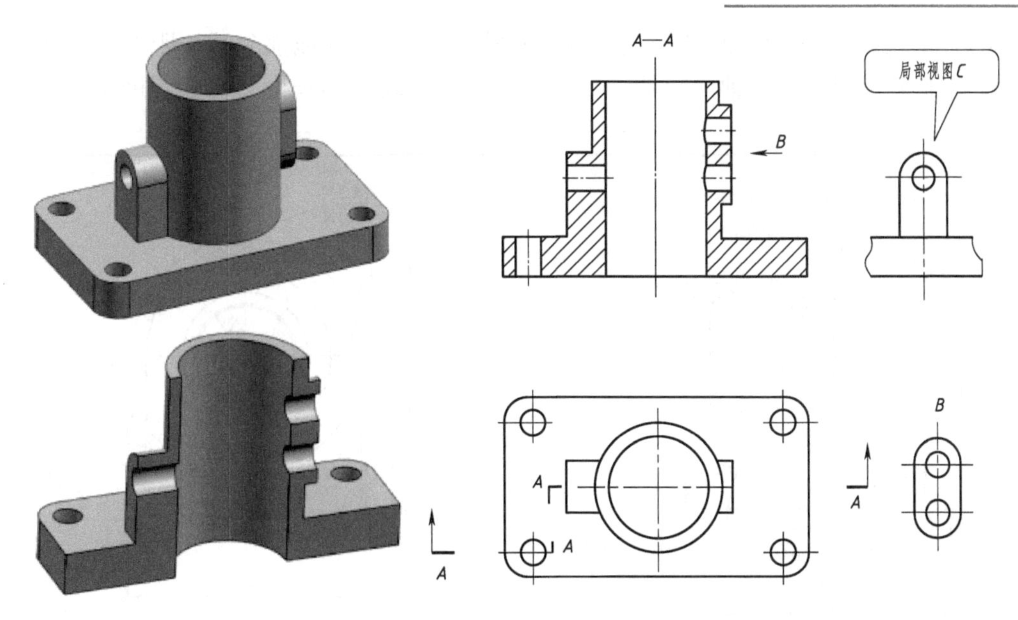

图 2-3-11　局部视图

（二）局部视图的画法

画法 1：局部视图的断裂边界用波浪线或双折线表示，如图 2-3-11 所示的局部视图 *C*。

画法 2：当表示局部结构是完整的，且外轮廓线又封闭的独立结构时，波浪线可省略不画，如图 2-3-11 所示的局部视图 *B*。

（三）局部视图的配置和标注内容

（1）局部视图的标注内容

应用带字母的箭头指明要表达的部位和投射方向，用相同的字母注明局部视图名称。

（2）局部视图的配置与标注

①局部视图可按基本视图的形式配置，即当局部视图按投影关系配置，中间又没有其他图形隔开时，可省略标注，如图 2-3-11 所示的局部视图 *C*。

②局部视图也可按向视图的配置形式配置并标注。如图 2-3-11 所示，为了合理地利用图纸，局部视图 *B* 配置在俯视图右侧，需要完整标注。

五、箱体类零件的尺寸标注

视图只能表示零件的结构形状，零件的大小则必须通过尺寸标注来表示。箱体类零件应从下面几个方面考虑其尺寸标注。

（一）箱体类零件尺寸基准

由于箱体类零件都有长、宽、高三个方向的尺寸，因此，此类零件有三个方向的尺寸主要基准，但有时由于加工和检验的需要，可在同一方向上增加一个或几个辅助基准。基准与基准之间，应有尺寸直接联系。

箱体类零件一般选择主要孔的轴线、零件的对称面、重要的安装面、较大的加工面或结合面等作为长、宽、高方向的尺寸基准。对于箱体上需要切削加工的部分，标注尺寸时要考虑便于零件在加工过程中的测量。

如图 2-3-12 所示，箱体的左端面与箱盖的大端面相结合，因此把它作为长度方向的尺寸基准，然后再以此面为基准确定箱体的长度和其他平面，分别标出了箱体的总长 173、蜗轮箱长 87、蜗轮内腔长 72、蜗杆轴孔中心距左端面 47 以及其他部分结构距左端面的具体尺寸，因便于加工和测量右侧轴段上的油杯螺孔，选择右端面为长度方向的辅助基准。

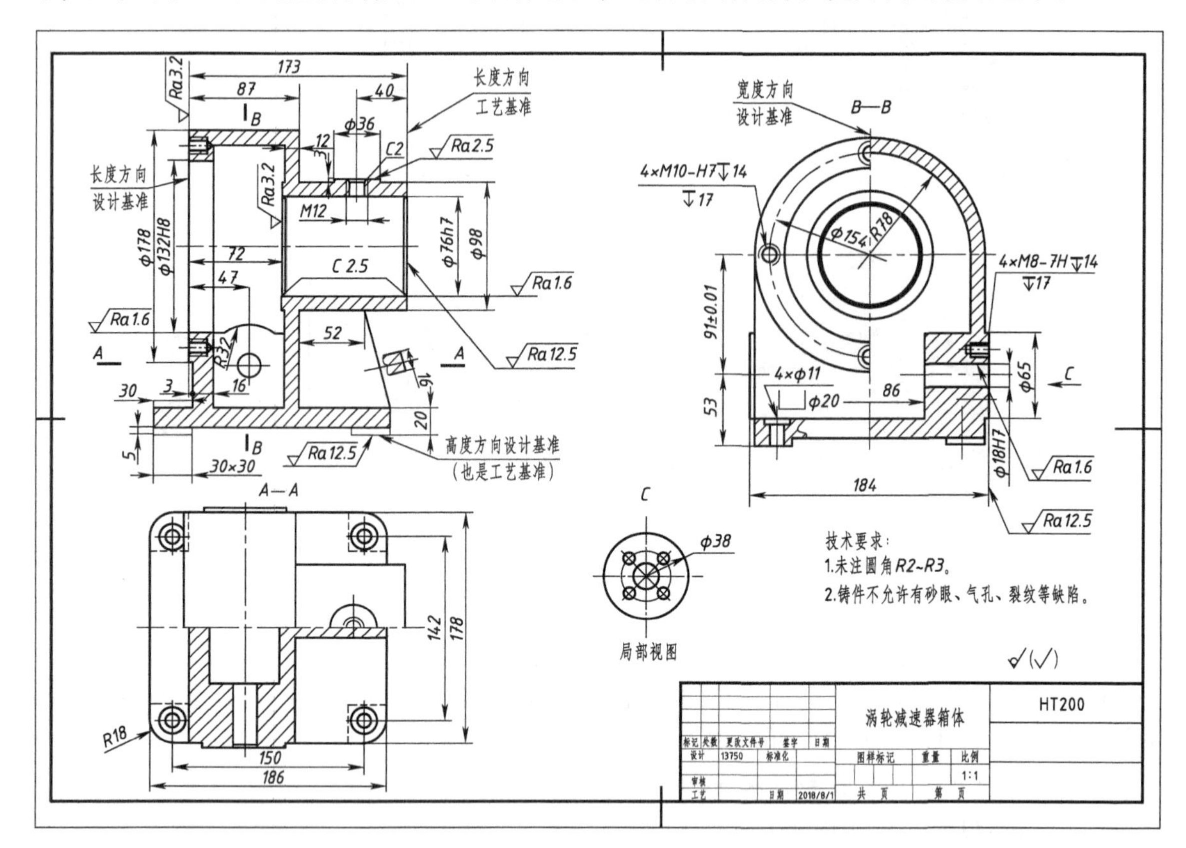

图 2-3-12　蜗轮减速器箱体尺寸标注

蜗轮减速器前后对称，宽度方向的尺寸基准选择前后对称平面，由此面可确定箱体的总宽度为 184 mm，放置蜗轮的内腔为 *R*78、蜗杆的内腔总宽为 86，底板的总宽为 178 等。

箱体的底面是装配基准面、工作基准面，也是高度方向的加工基准面，因此选箱体的底面为高度方向的尺寸基准，分别标出了底座的总高 20 mm，支承部分高为 5 mm，蜗杆轴线距底面的高度、蜗杆轴线与蜗轮轴线间距分别为 53 mm、(91 ±0. 01) mm。

（二）箱体类零件尺寸标注

（1）零件上的重要尺寸应直接标注

箱体类零件中定位尺寸较多，有配合关系的重要尺寸应直接注出，如重要轴孔对基准的定位尺寸、各轴孔的定位尺寸及孔间距等。与其他零件有装配关系的尺寸应一致。

如图 2-3-12 所示，为了保证蜗轮减速器的工作性能，蜗杆轴孔高度的定位尺寸必须由高度方向的基准注出，箱体上蜗轮蜗杆的两个轴孔的中心距 91 ±0. 01 是重要尺寸，必须直接注出；为使箱体与工作台顺利安装，底板上安装孔的孔间距尺寸 150 和 142 也是重要尺寸，这些重要尺寸应直接注出。轴孔的孔径 ϕ76H7、ϕ132H8 和 ϕ18H7 是配合尺寸，是支架的另一个重要尺寸。

（2）非重要尺寸按形体分析法来标注

由于箱体类零件结构复杂，尺寸较多，必须采用形体分析法标注尺寸，标出所有的定形和定位尺寸，并在图中合理布置各尺寸，尺寸多要注意标全。

（3）总体尺寸

根据零件的结构特点，直接标出总体尺寸或经过计算得出都可。图中总长 173，总宽 184，总高需计算得出。

六、箱体类零件的技术要求

箱体类零件的技术要求应根据具体使用要求确定表面粗糙度、尺寸公差和几何公差。其精度等级以及标注参见相应的国家标准和“融任务 1：绘制齿轮油泵端盖零件图”中的技术要求的相关知识。

箱体类零件一般对支承部分的孔，重要的安装端盖以及安装底板等结构的表面粗糙度、尺寸公差和形位公差有较严格的要求；对其他部分的技术要求不高。

如图 2-3-12 所示，箱体中的安装孔 ϕ76H7、ϕ132H8 和 ϕ18H7 的尺寸公差和表面粗糙度要求都比较高。安装端面 ϕ132H8 左端面、ϕ76H7 和 ϕ18H7 左右端面、底板底面等都有表面结构要求。另外，还有用文字注明的铸造技术要求。

七、箱体类零件图的识读

读零件图就是根据已有的零件图了解零件的名称、材料及在机器或部件中的作用，通过对视图、尺寸和技术要求的分析，想象出零件的结构形状和大小，清楚加工要求，在此基础上完成零件的加工制造或质检。

如图 2-3-13 所示，读零件图的方法与步骤如下。

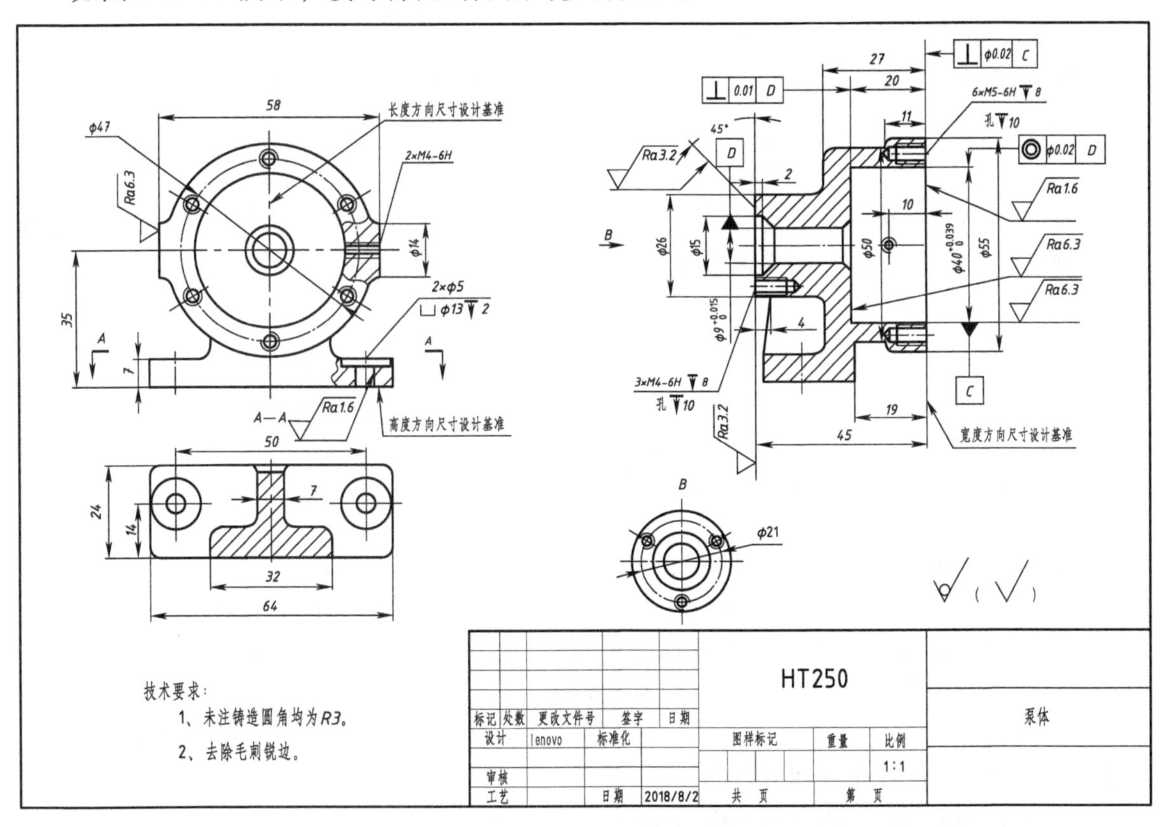

图 2-3-13　泵体零件图

（1）概括了解

由零件图标题栏可知，该零件名称为泵体，属于箱体类零件，比例 1:1，体积比较大，结构形状复杂，材料为铸铁 HT250。

（2）分析视图，想象形状

泵体零件图中共有四个视图：三个基本视图和一个局部视图。主视图采用视图加上两处局部剖视，主要表达泵体的外形及两处孔的内部形状，可以看出，泵体是一个以圆形内腔为主的左右对称的形体，前端面均布有六个螺孔，下部为安装底板。左视图采用全剖视图，主要表达泵体的内部结构，圆形内腔在前，轴孔在后，表达了前后两端面上螺孔的深度、肋板的形状，同时表达了它们的相对位置。俯视图是全剖视图，主要是反映底板的形状，同时表达了连接板的形状和与底板的相对位置。用 B 向局部视图反映了泵体后端面的形状。

（3）分析尺寸

由于箱体类结构复杂、尺寸较多，尺寸分析较为困难，一般采用形体分析法来进行尺寸分析。分析时应注意以下几点：

①尺寸基准。

长度方向尺寸基准是左右对称面；高度方向是以底面为基准；宽度方向以前端面为基准，然后以此面为基准，通过尺寸 19 mm，定出宽度方向的辅助基准，以标出底板的尺寸和确定底板上两个安装孔的定位尺寸 14 mm。

②重要尺寸和配合尺寸。

泵体上重要的尺寸有支承孔轴线的高度尺寸 35 mm，底板上的两个安装孔间距 50 mm。

配合尺寸有 $\phi10^{+0.039}_{0}$ 和 $\phi9^{+0.015}_{0}$。

③总体尺寸。总长 64 mm，总宽 45 mm、总高需要计算得出为 62.5 mm。

④可用形体分析法来分析其他尺寸。

（4）分析技术要求

分析零件的尺寸公差、几何公差、表面结构相关其他技术要求，清楚零件的哪些尺寸要求高，哪些尺寸要求低，哪些表面要求高，哪些表面要求低，哪些表面不加工，以便进一步考虑相应的加工方法。

从图 2-3-13 中可以看出重要的轴孔、安装面、结合面或加工端面有尺寸公差、几何公差和表面结构的要求，如图中两孔的轴线之间有同轴度的要求，前后端面有垂直度的要求等。此外，还有文字说明的技术要求。

（5）归纳总结

综合前面的分析，把图形、尺寸和技术要求等全面系统地联系起来思考，并参阅相关资料，得出零件的整体结构、尺寸大小、技术要求及零件的作用等完整的概念。图 2-3-14 所示为泵体立体图。

必须指出，在看零件图的过程中，不能把上述步骤机械地分开，往往是穿插进行的。

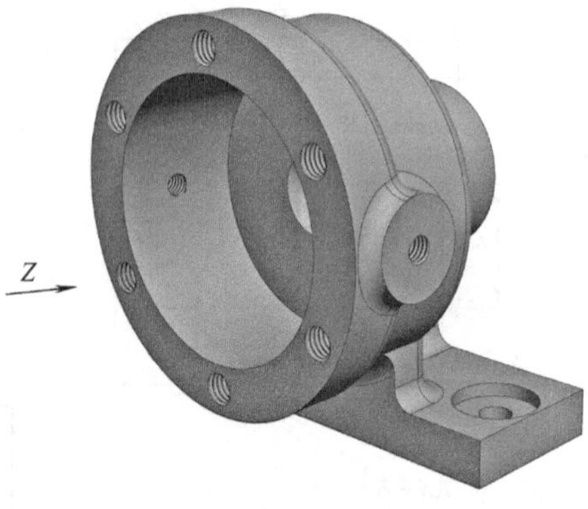

图 2-3-14　泵体立体图

八、用 AutoCAD 绘制泵体视图

计算机绘图具有绘图速度快、精度高、便于产品信息的保存和修改、设计过程直观、便

于人机对话、缩短设计周期、减轻劳动强度等优点。目前在企业中通常都是用计算机绘图。

AutoCAD 是由美国 Autodesk 公司开发的集二维绘图、三维设计、渲染及通用数据库管理和互联网通信功能于一体的计算机辅助绘图与设计软件包，具有易于掌握、使用方便、体系结构开放等特点。AutoCAD 已广泛应用于机械、建筑、电子、航天、造船、石油化工、土木工程、冶金、农业、气象、纺织、轻工业等领域。在我国，AutoCAD 已成为工程设计领域中应用最为广泛的计算机辅助设计软件之一。本章将简要介绍计算机辅助绘图软件——AutoCAD 的基本工具及使用技巧。

AutoCAD 具有如下主要基本功能：

（1）基本绘图功能：包括点、直线、折线、圆、圆弧、椭圆、正多边形、文本、三维直线、三维平面、三维曲面等。

（2）图形编辑功能：包括移动、旋转、比例、复制、镜像、阵列、打断、修剪等。

（3）显示控制：包括图面缩放、视窗平移、三维视图控制、多视图控制。

（4）三维造型：可生成三维实体，进行实体的布尔运算和渲染。

（5）数据交换：通过 DXF 或 IGES 图形数据转换接口与其他应用软件进行数据交换。

（6）开发功能：Autolisp 语言编程及 ADS 开发应用。

这里主要介绍用 AutoCAD 绘制二维图形的基本方法。

（一）认识 AutoCAD

活动1：

熟悉 AutoCAD 软件，以学号为名新建一个文件，保存在计算机 E 盘中，关闭并尝试再次打开。

1. AutoCAD 用户界面（见表 2-3-1）

启动 AutoCAD，即进入用户界面，如图 2-3-15 所示。AutoCAD 的用户界面主要包括：

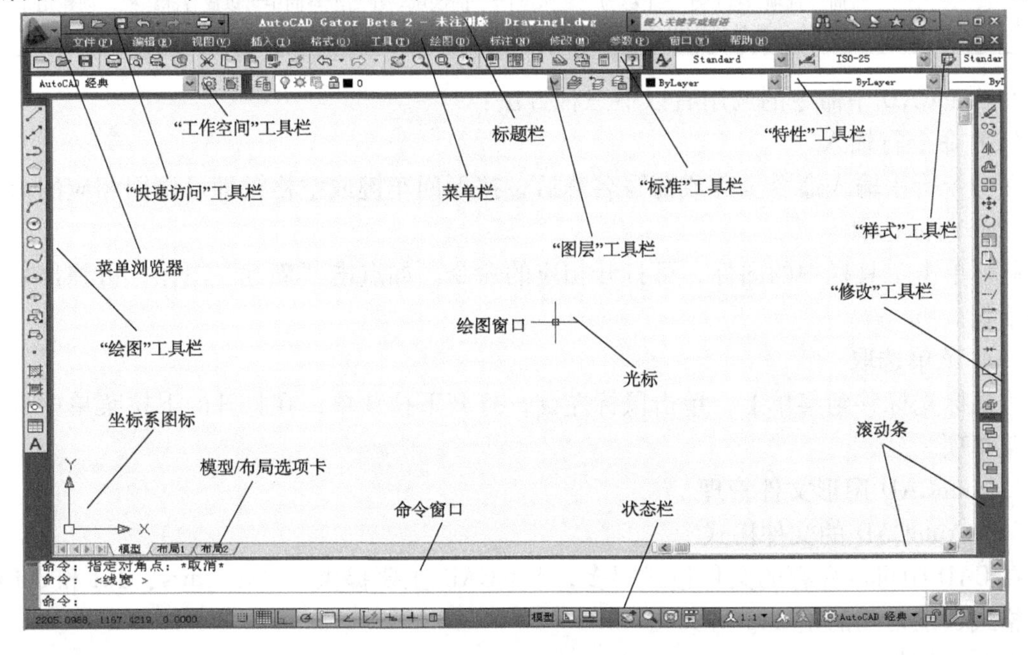

图 2-3-15　AutoCAD 用户界面

标题栏、菜单栏、标准工具栏、图层工具栏、绘图工具栏、修改工具栏、绘图窗口、坐标系、命令行、十字光标等。

表 2-3-1　AutoCAD 用户界面说明

界面	作用
标题栏	标题栏位于应用程序主窗口顶部，显示当前应用程序的名称以及当前读写文件的文件名
菜单栏	AutoCAD 菜单栏是主菜单，可利用其执行 AutoCAD 的大部分命令。单击菜单栏中的某一项，会打开相应的下拉菜单。下拉菜单中，右侧有小箭头的表示其包含子菜单。下拉菜单中没有子菜单的，单击该选项可以执行 AutoCAD 命令
工具栏	AutoCAD 提供了 40 多个工具栏，每一个工具栏上均有一些形象化的按钮。单击某一按钮，可以启动 AutoCAD 对应的命令。用户可以根据需要打开或关闭任意一个工具栏。方法是：在已有工具栏上右击，AutoCAD 弹出工具栏快捷菜单，通过其可实现工具栏的打开与关闭。此外，通过选择与下拉菜单“工具”\“工具栏”\“AutoCAD” 对应的子菜单命令，也可以打开 AutoCAD 的各工具栏
绘图窗口	绘图窗口类似于手工绘图时的图纸，是用户用 AutoCAD 绘图并显示所绘图形的区域
光标	当光标位于 AutoCAD 的绘图窗口时为十字形状，所以又称其为十字光标。十字线的交点为光标的当前位置。AutoCAD 的光标用于绘图、选择对象等操作
坐标系图标	坐标系图标通常位于绘图窗口的左下角，表示当前绘图所使用的坐标系的形式以及坐标方向等。AutoCAD 提供有世界坐标系（WCS）和用户坐标系（UCS）两种坐标系。世界坐标系为默认坐标系
命令窗口	命令窗口是 AutoCAD 显示用户从键盘键入命令以及显示提示信息的地方。默认时，AutoCAD 在命令窗口保留最后三行所执行的命令或提示信息。用户可以通过拖动窗口边框的方式改变命令窗口的大小，使其显示多于 3 行或少于 3 行的信息
状态栏	状态栏用于显示或设置当前的绘图状态。状态栏上位于左侧的一组数字反映当前光标的坐标，其余按钮从左到右分别表示当前是否启用了捕捉模式、栅格显示、正交模式、极轴追踪、对象捕捉、对象捕捉追踪、动态 UCS（用鼠标左键双击，可打开或关闭）、动态输入等功能以及是否显示线宽、当前的绘图空间等信息
“模型”选项卡	“模型”选项卡提供了一个无限的绘图区域，称为“模型空间”。在模型空间内可以绘制、查看和编辑模型。设计绘图通常都在模型空间内进行，且始终按照 1:1 的比例创建模型。打印出来的图纸比例取决于打印所使用的图纸幅面
“布局”选项卡	“布局”选项卡提供了一个称为“图纸空间”的区域。在图纸空间中可以放置标题栏、创建用于显示视图的布局视口、标注图形以及添加注释

在 AutoCAD 中命令的调用有以下三种方法：

（1）命令行输入

在命令行中输入命令全称或简写名称后，按下回车键或空格键即可调用相应的命令。

（2）图标选取

鼠标单击工具栏中的图标，可打开相应的命令。如点击“新建”图标，可弹出新建文件对话框。

（3）菜单选取

将鼠标光标移到菜单上，单击鼠标左键，打开下拉菜单，在打开的下拉菜单中选择所需的菜单项。

2. AutoCAD 图形文件管理

（1）AutoCAD 的文件格式

在 CAD 中可以保存的文件格式很多，AutoCAD 主要提供了 dwg、dws、dwt 和 dxf 四种文件格式，最常用的是 dwg 格式。

①dwg 格式。

dwg 是 AutoCAD 创立的一种图纸保存格式，已经成为二维 CAD 的标准格式，很多其他 CAD 为了兼容 AutoCAD，也直接使用 dwg 作为默认工作文件格式。

②dws 格式。

dws 格式文件是图形标准文件，其中保存了图层、标注样式、线型、文字样式，当设计单位要实行图纸标准化，对图纸的图层、标注、文字、线型有非常明确的要求时可以使用标准文件。

③dwt 格式。

dwt 格式文件是图形样板文件，可在新建图形时加载一些格式（如图层、标注样式等）设置，除 CAD 提供的模板文件外，自己也可以创建符合自己需要的模板文件，可以直接替换 CAD 自带的模板文件，也可以重新命名。

④dxf 格式。

dxf 格式文件是绘图交换文件，主要用于与其他软件进行数据交互。保存的文件可以用记事本打开，看到保存的各种图形数据。dxf 是 Autodesk 公司开发的用于 AutoCAD 与其他软件之间进行 CAD 数据交换的文件格式。

（2）创建新图形

创建新图形的操作方法有三种：

①在命令栏通过键盘直接输入“NEW”后，按【Enter】键。

②单击标准工具栏上的“新建”图标，如图 2-3-16 所示。

③选择“文件”菜单，单击“新建”子菜单。

图 2-3-16　“新建”图形

单击命令后，AutoCAD 弹出“选择样板”对话框，如图 2-3-17 所示。通过此对话框选择对应的样板后（一般选择样板文件 acadiso. dwt 即可），单击“打开”按钮，就会以对应的样板为模板建立一新图形。

（3）保存图形

保存图形的操作方法有三种：

① 通过键盘直接输入“SAVE”后，按【Enter】键。

② 单击标准工具栏上的“保存”图标，如图 2-3-18 所示。

③ 选择“文件”菜单，单击“保存”子菜单，如图 2-3-18 所示。

如果当前图形没有命名保存过，启动命令后，AutoCAD 会弹出“图形另存为”对话框。通过该对话框指定文件的保存位置及名称后，单击“保存”按钮即可；如果当前绘制的图形已命名保存过，那么启动命令后，则直接以原文件名保存图形，不再要求用户指定文件的保存位置和文件名。

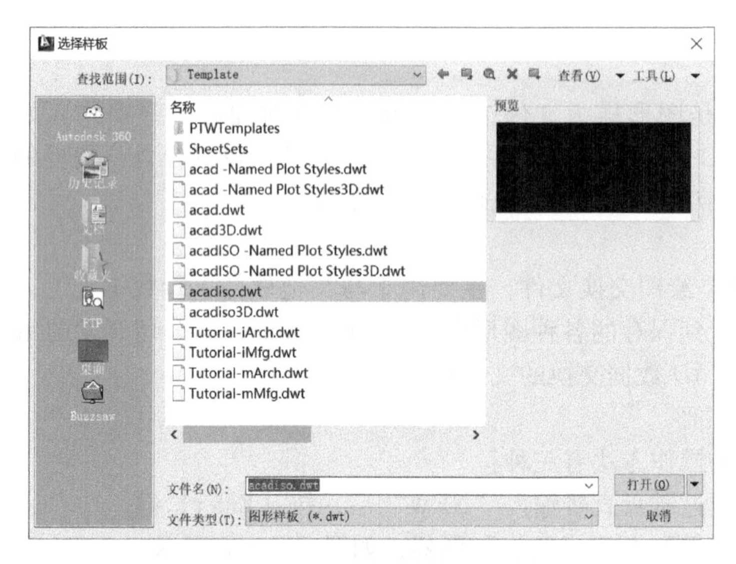

图 2-3-17　“选择样板”对话框

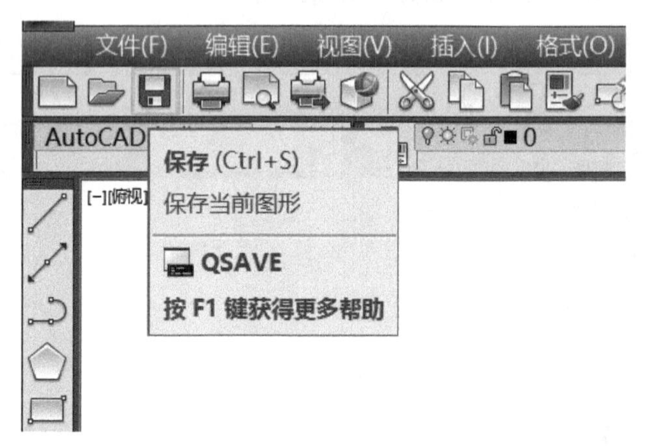

图 2-3-18　“保存”图标

（4）另存为

如需将当前绘制的图形以新文件名存盘，其操作方法为通过键盘直接输入“SAVEAS”后按【Enter】键，或选择“文件”菜单，单击“另存为”子菜单，启动命令后，AutoCAD 弹出“另存为”对话框，要求用户确定文件的保存位置及文件名，直接输入相应的文件名即可。

（5）打开图形

打开图形的操作方法有三种：

①通过键盘直接输入“OPEN”后，按【Enter】键。

②单击标准工具栏上的“打开”图标。

③选择“文件”菜单，单击“打开”子菜单，如图 2-3-19 所示。

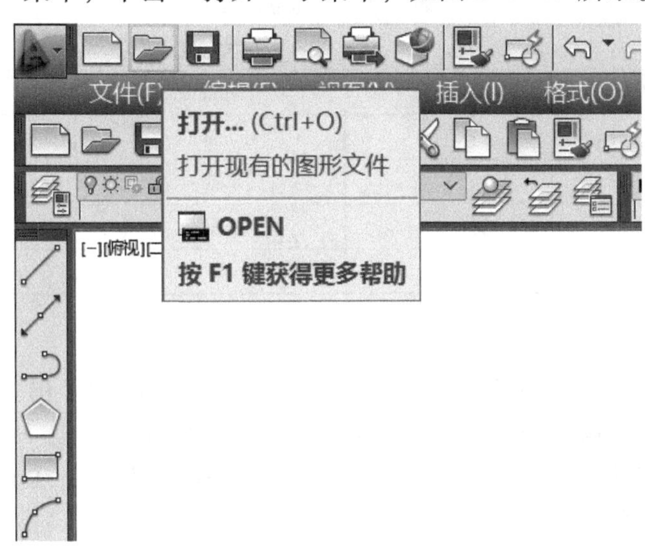

图 2-3-19　“打开”图标

单击“打开”命令后，AutoCAD 弹出如图 2-3-20 所示的“选择文件”对话框，可通过此对话框确定要打开的文件并打开它。

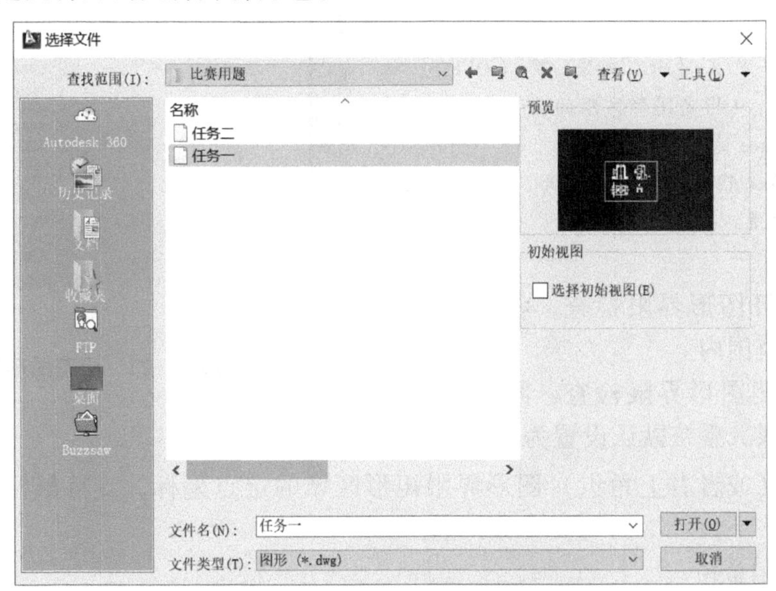

图 2-3-20　“选择文件”对话框

（二）用 AutoCAD 绘制样板图

活动2：

按照国家标注对于图幅、线型、线宽、文字样式、尺寸样式等要求，分别设置一个 A4、A3 图幅的样板，以备后续绘制零件图所用。图层相关参数设置请参照表 2-3-2。

表 2-3-2 图层设置

图层名称	颜色	线型	线宽
粗实线	白	Continuous	0.5 mm
细实线	白	Continuous	0.25 mm
中心线	红	Center	0.25 mm
虚线	黄	Hidden	0.25 mm
尺寸线	绿	Continuous	0.25 mm

1. 设置图形界限

图形界限是 AutoCAD 绘图空间中的一个假想矩形绘图区域，相当于选择的图纸幅面大小。图形界限确定了栅格和缩放的显示区域，默认图形界限形成一个矩形区域。长度单位采用公制时，图形界限的默认矩形区域的左下角坐标为（0，0），右上角为（420，297）。设置图形界限的操作方法有两种：

（1）通过键盘直接输入“Limits”后，按【Enter】键。

（2）选择“格式”菜单，单击“图形界限”子菜单，如图 2-3-21 所示。

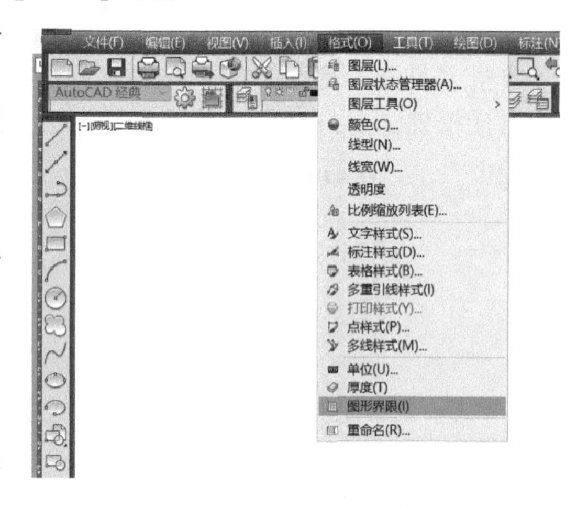

图 2-3-21 设置图形界限

启动命令后出现提示：“重新设置模型空间界限：”

指定左下角点或［开（ON）/关（OFF）］< 0.0000，0.0000 >：（指定图形界限的左下角位置，直接按 Enter 键或 Space 键采用默认值）

指定右上角点 < 420.0000，297.0000 >：（指定图形界限的右上角位置，按 Enter 键）

其中：

“开”，打开图形界限检查，将拾取点限制在绘图界限范围内。

“关”，关闭图形界限检查，图形绘制允许超出图形界限，系统默认设置为关。

左下角点（或者右上角点）图形界限矩形区域的定点坐标，支持鼠标拾取和键盘直接输入。

2. 设置绘图单位

运用 AutoCAD 提供的“图形单位”对话框可设置长度单位和角度单位（在默认情况下，图形单位用十进制进行数值显示）。设置绘图单位的操作方法有两种：

（1）通过键盘直接输入“DDUNITS”或“UNITS”后，按【Enter】键。

（2）选择“格式”菜单，单击“单位”子菜单。

用上述任意一种方法启动命令后，会弹出“图形单位”对话框，其各选项含义如图 2-3-22 所示。

3. 设置线型

绘制工程图时经常需要采用不同的线型，如实线、虚线、中心线等。

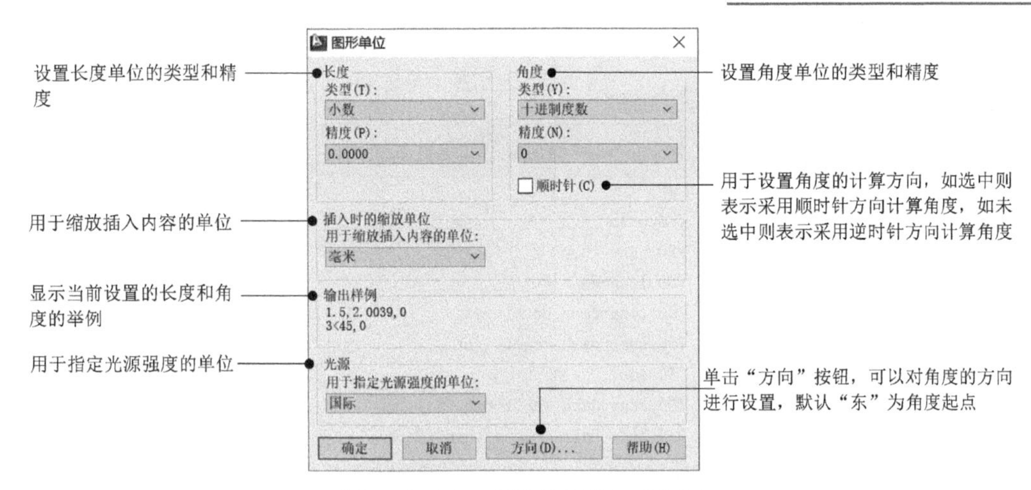

图 2-3-22　“图形单位”对话框

设置新绘图形的线型的操作方法有两种：

（1）通过键盘直接输入“LINETYPE”后，按【Enter】键。

（2）在“格式”菜单中单击“线型”子菜单。

启动命令后，AutoCAD 弹出如图 2-3-23 所示的“线型管理器”对话框。可通过其确定绘图线型和线型比例等。

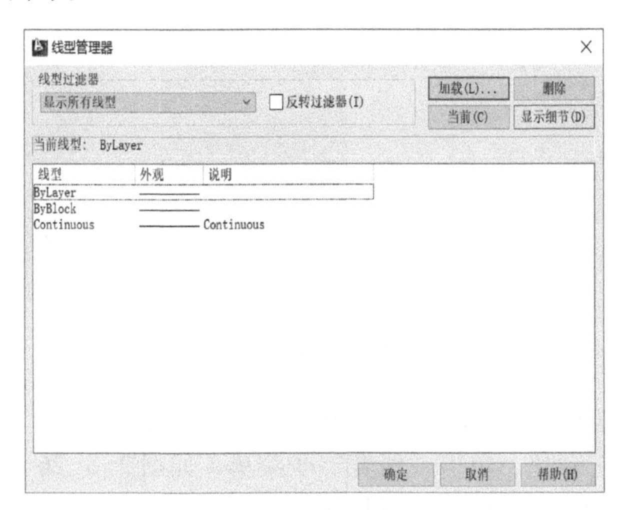

图 2-3-23　“线型管理器”对话框

如果线型管理器对话框中没有列出所需要的线型，则应该从线型库加载，单击“加载”按钮，AutoCAD 弹出图 2-3-24 所示“加载或重载线型”对话框，从中选择需要加载的线型。

在选取点画线、中心线或其他非连续线时，有时在屏幕上看起来仍是连续的直线。可使用线型比例命令调整适当的线型比例，就可显示真实的线型。方法如下：

单击图 2-3-23 所示的“线型管理器”对话框中的“显示细节”按钮，出现图 2-3-25 所示的对话框，单击该对话框中的“全局比例因子”输入框并输入新的比例数值，然后单击“确定”按钮，AutoCAD 就会按照新的比例要求重新生成图形中的线型。

4. 设置线宽

工程图中不同的线型有不同的线宽要求。设置新绘图形的线宽的操作方法有两种：

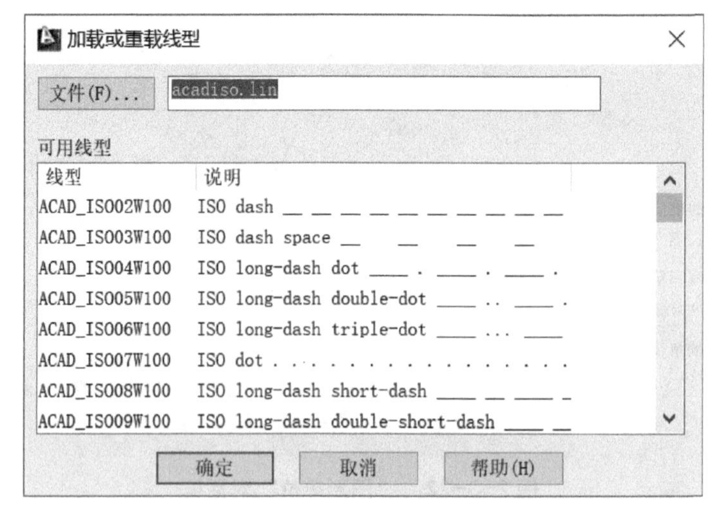

图 2-3-24 “加载或重载线型”对话框

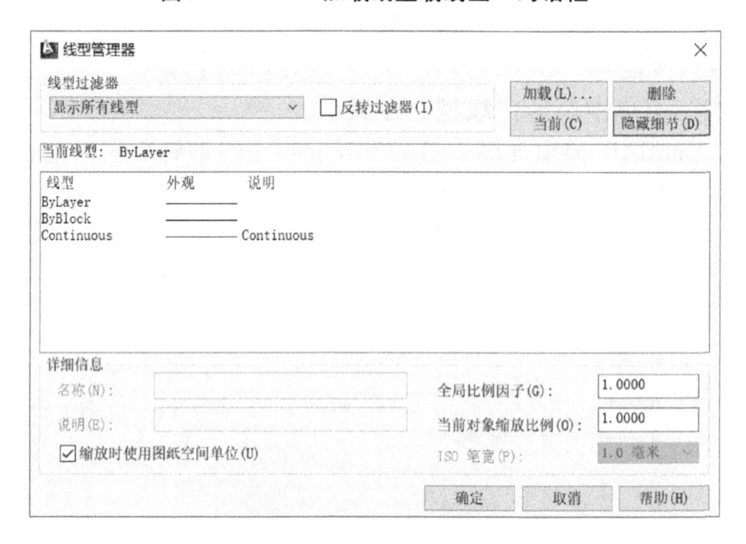

图 2-3-25 设置线型比例

（1）通过键盘直接输入“LWEIGHT”后，按【Enter】键。

（2）选择“格式”菜单，单击“线宽”子菜单，如图 2-3-26 所示。

弹出图 2-3-27 所示“线宽设置”对话框。

图 2-3-26 设置线宽

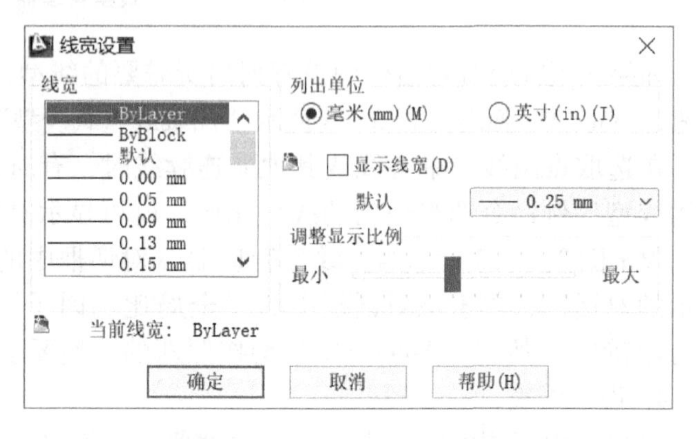

图 2-3-27 线宽设置对话框

列表框中列出了 AutoCAD 提供的 20 多种线宽，用户可从中在 ByLayer（随层）、ByBlock（随块）或某一具体线宽之间选择。其中，ByLayer（随层）表示绘图线宽始终与图形对象所在图层设置的线宽一致，这也是最常用到的设置。还可以通过此对话框进行其他设置，如单位、显示比例等。

5. 设置图层

（1）图层的特点

①用户可以在一幅图中指定任意数量的图层。系统对图层数没有限制，对每一图层上的对象数也没有任何限制。

②每一图层有一个名称，以示区别。当开始绘一幅新图时，AutoCAD 自动创建名为“0”的图层，这是 AutoCAD 的默认图层，其余图层需要用户来定义。

③一般情况下，位于一个图层上的对象应该使用一种绘图线型，一种绘图颜色。用户可以改变各图层的线型、颜色等特性。

④虽然 AutoCAD 允许用户建立多个图层，但只能在当前图层上绘图。

⑤各图层具有相同的坐标系和相同的显示缩放倍数。用户可以对位于不同图层上的对象同时进行编辑操作。

⑥用户可以对各图层进行打开、关闭、冻结、解冻、锁定与解锁等操作，以决定各图层的可见性与可操作性。

（2）设置图层的操作步骤

设置新绘图形的图层的操作方法有三种：

①通过键盘直接输入“LAYER”后，按【Enter】键。

②单击图层工具栏上的“图层特性管理器”图标。

③选择“格式”菜单，单击“图层”子菜单。

启动命令后，AutoCAD 弹出图 2-3-28 所示的“图层特性管理器”对话框。

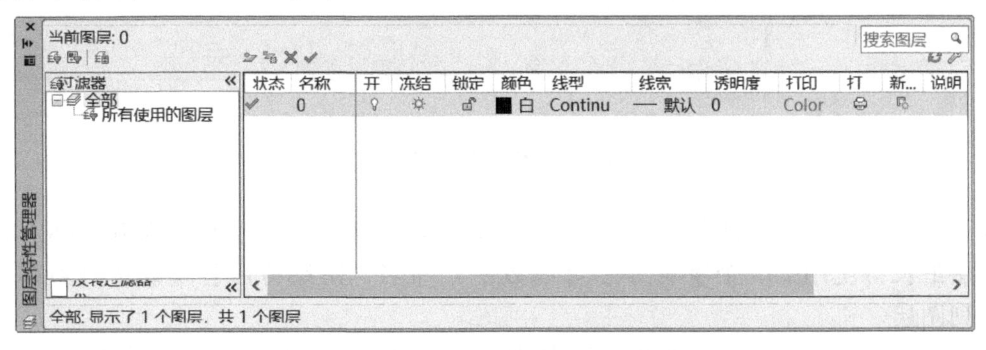

图 2-3-28　“图层特性管理器”对话框

用户可通过“图层特性管理器”对话框建立新图层，为图层设置线型、颜色、线宽以及其他操作等。

（3）建立新图层

在“图层特性管理器”对话中单击图标，或在“图层特性管理器”的“状态”栏空白区右击，弹出图 2-3-29 所示菜单栏，单击“新建图层”子菜单，即可建立新图层，默认的图层名为“图层 1”，如图 2-3-30 所示，可以根据绘图需要为其重新命名，例如修改为实线层、中心线层等。

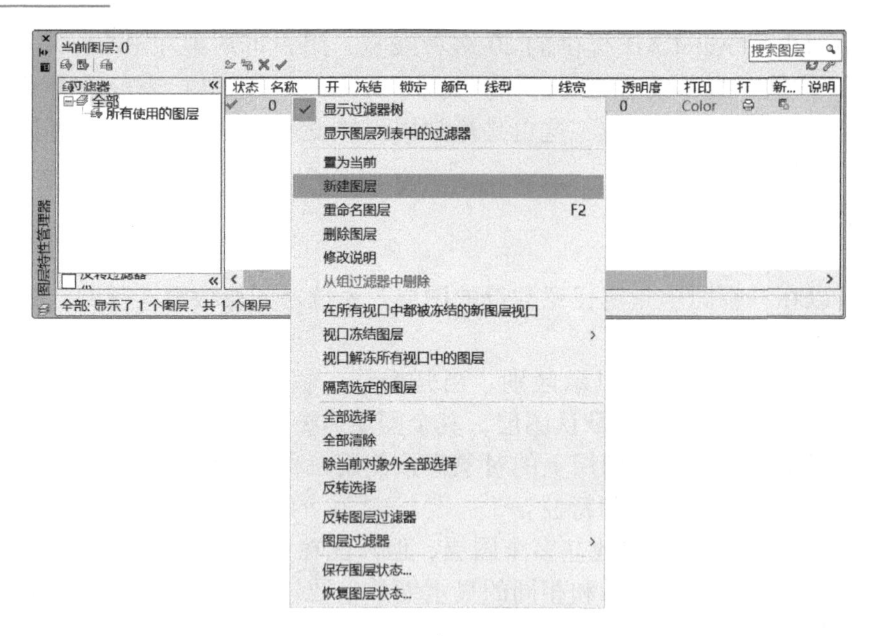

图 2-3-29　新建图层设置

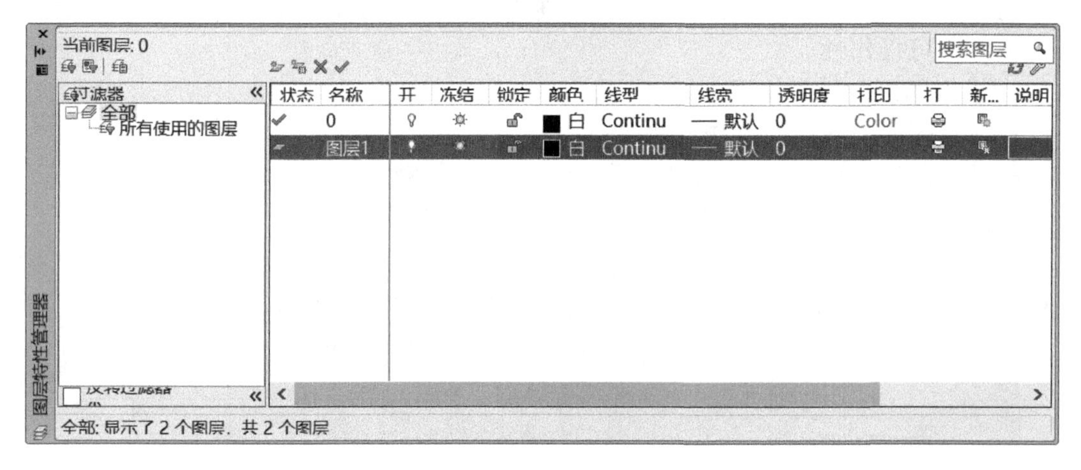

图 2-3-30　新建图层 1

在一个图形中可以创建的图层数以及在每个图层中可以创建的对象数实际上是无限的。图层最长可使用 255 个字符（字母或数字）命名，图层特性管理器按其名称的字母顺序排列图层。

在图层属性设置中，主要涉及图层名称、关闭/打开图层、冻结/解冻图层、锁定/解锁图层、图层线条颜色、图层线条线型、图层线条宽度、图层打印样式以及图层是否打印等九个参数。

（4）删除图层

在“图层特性管理器”对话框的图层列表框中选择要删除的图层，单击“删除”按钮 ✕，就可以删除该图层。从图形文件定义中删除选定的图层，只能删除未参照的图层。参照图层包括图层 0 及 DEFPOINTS、包含对象（包括块定义中的对象）的图层、当前图层和依赖外部参照的图层。不包含对象（包括块定义中的对象）的图层、非当前图层和不依赖外部参照的图层都可以删除。

（5）关闭/打开图层

在“图层特性管理器”对话框中单击图标，可以控制图层的可见性。图层打开时，图标呈鲜艳的颜色，该图层上的图形可以显示在屏幕上或可在该图层绘图。单击该图标，使其呈灰暗色时，该图层上的图形将不显示在屏幕上，而且不能被打印输出，但仍然作为图形的一部分保留在文件中。

（6）切换当前图层

不同的图形对象需要绘制在不同的图层中。这就要求在绘制前先要将工作图层切换到所需的图层。打开“图层特性管理”对话框，从中选择需要的图层，然后单击“当前”按钮即可。

（7）冻结/解冻图层

在“图层特性管理器”对话框中单击图标，可以冻结图层或将图层解冻。图标呈雪花灰暗色时，表示该图层是处于冻结状态；图标呈太阳鲜艳色时，表示该图处于解冻状态。冻结图层上的对象不能显示，也不能打印，同时也不能编辑、修改该图层上的图形对象。在冻结图层后，该图层上的对象不影响其他图层上对象的显示和打印。

（8）锁定/解锁图层

在“图层特性管理器”对话框中单击图标，可以锁定图层或将图层解锁。锁定图层后，该图层上的图形依然显示在屏幕上并可打印输出，同时可以在该图层上绘制新的图形对象，但用户不能对该图层上的图形进行编辑、修改操作。由此可以看出，其目的就是防止对图形的意外修改。可以对当前层进行锁定，也可以对锁定图层上的图形进行查询和对象捕捉。

（9）打印样式

在 AutoCAD 中，可以使用一个称为“打印样式”的新的对象特性。打印样式主要用于控制对象的打印特性，包括颜色、抖动、灰度、笔号、虚拟笔、淡显、线型、线宽、线条端点样式、线条连接样式和填充样式等。打印样式为用户提供了很大的灵活性，因为用户可以设置打印样式来替代其他对象特性。当然，也可以根据用户需要关闭这些替代设置。

（10）打印/不打印

在“图层特性管理器”对话框中单击图标，可以设定打印时该图层是否打印，以在保证图形显示可见不变的条件下控制图形的打印特征。打印功能只对可见的图层起作用，对于已经被冻结或被关闭的图层不起作用。

6. 创建文字样式

在绘图中，常需要添加一些注释性文字，如标题栏文字、技术要求等。为了使文字符合制图标准，应根据实际绘图需要设置文字样式。

（1）功能

修改或创建文字样式。文字样式包括字体、字高、宽度以及倾斜角度等，字型可选用大字体字型文件（通常后缀为 . shx），也可使用 Windows 的系统 TrueType 字体（如宋体，楷体等）。

（2）创建文字样式的两种方法

①通过键盘直接输入“STYLE”后，按【Enter】键。

②选择“格式”菜单，单击“文字样式”子菜单。

（3）对话框操作方法

执行命令后，弹出图 2-3-31 所示的“文字样式”对话框，默认的文字样式为“Standard”。但大多数情况下该样式不能满足绘图要求，可以用“文字样式”对话框来创建或编辑文字样式。

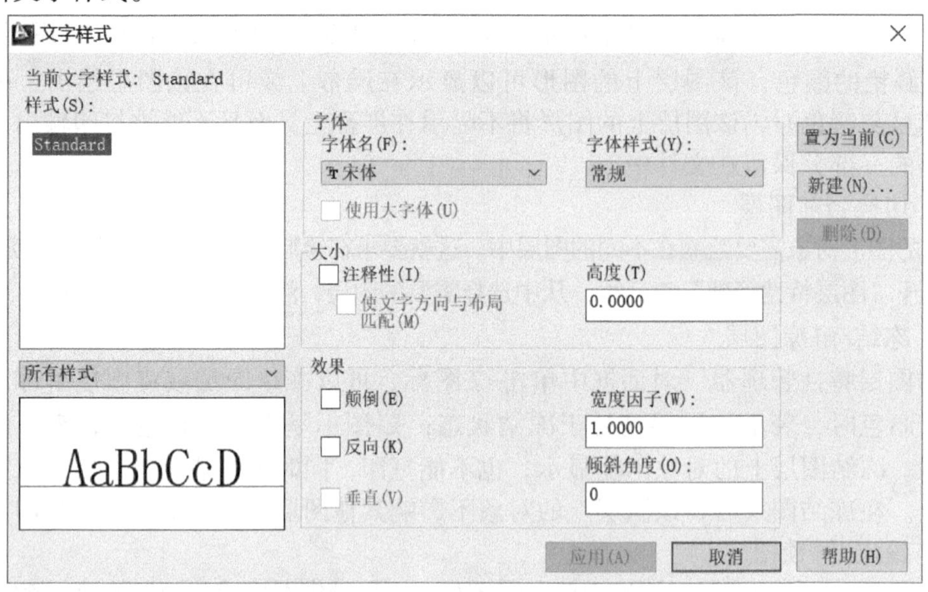

图 2-3-31　“文字样式”对话框

（三）用 AutoCAD 绘制三视图

活动3：

（1）调用已绘制的 A4 样板图，按照相关国家标准，绘制图框、标题栏，形成新的 A4 样板图。

（2）调用新绘制的样板图，利用基本的绘图命令、编辑命令以及对象捕捉、极轴追踪等命令，绘制图 2-3-32 所示组合体的三视图，暂不进行尺寸、技术要求等标注，以“组合体”命名保存文件。

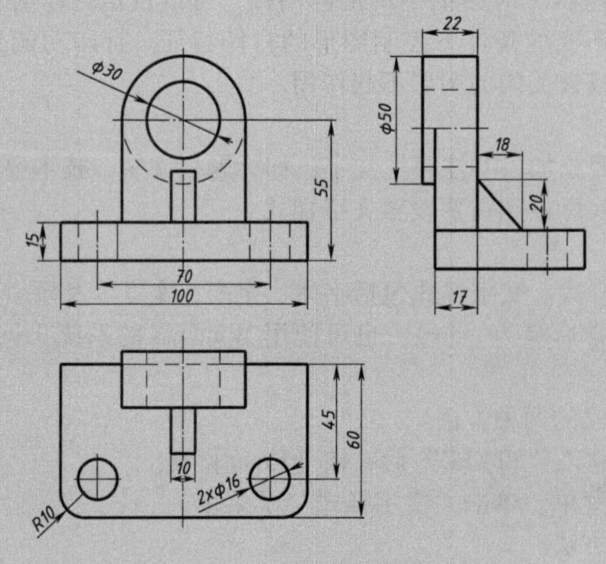

图 2-3-32　画组合体的三视图示例

1. AutoCAD 基本绘图命令

常用的基本绘图命令是用于生成图形元素的命令，任何一幅二维图形，都是由点、线、圆、椭圆、矩形、多边形等基本对象组成，因此了解这些基本图形元素的画法是绘图的基础。常用的绘图命令都放在“绘图”工具栏中，如图 2-3-33 所示。工具栏的图标形象地显示了该命令的功能。

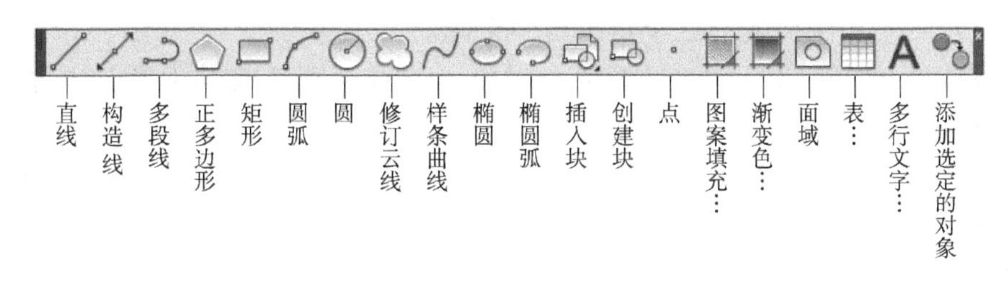

图 2-3-33　“绘图”工具栏

以上绘图命令其启动方法有三种：

①单击“下拉菜单”图标展开菜单，从中选择命令并启动。

②单击工具栏上的命令按钮可以直接启动相应的命令。

③在命令行输入命令名称或命令缩写。

前两种启动方法比较简单，因此后续讲解时只以第三种方法启动命令。

（1）命令的放弃、重做、取消和重复

放弃：单击“标准”工具栏上的“放弃”命令按钮，或键入“U”，按【Enter】键执行“放弃”操作，以放弃最后一条命令的执行结果。重复执行“放弃”操作，可依次放弃前一命令的执行结果。“放弃”命令通常用于消除误操作结果。

重做：在执行“放弃”命令后，马上单击“标准”工具栏上“重做”命令按钮，可取消“放弃”命令执行的结果；重复执行“重做”命令，可依次恢复前一个“放弃”命令执行的结果。

取消：按【Esc】键可以中断当前命令的操作。

重复：当一个命令执行完毕后，如果继续执行当前命令，可以直接按【Enter】键即可。

（2）绘制直线

绘制直线只需给定起点和终点即可。

命令：LINE 或 L

指定第一点：X1，Y1

指定下一点或 [放弃（U）]：X2，Y2

指定下一点或 [放弃（U）]：

继续指定点，就可绘制出下一线段。绘制两条以上线段后，输入“C”则形成闭合线框；若输入“U”，则取消最后绘制的线段。该命令所画线段的每一条直线都是一个独立的对象。

（3）绘制圆

AutoCAD 提供了六种绘制圆的方法，如图 2-3-34 所示，即：圆心和半径方式画圆（R），圆心和直径方式画圆（D），二点画圆（2），三点画圆（3），相切、相切、半径方式画圆（T），相切、相切、相切方式画圆（A）。

命令：输入 CIRCLE 或 C 启动命令

圆心、半径（R）——用圆心和半径决定一个圆。

圆心、直径（D）——用圆心和直径决定一个圆。

两点（2）——用直径的两端点决定一个圆。

三点（3）——用圆弧上的三个点决定一个圆。

相切、相切、半径（T）——选择两个对象（直线、圆弧或其他圆）并指定圆半径，系统绘制圆与选择的两个对象相切。

相切、相切、相切（A）——选择三个对象（直线、圆弧或其他圆），系统绘制圆与选择的三个对象相切。

（4）绘制圆弧

AutoCAD 提供了 11 种绘制圆弧的方法，可根据起点、方向、中点、包角、终点、弦长等控制点来确定圆弧，如图 2-3-35 所示，命令：ARE 或 A。

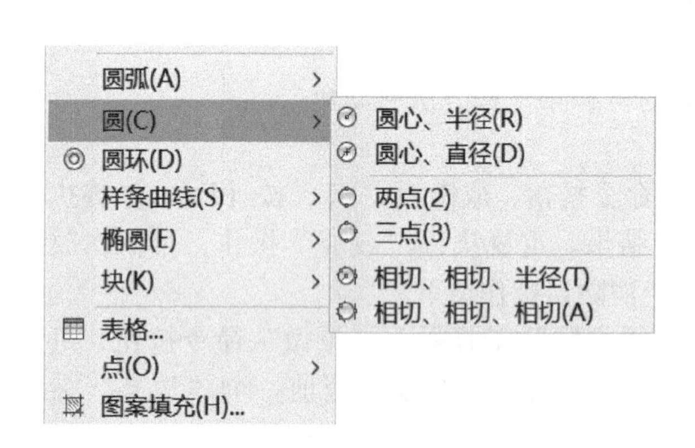

图 2-3-34 “圆”的子菜单

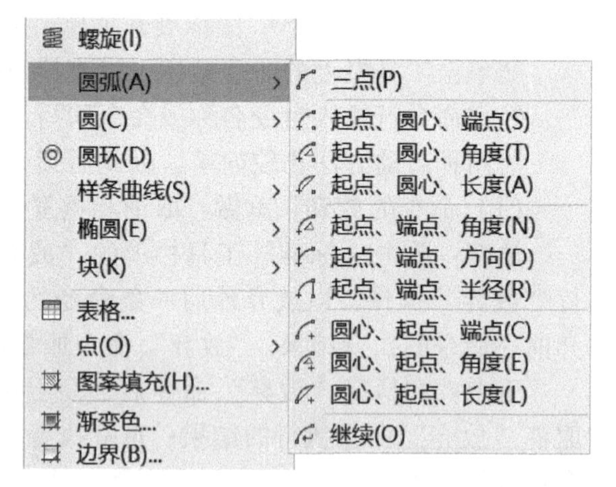

图 2-3-35 “圆弧”的子菜单

（5）绘制矩形

“确定第一角点或［倒角（C）/标高（E）/圆角（F）/厚度（T）/宽度（W）］”：如果选择第一角点，则会继续出现确定第二角点的命令提示，确定另外一个角点时将自动绘出一个矩形。

命令：RECTANG

其他选项的含义：

倒角（C）——设定矩形四角为倒角及设定倒角参数。

标高（E）——确定矩形在三维空间内的基面高度。

圆角（F）——设定矩形四角为圆角及设定圆角参数。

圆角（F）——设置矩形厚度。

宽度（W）——设置线宽。

（6）绘制正多边形

AutoCAD 绘制正多边形有三种方式：边长、外切于圆和内接于圆。

命令：POLYGON

输入边的数目 <4>：指定正多边形的边数

指定多边形的中心点或［边（E）］：

在该提示下，有两种选择：一是直接输入一点作为正多边形的中心；另一种是输入“E”，即指定两个点，以这两点的连线作为正多边形的一条边，确定正多边形。

直接输入正多边形的中心坐标时，AutoCAD 提示行中有两种选择：

“输入选项［内接于圆（I）/外切于圆（C）］<I>：”输入 I，指定画内接正多边形；如果输入 C，指定画外切正多边形。

（7）绘制椭圆及椭圆弧（Ellipse）

在 AutoCAD 中，椭圆主要由中心、长轴和短轴来描述。椭圆弧绘制方法是先绘制椭圆，然后确定椭圆弧的起始角和终止角即可。

（8）绘制点

命令：POINT。

在该命令提示行中，可以输入点的坐标，也可以通过光标在屏幕上直接确定一点。

点的样式有多种，设置“点”样式可以通过以下两种途径确定：

①“格式”菜单：在“格式”下拉式菜单中选取“点样式”项。

②命令：DDPTYPE。

采用上述任意一种方法，将出现图 2-3-36 所示的“点样式”对话框，用鼠标选中其中之一，设置为当前点的样式。

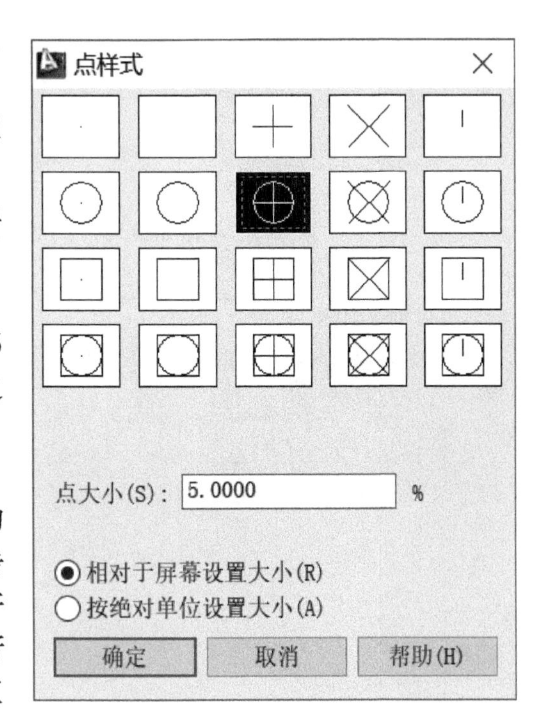

图 2-3-36　“点样式”对话框

（9）图案填充

在 AutoCAD 2012 中，可通过单击工具栏中的填充图标，也可以通过选择“绘图”菜单单击“图案填充”图标或输入命令：BHATCH，打开“图案填充和渐变色”对话框，如图 2-3-37 所示。可以在该对话框中确定要填充的图案、区域以及填充方式等内容。

①选择图案类型。

单击“图案”右边的按钮，打开填充图案选项板，有各种预定义的图案可选用，如图 2-3-38 所示。

②设置剖面线参数。

角度和比例文本框可以设定图案的比例、角度等特性。

③选择图案填充方式。

在“孤岛”选项卡中，如图 2-3-39 所示，可以设置图案填充方式。有如下三种方式：

外部方式（Outmost）：该方式从边界向里面画，在边界内部遇到实体就断开，不再画线，填充效果如图 2-3-39“外部”所示。

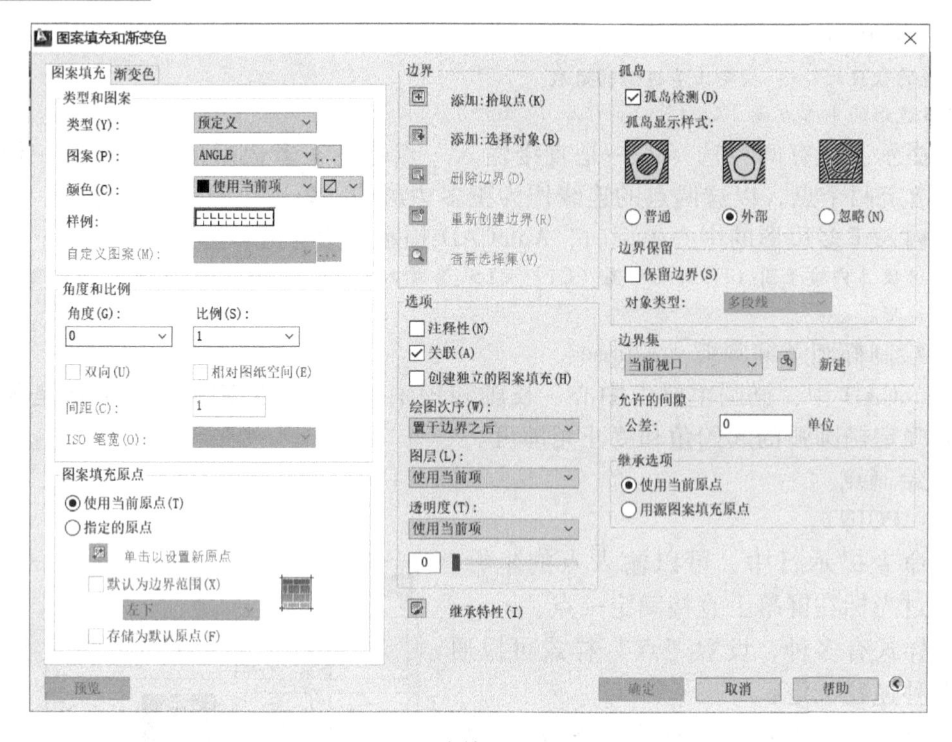

图 2-3-37 “图案填充和渐变色”对话框

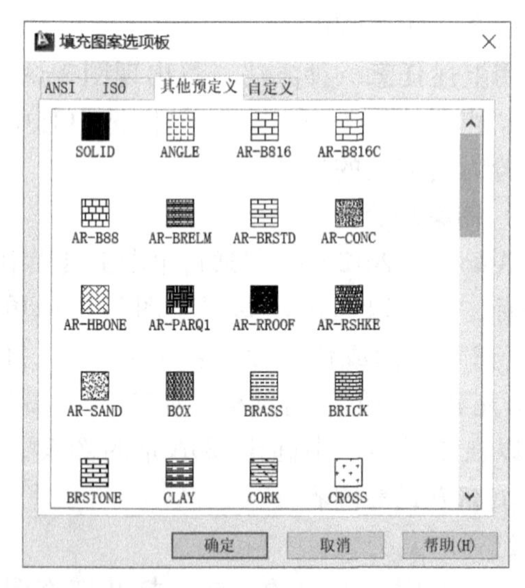

图 2-3-38 “ANSI”对话框和“其他预定义”对话框

普通方式（Normal）：是系统默认方式，此方式下剖面线图案的每条线从两端开始向区域内画，遇到内部实体时就断开，直到遇到下一个实体时再画线，填充效果如图 2-3-39“普通”所示。

忽略内部方式（Ignore）：该方式忽略边界内的实体，填充效果如图 2-3-39“忽略”所示。

④选择填充边界。

定义填充边界的对象只能是直线、射线、多段线、样条曲线、圆弧、圆、椭圆、面域

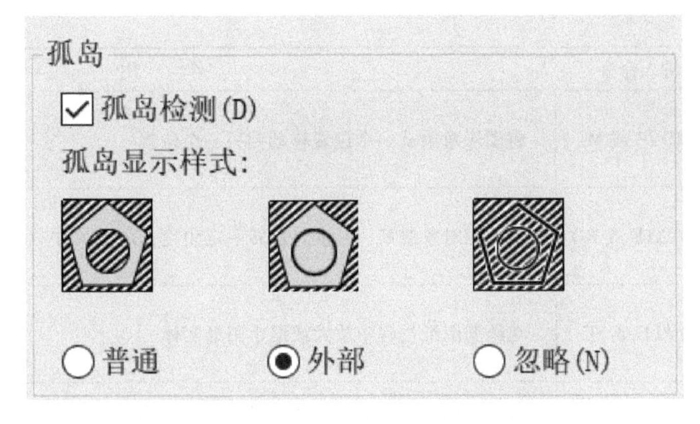

图 2-3-39　“孤岛”对话框

等，并且要构成封闭的区域，同时最外边界的对象在当前屏幕上要全部可见，这样才能正确填充。

单击“拾取点”按钮后回到绘图窗口，在希望填充的区域内点取选择。

2. AutoCAD 基本编辑命令

在绘图过程中，一般需要通过编辑命令修改已有的图形，最后才得到所需要的图样。AutoCAD 提供了丰富的图形编辑功能，利用这些功能可以实现快速、准确的绘图，熟练掌握编辑命令是提高绘图效率的重要手段。编辑命令的作用见表 2-3-3。

在对象编辑前，可先选择编辑命令再选择编辑对象。也可先选取编辑对象，再选取相应的编辑命令。

选中对象后，对象用虚线显示。选取对象的方式有：

①用鼠标左键单击选择一个或多个对象。

②命令行输入“ALL”选取全部对象。

③在绘图区空白处单击然后从左向右拖动一个矩形窗口选取围住的对象。

④在绘图区空白处单击然后从右向左拖动一个矩形窗口选取窗口内及与窗口边界相交的所有对象。

表 2-3-3　编辑命令

图标	功能	键入命令	作　用
	删除	ERASE 或 E	删除指定的对象
	复制	COPY 或 CO	该命令可以把选中的图形一次或多次复制
	镜像	MIRROR 或 MI	用于生成所选对象与一临时镜像线的对称图形，原对象可以保留也可删除
	偏移	OFFSET 或 O	从已有图形对象等距离偏移复制出新的对象。用于绘制在任何方向均与原对象平行的对象，若偏移的对象为封闭图形，则偏移后的图形被放大或缩小
	阵列	ARRAY 或 AR	用于对所选对象按一定的矩形陈列形式或环形陈列形式成路径陈列做多重复制

续表

图标	功能	键入命令	作　　用
	移动	MOVE 或 M	将图形对象从一个位置移动到另一个位置
	旋转	ROTATE 或 RO	使图形对象绕某一基准点旋转一定角度，改变其方向
	比例缩放	SCALE 或 SC	在绘制图纸过程中放大或缩小图形实体
	拉伸	STRETCH 或 S	拉伸图形中指定部分，使图形沿某个方向改变尺寸，但保持与原图中不动部分的相连
	修剪	TRIM	以选定的一个或多个实体作为剪刀裁剪边，修剪过长的直线或圆弧等，使被切实体在与修剪边交点处被切断并删除
	延伸	EXTEND 或 EX	用于将选定的对象延伸到指定的边界
	打断	BREAK 或 BR	用于删除对象的一部分或将所选对象分解成两部分
	倒角	CHAMFER 或 CHA	用于在两条不平行的直线或多段线间生成倒角
	倒圆角	FILLET 或 F	用于在直线、圆弧或圆之间按指定的半径倒圆角，也可以对多段线倒圆角
	分解	EXPLODE 或 X	用于将组合的对象，如块、多段线等分解为单个的元素

3. 常用辅助对象工具的设置

为了快速准确地绘图，AutoCAD 提供了辅助绘图工具供用户选择。下面介绍常用的几种。它们位于屏幕底部的状态栏上，可以通过单击命令开启或关闭。

（1）捕捉

开启捕捉功能，可对作图区内预先设定的 X，Y 两个方向的坐标增量值进行捕捉，或者是对作图区内预先设定的 X，Y 两个方向的栅格间距进行捕捉，后一种方式应把栅格打开才方便使用。使用命令“Snap”，或用鼠标单击状态栏上的“捕捉”，或按下 F9 键可控制捕捉的开启或关闭。

（2）栅格

栅格是一种可见的位置参考图标，它是由一系列有规则的点组成，类似于在图形下放置带栅格的纸。栅格有助于排列物体并可看清它们之间的距离。如果与捕捉功能配合使用，对提高绘图的精确度作用更大。

（3）正交模式

当用户绘制水平或垂直直线时，可以使用正交模式进行图形绘制。使用正交模式，还可以方便绘制或编辑水平或垂直的图形对象。使用“ORTHO”命令，或用鼠标单击状态栏上的“正交”，或按下【F8】键，即可打开或关闭正交状态。

（4）“草图设置”对话框

如图 2-3-40 所示，“草图设置”对话框用于设置栅格的各项参数和状态、捕捉的各项参数和状态及捕捉的样式和类型、对象捕捉的相应状态、角度追踪和对象追踪的相应参数等。其操作方法有以下两种：

①选择“工具”菜单，单击“绘图设置”子菜单。

②用鼠标右键任意单击状态栏上的“捕捉”、“栅格”、“正交”、“极轴”、“对象捕捉”及“对象追踪”按钮，从弹出的快捷菜单中选择“设置”选项。

在“草图设置”对话框中，共有四个选项卡：“捕捉和栅格”、“极轴追踪”、“对象捕捉”和“动态输入”。各选项卡的含义为：

“捕捉和栅格”选项卡如图 2-3-40 所示，用于设置栅格的各项参数和状态，捕捉的类型和样式。

图 2-3-40　“捕捉和栅格”选项卡

“极轴追踪”选项卡如图 2-3-41 所示，用于设置角度追踪和对象追踪的相应参数。该功能可以在要求指定一个点时，按预先设置的角度增量显示一条辅助线，可以沿辅助线追踪得到光标点。

“对象捕捉”选项卡如图 2-3-42 所示，用于设置对象捕捉的相应状态，可把点精确定位到可见图形的某特征点上。

对象捕捉功能可以捕捉到图形中以下几种特殊的点：

“□”捕捉直线段或圆弧等实体的端点。

“△”捕捉直线段或圆弧等实体的中点。

“×”捕捉直线段、圆弧、圆等实体之间的交点。

“━··”捕捉实体延长线上的点。捕捉此点前，应先捕捉该实体上的某端点。

“○”捕捉圆或圆弧的圆心。

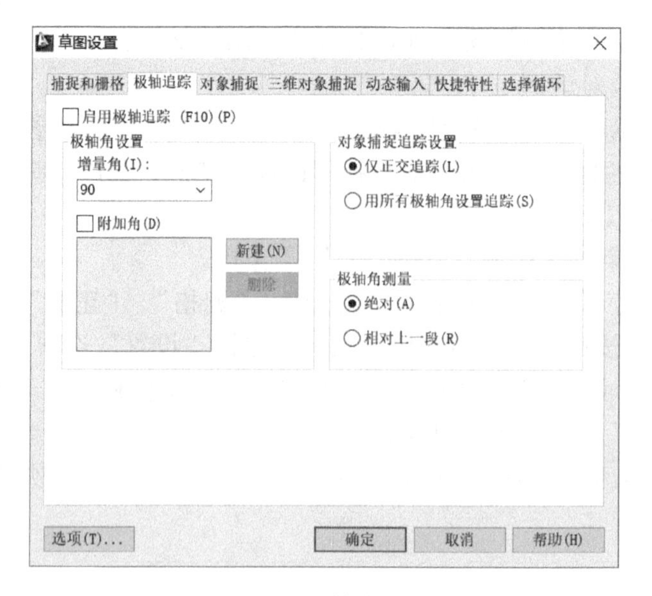

图 2-3-41 “极轴追踪”选项卡

“◇”捕捉圆或圆弧上 0°、90°、180°、270°位置上的点。

“ỏ”捕捉所画线段与某圆或圆弧的切点。

“⊾”捕捉所画线段与某直线段、圆、圆弧或其延长线垂直的点。

“//”捕捉与某线平行的点（不能捕捉绘制实体的起点）。

“⧉”捕捉图块的插入点。

图 2-3-42 “对象捕捉”选项卡

另外，也可以通过“工具”菜单，单击“工具栏”子菜单、“AutoCAD”子菜单，最后单击“对象捕捉”子菜单，“对象捕捉”工具栏如图 2-3-43 所示。

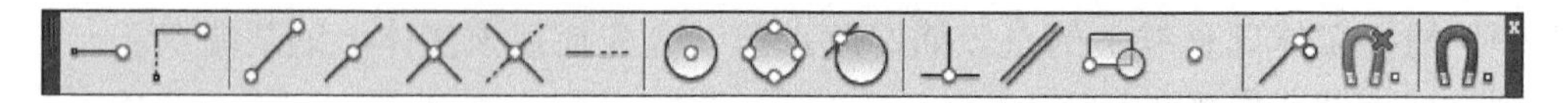

图 2-3-43 “对象捕捉”工具栏

“动态输入”选项卡如图 2-3-44 所示，可以在工具栏中直接输入坐标值或进行其他操作，而不必在命令窗口中进行，这样可以帮助用户专注于绘图区域。

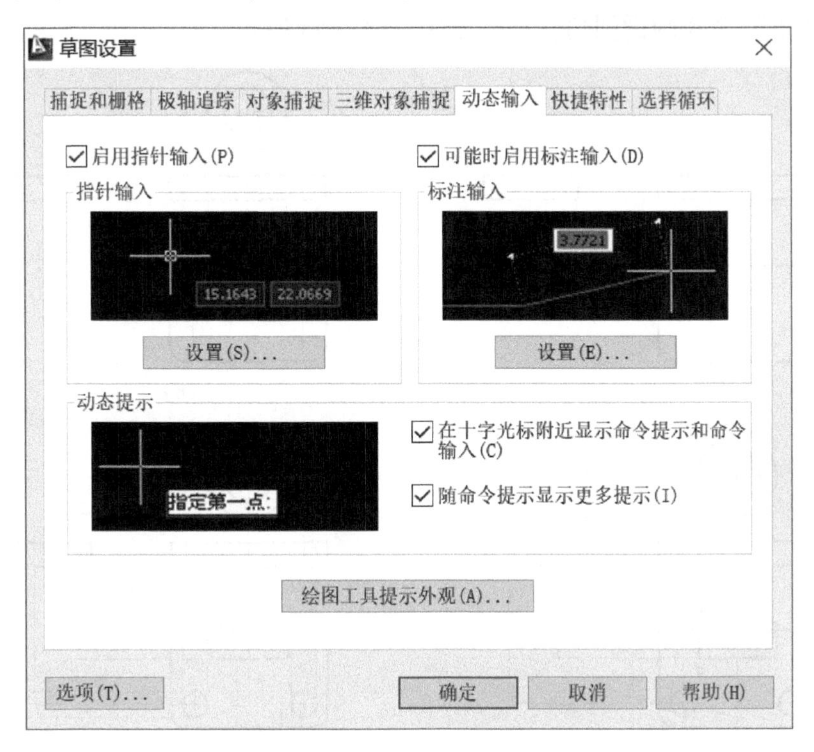

图 2-3-44　“动态输入”选项卡

4. 用 AutoCAD 绘制三视图的方法

用 AutoCAD 画组合体三视图的步骤与手工绘制三视图基本相同，关键是作图时如何保证尺寸准确以及视图间的投影关系正确，特别是保证左视图与俯视图之间的宽相等。常用的方法有以下六种。

辅助线法：为保证俯视图和左视图的宽相等，常采用作 45°辅助线的方法。

对象追踪法：有了一个视图后，采用自动追踪的功能，可画出“长对正，高平齐”的线。

构造线画轮廓法：用构造线画定位线和基本轮廓。

平行线法：用“偏移”命令量取尺寸。

视图旋转法：为保证宽相等，也可采用复制视图并旋转 90°，再用“对象追踪”绘制视图。

坐标输入法：通过输入坐标的形式控制图形的位置和大小。以辅助线法和对象追踪法最为常用。

在具体画三视图时，通常是辅助线法结合对象追踪法使用，先以图 2-3-32 为例，说明其绘制过程。

(1) 调用样板图

根据该零件的外形尺寸选用 A4 样板图。同时打开“草图设置”对话框，设置“对象捕捉”模式，再启用“极轴追踪”和“对象追踪”，以方便取点。

（2）画底板

在 01 层上先画好底板的三视图。用“直线”或“矩形”命令可画好三个矩形线框。画好后用“圆角”命令画倒圆角，结果如图 2-3-45a 所示。

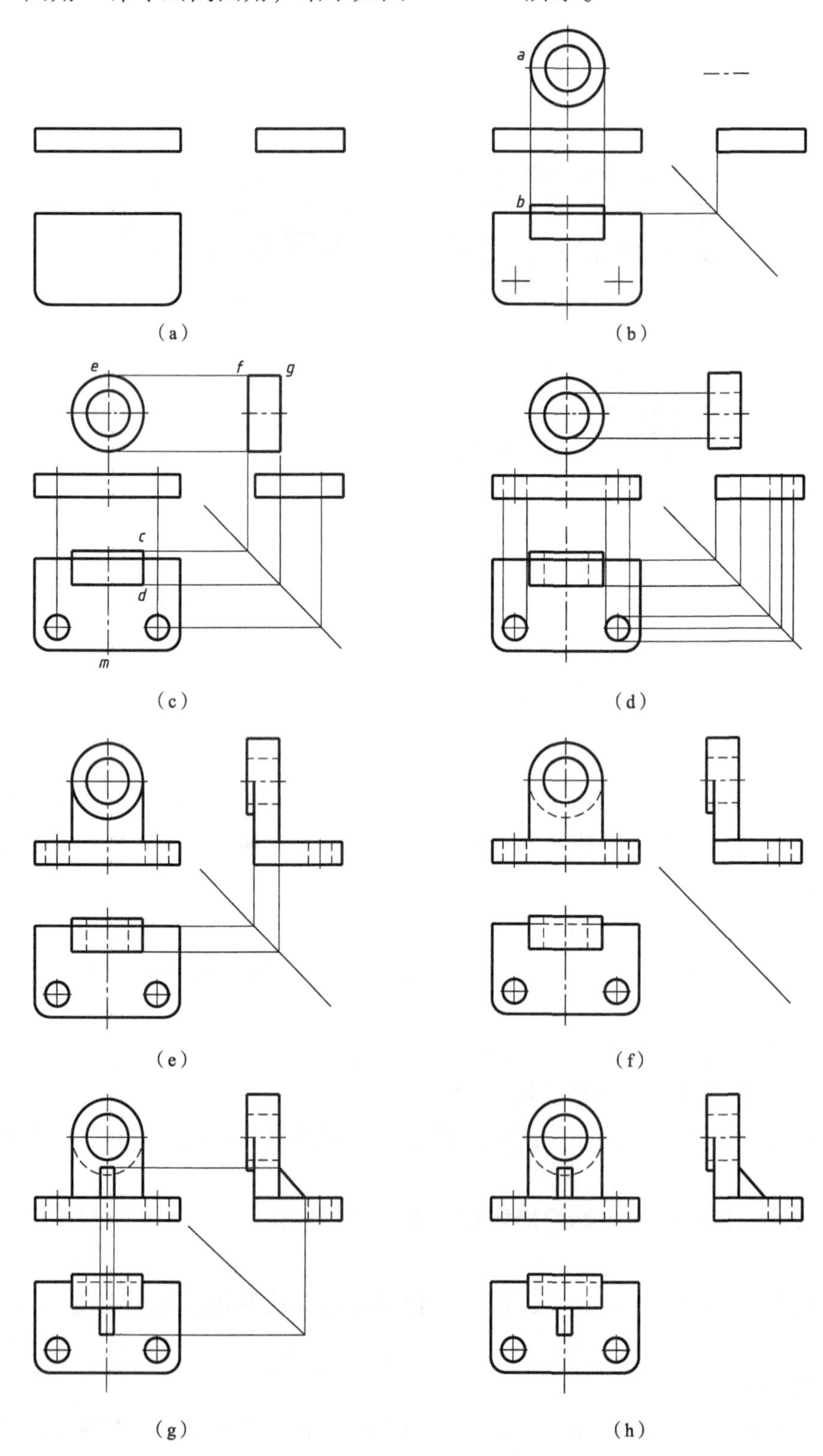

图 2-3-45　绘制组合体三视图

（3）画空心圆柱，并补全底板上的小孔

画图前，应先定位出圆柱的轴线位置。设置 05 层为当前层，在主视图上画出对称中心线，俯视图上画出对称线，左视图上画出轴线。可先画出主、俯视图上的一条竖直线及主、左视图上的一条水平线，等画完该图后，再用“打断”命令折断多余的中心线，如图 2-3-45b 所示。

打开 02 层，分别延长俯视图的上边线及左视图的左边线交于一点。然后过该点作一条 45°的辅助线，以便用宽相等在俯、左视图间相互求作投影，如图 2-3-45b 所示。

画出圆柱的主、俯视图（可见轮廓）。打开 01 层，用“圆”命令画出上部的两个圆，再用“直线”命令从点 b 画线（从点 a 追踪到点 b）。用鼠标拖动导向，输入相关距离即可画出空心圆柱的主、俯视图的可见轮廓，如图 2-3-45b 所示。

画出空心圆柱的左视图（可见轮廓）。打开 02 层，从 c、d 两点画水平线与辅助线相交。打开 01 层，从 f 点向右画线（从点 e 追踪到点 f）。用鼠标拖动导向，输入相关距离即可画出空心圆柱的左视图可见轮廓，结果如图 2-3-45c 所示。

画出底板上的两个圆孔，用“圆”命令画出圆孔的俯视图。

画出右边圆孔后，用同样的方法或使用“镜像”命令画出左边圆孔。再打开 05 层，用“直线”命令通过投影规律画出主、左两个视图上的轴线。然后删去多余线条，结果如图 2-3-45c、d 所。

设置 04 层为当前层，画出图中相关的细虚线。主、俯视图上的细虚线可用“直线”命令结合对象追踪画出。而两圆孔的左视图则必须先画出辅助线，再画出其左视图，结果如图 2-3-45d 所示。

（4）画支承板

画支承板的方法与画圆柱类似，注意画图前先用“修剪”或“删除”命令去掉图中多余的线条，结果如图 2-3-45e 所示。再用“修剪”或“删除”命令整理图形，用“圆弧”命令画出左视图上的不可见投影虚线圆弧，用“直线”命令画出支承板后端面的不可见的俯视图细虚线，结果如图 2-3-45f 所示。

（5）画三角形肋板

肋板的主、俯视图按投影关系画出，左视图只需定出其前端位置和上端位置也比较容易画出。从图 2-3-45g 中画辅助线，即可找出其前端在左视图上的位置；从主视图肋板最高位置画辅助线可定出其左视图上端位置，结果如图 2-3-45g 所示。

（6）检查整理

查看是否有多余线条，有线型不符合要求的，要将其修改到相应的图层上，完成全图，如图 2-3-45h 所示。

要求：

根据所提供的齿轮油泵泵体零件进行测绘，结合箱体类零件的视图表达方法以及机械制图相关国家标准，完成泵体零件图。

人员组织：

6～8 人一组，先对泵体进行测量，共同讨论制订视图表达方法。

材料：

绘图工具，图纸。

工具：

齿轮油泵 1 台/组，游标卡尺、钢板尺 2 把/组，AutoCAD 软件。

方法：

绘制泵体零件图，需要掌握箱体类零件的视图表达以及剖视图的相关知识，同时需要掌握 AutoCAD 的使用方法。

计算机绘制齿轮油泵泵体零件图分析计划如图 2-3-46 所示。

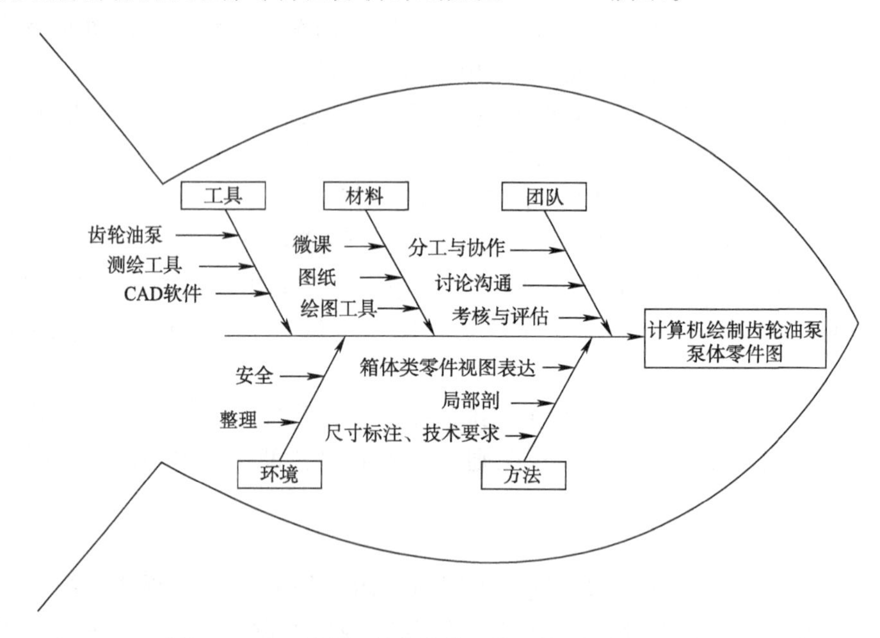

图 2-3-46 计算机绘制齿轮油泵泵体零件图分析计划

任务实施前

箱体类零件常采用通过主要支承孔轴线的剖视图表达其内部形状结构，用局部视图、局部剖视图和局部放大图等来表达尚未表达清楚的局部结构。因为铸造圆角较多，还应注意过渡线的画法。箱体类零件在视图表达、尺寸标注和技术要求三方面都有其特点，因此在完成齿轮油泵泵体零件图绘制前，首先要通过几个小任务掌握这三方面知识，小组内要对泵体零件进行分析，制定表达方案，进行测绘，并绘制零件草图。

任务实施中

（1）确定泵体的表达方案

分析齿轮油泵泵体的结构，确定主视图的投射方向，然后根据泵体的结构特点，确定其视图表达方法，螺纹按其规定画法绘制。参考前面“箱体类零件的视图表达”的有关知识来制定泵体的视图表达方案。

（2）泵体的尺寸标注

用形体分析法对泵体进行尺寸标注。注意正确确定三个方向的尺寸基准和重要尺寸的标注。参考前面“箱体类零件的尺寸标注”的有关知识来标注泵体的尺寸。泵体尺寸标注特点分析如下：

①尺寸基准。泵体的左端面与泵盖的大端面是接触的，表面精度要求较高，因此把它作为长度方向的尺寸基准；泵体为前后对称的物体，所以选择前后的对称面为宽度方向的尺寸基准；泵体的底板下表面为工作基准是装配基准面，同时也是重要的加工基准面，所以选择底面为高度方向的尺寸基准。

②主要尺寸。油泵主要是通过两齿轮良好地啮合来保证正常工作的。因此要保证两轴的支承轴颈和泵体轴孔的合理配合以及腔体内壁和齿顶圆的合理配合，特别是两齿轮轴的中心距离要与泵盖上对应轴孔的中心距一致；为保证泵盖和泵体顺利地装配在一起，螺纹孔的尺寸要与泵盖一致。

（3）泵体的技术要求

参考前面“箱体类零件的技术要求”的有关知识来制订泵体的技术要求。泵体技术要求分析如下：

①表面结构。因为主动齿轮轴、从动齿轮轴要在泵体支承部分上旋转，所以支承主动齿轮轴、从动齿轮轴的孔的表面结构 Ra 值要高，泵体与泵盖要保证良好的结合，泵体与泵盖的结合面 Ra 值也较高。

②尺寸公差。与主动齿轮轴、从动齿轮轴配合的轴孔要有尺寸公差；泵体内腔中包容主、从动齿轮的孔与齿轮的配合应为间隙配合，精度要求较高，而且间隙在保证设计要求（起码有利于齿轮旋转后产生真空以便抽取油）的前提下尽量大，以降低加工成本。为了保证两齿轮能正常安装、旋转自如，两齿轮的中心距应有尺寸公差。

③形位公差。泵体与泵盖要保持良好的结合，主动齿轮轴、从动齿轮轴的轴线要与结合面垂直，同时两轴线还应相互平行，以免因轴线倾斜而使两齿轮旋转时卡死。

任务实施后

任务实施后，对所绘图纸进行检查、归档，整理绘图工具，打扫绘图教室。

1. 按照评分表对零件图进行评分

请参照附录 K 表 K-3《零件图评分表》中的评分项对你所绘制的齿轮油泵泵体零件图进行评分，见表 2-3-4。要求自评、互评，评分要客观、公正、合理。

表 2-3-4　齿轮油泵泵体零件图评分表

姓名		学号		自评	互评
评分项	评分标准		分值		
图幅、比例	图幅、比例选择合理		5 分		
视图	（1）三视图对应关系正确 5 分； （2）三视图表达方案合理正确 40 分，一处不合理扣 2 分，最多扣 15 分		45 分		

续表

评分项	评分标准	分值		
尺寸标注	尺寸标注符合标准要求 20 分，每少标一个尺寸扣 2 分，最多扣 10 分	20 分		
技术要求	形状公差标准完整，有基准、形状公差 8 分，表面粗糙度 5 分，技术要求 2 分	15 分		
标题栏	零件名称、比例、材料、姓名、单位，每项 1 分	5 分		
图面质量	图面整洁 2 分，布局 2 分，字体 3 分，图线清晰、粗细分明 3 分	10 分		
总分		100 分	（签名）	（签名）

2. 针对工作过程，依据融能力，评价师生

在附录 K 表 K-1《融课程教学评估表》中，对本次课的四种能力进行评价。

融任务四　计算机绘制轴承座零件图

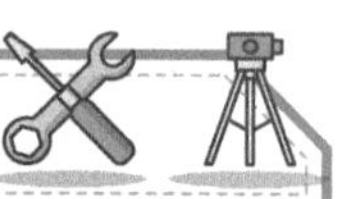

情境描述

轴承座属于叉架类零件，是用来支承轴承的，可固定轴承的外圈，仅仅让内圈转动，外圈保持不动，且内圈转动方向始终与传动的方向保持一致（比如电动机运转方向），并且保持平衡，因此轴承座的内圈磨损较大。

如图 2-4-1 所示，该轴承座为某热电厂锅炉车间磨煤机主传动减速机轴承座，减速机传递扭矩较大，在长期运转过程中，轴承座圈磨损严重，致使轴承座内圈与轴承外圈之间出现间隙。公司接到任务，需要对该轴承座进行二次改进，以减少磨损。作为绘图员，你需要将客户提供的轴承座零件进行测绘，绘制草图，并进行电子图形绘制，形成新的零件图。

图 2-4-1　轴承座

为保证零件图的正确性，需要分析轴承座的结构，熟悉叉架类零件的表达方案及尺寸标注，查阅相关技术要求等资料，确定图幅、比例，制订合理的轴承座表达方案，在 CAD 绘图软件上设置并调用图框、标题栏，使用图层设置、直线、圆弧、尺寸标注等命令，绘制轴承座的零件图，校核审批后打印零件图样，交付资料管理部门。

信息收集

轴承座属于叉架类零件，叉架类零件结构大都比较复杂，形状不规则，加工位置多

变。叉架类零件的视图表达一般需要两个或两个以上基本视图，根据具体结构可以采用全剖视图、半剖视图或局部剖视图来表示内部结构。零件的倾斜部分用斜视图或斜剖表达。对于薄壁和肋板的断面形状常用断面图来表达。根据其结构特点以及加工方法，其尺寸标注、技术要求等也有一定的特点。因此根据任务要求，结合前面已学过的知识，要绘制完整、清晰、正确的轴承座零件图还需要掌握图 2-4-2 所示信息。

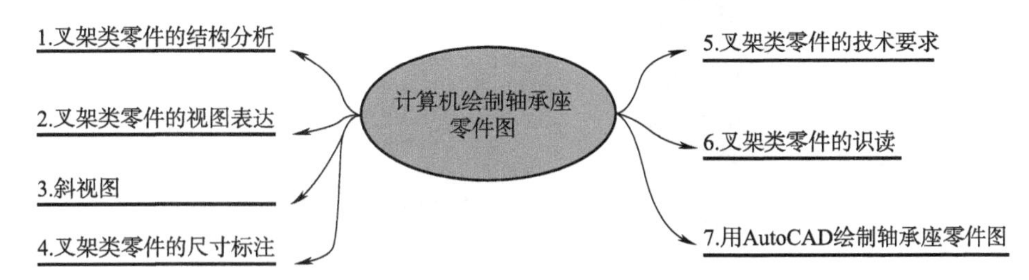

图 2-4-2　计算机绘制轴承座零件图相关知识

一、叉架类零件的结构分析

叉架类零件通常是一些外形不规则、结构相对较复杂的中小型零件，有些叉架类零件无法自然安放。了解叉架类零件的作用及结构有助于在绘制叉架类零件图时确定表达方案。

（一）叉架类零件的作用

叉架类零件也是机器上的常见零件。包括有各种支架、轴承座、支座、拔叉、连杆、摇杆等。该类零件主要用于支承轴类零件或在机器操纵机构中起操纵作用。图 2-4-3 为几种叉架类零件的三维造型图。

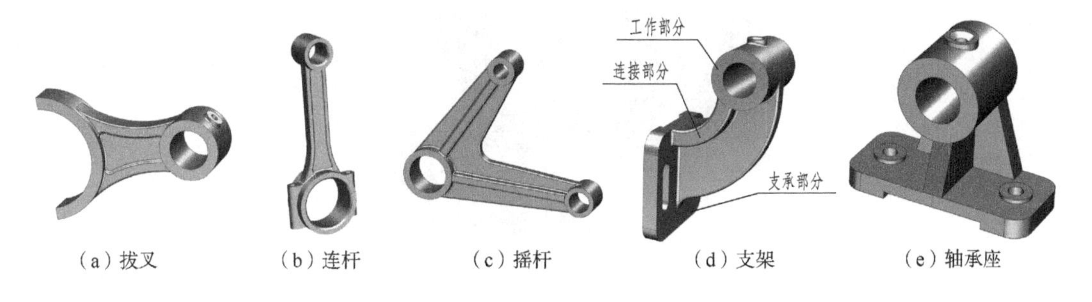

（a）拔叉　（b）连杆　（c）摇杆　（d）支架　（e）轴承座

图 2-4-3　叉架类零件三维造型图

（二）叉架类零件的结构分析

叉架类零件结构大都比较复杂，形状不规则，常由铸造或模锻制成毛坯，经机械加工而成。这类零件虽然形式多样，但一般可以看作由三部分构成，即支承（或安装）部分、工作部分和连接部分，如图 2-4-4 所示为轴承座轴测图。工作部分是与其他零件配合或连接的套筒、叉口等，其上局部结构也较多，如圆孔、螺纹孔、油槽、油孔等；支承（或安装）部分有安装孔、槽等结构；连接部分是连接零件的工作部分与安装部分，多是肋板结构。一般情况下，叉架类零件上倾斜、弯曲的结构较多，还常有铸造圆角、凸台、凹坑等工艺结构。

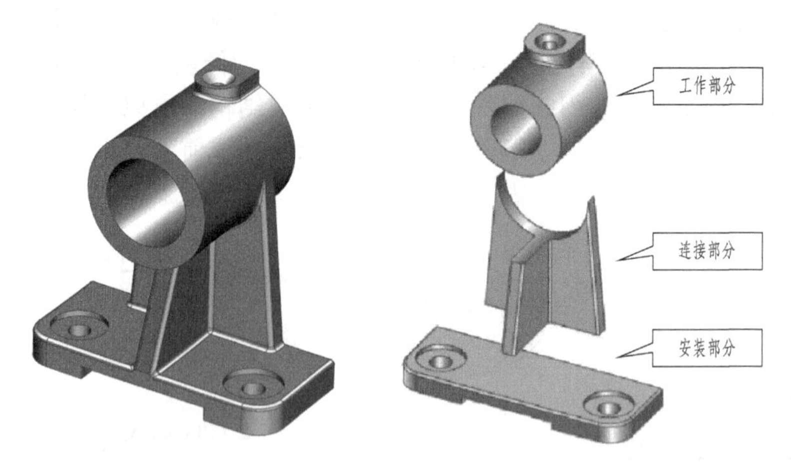

图 2-4-4　轴承座结构分析

二、叉架类零件的视图表达

活动1：

（1）掌握叉架类零件的视图表达特点；

（2）制订图 2-4-5 所示支架的视图表达方案，并绘图，作图比例 1:1。

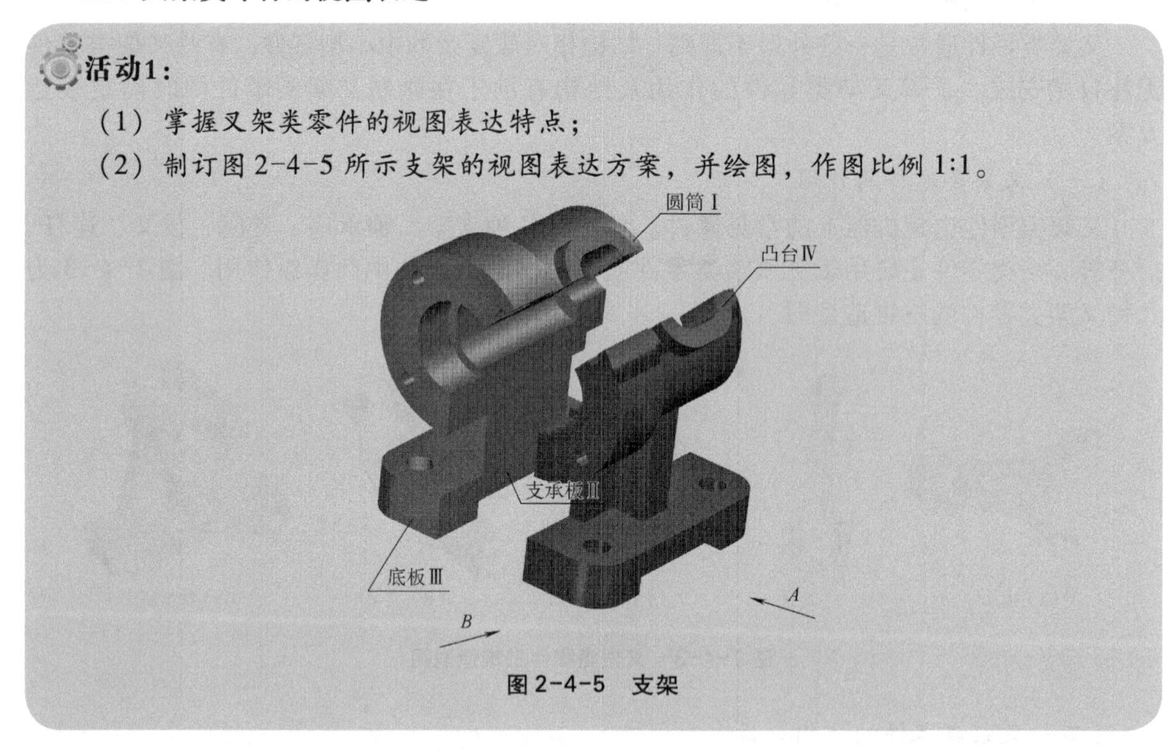

图 2-4-5　支架

叉架类零件结构形状比较复杂，一般需要两个或两个以上基本视图。根据具体结构选择采用全剖视图、半剖视图或局部剖视图来表示内部结构；零件的倾斜部分用斜视图或斜剖表达；对于薄壁和肋板的断面形状常用断面图来表达。

（一）主视图

由于叉架类零件的加工位置多变，主视图一般按工作位置原则和形状特征原则确定主视的投射方向，表达方式应能明显地反映零件内、外形主要结构特征，并应兼顾其他视图的表达及图幅的利用等。

如图 2-4-6 所示，从 *A*、*B* 两个方向投射，都能反映支架的结构特征，各有优缺点，但若从其他视图选择及图幅的利用等方面综合考虑，选择 A 向更合理。主视图取 A—A 局部剖视表达了圆筒和凸台的内形及相对位置，同时表示了底板、连接板和圆筒外形的相对位置及连接关系。

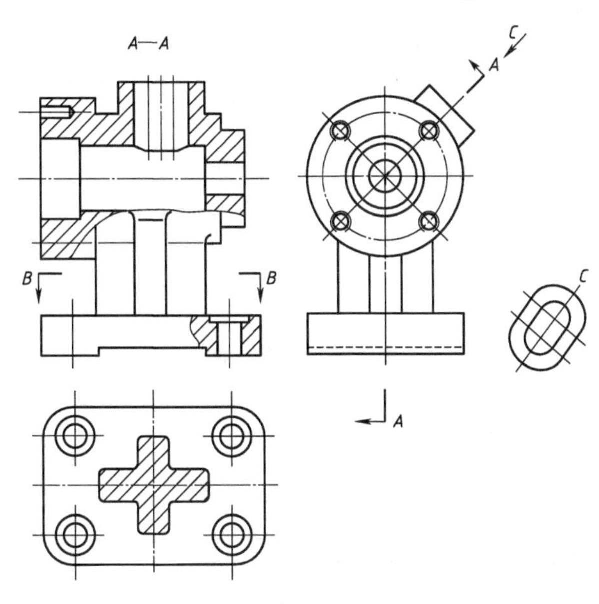

图 2-4-6　支架视图选择

（二）其他视图

俯视图取全剖视图，清晰地表达了十字形连接板和底板的形状及其相对位置；左视图表达圆筒左端部外形以及其上圆孔的分布情况、凸台与圆筒的斜交关系。C 向视图为斜视图，表达了凸台形状。

三、斜视图

对于零件上的倾斜部分，由于不平行于基本投影面，那么该部分在基本投影面的投影不反映实形。要得到倾斜部分的真实投影，需要增设一个与倾斜表面平行的辅助投影面，然后将倾斜部分向辅助投影面投射，即为斜视图。

（一）斜视图的概念和适用场合

把零件的倾斜部分向新增加的与倾斜表面平行的辅助投影面进行投射，便可得到反映这部分真实形状的图形，称为斜视图，如图 2-4-7a 所示。

新增加投影面的原则是：与零件的倾斜部分平行，且垂直于某一基本投影面。

斜视图只使用于表达零件倾斜部分的局部形状，其余部分不必画出，其断裂边界处用波浪线表示。

（二）斜视图标注

通常用带大写拉丁字母的箭头指明表达部位和投射方向，在斜视图上方注明斜视图名称“×”。

斜视图旋转：必要时允许将倾斜图形旋转，使图形的主要轮廓线（或中心线）成水平或竖直位置，以便于画图，但需在斜视图上方加注旋转符号，旋转符号为半径等于字体高度的半圆弧，其方向要与视图实际旋转方向一致，且字母应靠近旋转符号的箭头端，旋转角度不大于90°，如图 2-4-7b 所示。

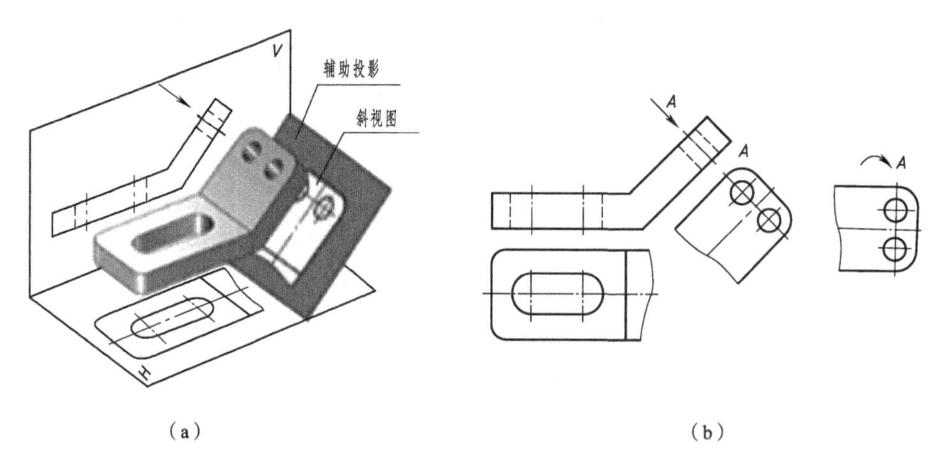

图 2-4-7 斜视图

四、叉架类零件的尺寸标注

活动2：

(1) 叉架类零件的尺寸标注有哪些特点?

(2) 合理标注图 2-4-8 所示支架视图的尺寸。

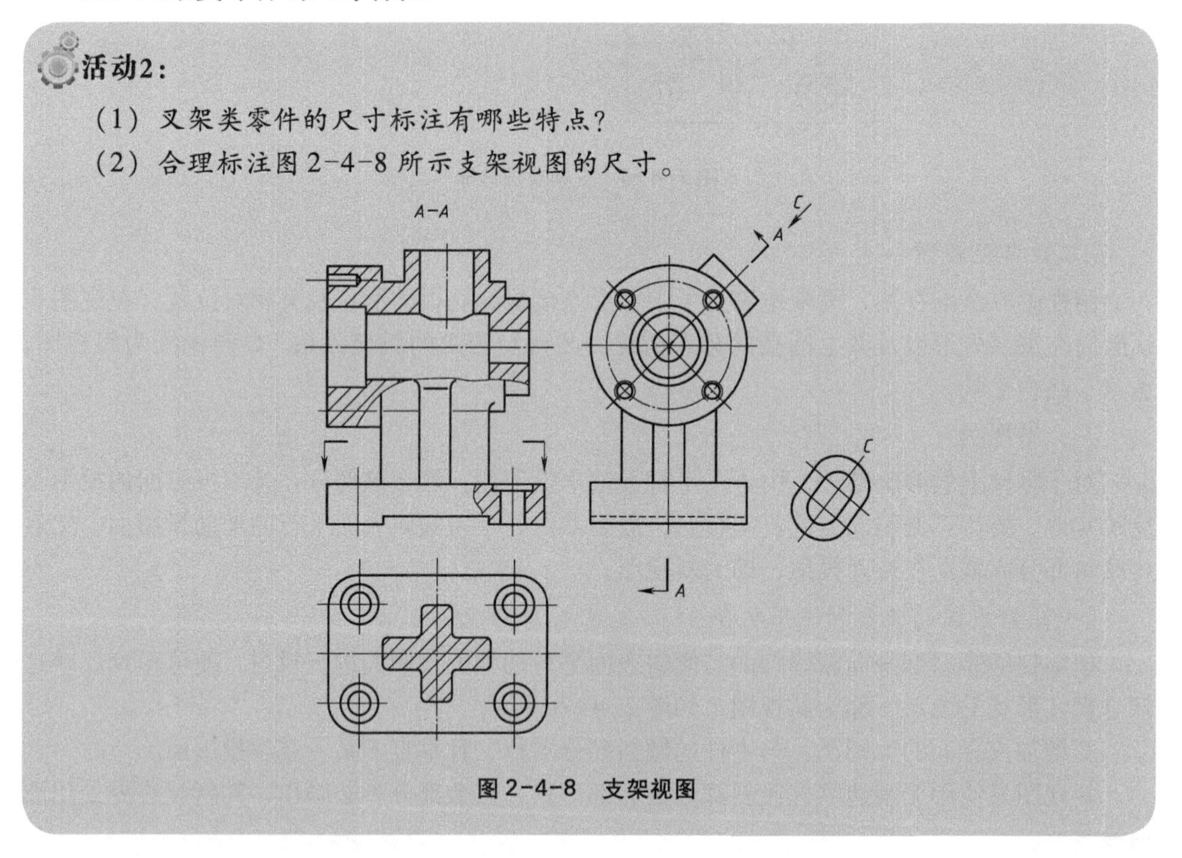

图 2-4-8 支架视图

支架零件图的尺寸标注与箱体类零件类似，从下面几个方面来考虑：

(一) 尺寸基准

由于叉架类零件都有长、宽、高三个方向的尺寸，因此，此类零件有三个方向的尺寸主要基准，在同一方向上有时也有辅助基准。基准与基准之间，应有尺寸直接联系。

叉架类零件常以主要孔轴线、中心线、对称平面、底面作为长、宽、高三个方向尺寸主要基准。

如图 2-4-9 所示，圆筒的左端面是与端盖的结合面，因此把它作为长度方向的尺寸基准，然后再以此面为基准确定圆筒的长度和其他平面，由此标出 18、35、58、65 等尺寸。

因为支架前后对称，宽度方向的尺寸基准选择前后对称平面，由此标出 30、50 等尺寸。

支架的底面是装配基准面、工作基准面，也是主要的加工基准面，因此选支架的底面为高度方向的尺寸基准，由此标出 12. 5、55 等尺寸。

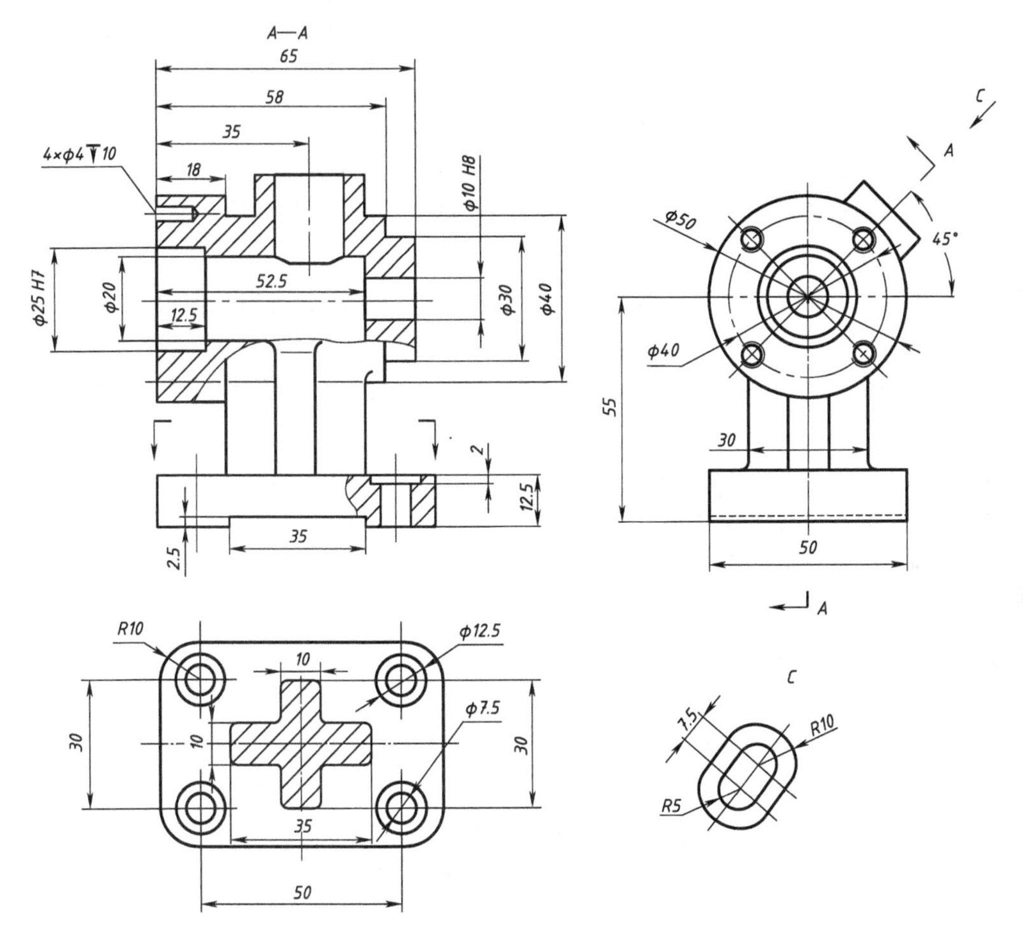

图 2-4-9　支架尺寸标注

（二）零件上的重要尺寸应直接标注

支架轴孔的中心高度尺寸 55 是一个重要尺寸；圆筒的孔径 ϕ25H7、ϕ10H8 是配合尺寸，是支架的另一个重要尺寸；为使支架与工作台顺利安装，底板上安装孔的孔间距尺寸 50 和 30 也是重要尺寸，为保证支架的工作性能，这些重要尺寸应直接注出。

（三）非重要尺寸按形体分析法来标注

叉架类零件各组成形体的定形尺寸和定位尺寸比较明显，对产品质量影响不大的自由尺寸，如非加工面、非配合表面等尺寸，一般可按形体分析法来标注。例如图 2-4-9 中十字形连接板的尺寸 35、10、30 等。

五、叉架类零件的技术要求

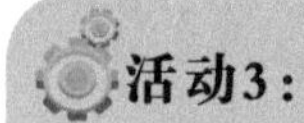

活动3：

（1）掌握支架技术要求的特点；

（2）给图 2-4-9 所示支架图注上技术要求。

叉架类零件同箱体类零件一样，也应根据具体使用要求确定表面粗糙度、尺寸公差和几何公差。精度等级以及标注参见相关的国家标准和“融任务 1：绘制齿轮油泵端盖零件图”中的技术要求相关知识。

叉架类零件一般对工作部分的表面粗糙度、尺寸公差和形位公差有较严格的要求；对安装部分和连接部分的技术要求不高。所有的技术要求取决于使用要求，如图 2-4-10 所示，支架零件的主要加工表面包括上部圆筒的内表面、圆筒的左端面和底板的底面。

（1）工作部分技术要求

①圆筒的内表面的质量要求为：尺寸公差与配合、表面结构和几何公差。

圆筒的内表面是配合面，其尺寸公差和表面结构要求较高，尺寸公差为 ϕ25H7 和 ϕ10H8，表面粗糙度为 *Ra* 值为 1.6 μm；为保证支架正常工作，圆筒内孔轴线与底板底面有平行度要求。

②圆筒的左端面的质量要求为：为了保证支架与其他零件结合，支架的左端面相对于孔轴线有垂直度要求和表面结构要求。

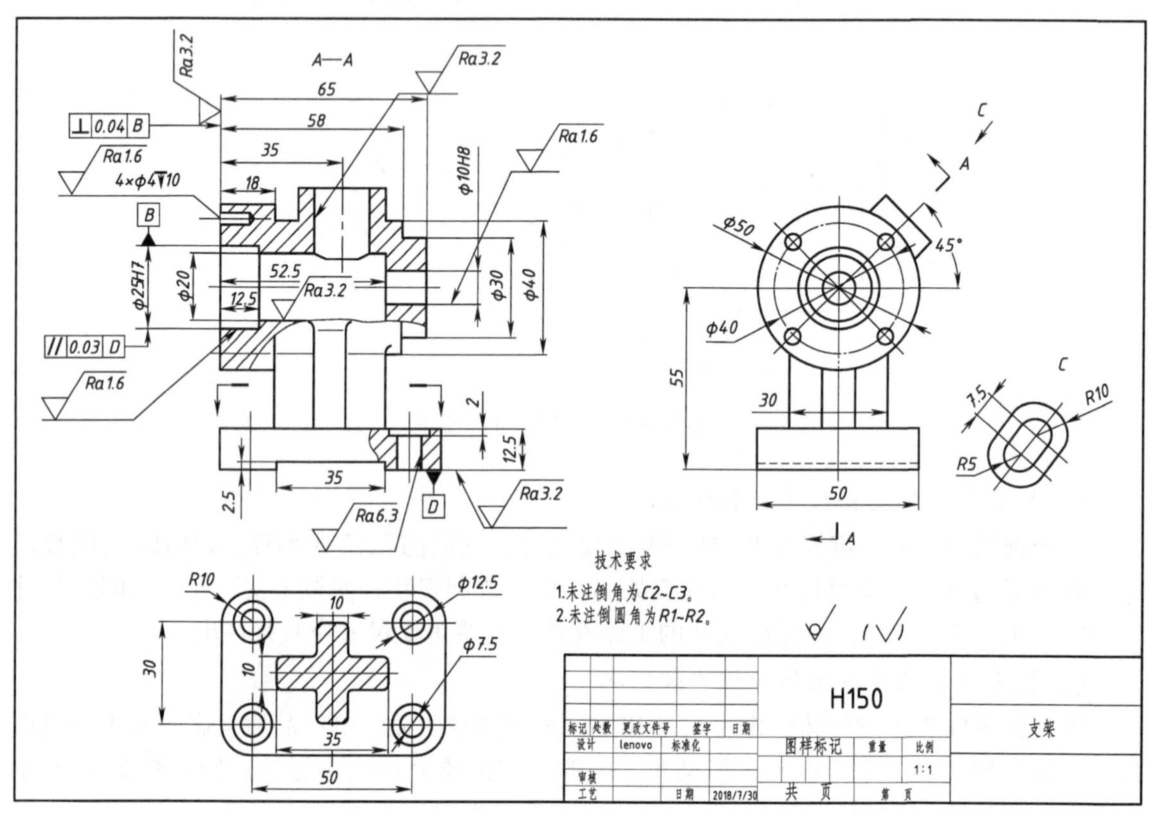

图 2-4-10 支架零件图

（2）安装部分技术要求

底板底面的质量要求：为使底板能与工作台接触良好，底板底面有表面结构要求。

（3）其他技术要求

对铸造工艺、热处理、表面处理及表面修饰等方面的要求，可用文字说明。

六、叉架类零件图的识读

读零件图的目的是弄清零件图所表达零件的结构形状、尺寸和技术要求，以便指导生产和解决有关的技术问题。读零件图的方法与步骤如下。

（一）概括了解

从标题栏内了解零件的名称、材料、比例等，并浏览视图，可初步得知零件的用途和形体概貌。

从图 2-4-11 所示托架零件图标题栏得知，它是一个起支承作用的零件，属于叉架类零件，材料为 HT200，零件毛坯为铸件，具有铸造工艺结构，如铸造圆角、拔模斜度等。绘图比例为 1:1 。

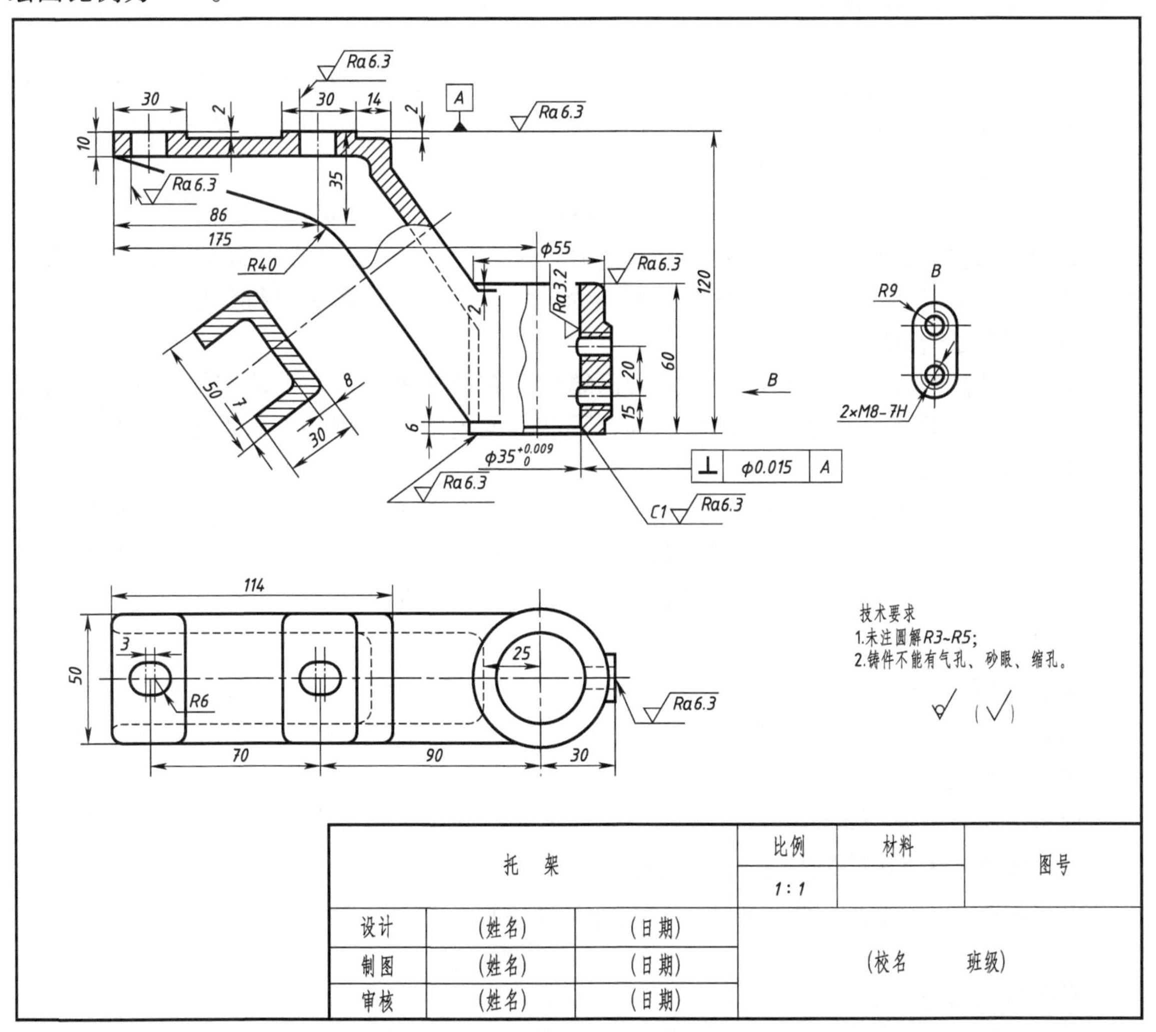

图 2-4-11　托架零件图

（二）详细分析

（1）分析表达方案

分析零件图的视图布局找出主视图、其他基本视图和辅助视图所在的位置。根据剖视、断面的剖切方法、位置，分析剖视、断面的表达目的和作用。

如图 2-4-11 所示，该零件用了两个基本视图，一个移出断面图和 *B* 向局部视图表达托架结构和形状。

（2）分析视图想出零件的结构形状

这一步是看零件图的重要环节。先从主视图出发，联系其他视图、利用投影关系进行分析，弄清零件各部分的结构形状，想象出整个零件。

从图 2-4-11 可知，托架的主视图按工作位置放置，采用两处局部剖视来表达托架的形体特征和内部结构。左上方局部剖表达了托板的形状结构，是长 114、宽 50 的平板，其上方有两个凸台。右下方局部剖表达了圆筒上凸台以及两个螺孔的位置等，圆筒的外径为 $\phi55$，内径为 $\phi35^{+0.009}_{0}$，高 60。俯视图主要表达托架的外形。移出断面图表达了圆筒和平板之间用槽钢结构相连。*B* 向局部视图表达了圆筒上凸台的形状。

（3）分析尺寸

先找出零件长、宽、高三个方向的尺寸基准，然后从基准出发，清楚哪些是主要尺寸。再用形体分析法找出各部分的定形尺寸和定位尺寸。在分析中要注意检查是否有多余的尺寸和遗漏的尺寸，并检查尺寸是否符合设计和工艺要求。

如图 2-4-11 所示，长度方向主要基准是 $\phi35^{+0.009}_{0}$ 的轴线，标出 175、90、30 等尺寸，以左端面为长度方向辅助基准，标出 114、86、30 等尺寸；宽度方向以对称面为主要基准；高度方向以托板顶面为主要基准，底面为辅助基准，尺寸读者自行分析。

（4）分析技术要求

分析零件的尺寸公差、几何公差、表面结构及其他技术要求，清楚零件的哪些尺寸要求高，哪些尺寸要求低，哪些表面要求高，哪些表面要求低，哪些表面不加工，以进一步考虑相应的加工方法。

图 2-4-11 所示托架对圆筒的表面粗糙度、尺寸公差和形位公差有比较严格的要求，应给出相应的公差值和 *Ra* 值；安装部分的托板有表面粗糙度要求；对连接部分的技术要求不高，此外，还有文字说明的技术要求，如图 2-4-11 所示。

（三）归纳总结

综合前面的分析，把图形、尺寸和技术要求等全面系统地联系起来思考，并参阅相关资料，得出零件的整体结构、尺寸大小、技术要求及零件的作用等完整的概念，图 2-4-12为托架立体图。

必须指出，在看零件图的过程中，不能把上述步骤机械地分开，往往是穿插进行的。

七、用 AutoCAD 绘制轴承座零件图

用 AutoCAD 绘制零件图除了绘制视图外，还应标注尺寸、注写技术要求等。

活动4：

完成图 2-3-32 所示图样的尺寸标注以及技术要求注写，形成完整的零件图。

（一）用 AutoCAD 标注尺寸

在用 AutoCAD 标注尺寸时，通常要根据零件的大小，相关国家标准等设置尺寸标注的样式，然后再进行尺寸的标注。

1. 尺寸标注样式管理器

标注样式管理器可以设置尺寸标注样式，如标注文字的字体、高度，箭头的形状、大小，尺寸线和尺寸界线的放置等。在 AutoCAD 中标注尺寸，应创建符合制图国家标准的标注样式。启动命令的三种方法：

①“格式”菜单：在“格式”菜单上单击“标注样式”子菜单。

②“标注”工具栏：在“标注”工具栏上单击标注样式图标。

③命令：DDIM 或 D。

图 2-4-12　托架

“标注样式管理器”对话框如图 2-4-13 所示。

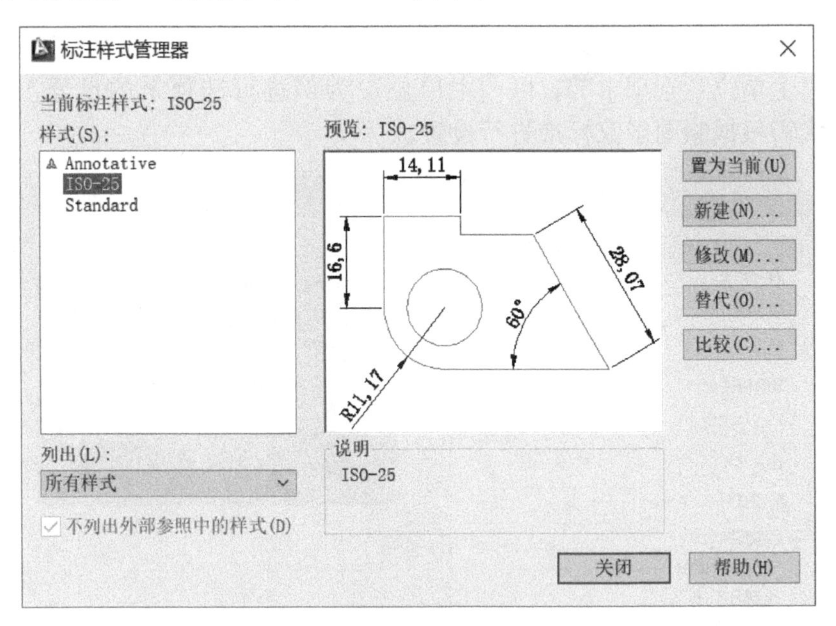

图 2-4-13　“标注样式管理器”对话框

（1）创建新的标注样式

“新建标注样式”对话框可用下列方法打开：单击“标注样式管理器”对话框中“新建”按钮，将出现“创建新标注样式”对话框。在“新样式名”中输入新样式的名字，如“机械”，在“基础样式”中确定“ISO-25”；通过“用于”下拉表确定新建样式的适用范围，单击“继续”按钮，弹出如图 2-4-14 所示的“新建标注样式”对话框。

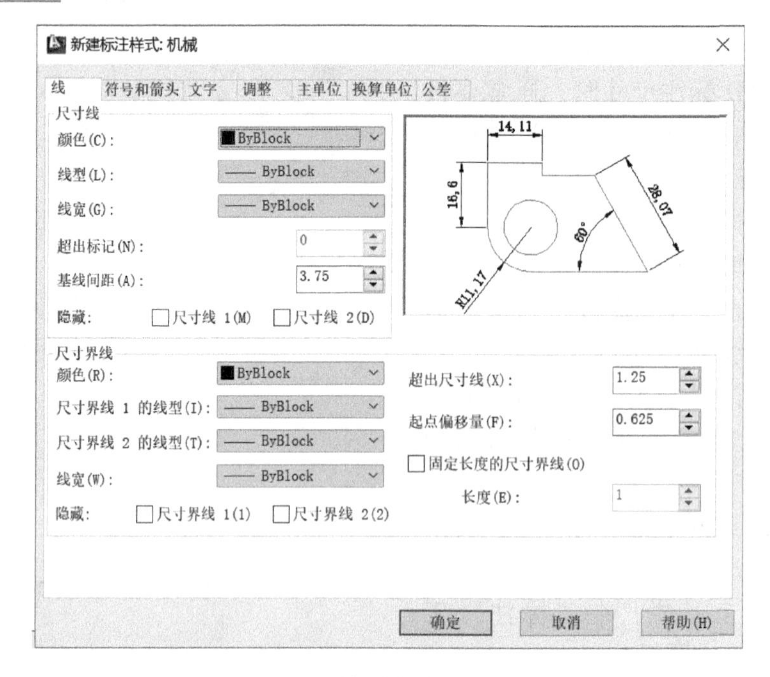

图 2-4-14　“新建标注样式”对话框

（2）标注样式选项卡设置

标注样式选项卡主要有：“线”选项卡、“符号和箭头”选项卡、“文字”选项卡、“调整”选项卡、“主单位”选项卡等，以“主单位”为例进行选项卡的设置，如图 2-4-15 所示。标注样式需根据制图国家标准进行设置。

图 2-4-15　“主单位”对话框

2. 常用的尺寸标注

标注命令包括长度型标注（水平标注、垂直标注、对齐标注、旋转标注、坐标标注、基线标注、连续标注），角度型标注，径向型尺寸标注（半径标注和直径标注），指引线标注等方式。尺寸标注的工具栏如图 2-4-16 所示。各命令可通过“标注”菜单或“标注”工具栏调用。

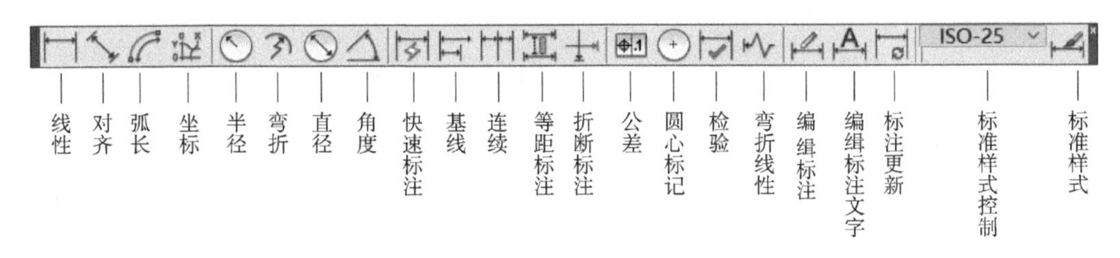

图 2-4-16　“标注”工具栏

常用尺寸标注命令见表 2-4-1。

表 2-4-1　尺寸标注命令

标注命令	键入命令	标注命令	键入命令
线性尺寸标注	Dimlinear 或 Dimlin 或 DLI	对齐标注	Dimaligned
半径尺寸标注	Dimradius	直径尺寸标注	Dimdiameter
基线尺寸标注	Dimbaseline 或 Dimbase	连续尺寸标注	Dimcontinue 或 Dimcint

（1）线性尺寸标注与对齐尺寸标注的区别

线性尺寸标注指在两个点之间标注一组长度，它包含水平尺寸、垂直尺寸、旋转尺寸。拾取标注对象后，系统自动将该对象的两端点作为尺寸界线的起始点，自动测量出相应的距离，并标出尺寸。当两条尺寸界线的起始点不位于同一水平线或垂直线上时，上下拖动鼠标可引出水平尺寸线，左右拖动鼠标可引出垂直尺寸线。

“对齐尺寸标注”是对斜线和斜面进行尺寸标注，尺寸线与两边的尺寸界线的起点线平行，或与要标注尺寸的对象平行。

（2）基线尺寸标注与连续尺寸标注的区别

基线尺寸标注是相关尺寸均以一个基准线为起始点标注尺寸，完成从同一基线开始的多个尺寸标注。而连续尺寸标注是进行一系列首尾相连的尺寸标注，可方便快速地标注连续的线性或角度尺寸。

（二）用 AutoCAD 标注尺寸公差

尺寸公差的标注通常在公称尺寸标注好后通过修改来完成，常用的方法有两种：

（1）用修改命令标注

选择“修改”菜单，单击“对象/文字/编辑”子菜单命令，再选择所要标注的尺寸，弹出“文字格式”对话框。如图 2-4-17 所示，在尺寸数字前后输入要标注的内容，在上、下极限偏差之间输入符号“^”，并选中使其高亮显示，按下 $\frac{b}{a}$ 按钮，上、下极限偏差便堆叠。

图 2-4-17 “文字格式”对话框

（2）在“特性”对话框中添加偏差

单击“标准”工具栏上的“特性”图标按钮，打开“特性”对话框，选择一个要添加极限偏差的尺寸，然后在“特性”对话框中，修改“公差”类别中的“显示公差”、”“下偏差”、“公差上偏差”、“公差文字高度”等，如图 2-4-18“特性”对话框所示。修改特性后按【Enter】键，再在屏幕上单击即可看到修改后的结果。取消选择对象便可完成标注。

转角标注

公差	
换算公差消去零英寸	是
公差对齐	运算符
显示公差	极限偏差
公差下偏差	0.02
公差上偏差	0.16
水平放置公差	下
公差精度	0.00
公差消去前导零	否
公差消去后续零	是
公差消去零英尺	是
公差消去零英寸	是
公差文字高度	0.7
换算公差精度	0.000
换算公差消去前导零	否
换算公差消去后续零	否
换算公差消去零英尺	是

特性

图 2-4-18 “特性”对话框

（三）用 AutoCAD 标注几何公差

AutoCAD 中有多个命令执行几何公差的标注：有的命令是只标注几何公差，没有引线；有的命令可以带有引线；还有的命令可以对所带的引线进行设置。

AutoCAD 可以创建带有或不带引线的几何公差，这取决于创建几何公差标注时使用的命令是 TOLERANCE 还是 LEADER。具体的创建步骤如下：

（1）创建不带引线的几何公差

选择“标注”菜单，单击“公差”子菜单，或者在命令行输入“TOLERANCE”，弹出图 2-4-19 所示“形位公差”对话框。

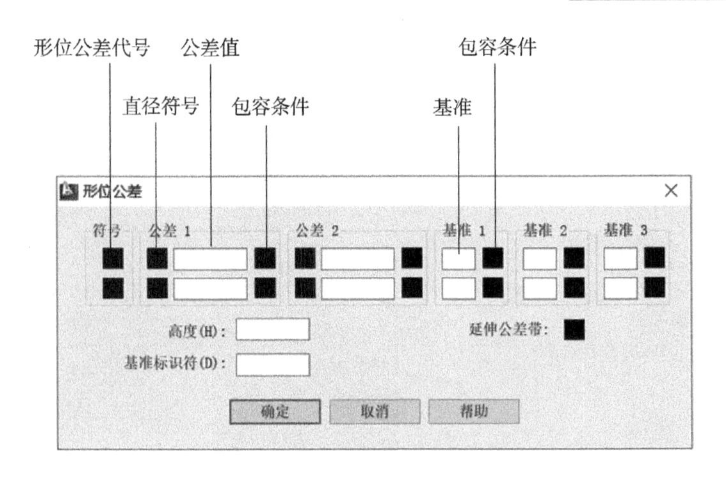

图 2-4-19　“形位公差”对话框

在图2-4-19所示的“形位公差”对话框中，单击“符号”下方的第一个矩形框，弹出“特征符号”对话框，即可单击相应位置设置形位公差代号、公差值、基准等。

(2) 创建带有引线的几何公差

在命令窗口输入“LEADER”。指定引线的起点，在需要标注的图素合适位置处点击选取。指定引线的第二点，在合适位置处点击选取。按两次【Enter】键以显示“注释”选项。输入“T”（公差），然后弹出“形位公差”对话框。按图纸设计要求，填写特征控制框并确定，完成几何公差标注。

(四) 表面粗糙度代（符）号的标注

表面粗糙度代（符）号在零件图中出现的频率很大，为提高绘图速度，可采用将表面结构代（符）号制作图块的方法，这种方法制作简单，使用也比较方便。其操作步骤如下：

画出基本符号图形，如图2-4-20a所示。

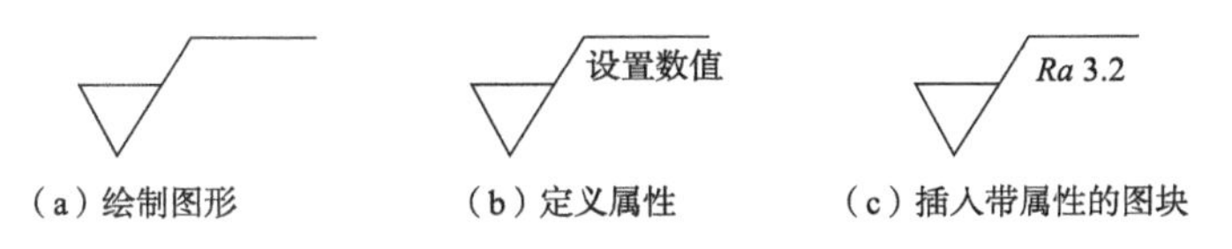

图 2-4-20　带属性表面粗糙度符号制作过程

(1) 定义属性

选择“绘图”菜单，单击“块/定义属性”子菜单命令，显示图2-4-21所示“属性定义”对话框，设置属性文字，用拾取点的方法指定属性插入点。定义属性后结果如图2-4-20b所示。

(2) 定义带属性的图块

键入命令“BLOCK”或单击“绘图”工具栏“创建块”图标按钮，打开“块定义”对话框，如图2-4-22所示。填写块名称，选择块的基点（即以后调用时的插入点），选择对象：将图形和属性文字一同选中，单击“确定”按钮，便创建图块，结果如图2-4-20c所示。

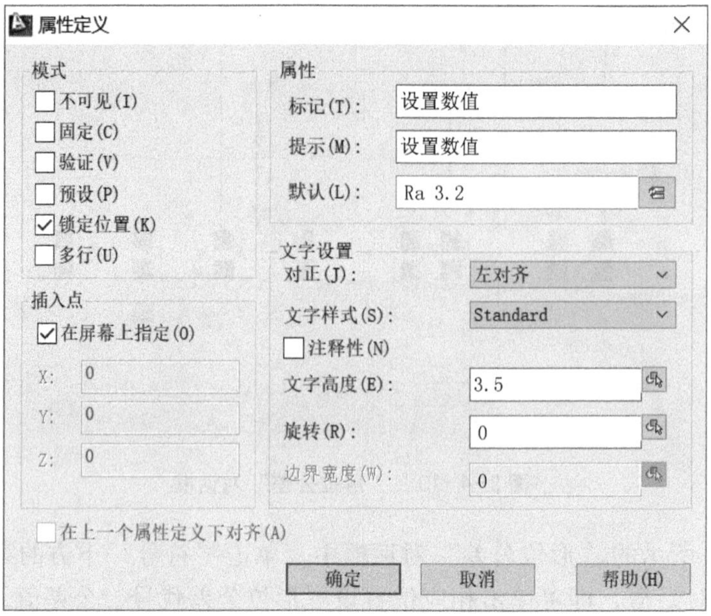

图 2-4-21　“属性定义”对话框

图 2-4-22　“块定义”对话框

（3）写块

用 WBLOCK 命令将图块以文件形式保存，以便在其他文件中调用。

（4）插入图块

单击“绘图”工具栏“插入块”图标按钮，打开“插入”对话框，如图 2-4-23 所示。调入已创建的图块，插入时将基准点与插入点对齐，可用对象捕捉最近点方式使粗糙度基准点与图线对齐，插入图块时，图形缩放比例及旋转角度可在屏幕上指定，也可在对话框中指定。

插入

名称(N)：　浏览(B)...

路径：

使用地理数据进行定位(G)

插入点　☑在屏幕上指定(S)　X：0　Y：0　Z：0

比例　□在屏幕上指定(E)　X：1　Y：1　Z：1　□统一比例(U)

旋转　□在屏幕上指定(C)　角度(A)：0

块单位　单位：无单位　比例：1

□分解(D)　确定　取消　帮助(H)

图 2-4-23　“插入”对话框

小贴士：

Auto CAD 有两种块命令，BLOCK 和 WBLOCK，BLOCK 定义的块只能在当前文件中使用。

WBLOCK 定义的块被存为一个独立的文件，可以用于其他文件的图块插入操作。

计算机绘制轴承座零件图分析计划如图 2-4-24 所示。

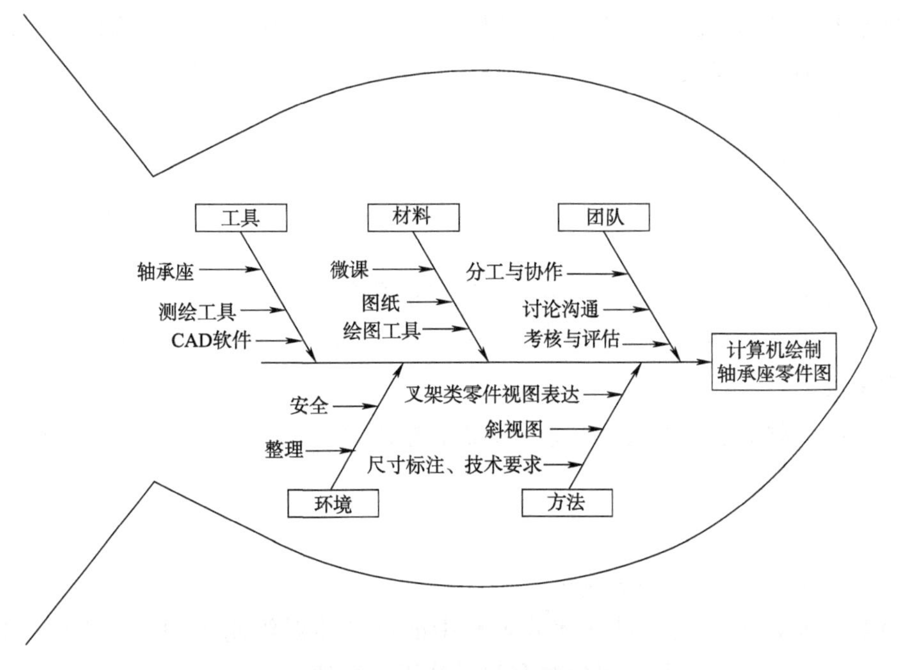

图 2-4-24　计算机绘制轴承座零件图分析计划

要求：

根据所提供的轴承座零件进行测绘，结合叉架类零件的视图表达方法以及机械制图相关国家标准，完成轴承座零件图。

人员组织：

6～8 人一组，先对轴承座进行测量，共同讨论制订视图表达方法。

材料：

绘图工具，图纸。

工具：

轴承座 1 台/组，游标卡尺、钢板尺 2 把/组。

方法：

绘制轴承座零件图，需掌握叉架类零件视图表达方法来确定轴承座零件的视图表达，其中重点掌握斜视图的绘制方法。

任务实施前

轴承座属于叉架类零件，叉架类零件结构形状比较复杂，一般需要两个或两个以上基本视图。根据具体结构选择采用全剖视图、半剖视图或局部剖视图来表示内部结构；零件的倾斜部分用斜视图或斜剖表达；因此在完成轴承座零件图绘制前，首先要通过几个小活动掌握这三方面知识，小组内要对轴承座零件进行分析，制订表达方案，进行检查测绘，并绘制零件草图。

任务实施中

（1）确定轴承座的表达方案

分析轴承座的结构，确定主视图的投射方向，然后根据轴承座的结构特点，确定其视图表达方法。参考前面“叉架类零件的视图表达”的有关知识来确定轴承座的视图表达方案。

（2）轴承座的标注尺寸

用形体分析法对轴承座进行尺寸标注。注意正确确定三个方向的尺寸基准并正确标注重要尺寸。参考前面“叉架类零件的尺寸标注”的有关知识来标注轴承座的尺寸。

（3）轴承座的技术要求

轴承座的技术要求主要在工作部分，对安装部分和连接部分要求不高。

参考前面“叉架类零件的技术要求”的有关知识来制订轴承座的技术要求。

任务实施后

任务实施后，对所绘图纸进行检查、归档，整理绘图工具，并打扫绘图教室。

1. 按照评分表对零件图进行评分

请参照附表 K 表 K-3《零件图评分表》中的评分项对绘制的轴承座零件图进行评分，见表 2-4-2。要求自评、互评，评分要客观、公正、合理。

表 2-4-2　轴承座零件图评分表

姓名		学号		自评	互评
评分项	评分标准		分值		
图幅、比例	图幅、比例选择合理		5 分		
视图	（1）三视图对应关系正确 5 分 （2）三视图表达方案合理正确 40 分，一处不合理扣 2 分，最多扣 15 分		45 分		
尺寸标注	尺寸标注符合标准要求 20 分，每少标一个尺寸扣 2 分，最多扣 10 分		20 分		
技术要求	形状公差标准完整，有基准、形状公差 8 分，表面粗糙度 5 分，技术要求 2 分		15 分		
标题栏	零件名称、比例、材料、姓名、单位，每项 1 分		5 分		
图面质量	图面整洁 2 分，布局 2 分，字体 3 分，图线清晰、粗细分明 3 分		10 分		
总分			100 分	（签名）	（签名）

2. 针对工作过程，依据融能力，评价师生

在附录 K 表 K-1《融课程教学评估表》中，对本次课的四种能力进行评价。

融项目三

计算机绘制机器装配图

融项目三计算机绘制机器装配图包含一个任务：

融任务计算机绘制齿轮油泵装配图。本任务以绘制齿轮油泵装配图为案例，使学生具备识读装配图和拆画零件图的能力，掌握各种标准件的连接画法，并能运用 AutoCAD 软件绘制或拼画装配图。

融任务　计算机绘制齿轮油泵装配图

齿轮油泵（见图 3-1-1）是一种能量转换装置，它的作用是把机械能转换成流体能。齿轮油泵通常由原动机（电机或发动机等）驱动，把原动机输出的机械能（转速和扭矩）通过一定的机械传动装置（齿轮传动、传动带轮传动、联轴器传动等）转换成流体的压力能，为系统提供压力油液。主要在各种机械设备中的润滑系统中输送润滑油，或在液压传动系统中作为动力元件为系统提供压力油液。

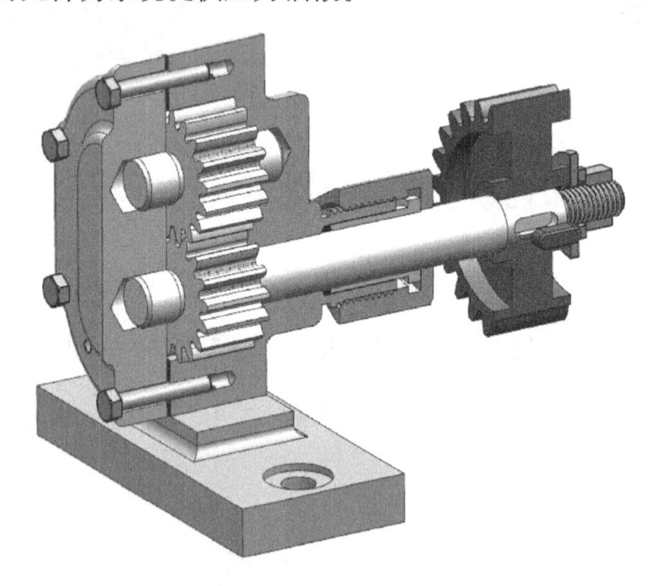

图 3-1-1　齿轮油泵

现由于工作需要，要对齿轮油泵进行改造，请对企业提供的齿轮油泵进行测绘，利用 AutoCAD 绘制其装配图。绘制时需注意图中右侧齿轮为机械传动装置，并非齿轮油泵本身的零件，在绘制时需要根据装配图相关画法绘制。

机器或部件是由若干个零件组成的，零件与零件之间需要进行连接、定位等，因此在机器设备中经常要用到螺栓、螺柱、螺母、垫圈、键、销等标准件，来实现零件的装配安装。标准件是指为了使零件具有互换性，便于批量生产和使用，对其结构、形式、材料、尺寸、精度、画法等实现标准化的零件或零件组。另外，像齿轮、弹簧等零件，其部分结构和参数也已标准化，这类零件称为常用件。齿轮油泵包含了箱体类零件（泵体等）、轴套类零件（主动齿齿轮轴等）、盘盖类零件（泵盖等）、标准件（螺钉等）、常用件（齿轮等），因此在绘制齿轮油泵装配图之前，除了要掌握装配图相关绘制要求外，还需要了解标准件和常用件的画法。

计算机绘制齿轮油泵装配图相关知识如图 3-1-2 所示。

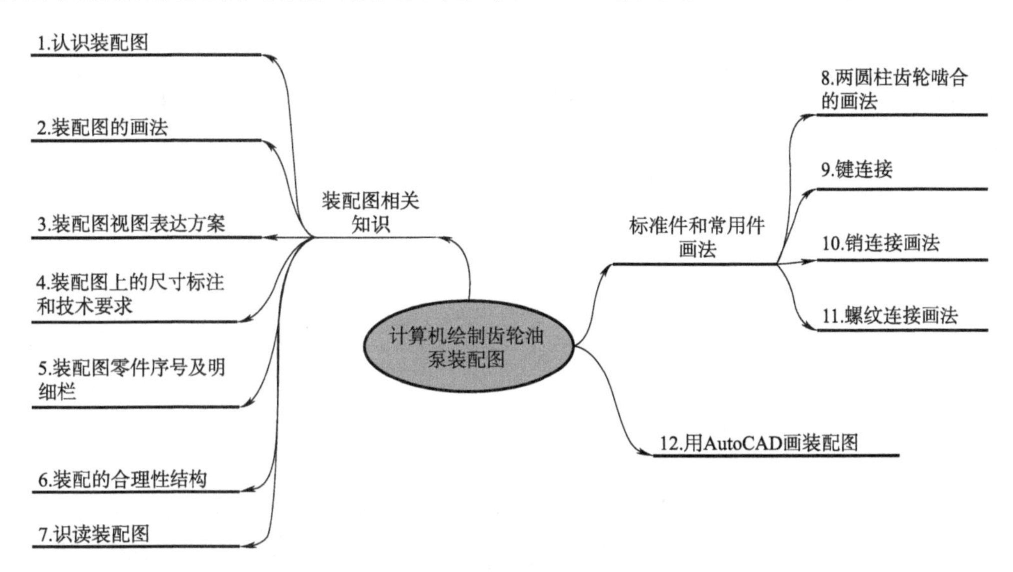

图 3-1-2　计算机绘制齿轮油泵装配图相关知识

一、认识装配图

（一）装配图的概念

机器或部件都是由若干个零件按照一定的装配关系和技术要求装配在一起的，如图 3-1-3 所示，传动器由座体、主轴、带轮等零件装配而成。加工一个零件需要由一张零件图来表示零件的形状、尺寸、加工精度等要求，如果想表示各个零件之间的是如何装配在一起的以及整个机器或部件的工作原理，也需要一张图纸——装配图，如图 3-1-4 所示。装配图是表示机器或部件（统称装配体）的工作原理、各零件间的连接及装配关系等内容的工程图样。表示一台完整机器的图样称为总装配图，表示一个具体部件的图样则称为部件装配图。一个复杂机器的装配可能需要一张总装配图和多张部件装配图。

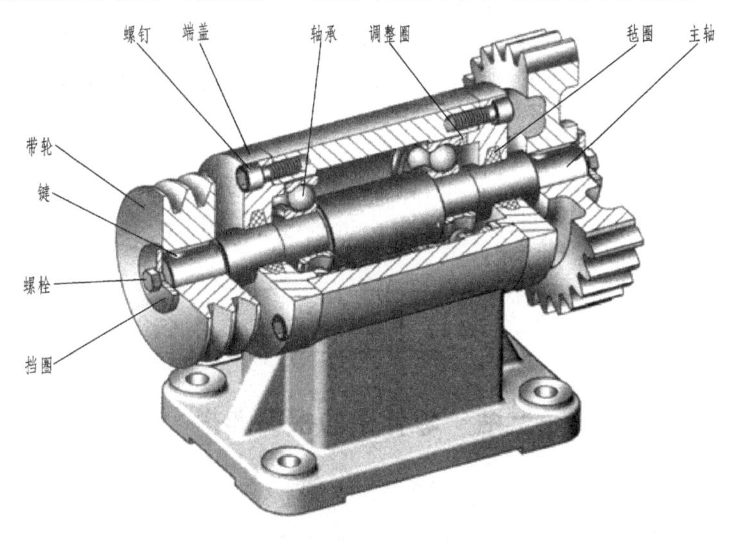

图 3-1-3　传动器

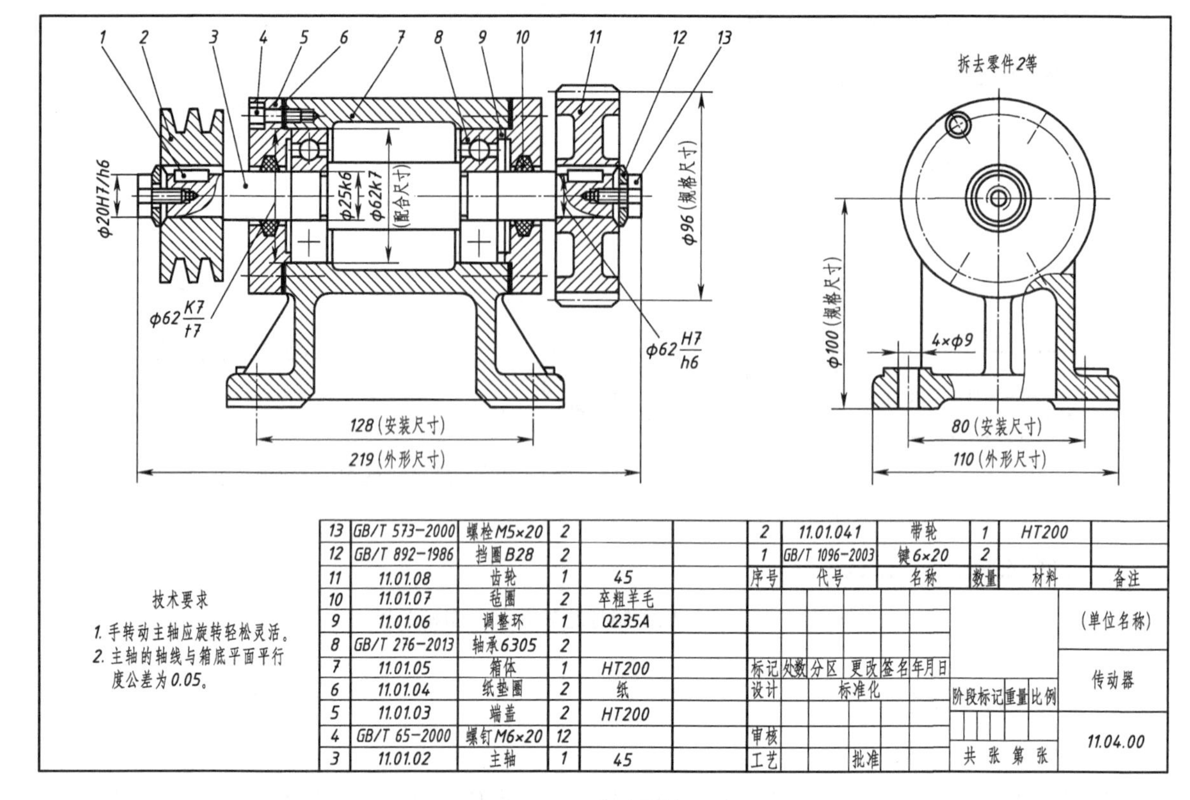

图 3-1-4 传动器装配图

（二）装配图的作用

在工业生产中，不论新产品设计、原产品改造或仿制，一般都应先画出装配图，再由装配图拆画零件图；在产品制造过程中，制造出零件后，再根据装配图装配成装配体；在产品使用和技术交流中要从装配图了解其性能、工作原理、使用和维修方法等，所以装配图是指导产品制造、使用、维修以及进行技术交流的重要技术文件。

因此，通过识读装配图，可以了解装配体的名称、用途、性能及其工作原理，装配体各零件的相对位置、装配关系、连接方式及装拆顺序，装配体的尺寸及技术要求，装配体中各零件的形状、大小、结构和材料。

（三）装配图的内容

从图 3-1-4 传动器装配图中可以看出，一张装配图应包含图 3-1-5 所示内容。

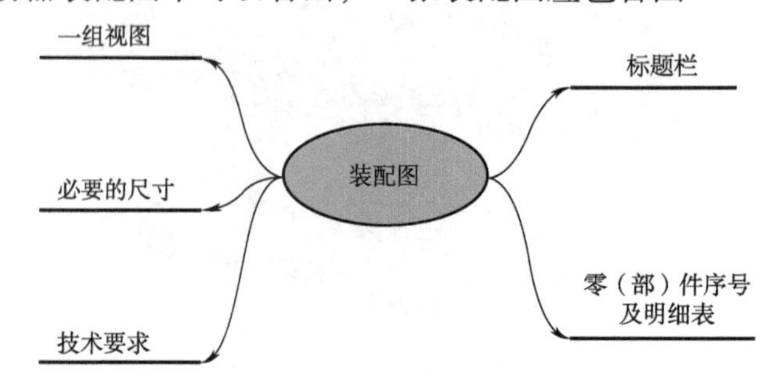

图 3-1-5 装配图内容

（1）一组图形：用来表示装配体的构造、工作原理、各零件的装配和连接关系以及零件的主体结构形状。

（2）必要的尺寸：标注出装配体的规格、性能、装配、检验及外形等所必需的尺寸。

（3）技术要求：用符号或文字注写说明装配体在装配、检验、调试、使用等方面应达到的技术要求和使用规范。

（4）零（部）件序号及明细栏：序号是对装配体上的每一种零（组）件依次顺序编写的号码；明细栏用来说明装配图中全部零（组）件的序号、代号、名称、数量、材料和备注等。

（5）标题栏：注明装配体的名称、图号、比例及责任者的签名和日期等。

二、装配图的画法

活动1：

根据下列内容，分析图3-1-4所示传动器装配图都涉及哪些装配图的画法，分别应用在哪些位置？

前面任务中所涉及的零件图的表达方法，如视图、剖视图、断面图等同样适用于装配图，但是零件图表达的是单个零件的加工要求，装配图表达的是多个零件的装配关系，两种图样的侧重不同，因此，在上述表达方法之外，国家标准《机械制图》还制定了一些针对装配图的规定画法和特殊画法，涵盖的主要内容如图3-1-6所示。

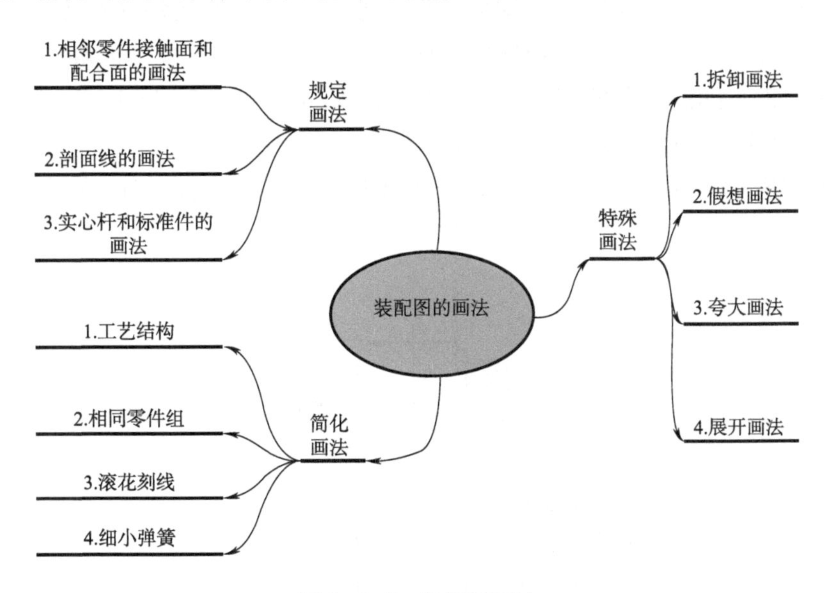

图3-1-6　装配图画法

（一）规定画法

1. 相邻零件接触面和配合面的画法

（1）两个零件的接触面和配合面只画一条线，如图3-1-7a所示轴和支架轴孔的配合。如果两个零件的公称尺寸不同，即使是微小的间隙，也必须画两条线。

（2）两个零件的非接触面和非配合面画两条线，如图 3-1-7a 所示轴和支架内部非配合孔的画法。

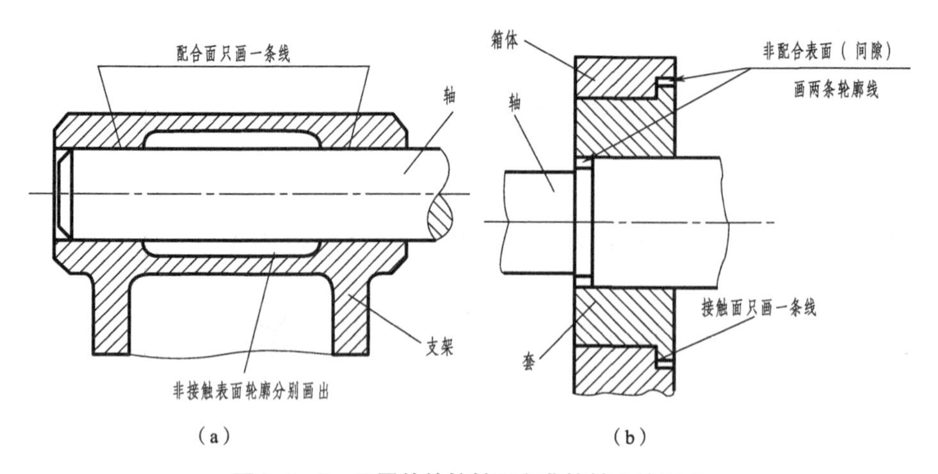

图 3-1-7　两零件的接触面和非接触面的画法

2. 剖面线的画法

零件图中只表达一个零件，要求零件图各个视图的剖面线方向、间隔一致，在装配图中存在多个零件，其画法如下：

（1）为了区分不同零件，相邻两个零件的剖面线方向应相反。如图 3-1-8 所示的轴与箱体、轴与套的剖面线方向相反。

（2）几个相邻零件的剖面线可以同向，但要改变剖面线的间隔（密度）或把两零件的剖面线错开，如图 3-1-8 所示套和箱体的剖面线方向相同，但剖面线间隔不同。

（3）同一零件不同剖视图的剖面线方向和间隔相同。如图 3-1-4 所示的装配图中的箱体 7 的主视图和左视图都往左斜 45°，间隔相同。

（4）当图中断面厚度≤2 mm 时，允许用涂黑代替剖面线，如图 3-1-4 所示的纸垫圈 6。

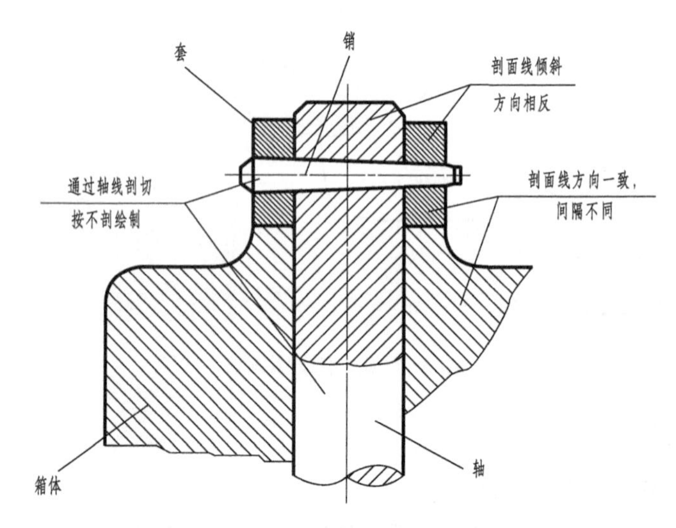

图 3-1-8　装配图剖面线画法

3. 实心杆和标准件的画法

（1）对紧固件、销、键等标准件以及轴、手柄、杆、球等实心件，若纵向剖切的剖切面通过其对称面或轴线，则按不剖绘图，如图 3-1-8 所示的轴。若横向剖切标准件和实心件，照常画出剖面线。

（2）若需表示实心杆（轴、手柄、连杆）零件上的孔、槽、螺纹、键、销或与其他零件的连接情况，可用局部剖视图表达，如图 3-1-8 所示的轴上的圆锥销。

（二）特殊画法

1. 拆卸画法

（1）在装配图中，有的零件把需要表示的其他零件遮盖，有的零件重复表示，可以假想将这种零件拆卸不画，并在拆卸后的视图上方，注明“拆去 × 件”等，如图 3-1-4 所示的左视图拆去零件 2 等，图 3-1-9 所示的俯视图拆去轴承盖、上轴衬等，左视图拆去油杯。

（2）在装配图中，也可沿着零件的结合面剖切，这也属于拆卸画法。画图时，零件间的结合面不画剖面线，但被剖切到的零件仍应画剖面线。如图 3-1-9 所示的半剖俯视图，是沿着滑动轴承结合面剖切而得的。

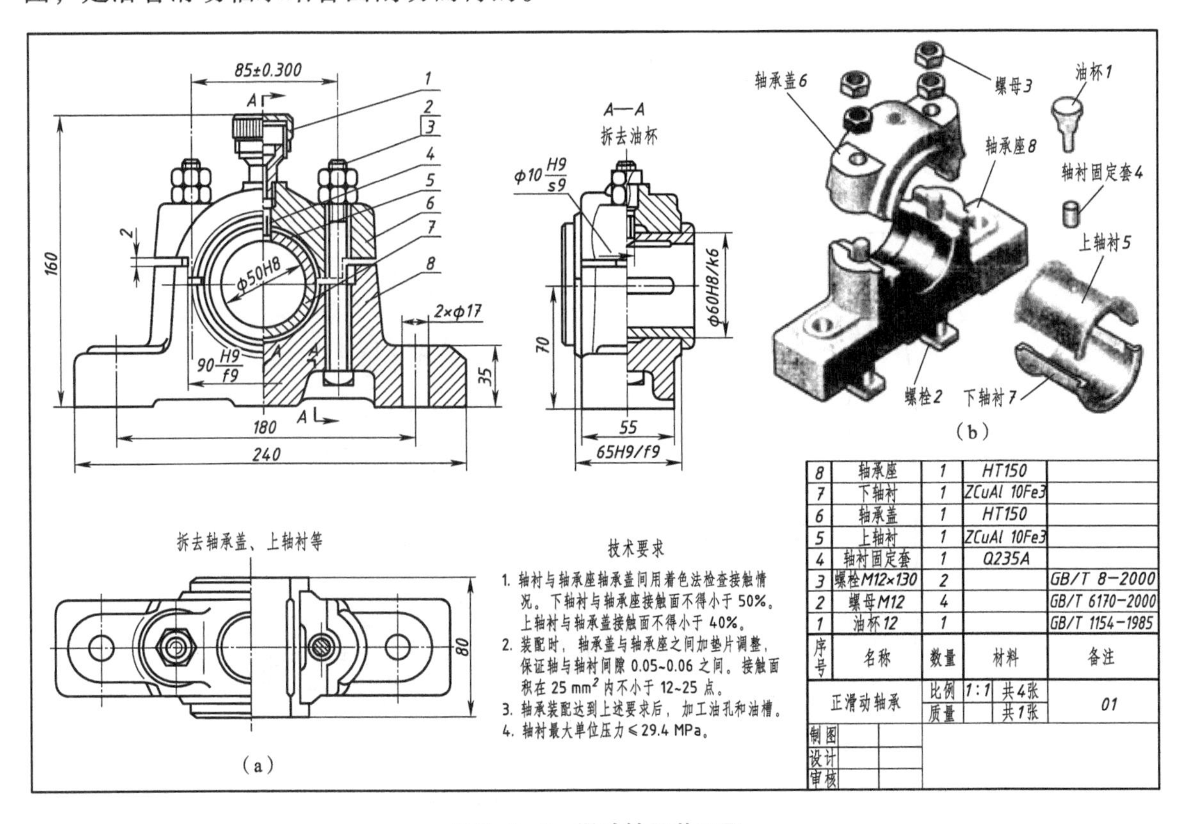

图 3-1-9　滑动轴承装配图

2. 假想画法

（1）对于运动零件的运动范围和极限位置，可用双点画线来表示，如图 3-1-10 所示。

（2）不属于本部件但与本部件有密切关系的相邻零件，可用双点画线表示其轮廓形状，如图 3-1-11 所示的主轴箱。

3. 夸大画法

装配图中的薄片、细小的零件、小间隙，若按全图采用的比例画出，表示不清楚时，允许将它们适当夸大画出。如图 3-1-4 所示的纸垫圈 6 的厚度、轴 3 的轴径与端盖 5 孔径的间隙、键 1 顶部与带轮 2 的间隙等就是用夸大方式画出的。

4. 展开画法

传动机构的传动路线和装配关系，若按规定画法绘制，在图中会产生互相重叠的空间轴系，此时，可假想按传动顺序把各轴剖开，并将其展示在一个平面上的剖视图，并在剖视图上注“×—×展开”，如图 3-1-11 所示为三星轮 *A*—*A* 展开。

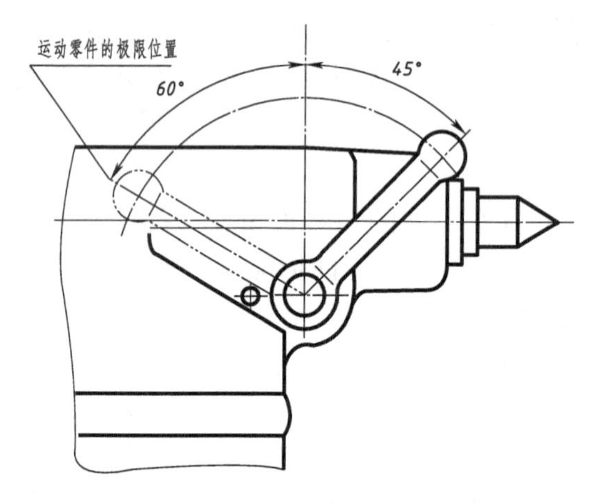

图 3-1-10　运动极限位置表示法

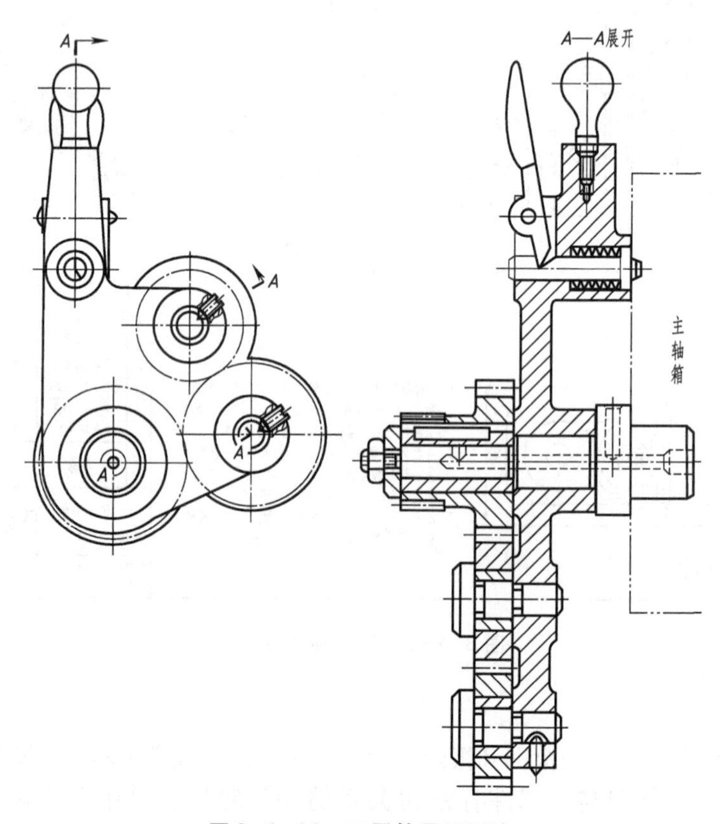

图 3-1-11　三星轮展开画法

（三）简化画法

（1）装配图上零件的部分工艺结构，如倒角、圆角、退刀槽等，允许不画。

（2）装配图中的若干相同零件组，如螺栓、螺钉、销的连接等，允许仅画出一处。其余用点画线表示中心位置即可，如图 3-1-12 所示。

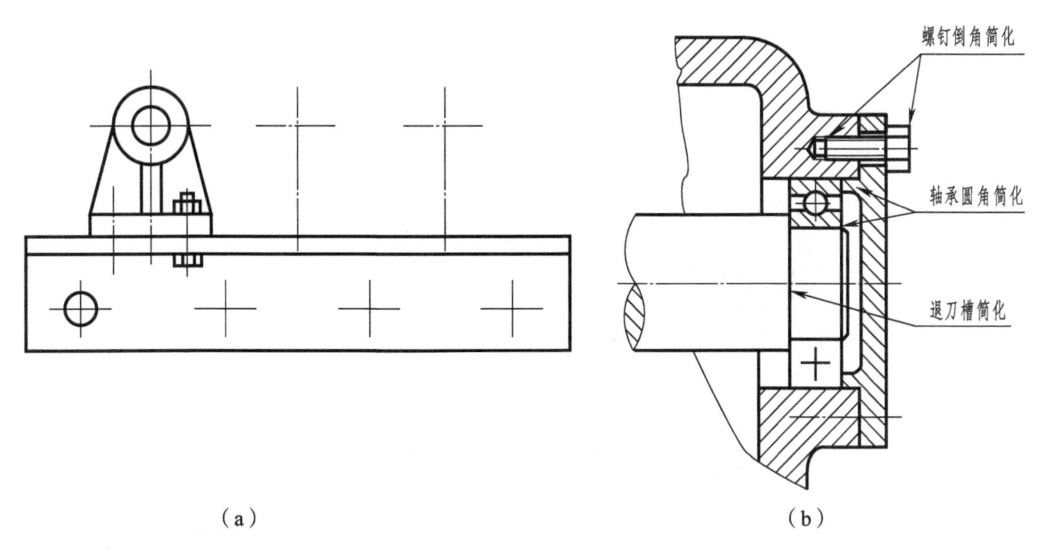

图 3-1-12　装配图的规定画法和简化画法

（3）滚花刻线采用简化画法，可只画一部分滚花，如图 3-1-13 所示。

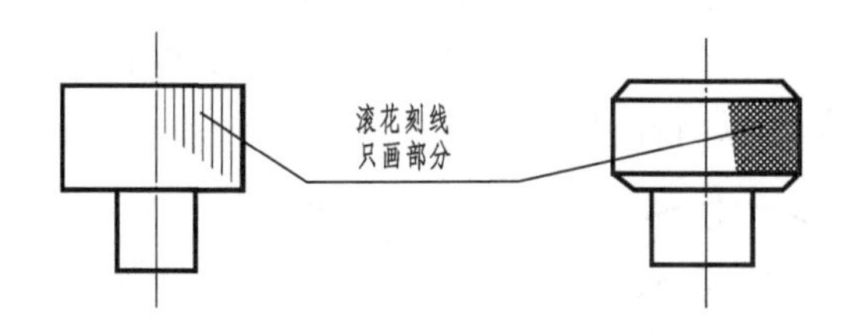

图 3-1-13　滚花刻线等简化画法

（4）细小弹簧丝的示意画法。细小弹簧丝剖面线，可以用涂黑来代替，或采用示意画法，如图 3-1-14 所示。

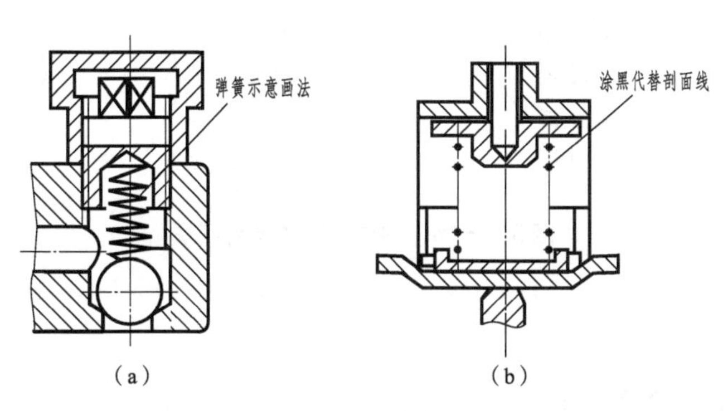

图 3-1-14　细小弹簧丝的示意画法

三、两圆柱齿轮啮合的画法

活动2：

绘制齿轮油泵中主动传动齿轮轴和从动传动齿轮轴齿轮啮合图（见图 3-1-15）。

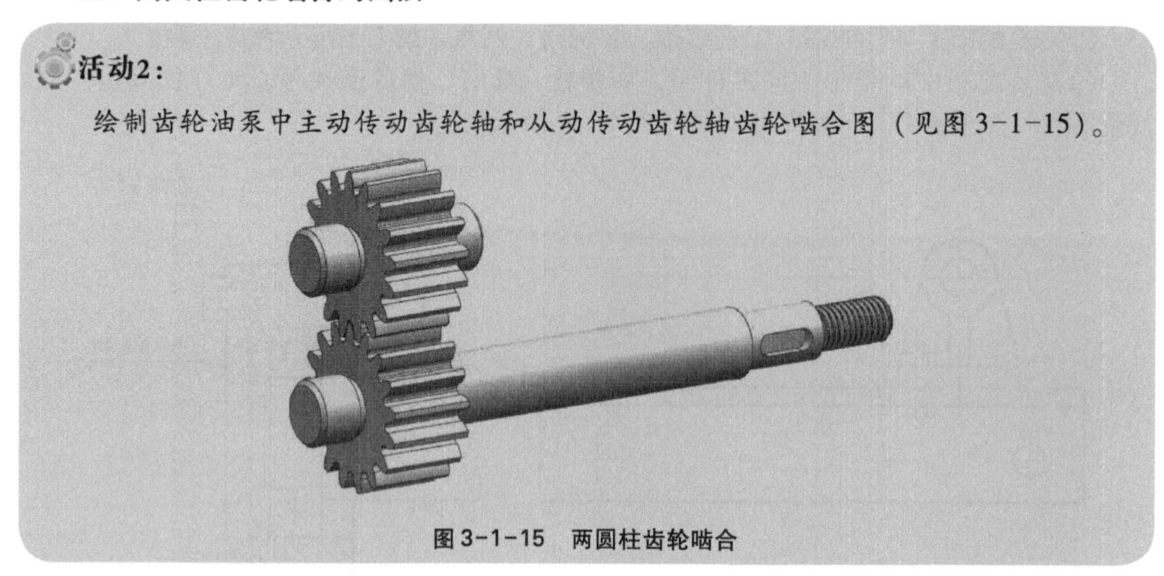

图 3-1-15　两圆柱齿轮啮合

单个齿轮的画法已经在融项目二任务二中进行了讲解，两个齿轮啮合时啮合区有另外的规定，其他部分仍按单个圆柱齿轮的画法绘制。

两标准齿轮互相啮合时，两轮分度圆处于相切位置，此时分度圆又称节圆。

在投影为圆的视图中，两齿轮的分度圆相切。啮合区内的齿顶圆均画粗实线如图 3-1-16a 所示，也可省略不画，如图 3-1-16b 所示。

在非圆投影的剖视图中，两齿轮节线重合，画细点画线，齿根线画粗实线。齿顶线的画法是将主动轮的轮齿作为可见，画成粗实线，从动轮的轮齿被遮住部分画成虚线，如图 3-1-16a，该虚线也可以省略不画。

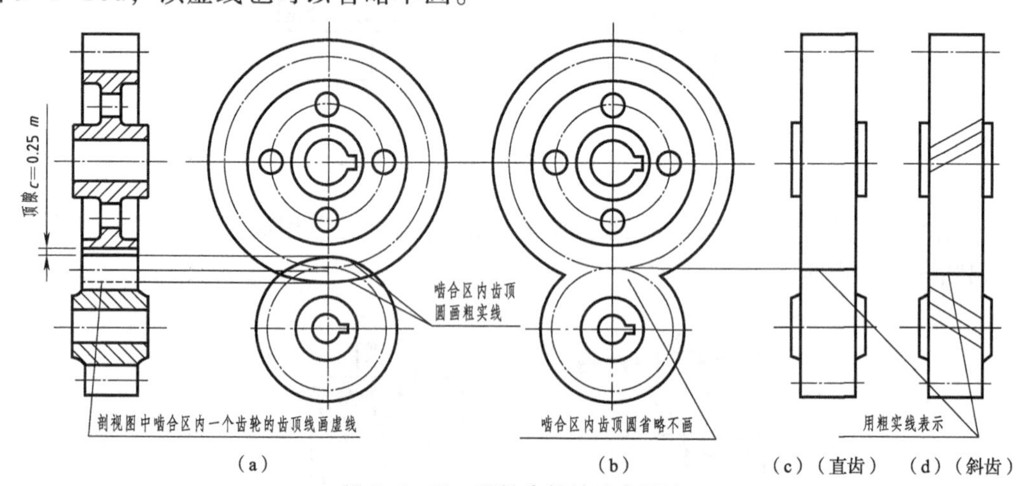

图 3-1-16　圆柱齿轮的啮合画法

**小贴士：**

两齿轮啮合区域 5 条线：

3 实线——主动齿轮的齿顶线、齿根线，从动齿轮的齿根线；

1 虚线——从动齿轮的齿顶线；
1 点画线——节线；

一个齿轮的齿顶线和另一个齿轮的齿根线之间应有 0.25m（m 为齿数模数）的间隙，如图 3-1-17 所示。

在非圆投影的外形视图中，啮合区的齿顶线和齿根线不必画出，节线画成粗实线，如图 3-1-16c、图 3-1-16d 所示。

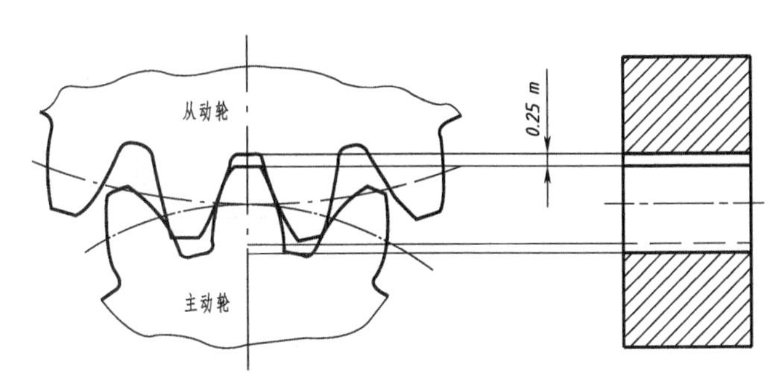

图 3-1-17　两个齿轮啮合的间隙

四、键连接

键的选用以及键槽的尺寸需要通过与之配合的轴的尺寸查表获得，在实际工程中，键槽的画法及键连接的画法比较常用。

（一）键的结构形式及其标记（见表 3-1-1）

键是标准件，用来连接轴与安装在轴上的带轮、齿轮或链轮等，起着传递扭矩的作用，具有结构简单、紧凑、可靠、装拆方便和成本低廉等优点。

键的种类很多，常用的有普通平键、半圆键和钩头楔键等，如图 3-1-18 所示。普通平键应用最广，又可分圆头（A 型）、平头（B 型）和单圆头（C 型）三种形式。

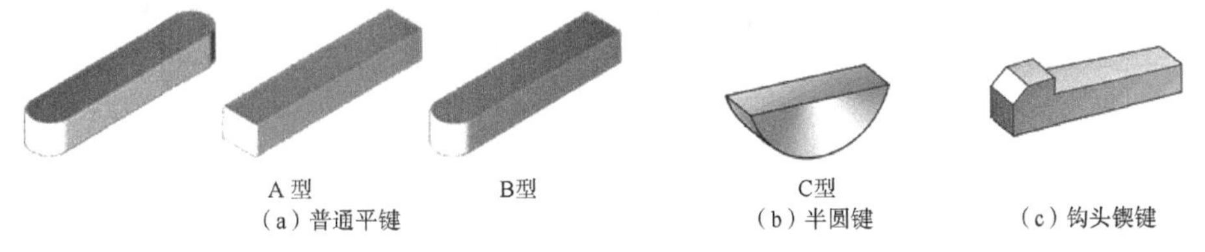

图 3-1-18　常用的几种键

键已标准化，其结构形式、尺寸都有相应的规定。

表 3-1-1　键的结构形式和标记示例

名　称	普通平键	半圆键	钩头楔键
结构及规格尺寸	h　b　L	L　d1　b　h	45°　h　∠1:100　h　h　b　b　L
标准号	GB/T 1096—2003	GB/T 1099.1—2003	GB/T 1565—2003

续表

名　称	普 通 平 键	半 圆 键	钩 头 楔 键
标记示例	键 C18 × 11 × 100　GB/T 1096	键 6 × 10 × 25　GB/T 1099	键 18 × 100　GB/T 1565
说明	单圆头普通平键（C 型），$b=18$ mm，$h=11$ mm，$L=100$ mm（A 型可不标出 A）	半圆键，$b=6$ mm，$h=10$ mm，$d_1=25$ mm，（$L=24.5$ mm）	钩头楔键，$b=18$ mm，$L=100$ mm，（$h=11$ mm）

（二）键槽的画法

因键是标准件，所以一般不必画出零件图，但要画出零件上与键相配合的键槽，如图 3-1-19 所示键槽的尺寸可以根据轴的尺寸查表（附录 H）得出。

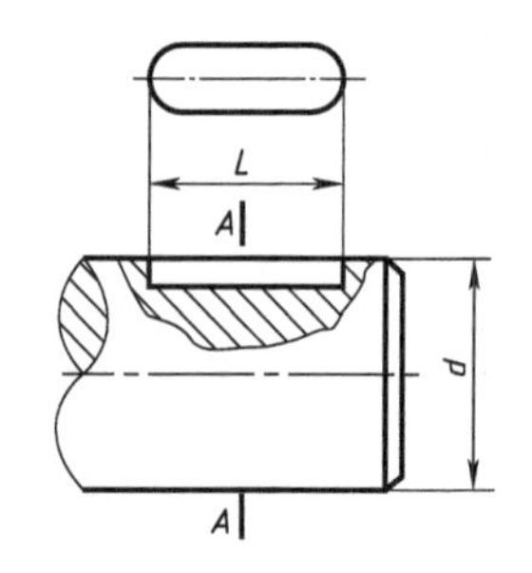

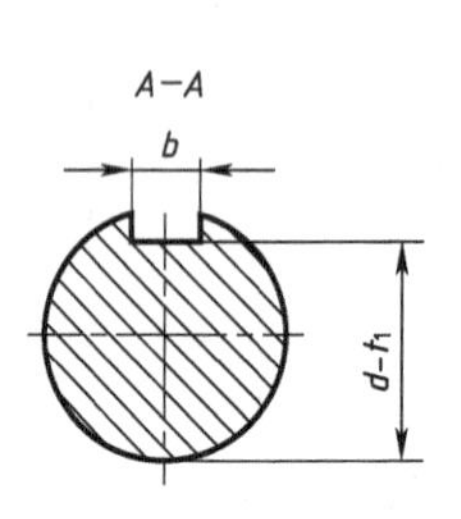

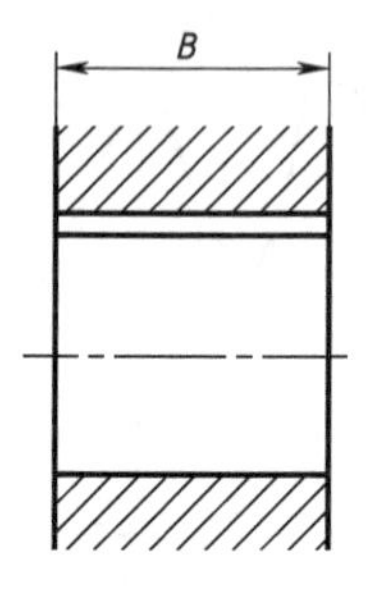

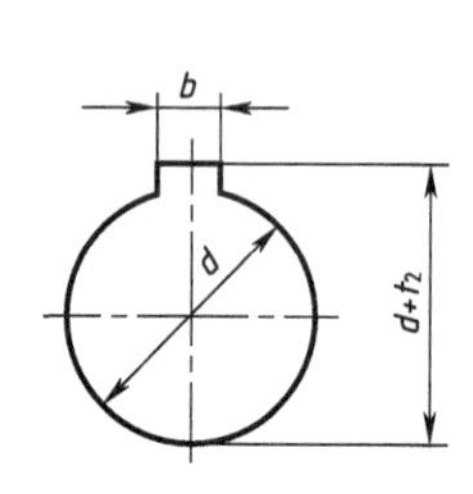

图 3-1-19　键槽的画法

（三）平键连接画法

（1）画出轴及轴上键槽的主视图、左视图，如图 3-1-20a 所示。

（2）画出键的主视图、左视图，如图 3-1-20b 所示。

（3）画出轮毂及键槽的主视图、左视图，如图 3-1-20c 所示。

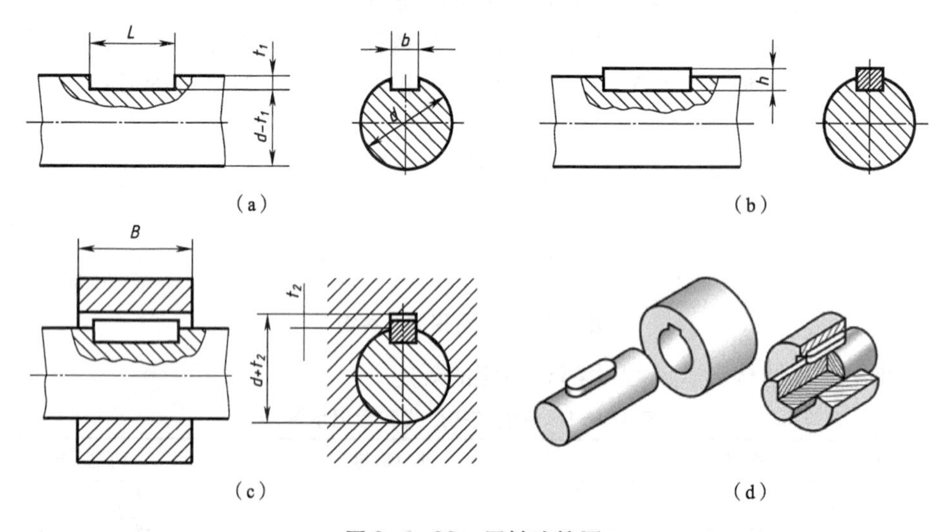

图 3-1-20　平键连接图

（4）画法要点说明：

图 3-1-20c 为平键连接的装配画法，主视图中键被剖切面纵向剖切，由于轴和键均为实心零件，所以按未被剖切绘制，但为了表达键在轴上的安装情况，采用了局部剖视。左

视图中键被横向剖切，键要画剖面线（与轮毂的剖面线方向相反，或一致但间隔不等）。

绘图时需要注意，由于平键的两个侧面是其工作表面，分别与轴的键槽和轮毂的键槽两侧面配合，轮毂上键槽的底面与键不接触，应画出间隙，而键与键槽的其他表面都接触，应画成一条线，如图 3-1-20c 所示。

五、销连接

销是标准件，主要用于零件间的连接、定位或防松。常用的销有圆柱销、圆锥销和开口销。销的结构、标记示例及其装配画法见表 3-1-2。

表 3-1-2　销的标记示例以及其装配画法

名　称	圆 柱 销	圆 锥 销	开 口 销
标准号	GB/T 119.1—2000 GB/T 119.2—2000	GB/T 117—2000	GB/T 91—2000
结构及规格尺寸	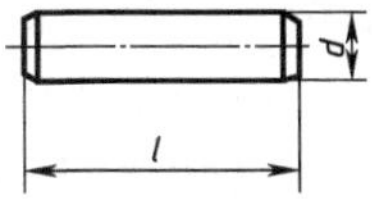	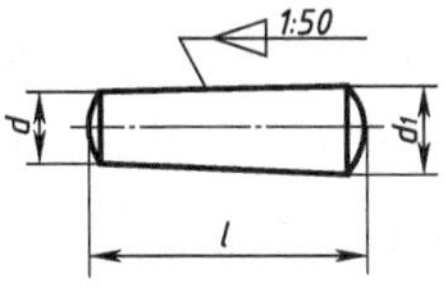	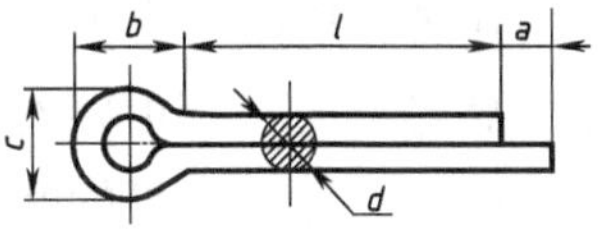
简化标记示例	销 GB/T 119.2　8×30	销 GB/T 117　6×24	销 GB/T 91　5×30
说明	公称直径 d = 8 mm，长度 l = 30 mm，公差为 m6，材料为钢，普通淬火（A 型），表面氧化的圆柱销	公称直径（小头）d = 6 mm，长度 l = 24 mm，材料为 35 钢，热处理硬度 28～38HRC，表面氧化处理的 A 型圆锥销	公称规格为 d = 5 mm，长度 l = 30 mm，材料为低碳钢，不经表面处理的开口销（开口销实际直径 = 4.4～4.6 mm）
装配画法	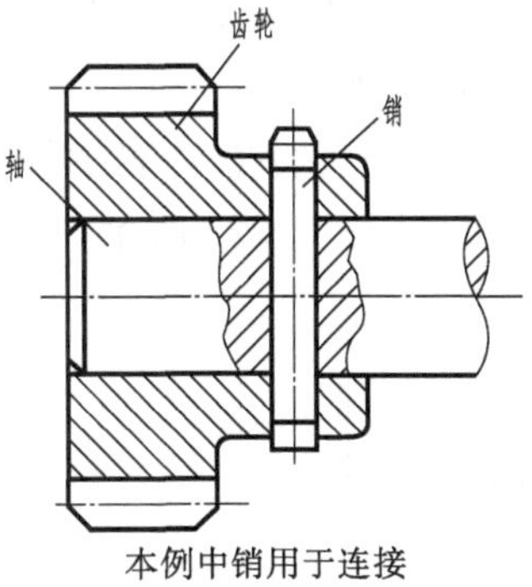 本例中销用于连接	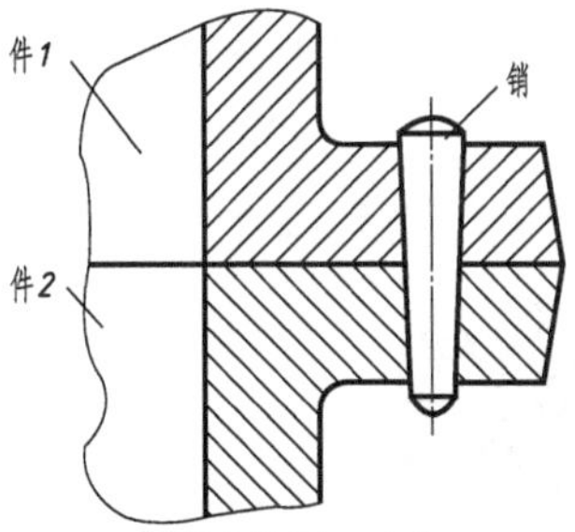 本例中销用于定位	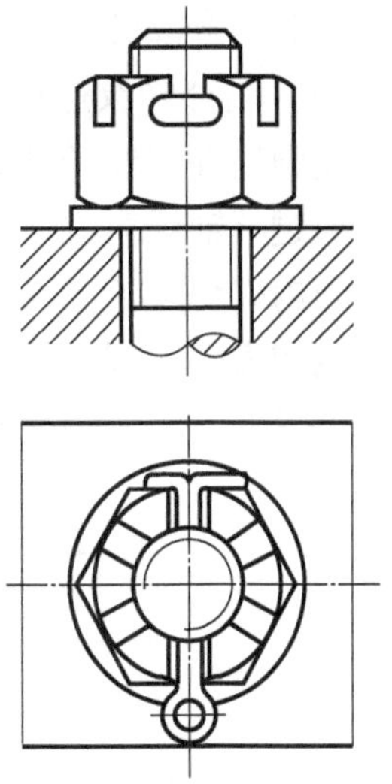 本例中销用于螺母防松

在装配图样中，由于销为实心零件，所以当剖切平面通过销的轴线时，按未被剖切绘制。

用圆柱销和圆锥销连接或定位的两个零件，它们的销孔是一起加工的，以保证相互位置的准确性。因此，在零件图上除了注明销孔的尺寸外，还要注明其加工情况。图 3-1-21 所示为销孔的加工过程和销孔尺寸的标注方法。

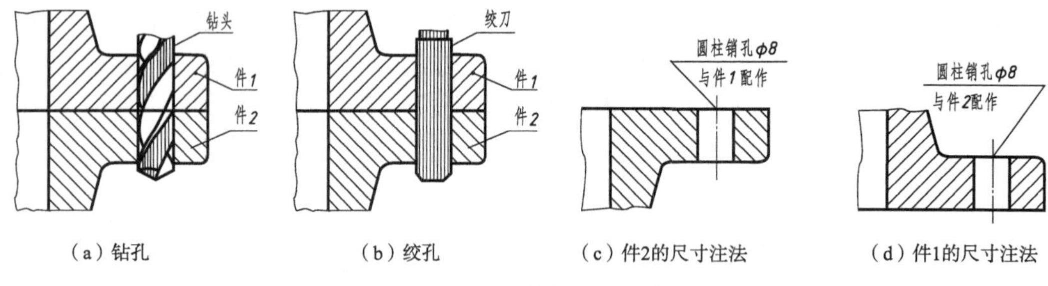

（a）钻孔　（b）铰孔　（c）件2的尺寸注法　（d）件1的尺寸注法

图 3-1-21　销孔的加工及尺寸注法

六、螺纹紧固件连接

紧固件为将两个或两个以上零件或构件紧固连接成为一个整体时所采用的一类机械零件的总称。紧固件使用行业广泛，包括能源、电子、电器、机械、化工、冶金、模具、液压等，在各种机械、设备、车辆、船舶、铁路、桥梁、建筑、结构、工具、仪器、化工、仪表和用品等上面，都可以看到各式各样的紧固件，是应用最广泛的机械基础件。螺纹紧固件是紧固件的一种，常见的螺纹紧固件有螺栓、双头螺柱、螺钉、螺母和垫圈。螺纹紧固件属于标准件，很多参数已经标准化，在绘图时标准件不用单独绘制零件图，但是在装配图中需要绘制螺纹紧固件的连接图，因此，螺纹连接的绘制是重点，在此之前，需要掌握内外螺纹的连接画法以及螺栓、螺钉等常见螺纹紧固件的连接画法。

（一）内外螺纹的连接画法

（1）内外螺纹连接画法要点

内外螺纹连接一般用剖视图表示。根据规定画法，内、外螺纹的旋合部分按外螺纹画法绘制，非旋合部分仍按各自的画法绘制。

（2）内外螺纹连接图画法步骤

先画出外螺纹杆件的主视图，如图 3-1-22b 所示。需要指出，对于实心杆件，当剖切平面通过其轴线时规定按不剖画出，图中该外螺纹杆件按不剖画出。

画内螺纹件的主视图（全剖），旋合部分保留外螺纹画法，要注意，表示外螺纹牙底的细实线和表示内螺纹牙顶的粗实线必须画在一条直线上，如图 3-1-22c 所示。

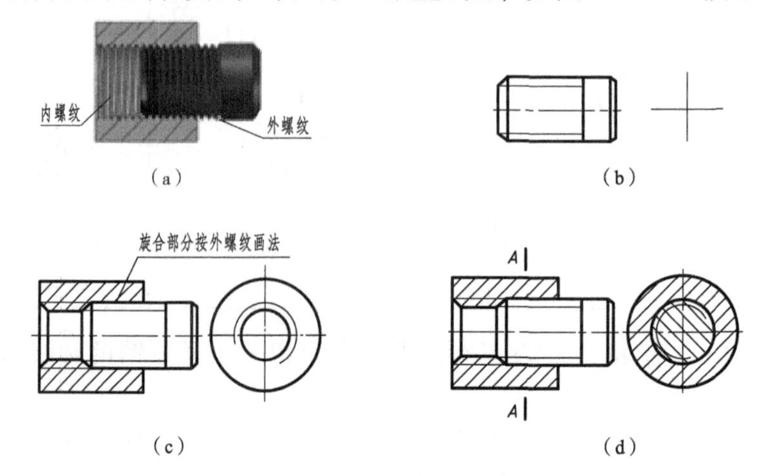

（a）　（b）　（c）　（d）

图 3-1-22　内外螺纹的连接画法

画出左视图，因左视方向观察到的是内螺纹件，左视图按内螺纹画出，如图 3－1－22c 所示。

如果左视图按 *A*－*A* 剖切画出，剖切处为旋合部分，左视图按外螺纹画出，并画剖面线，如图 3－1－22d 所示。

（二）螺纹紧固件的种类及其标记

螺纹紧固件的种类很多，常用的有螺栓、双头螺柱、螺钉、螺母和垫圈等，其中每一种又有若干不同的类别，如图 3－1－23 所示。

（a）六角头螺栓　（b）双头螺柱　（c）1型六角螺母　（d）1型六角开槽螺母

（e）平垫圈　（f）弹簧垫圈　（g）开槽盘头螺钉　（h）内六角圆柱头螺钉　（i）开槽沉头螺钉　（j）开槽锥端紧定螺钉

图 3－1－23　常见的螺纹连接件

紧固件的标记可以适当地简化，常见螺纹紧固件结构形式和标记示例见表 3－1－3。

表 3－1－3　常见螺纹紧固件结构形式和标记示例

种　类	结构和规格尺寸	简化标记示例	说　明
六角头螺栓	M12　50	螺栓 GB/T 5782　M12×50	螺纹规格为 M12，*l*＝50 mm，性能等级为 8.8 级，表面氧化的 A 级六角头螺栓
双头螺柱	B型　b_m＝1.25d　M12　15（b_m）　50	螺柱 GB/T 898　M12×50	两端螺纹规格均为 M12，*l*＝50 mm，性能等级为 4.8 级，不经表面处理的 B 型双头螺柱
开槽圆柱头螺钉	M10　40	螺钉 GB/T 65　M10×40	螺纹规格为 M10，*l*＝40 mm，性能等级为 4.8 级，不经表面处理的开槽圆柱头螺钉
开槽盘头螺钉	M10　45	螺钉 GB/T 67　M10×45	螺纹规格为 M10，*l*＝45 mm，性能等级为 4.8 级，不经表面处理的开槽盘头螺钉
开槽沉头螺钉	M10　45	螺钉 GB/T 68　M10×45	螺纹规格为 M10，*l*＝45 mm，性能等级为 4.8 级，不经表面处理的开槽沉头螺钉

续表

种　类	结构和规格尺寸	简化标记示例	说　明
开槽锥端紧定螺钉		螺钉 GB/T 71　M12×40	螺纹规格为 M12，l=40 mm，性能等级为 14H 级，表面氧化的开槽锥端紧定螺钉
1 型六角螺母		螺母 GB/T 6170　M16	螺纹规格为 M16，性能等级为 8 级，不经表面处理的 1 型六角螺母
平垫圈		垫圈 GB/T 97.1　16	标准系列，规格 16 mm，性能等级为 140HV，不经表面处理的 A 级平垫圈
标准型弹簧垫圈		垫圈 GB/T 93　20	规格 20 mm，材料为 65Mn，表面氧化的标准型弹簧垫圈

螺纹紧固件属于标准件，一般不再单独画零件图，但在装配图中需画出螺纹紧固件的连接情况，螺纹紧固件常采用比例画法或简化画法。采用比例画法时螺纹紧固件各部分的尺寸一般是根据螺纹的公称直径，按照一定比例绘制。常见螺纹紧固件的比例画法见表 3-1-4。

表 3-1-4　常见螺纹紧固件画法

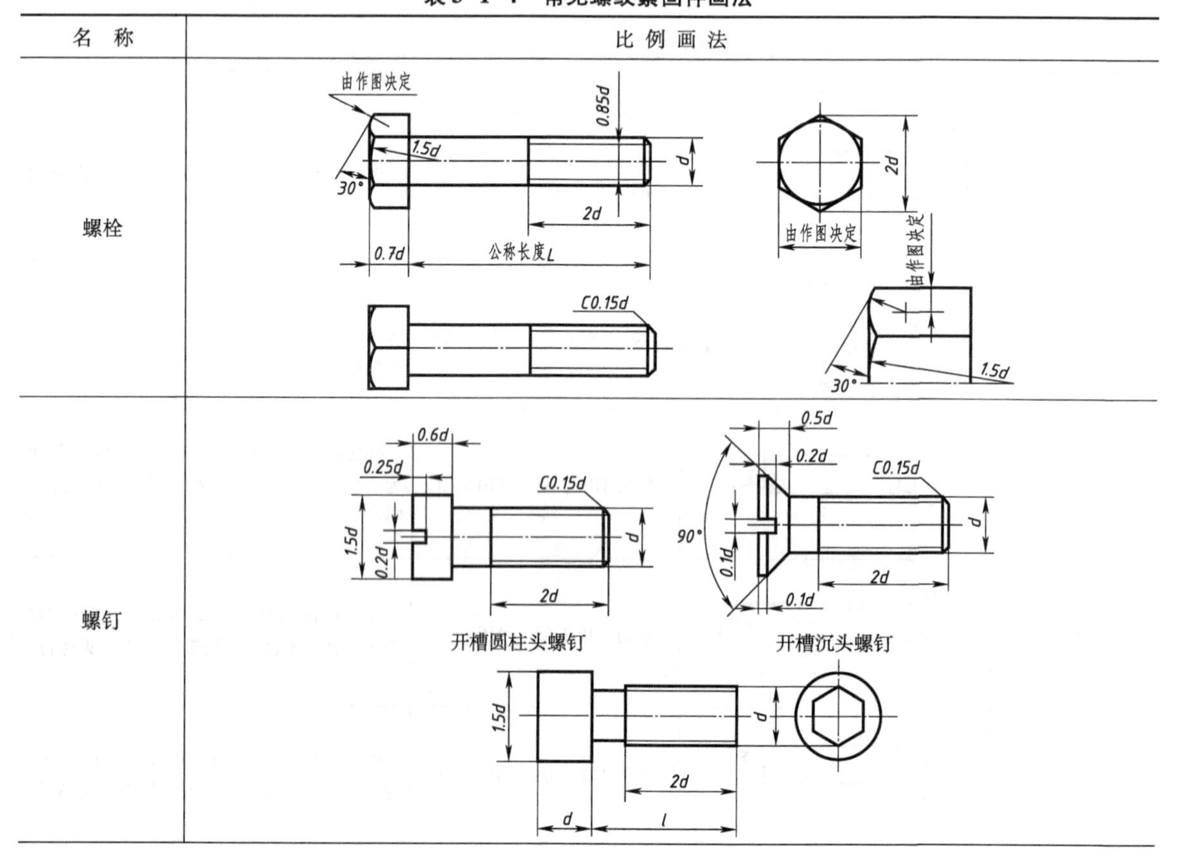

续表

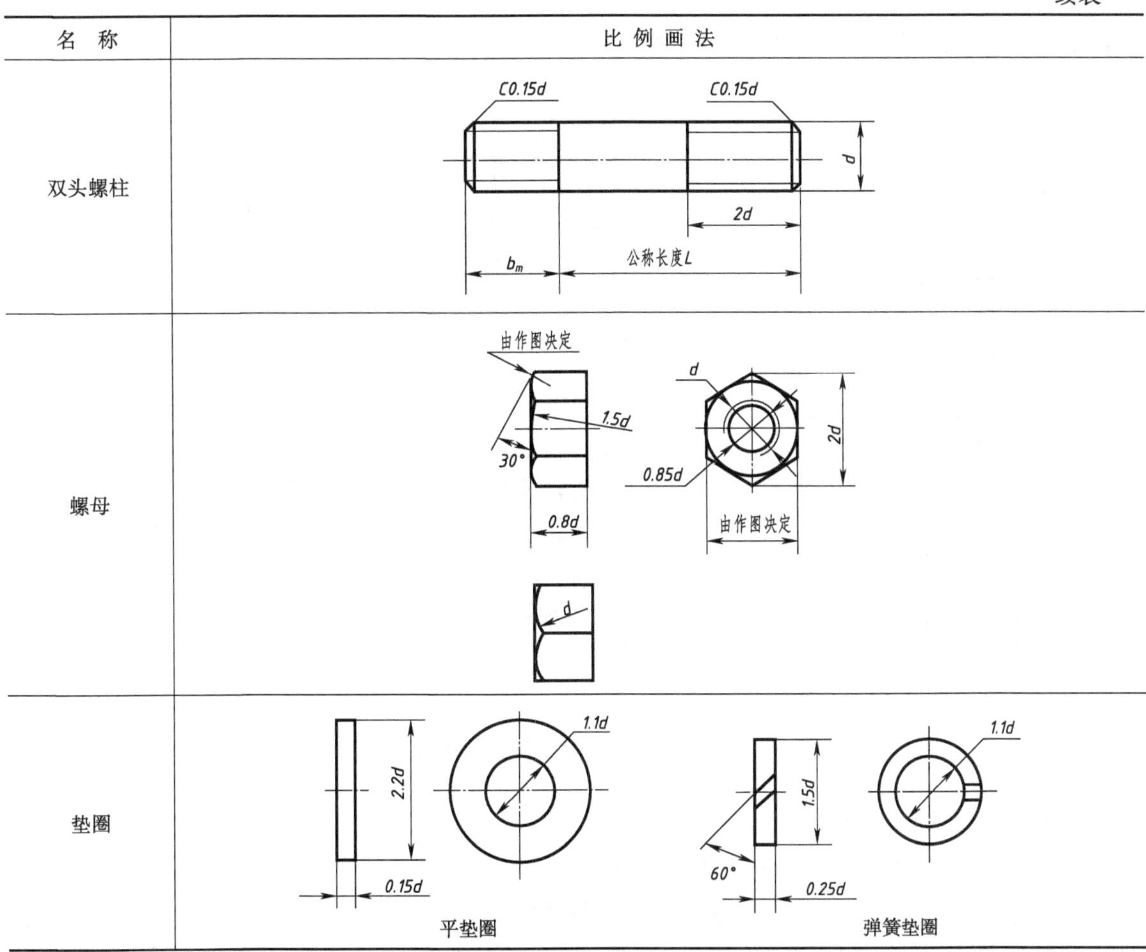

（三）螺栓连接

螺栓适用于连接两个不太厚的并能钻成通孔的零件。连接时，将螺栓穿过被连接两零件的光孔，套上垫圈，然后拧紧螺母。螺栓连接图如图 3-1-24 所示。

绘制螺栓连接时，对连接件的各个尺寸，可不按相应的标准数值画出，而是采用近似画法。采用近似画法时，除螺栓长度 $L=\delta_1+\delta_2+h+m+a$（$a$ 为螺栓末端伸出螺母长度，约为 0.2～0.3d）计算后，需再查表取标准值外，其他各部分尺寸均按与螺栓大径成一定比例的比例画法来绘制。螺栓、螺母、垫圈的各部尺寸比例关系见表 3-1-4。

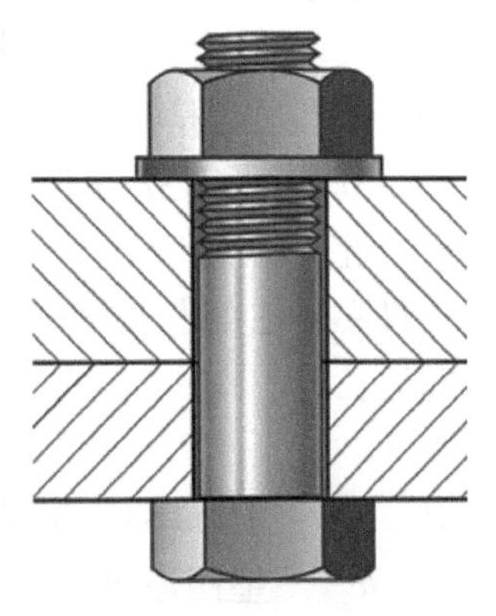

图 3-1-24　螺栓连接

绘制螺栓时应遵守下列基本规定：

（1）当剖切平面通过螺纹紧固件的轴线时，均按未剖切绘制。

（2）两零件的接触面应只画一条粗实线，不得画成两条线或特意加粗。凡不接触的表面，不论间隙多小，都必须画两条线，如螺栓杆与零件孔之间就应画两条线，以示出间隙，如图 3-1-25 所示。

（3）在剖视图中，两邻接的金属零件，其剖面线的倾斜方向不能一致，或方向一致而间距不等；同一零件在各个剖视图中，其剖面线的方向和间距都应相同，对其结构细节，如倒角、倒圆和支承面结构等均省去不画。

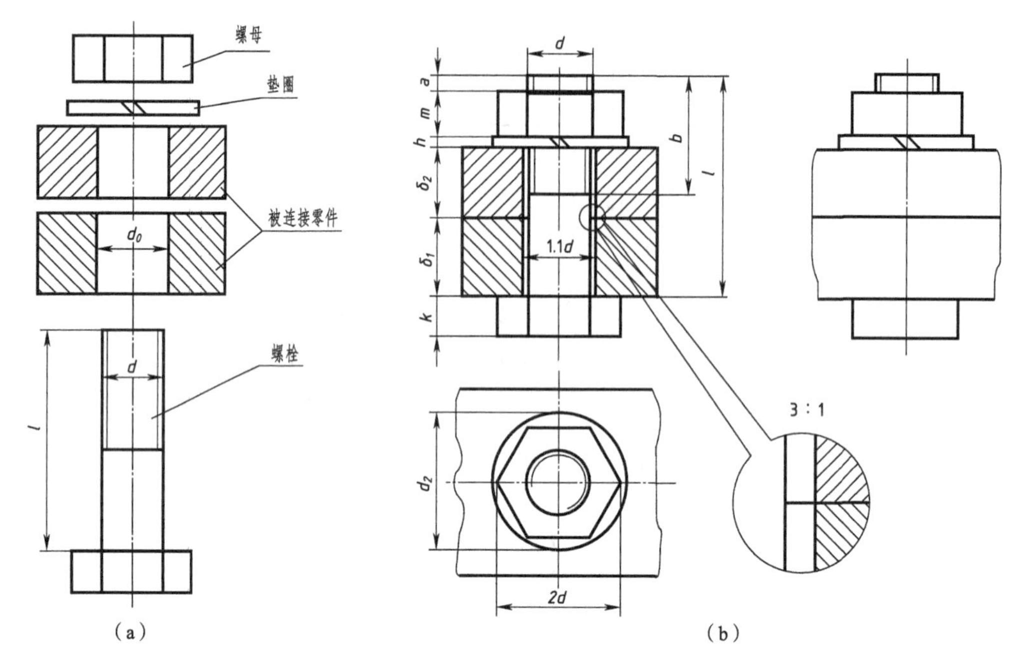

图 3-1-25　螺栓连接简化画法

（四）双头螺柱连接

双头螺柱连接经常用在被连接零件中有一个由于太厚而不宜钻成通孔的场合。

双头螺柱连接时用双头螺柱与螺母、垫圈配合使用，把上、下两个零件连接在一起。双头螺柱的两端都有外螺纹，螺纹较短的一端（旋入端）旋入下部较厚零件的螺纹孔（内螺纹）。螺纹较长的另一端（紧固端）穿过上部零件的通孔后，套上垫圈，再用螺母拧紧，如图 3-1-26 所示。

螺柱的旋入端应完全地旋入螺纹孔，即旋入端的螺纹终止线应与螺纹孔端口平面画成一条线，弹簧垫圈的开口按与水平线成60°并按左上向右下倾斜绘制，也可用宽度为2倍于粗实线的粗线表示。

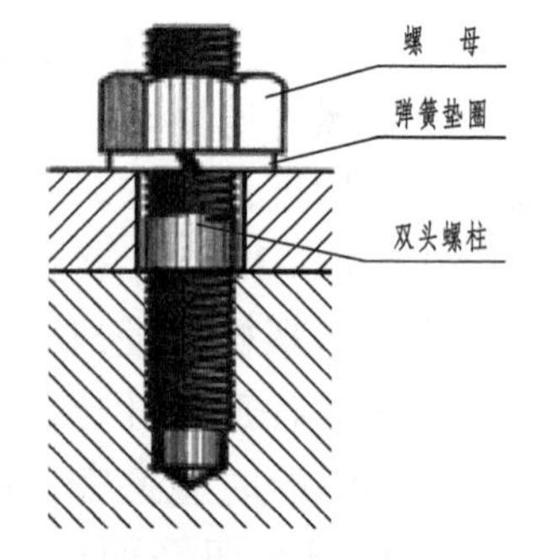

图 3-1-26　双头螺柱连接

旋入端长度 b_m 要根据加工螺纹孔零件的材料而定，如图 3-1-27 中表格所示。对于螺纹孔的尺寸，一般取螺纹深度为 $b_m+0.5d$，钻孔深度比螺纹深度深 $0.5d$，孔底的锥角为 118°，近似画成 120°。

双头螺柱的长度按下式计算，但需从相应标准中选取与 l 相近的长度。

$$l=\delta+h+m+a$$

式中　δ——上部零件的厚度；

h——垫圈厚度；

m——螺母厚度；

a——螺柱伸出螺母的长度，$a \approx 0.3d$。

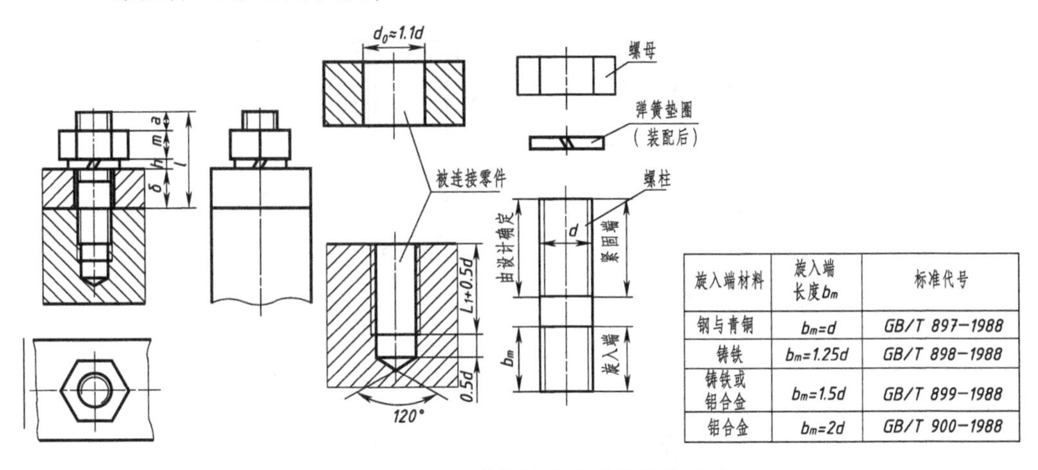

旋入端材料	旋入端长度b_m	标准代号
钢与青铜	$b_m=d$	GB/T 897—1988
铸铁	$b_m=1.25d$	GB/T 898—1988
铸铁或铝合金	$b_m=1.5d$	GB/T 899—1988
铝合金	$b_m=2d$	GB/T 900—1988

图 3-1-27　双头螺柱连接件的简化画法

（五）螺钉连接

螺钉按用途分为连接螺钉和紧定螺钉。前者用来连接零件，后者用来固定零件。

1. 连接螺钉

当被紧固零件尺寸较小、受力不大且不需要经常拆卸时，通常采用螺钉连接。螺钉连接不需要螺母，而是将螺钉直接旋入螺纹孔，把两个被紧固零件压紧，如图 3-1-28 所示。

被紧固的两个零件，一个应加工出螺纹孔，其尺寸确定方法与双头螺柱连接中螺纹孔的确定方法相同；另一个应加工出通孔或沉孔。螺钉的尺寸可查表获得，也可按螺纹大径的比例关系确定，参照表 3-1-4。

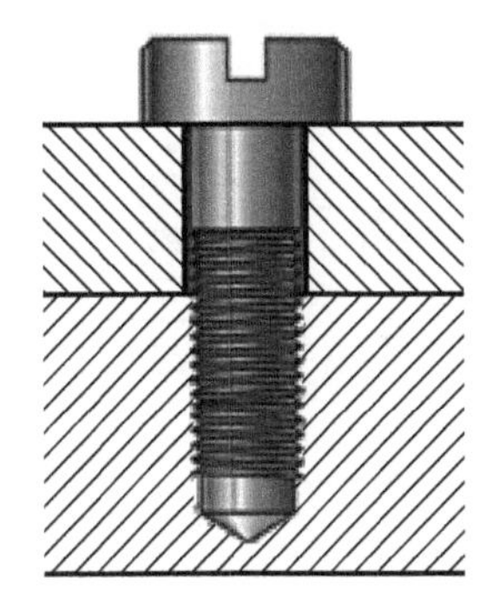

图 3-1-28　螺钉连接

螺钉连接的装配画法如 3-1-29 所示。其中螺钉头部的开槽也可用宽度为 2 倍于粗实线宽度的粗线表示，它在俯视图中的投影向右上倾斜，与水平成 45°。主视图上的钻孔深度可省略不画，一般仅按螺纹深度画出螺孔，如图 3-1-30b 所示。

螺钉长度 l 可按下式计算，但需从相应标准中选取与 l 相近的长度。

$$l = \delta + b_m$$

式中　δ——上部零件的厚度；

b_m——螺钉旋入螺孔的长度，由被连接件的材料决定，具体尺寸可参照双头螺柱确定如图 3-1-27 所示。

2. 紧定螺钉连接

紧定螺钉用来固定两个零件的相对位置，使它们不产生相对运动。

图 3-1-30 所示的轴和齿轮（图中齿轮仅画出轮毂部分），用一个开槽锥端紧定螺钉旋入轮毂的螺孔，使螺钉端部的 90°锥顶与轴上的 90°锥坑压紧，从而固定了轴和齿轮的相对位置。图 3-1-30a 表示零件图上螺孔和锥坑，图 3-1-30b 为装配图上的画法。

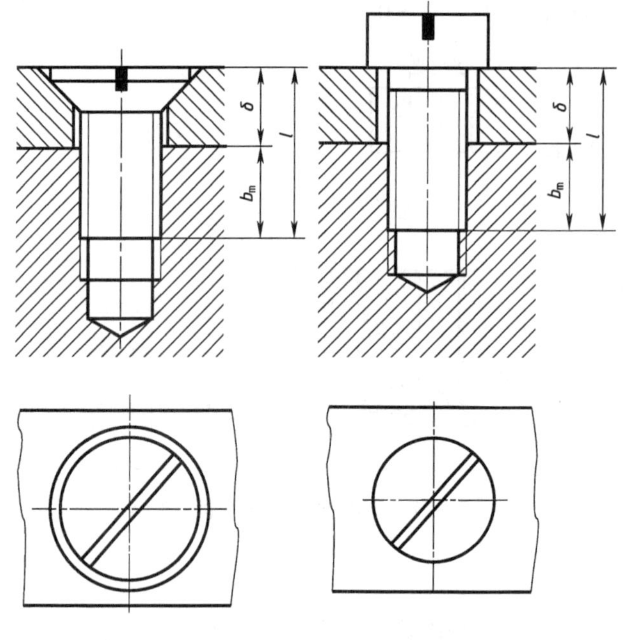

（a）开槽沉头钉头　　（b）开槽圆柱头螺钉

图 3-1-29　螺钉连接简化画法

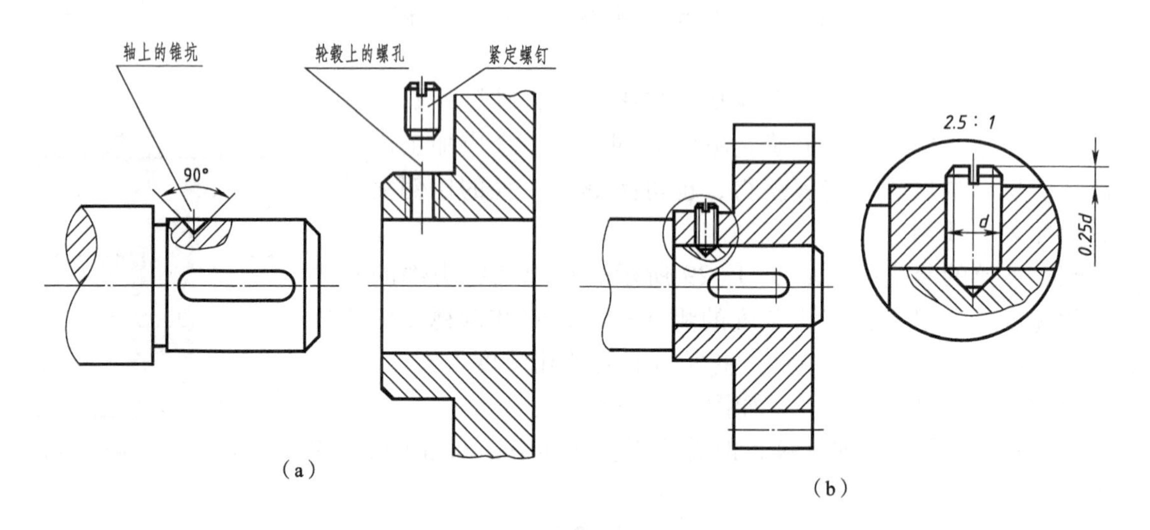

图 3-1-30　紧定螺钉的连接画法

七、装配图视图表达方案

活动3：

分析图 3-1-4 传动器装配图的视图表达方案，包含几个视图？分别表示哪些结构？

装配图的视图表达应达到以下要求：清晰表达部件的整体结构、工作原理、零件间的装配连接关系、各零件的大致结构等。

（一）主视图

（1）放置位置

通常将机器或部件按照工作位置放置，如图 3-1-4 传动器和图 3-1-9 滑动轴承就是按照工作位置放置。如果不能放平，可将装配体的主要装配轴线或主要安装面呈水平或铅垂方向放置。

（2）视图方案

主视图应选择最能反映机器或部件整体结构、工作原理、传动路线、零件间装配关系及主要零件的主要结构的视图。

（二）其他视图

（1）其他视图选择应考虑还有哪些装配关系、工作原理及主要零件的主要结构还没有表达清楚，选择若干视图以及相应的表达方法。

（2）尽可能考虑应用基本视图以及基本视图上的剖视图来表达有关内容。

（3）要考虑视图的合理布局，使图样清晰并充分利用图幅。

八、装配图的尺寸标注和技术要求

装配图是指导机器或部件装配的重要技术文件，装配图上的尺寸标注、技术要求与零件图不同。

活动4：

装配图上需要标注哪些尺寸？图 3-1-4 传动器装配图标注了多少尺寸，分别属于哪一类尺寸？另外标注了什么技术要求？

（一）尺寸标注

由于装配图不直接用于零件的加工制造，因此，在装配图上无须标注出各组成零件的全部尺寸，而只标注与部件性能、装配、安装等有关的尺寸。这些尺寸一般可分为以下几类：

（1）规格或性能尺寸

表示机器（或部件）规格、性能的尺寸在设计机器（或部件）时就已经确定，它是设计和选用部件的主要依据。如图 3-1-31 所示 $\phi20$，表明该球阀能通过流体的最大流量，属于性能规格尺寸。

（2）装配尺寸

装配尺寸是表示零件间配合性质或装配关系的尺寸。它一般包括：配合尺寸，表示零件间配合性质的尺寸，如图 3-1-31 中阀体与阀盖间的 $\phi50H11/h11$ ；相对位置尺寸，表示装配时零件间需要保证的相对位置尺寸，常见的有重要的轴距、孔心距和间隙等。如图 3-1-31主视图中的 54、左视图中的 49 即为相对位置尺寸。

（3）安装尺寸

表示部件安装到其他部件或基座上所需的尺寸。如图 3-1-31 中所示球阀的左右两端的 M36×2。

（4）外形尺寸

表示部件的总长、总宽和总高的尺寸。它表示部件所占空间的大小，以供产品包装、运输和安装时参考。如图 3-1-31 中的 121.5 mm 、75 mm 即是外形尺寸。

（5）其他重要尺寸指设计过程中经计算或选定的重要尺寸以及其他必须保证的尺寸。

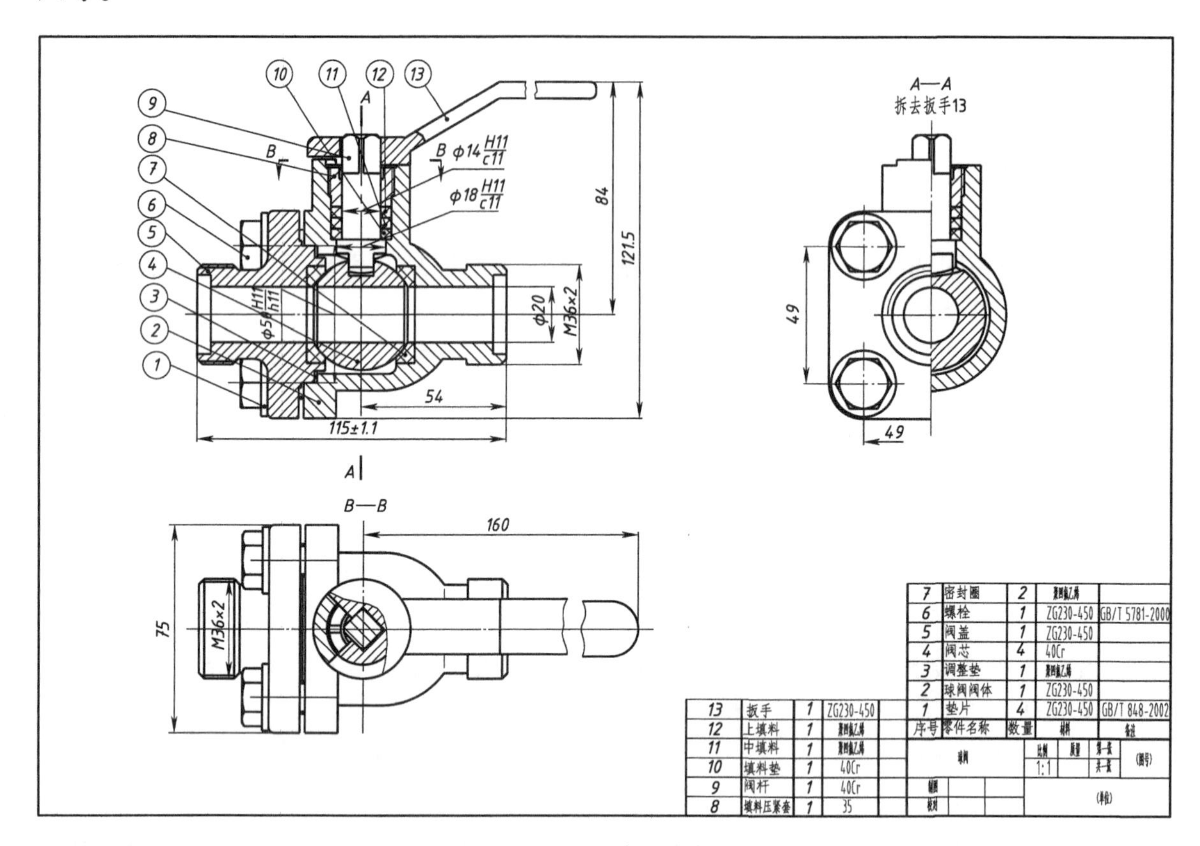

图 3-1-31　球阀装配图

应当指出，装配图上的一个尺寸，有时兼有几种作用，五类尺寸并非任何一张装配图上都有。因此，在标注装配图尺寸时，可根据装配体的具体情况选注。

（二）技术要求

技术要求是采用文字或符号在装配图中对机器或部件的性能、装配、检验、使用、外观等方面作要求和说明。

（1）性能要求是指规格、参数、性能指标。

（2）装配要求是指装配方法、装配的精确度、密封性。

（3）检验要求是指对有关参数、精确程度、密封性能的检验方法、使用条件、机器或部件的使用环境描述（压力、温度等）。

（4）外观要求是指对机器或部件的表面处理方法（喷漆、涂镀、防锈等）。

（5）其他要求是指包装、运输、通用性等方面的要求（如冰箱搬运时倾斜角度要求）。

技术要求一般注写在明细表的上方或图纸下部空白处，如果内容很多，也可另外编写成技术文件作为图纸的附件。

九、装配图零件序号及明细栏

活动5：

根据下列内容，分析图3-1-4传动器装配图中共有多少种零件，轮盘类零件、箱体类零件、叉架类零件、轴类零件分别有几个？并请说出零件名称。

装配图上对每个零件或部件都必须编写序号，并填写明细栏，以便统计零件数量，进行生产的准备工作。同时在读装配图时，也可以根据零件序号查阅明细栏，以了解零件的名称、材料和数量等。有利于读图和图样的管理。

（一）零件序号的编写

零件序号包括引线和序号两部分，在编写时有一定要求。

（1）指引线用细实线绘制，应指在零件或部件的可见轮廓以内，并在起始处画一小圆点。指引线相互不能交错，当通过有剖面线的区域时，指引线不应与剖面线平行且允许曲折一次。在指引线的另一端部可用细实线画出水平标线或圆圈，在水平线上或圆圈内注写序号，序号的高度比装配图中所注尺寸数字的高度大一号或大两号，如图3-1-32所示。

（2）在装配图中，编写的顺序应沿水平或垂直方向顺时针或逆时针整齐地依次排列。

（3）一组紧固件以及装配关系清楚的零件组，可采用公共指引线，如图3-1-32c所示。标准部件（如油杯、滚动轴承、电动机等）只编写一个序号。

（4）相同机件的标注方法：装配图上凡相同零件只用一个序号，且一般只注写一次。

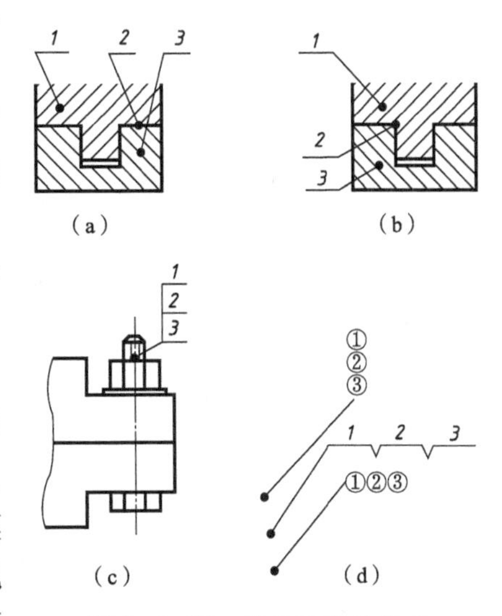

图3-1-32　零件序号的形式

（二）明细栏的画法及配置

明细栏是装配图中全部零件的详细目录，填写内容包括零件序号、代号、名称、数量、材料等，如图3-1-33所示。明细栏的格式、填写方法等应遵循GB/T 10690. 2—2009《技术制图 明细栏》中的规定。材料栏应填写材料的标记（如Q235）。备注栏应填写图样中标准件的标准代号（如GB/T 5780—2000），可填写必要的附加说明或其他有关的重要内容，例如齿轮的齿数、模数等常在备注栏内填写。

明细栏一般绘制在标题栏上方，其内容自下而上填写。如果位置不够，可紧靠在标题栏的左边继续填写。

十、装配的合理性结构

为了保证装配质量和装拆方便，装配体上各零（组）件之间的工艺结构应合理。

（一）接触面与配合面的结构

（1）两零件接触时，在同一方向上只能有一对配合面和接触面，这样既可保证两个零件配合性质和接触良好，又可降低加工要求，如图3-1-34所示。

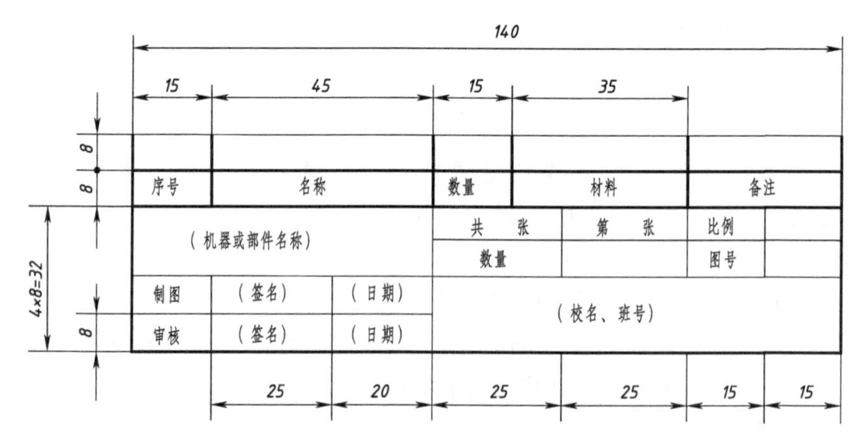

图 3-1-33 装配图中标题栏、明细栏的格式

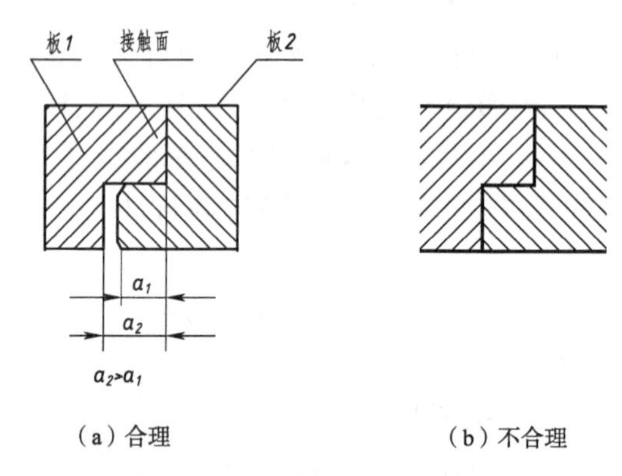

(a) 合理 (b) 不合理

图 3-1-34 同一方向接触面结构

(2) 孔端面和轴肩面相接触时，应将孔边倒角，或将轴的根部切槽，以保证轴肩和孔口端面接触良好，如图 3-1-35 所示。

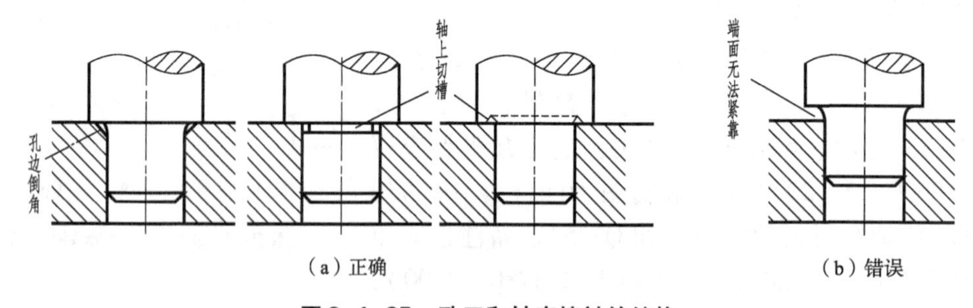

(a) 正确 (b) 错误

图 3-1-35 孔口和轴肩接触的结构

(二) 零（组）件的紧固与定位

(1) 机器运转时，为了防止滚动轴承产生轴向窜动，应采用轴向定位结构。如图 3-1-36 所示，图中用轴肩、套筒、弹性挡圈固定滚动轴承的内套圈；图 3-1-37 所示为用箱体孔肩、端盖固定滚动轴承外套圈。

(2) 机器运转时，为了避免齿轮、带轮轴向窜动，甚至脱落，应采用紧固结构加以固定，如图 3-1-37 所示的齿轮通过轴肩、螺母、垫圈固定。同时把齿轮宽度制成大于装配的轴段长度，$L_1>L_2$，达到并紧定位。

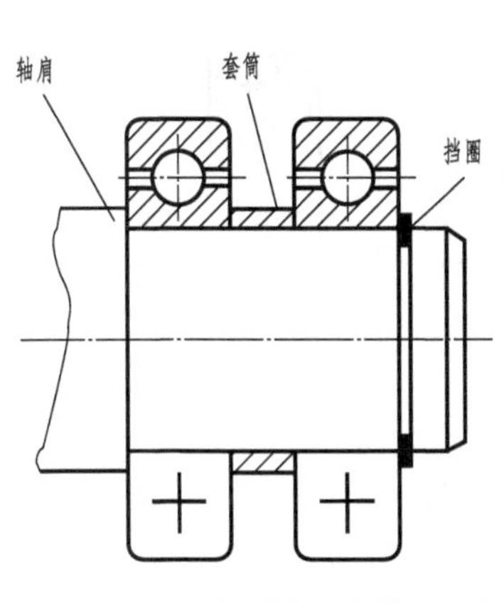

图 3-1-36　滚动轴承的轴向固定

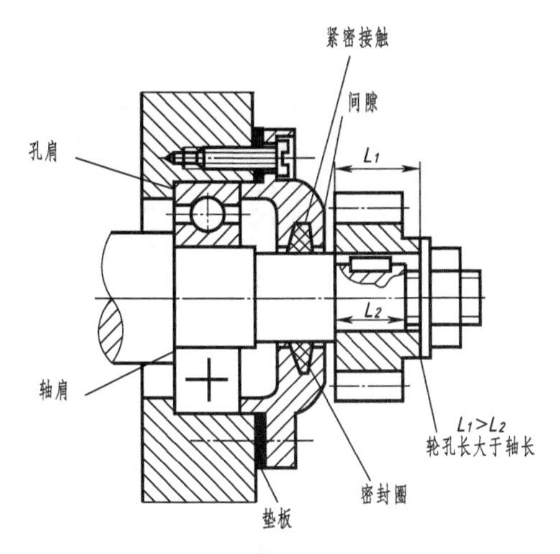

图 3-1-37　滚动轴承和轮子的固定和油封

（三）紧固件连接结构

为了防止机器运转时振动而将螺纹紧固件松脱，常采用图 3-1-38 所示的双螺母、弹簧垫圈、止动垫圈及开口销等防松装置。

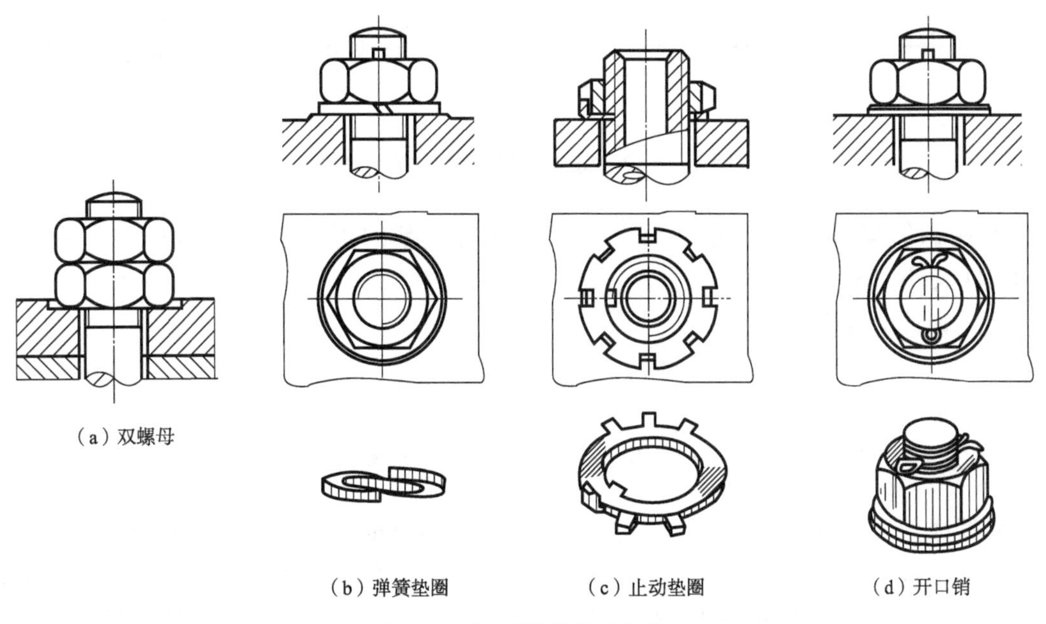

（a）双螺母　（b）弹簧垫圈　（c）止动垫圈　（d）开口销

图 3-1-38　螺纹连接防松方法

（四）密封结构

（1）滚动轴承处的密封，如图 3-1-37 所示，在箱体端面与轴承盖接触面处加装调整垫片，同时能调整轴向间隙；在轴承盖圆孔中加工梯形圆环槽，填入密封材料，使材料紧套在轴颈上，起着防漏作用。圆孔的孔径应大于轴径，以免轴旋转时，轴径磨损。

（2）泵和阀常见密封装置，如图 3-1-39a 所示，拧紧压紧螺母，通过填料压盖将填料压紧在填料函内而起密封作用。填料压盖与阀体端面应留间隙以便将填料压紧。

图 3-1-39b 所示画法是不正确的。

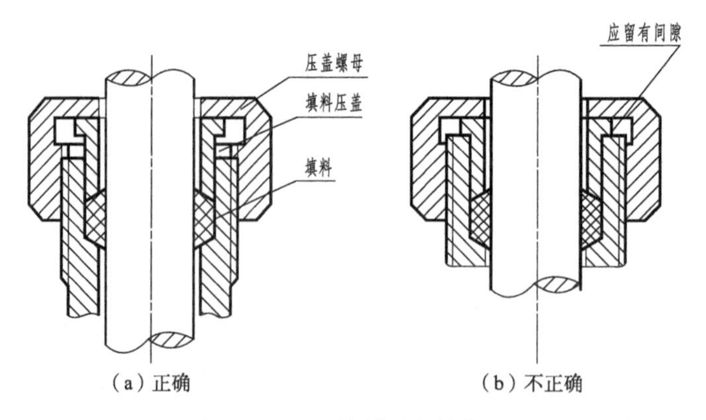

图 3-1-39　填料函密封装配

（五）考虑维修、安装和装拆的方便和可能

（1）销连接中，销孔应钻成通孔，便于装拆方便，如图 3-1-40 所示。

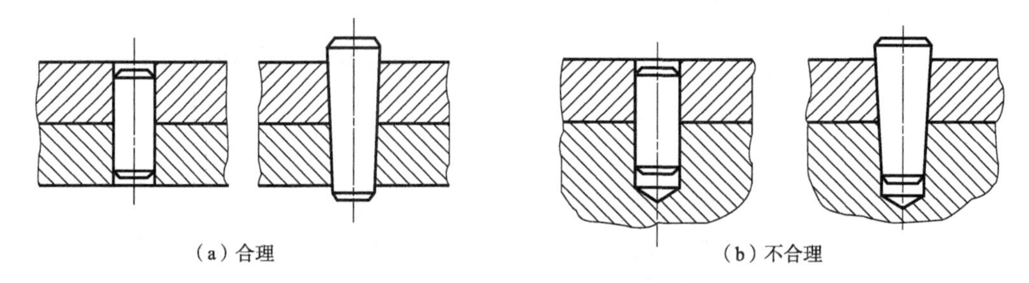

图 3-1-40　销钉连接装配结构的合理性

（2）用螺纹紧固件连接零件时，应考虑到拆、装的可能性，应留足操作空间，如图 3-1-41a、b、c 所示。

十一、识读装配图

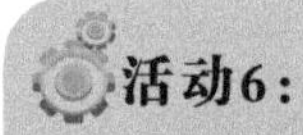

活动6：

根据下列内容，识读图 3-1-4 传动器装配图，并拆画箱体 7 的零件图。

在机器或部件的设计、装配、使用以及技术交流沟通时都需要识读装配图，因此识读装配图是从事工程技术或管理工作人员必备的基本技能。工作性质不同，读装配图的侧重点也不同。如对于安装机器或部件的技术人员，需要读懂各零件的装配关系，按照装配图中的装配关系装配零件或部件；对于设计人员，需要根据装配图设计、拆画零件图。

识读装配图，就是了解装配体的名称、用途、性能及其工作原理；装配体各零件的相对位置、装配关系、连接方式及装拆顺序；装配体中各零件的形状、大小、结构和材料；装配体的尺寸及技术要求。

（一）识读装配图的方法步骤

读装配图的方法和步骤如图 3-1-42 所示。

（二）识读柱塞泵装配图

（1）概括了解

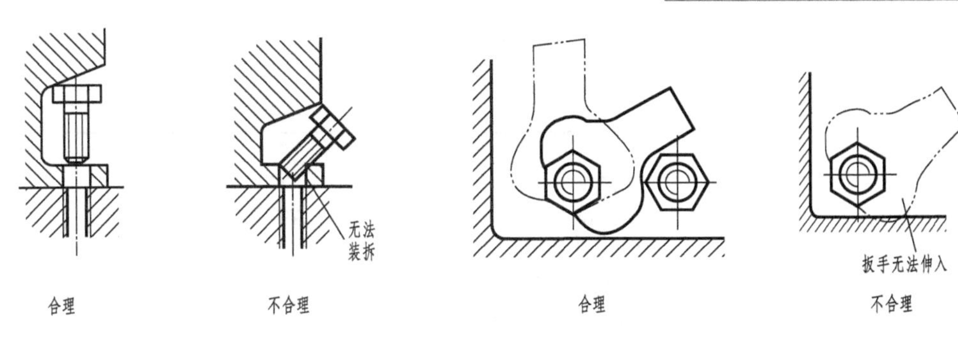

（a）应使螺钉有足够装拆高度

（b）应有扳手活动空间

螺钉难以装卸

合理 合理 不合理 合理 不合理

（c）应有拆卸螺钉的拆卸孔

图 3-1-41 螺纹连接件装配结构的合理性

概括了解

- 从标题栏中了解装配体的名称和用途。
- 从明细栏和序号可知零件的数量和种类，从而了解其大致的组成情况及复杂程度。
- 从视图的配置、标注的尺寸和技术要求可知该部件的结构特点和大小。

分析视图

- 找到主视图，根据投影关系识别其他视图。
- 找出剖视图的剖切位置，明确各视图的表达意图和表达重点。

分析工作原理和装配关系

- 从反映装配体工作原理和装配关系明显的视图入手，抓主要装配干线或传动路线，分清固定零件和运动零件、分析零件间的连接方式和装配关系，理清传动路线、工作原理。

分析视图，读懂零件的结构形状

- 借助零件序号的编号，同一零件不同视图剖面线相同性的规定，以及各视图间的投影关系，区分零件，想象零件的结构形状和作用。

归纳总结，详细整体尺寸

- 综合各零件的结构形状，以及在装配体中的位置、装配关系，结合所注尺寸和技术要求，对机器或部件进行综合想象，获得一个完整的装配体形象。

图 3-1-42 绘制装配图步骤

如图 3-1-43 所示柱塞泵装配图，通过标题栏可知该装配体为柱塞泵，看明细表可知，柱塞泵由 14 种零件组成，其中标准件 3 种（12 螺母、13 平垫圈、14 螺柱），非标准件 11 种。

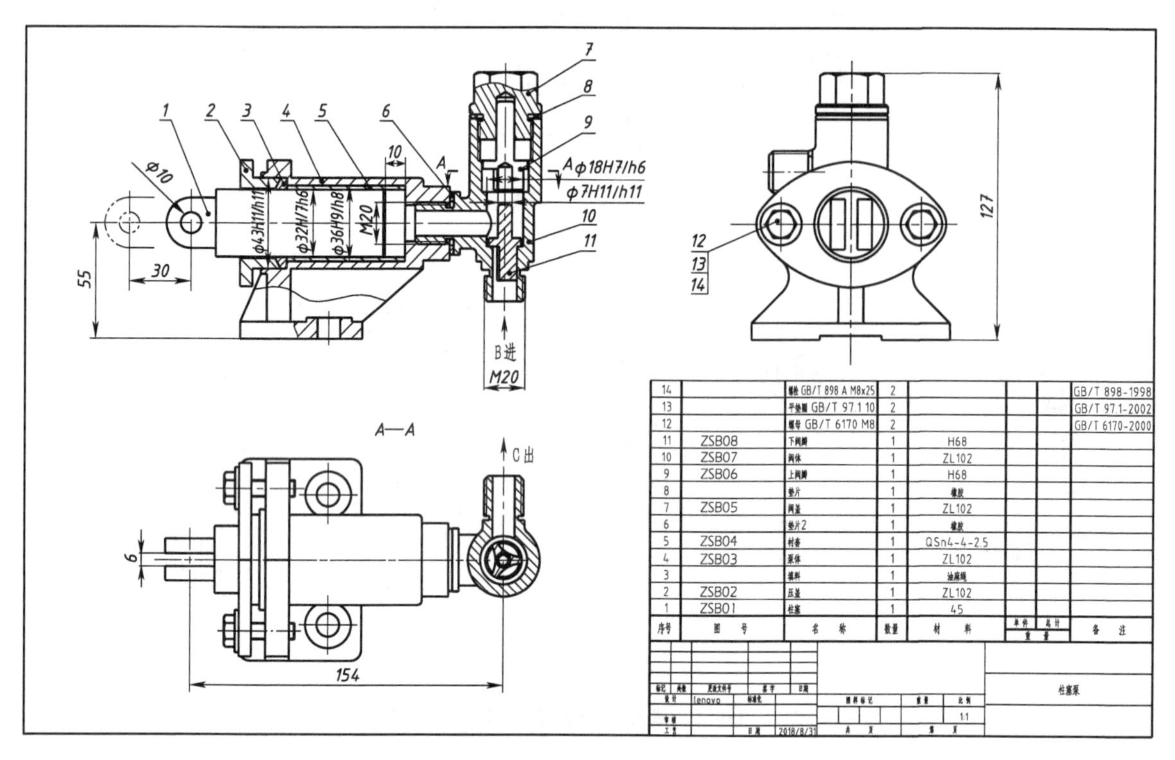

序号	图号	名称	数量	材料	单件重量	总计重量	备注
14		螺栓 GB/T 898 A M8x25	2				GB/T 898-1998
13		平垫圈 GB/T 97.1 10	2				GB/T 97.1-2002
12		螺母 GB/T 6170 M8	2				GB/T 6170-2000
11	ZSB08	下阀瓣	1	H68			
10	ZSB07	阀体	1	ZL102			
9	ZSB06	上阀瓣	1	H68			
8		垫片	1	橡胶			
7	ZSB05	阀盖	1	ZL102			
6		垫片2	1	橡胶			
5	ZSB04	衬套	1	QSn4-4-2.5			
4	ZSB03	泵体	1	ZL102			
3		填料	1	油麻绳			
2	ZSB02	压盖	1	ZL102			
1	ZSB01	柱塞	1	45			

图 3-1-43　柱塞泵装配图

（2）分析视图

看图 3-1-43 可知，柱塞泵工有三个视图。

主视图采用局部剖，表示柱塞泵整体情况、内部零件的装配关系、工作原理以及工作行程。

俯视图采用 *A—A* 全剖，着重反映阀体出口部分形状以及上阀瓣的界面形状和工作位置。

左视图采用视图，反映柱塞泵左侧外形。

（3）分析工作原理和装配关系

工作原理：柱塞泵是通过柱塞在衬套中的往复运动来实现吸油和压油的目的。柱塞 1 向左移动，阀体 10 内压力下降，下阀瓣 11 向上移动，上阀瓣 9 向下移动，此时 B 口打开，C 口闭合，液体从 B 口进入阀体；相反，柱塞 1 向右推时，阀体 10 内压力上升，下阀瓣 11 向下移动，上阀瓣 9 向上移动，此时 C 口打开，B 口闭合，液体从 C 口流出。

装配关系：在柱塞泵中，大部分的零件都装在泵体 4 上，阀体 10 通过螺纹连接装在泵体右端，泵体内装有衬套 5、柱塞 1，通过压盖 2、填料 3 进行压紧、密封，上阀瓣 9、下阀瓣 11 分别装在阀体 10 内，可以在阀体 10 内上下移动。

（4）分析视图，读懂零件的结构形状

分析零件形状，应从主要零件入手，结合几个视图一起看，用剖面线区分不同的零件。泵体是柱塞泵的一个主要零件，从装配图的三个视图中可以看出，泵体大致分为三个部分，工作部分、支承部分和安装部分。工作部分大致为回转体，左侧的形状可以从左视图中看出，安装部分为长方体，有两个安装孔，其形状如图 3-1-44 所示。

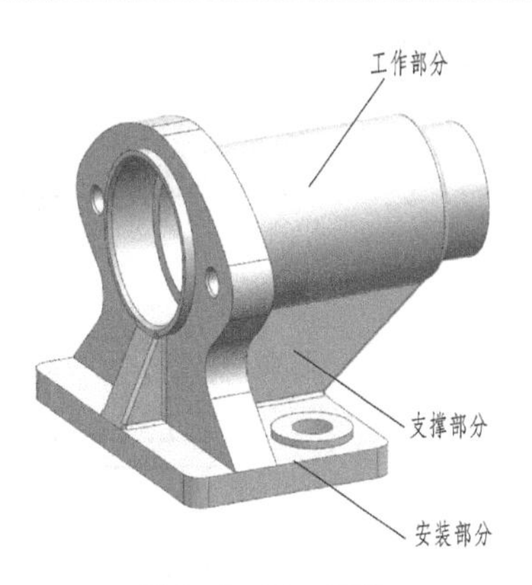

图 3-1-44　泵体

（5）归纳总结，想象整体形状

柱塞泵中有几处配合尺寸，分别是压盖和泵体的配合尺寸 ϕ43H11/h11，衬套与泵体的配合尺寸 ϕ36H9/h8，柱塞和衬套的配合尺寸 ϕ32H7/h6，上阀瓣与阀体的配合尺寸 ϕ18H7/h6，下阀瓣与阀体的配合尺寸 ϕ7H11/h11。

柱塞中心离泵体安装面的尺寸 55，柱塞 ϕ10 孔中心至阀体中心轴线的尺寸 154，这两个尺寸属于安装尺寸，127 为总高尺寸，30 为柱塞的运动行程。

通过以上分析，综合归纳，柱塞泵的整体结构如图 3-1-45 所示。

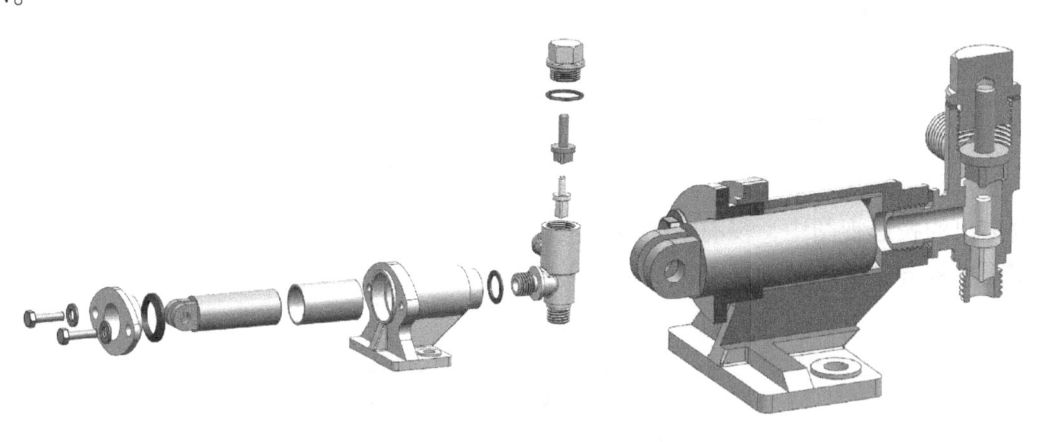

图 3-1-45　柱塞泵

（三）由装配图拆画装配零件图

由装配图拆画出各个零件图，简称“拆图”。拆图是设计机器和零件的后继工作，是测绘过程中的重要环节。拆画的零件图应包含零件图的完整内容，即视图、尺寸、技术要求、标题栏。

拆画零件图的方法和步骤如图 3-1-46 所示。

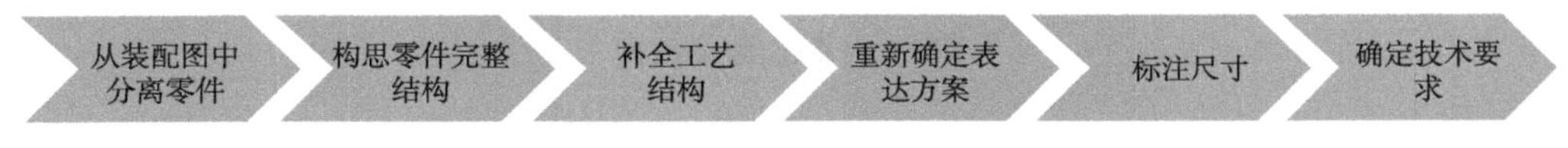

图 3-1-46　拆画零件图步骤

（1）从装配图中分离零件

装配图表达的是各个零件间的装配关系，零件间视图有重叠，因此必须先读懂装配图，在相关视图中划分出零件的轮廓范围，将零件从视图中分离出来，在想象出零件的结构形状后进行拆画。如图 3-1-47 所示为从装配图中分离出来的泵体的各个视图。

（2）构思零件完整结构

绘制装配图时主要表达零件的主要或大致结构，又因为零件间视图的重叠，分离出的图形是不完整的，需要对图样进行补充完善，也可根据其他零件结构进行再设计。

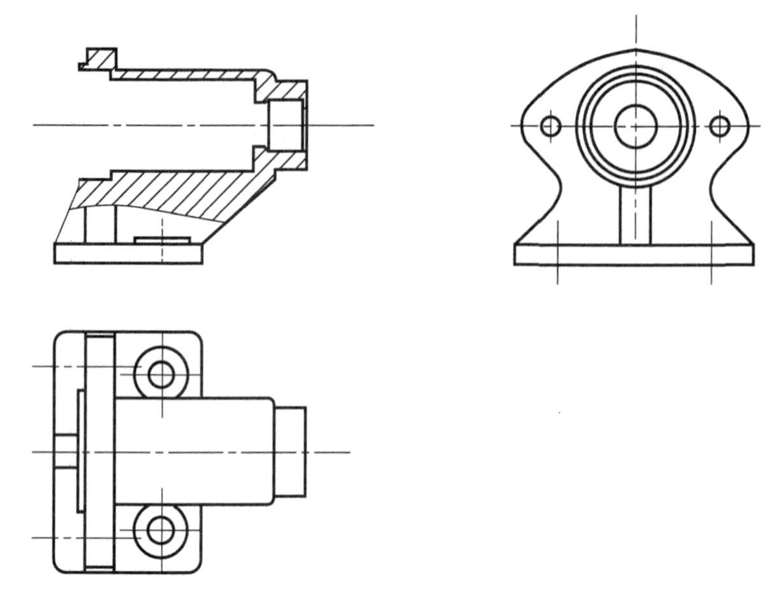

图 3-1-47　分离出的泵体投影

分离出的投影视图中，没有反映泵体支承部分形状，如图 3-1-48 所示，可采用剖视图在俯视图中补齐这部分结构，如图 3-1-49 所示。

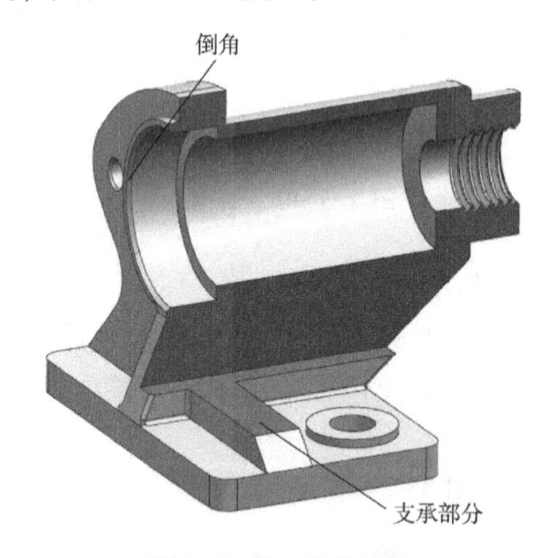

图 3-1-48　泵体结构

（3）补全工艺结构

装配图中省略未画出的工艺结构如倒角、退刀槽等，在拆画零件图时应按标准结构要素补全。如泵体在拆画时根据机械加工要求，需把 ϕ43 孔倒角补上（图 3-1-48）。

（4）重新确定表达方案

零件图和装配图表达的侧重点不同，装配图主要表达装配体装配、连接关系和工作原理，而零件图则要求完整表示零件形状特征。因此，拆画零件图确定视图方案时，应根据零件视图选择原则，不能机械地照抄装配图中的视图方案（但有些零件是相同的）。

泵体属箱体类零件，主视图通常选择零件加工位置放置，分离出的泵体主视图零件已经按照工作位置放置，俯视图需要用 $A-A$ 剖视，表示泵体支承板部分机构，左视图仍按原图绘制，如图 3-1-49 所示。

（5）标注尺寸

由于装配图只标注五类尺寸，拆卸零件图时必须补齐零件所有尺寸。标注方法如下：

①抄注。装配图的标注尺寸都是重要尺寸，应直接抄注在相关零件图上，如配合尺寸 ϕ43H11、ϕ36H9，螺纹尺寸 M20。

②查找。零件的标准结构（如倒角、圆角、退刀槽、螺纹、销孔、键槽等）的尺寸在装配图并未注出，应从明细栏或有关标准中查出其结构规格尺寸，并注在零件上，如 ϕ43 孔倒角，确定尺寸为 $C1$。

③计算。需要计算确定的尺寸，如齿轮的轮齿尺寸、两齿轮孔中心距等。

④量取。装配图未标注的其他的尺寸，按装配图量得的零件尺寸乘以装配图绘图比例，并把得数圆整化。

⑤协调。对于相邻零件相对应的尺寸，应注意相互协调。

（6）确定技术要求

零件的表面粗糙度、尺寸公差和形位公差等技术要求，要根据该零件在装配体中的功能以及该零件与其他零件的装配关系来确定，零件的其他技术要求可用文字注写在标题栏附近。

绘制完成的泵体的零件图如图 3-1-49 所示。

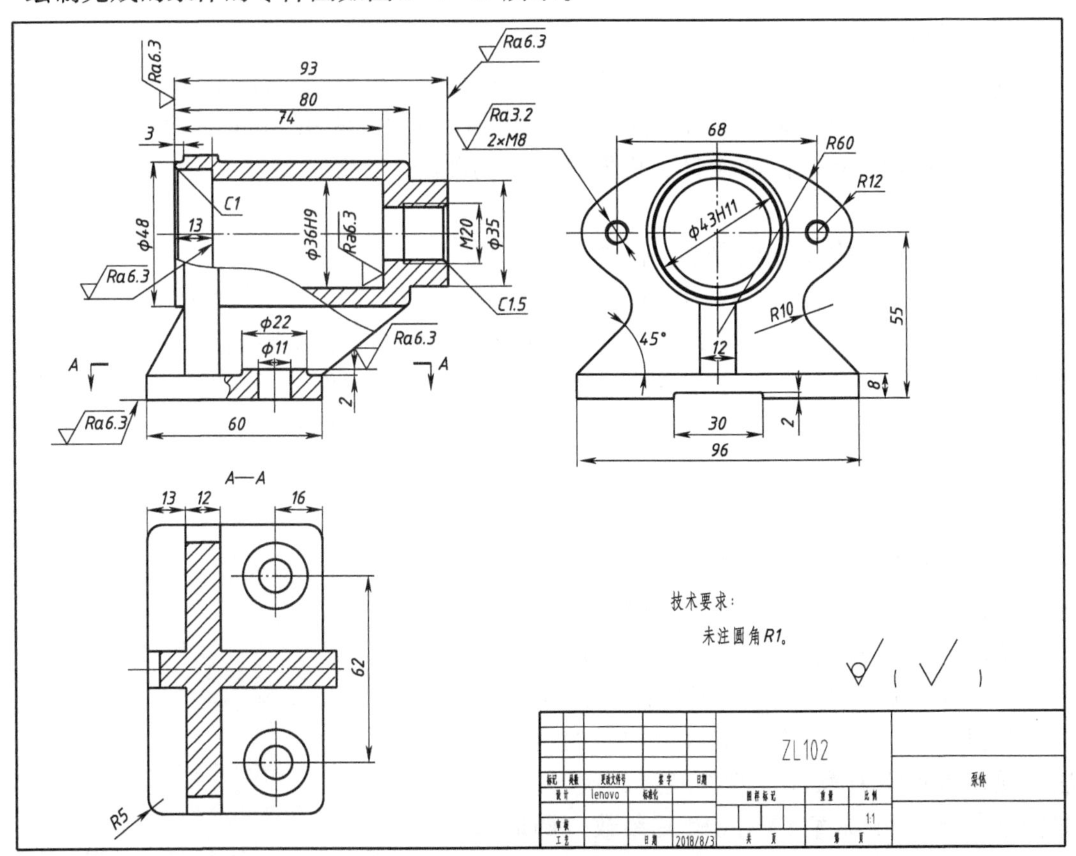

图 3-1-49　泵体零件图

十二、用 AutoCAD 绘制装配图

利用 AutoCAD 软件进行装配图绘制通常有两种方法，一是直接绘制，一是采用插入图块的形式将绘制好的零件图拼画成装配图，使用这种方法的前提是已经绘制好了各个零件的零件的图。

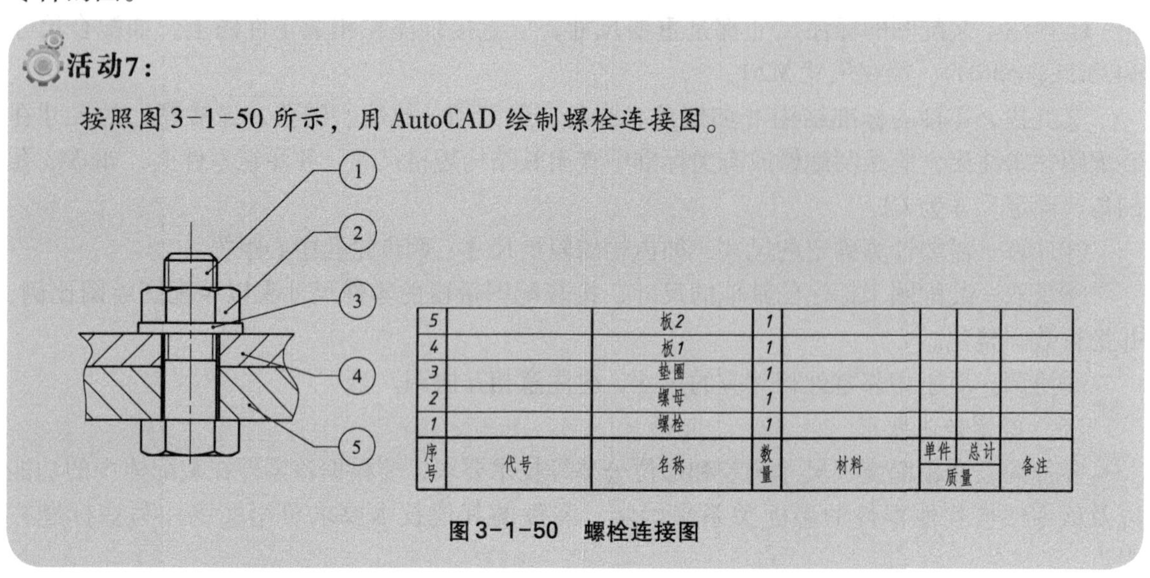

活动7：

按照图 3-1-50 所示，用 AutoCAD 绘制螺栓连接图。

5		板2	1				
4		板1	1				
3		垫圈	1				
2		螺母	1				
1		螺栓	1				
序号	代号	名称	数量	材料	单件	总计	备注
					质量		

图 3-1-50　螺栓连接图

（一）用 AutoCAD 绘制装配图的方法

（1）直接绘制装配图的方法

直接绘制装配图是根据装配关系，按主要装配干线（或传动路线），由内到外、先主后次地将各零件的图形直接画出。可参照手工绘制装配图的方法用 AutoCAD 软件来绘制装配图。该方法一般用于新产品的设计、机器或部件的测绘。但用这种方法绘制装配图时容易出错。

（2）用插入图块的方法绘制装配图的方法

将组成机器或部件的各零件图先画出，并将其定义成图块，再应用块插入命令绘制装配图。由于该方法要先画出零件图，和一般设计时先画装配图，再由装配图拆画零件图的设计步骤相反，所以在产品的设计中较少使用。通常是将一些常用件、标准件、常用结构提前画出，并定义成外部块，在画图时，进行调用。如粗糙度符号的绘制、图框标题栏、螺钉等的绘制。

（二）用 AutoCAD 绘制螺栓连接图

如图 3-1-51 所示为螺栓连接示意图，包含的零件有板 1、板 2、螺母、垫圈、螺栓，先分别画出了这五个零件的零件图，在拼画螺钉连接图前，已经将这五个零件的零件图分别画出（此处只是以螺栓连接图为例讲解装配图的拼画方法，现在 AutoCAD 软件一般都经过二次开发，内嵌标准件库，可以直接输入相关参数，调取标准件图样）。其拼画步骤如下：

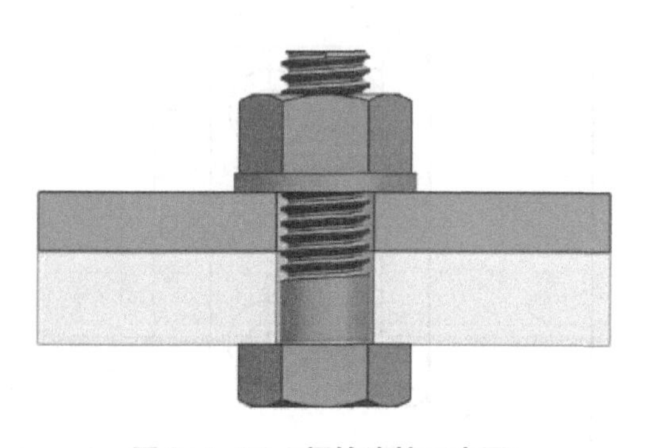

图 3-1-51　螺栓连接示意图

（1）创建外部块

在执行该命令前，先将零件图上的尺寸等和图形无关的要素删除。每一个零件定义一个外部块（具体方法参照融项目二任务 4），指定各外部块的基点如图 3-1-52 所示。

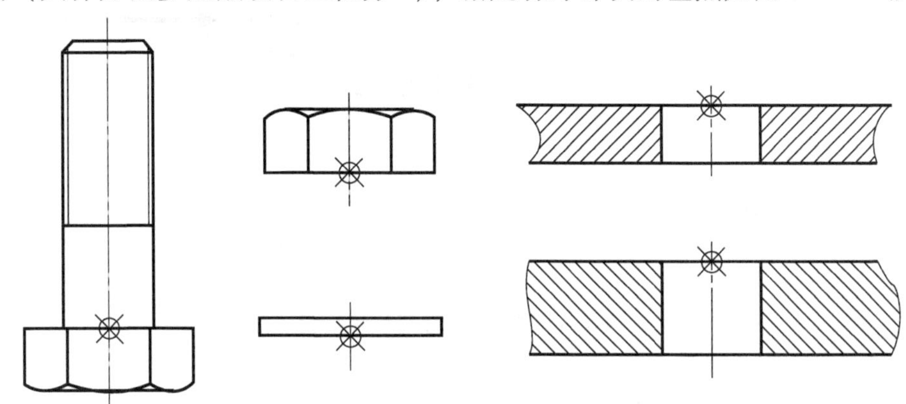

图 3-1-52　定义外部块

（2）调用外部块

调用外部块，开始进行装配。需要注意的是，最先调用的零件是装配体的基体零件，如图 3-1-50 所示螺栓连接中先调用板件，以板 1 为基体，然后按照板 2、螺栓、垫圈、螺母的顺序依次调入。在调用过程中注意各个块基点的重合，以保证各个零件间的相对位置关系（见图 3-1-53）。

（3）修改整理

按照装配图的相关画法规定，对拼画后的图形进行修改完善，完成装配图的绘制。

（三）用 AutoCAD 零件序号及明细表

零件序号和明细表是装配图中必须有的，在 AutoCAD 中可使用“多重引线”和“表格”的功能进行绘制

1. 零件序号

零件序号通常采用“多重引线”进行标注，如果想标注图 3-1-50 所示序号，需先改变多重引线的格式，然后再进行标注。

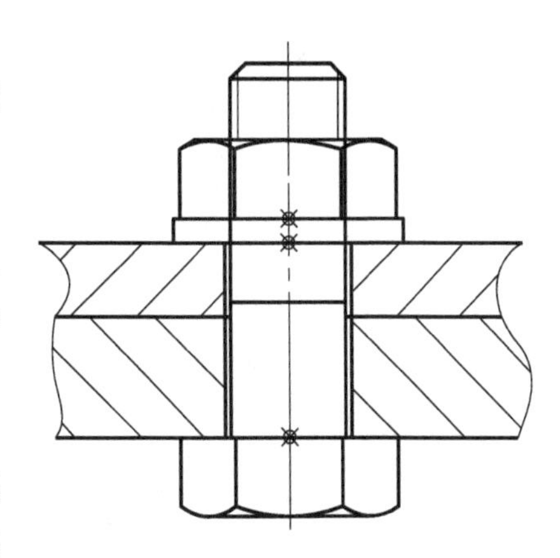

图 3-1-53　调用外部块

（1）多重引线格式的更改

选择“格式”菜单中的“多重引线格式”命令，弹出图 3-1-54 所示对话框。

单击“新建”，建立一个新的样式。打开“引线格式”选项卡，将箭头符号换为“点”，如图 3-1-55 所示。打开“内容”选项卡，将“多重引线类型”改为“块”，将“源块”改为“源”，如图 3-1-56 所示。

（2）多重引线标注

选中“多重引线”命令，指定箭头位置，指定引线位置，在弹出的对话框中输入序号数字即可。

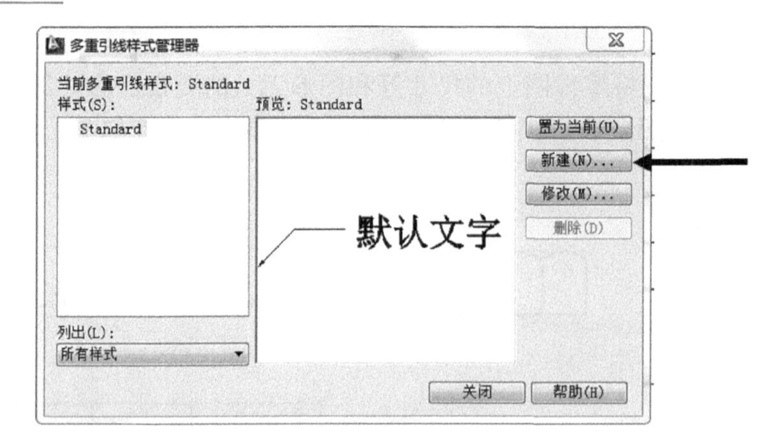

图 3-1-54　新建多重引线格式

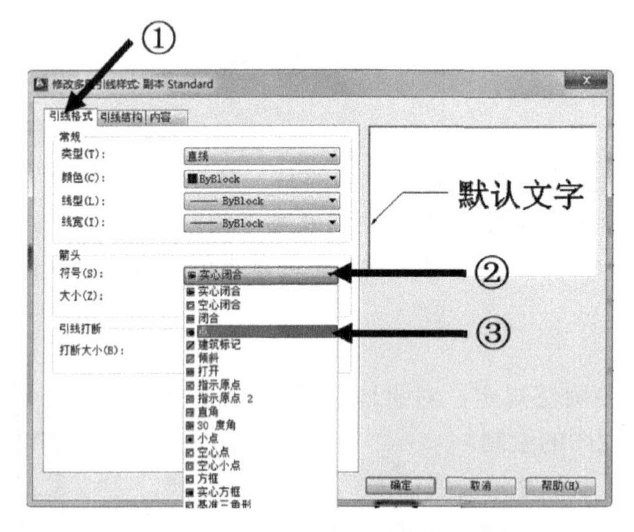

图 3-1-55　设置引线格式

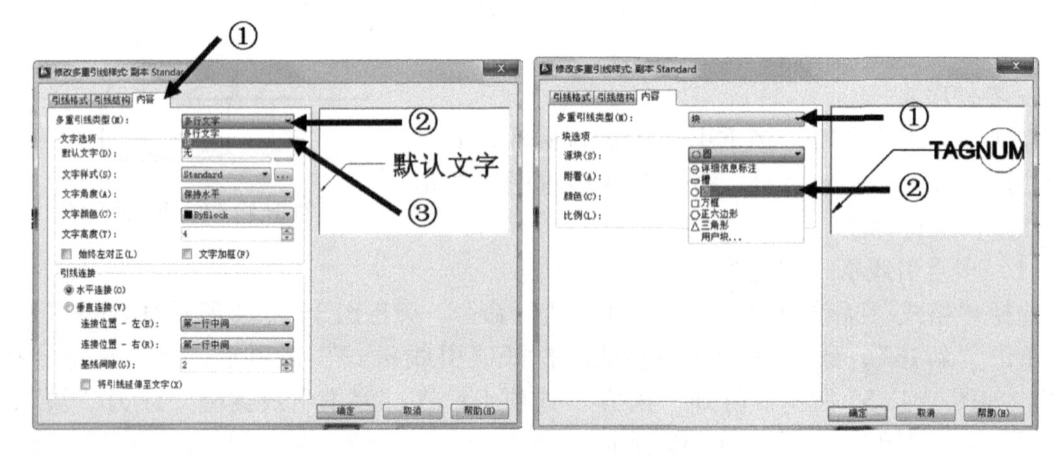

图 3-1-56　设置多重引线内容为块

2. 零件明细表

在 AutoCAD 中可以用“表格”命令绘制明细表，一般明细表的表头在下方，自下而上填写明细表，因此在绘制表格之前需更改表格的样式。

选择“表格”命令，按图3-1-57所示操作调出表格样式对话框，新建表格样式。

修改“表格方向”为“向上”（默认为向下），如图3-1-58所示。其他项根据需要进行修改，也可采用默认项，后续在“特性”中进行修改。

确定表格放置位置，双击表格中的单元格，进行文字的填写。由于表格的编辑和Excel表格的编辑很像，因此对于如何编辑表格不再赘述。

明细表的行高、列宽、字体等是有一定的国家标准要求的，因此，可以选择行或列，右击，选择“特性”，在“特性”对话框中进行修改，如图3-1-59所示。

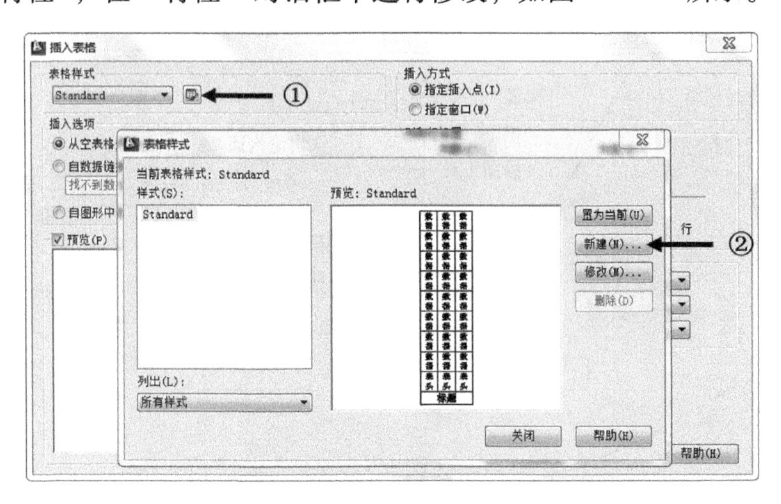

图3-1-57　新建表格样式

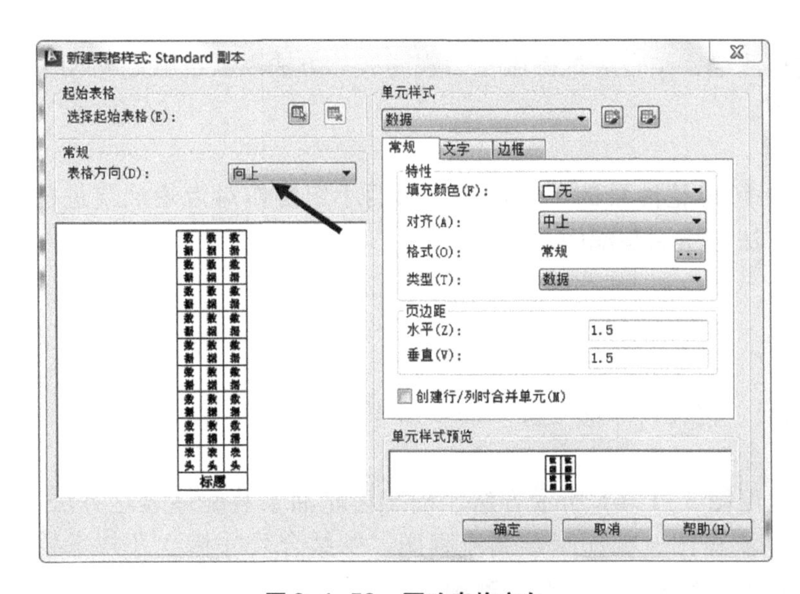

图3-1-58　更改表格方向

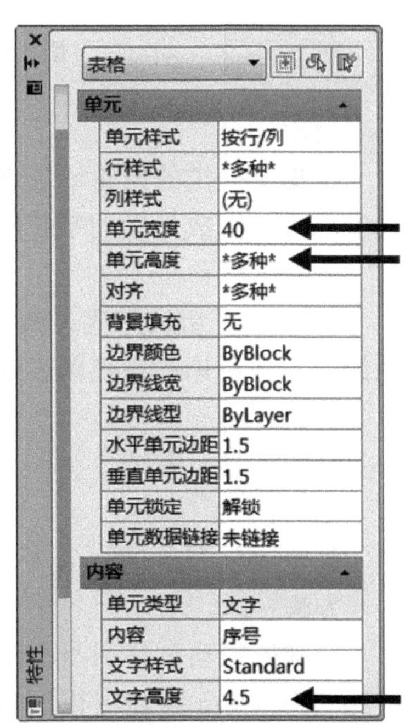

图3-1-59　设置表格特性

计算机绘制齿轮油泵装配图计划分析如图 3-1-60 所示。

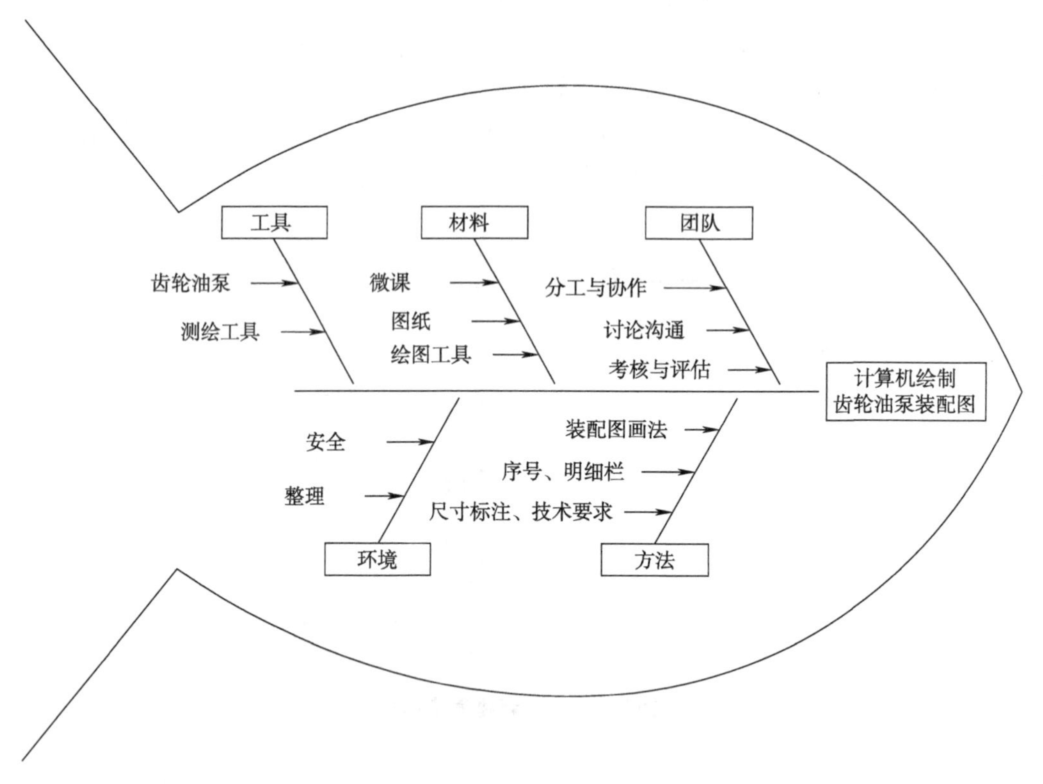

图 3-1-60　计算机绘制齿轮油泵装配图计划分析

要求：

根据所提供的齿轮油泵进行测绘，结合装配图画法、视图表达方法以及机械制图相关国家标准，完成齿轮油泵装配图。

人员组织：

6～8 人一组，先通过微课了解齿轮油泵的工作原理，然后小组协作对齿轮油泵进行测绘，共同讨论制订视图表达方法，绘制装配图草图。

材料：

绘图工具，图纸。

工具：

齿轮油泵 1 台/组，游标卡尺、钢板尺 2 把/组，AutoCAD 软件。

方法：

绘制齿轮油泵装配图，需运用图 3-1-61 所示方法，确定齿轮油泵装配体表达方法，参照图 3-1-62 装配图视图选择流程图、装配图绘制流程图，并结合尺寸标注及技术要求、序号编写及明细栏填写等要求，绘制齿轮油泵装配图。

环境：

在产品创新过程中要注意绿色环保，在绘图过程中应注意资料的搜集整理。

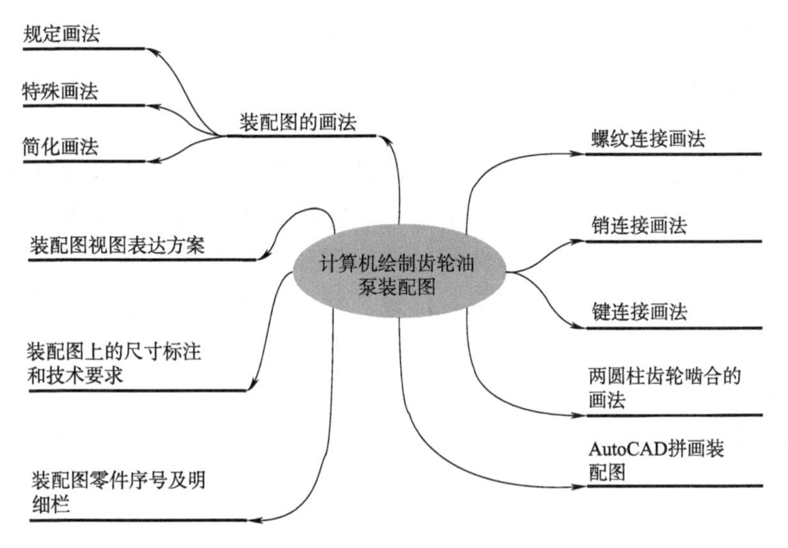

图 3-1-61　计算机绘制齿轮油泵装配图方法

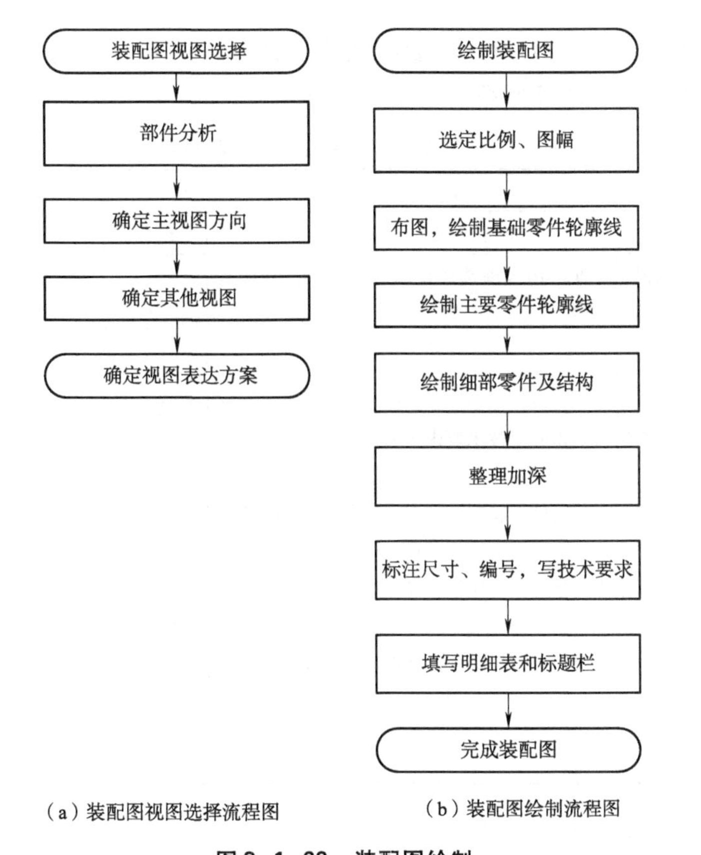

图 3-1-62　装配图绘制

任务实施前

绘制齿轮油泵装配图前需要通过活动练习装配图的规定画法、特殊画法、简化画法的要求，以及两个齿轮的啮合、紧固件连接、键和销连接画法等，然后确定齿轮油泵的视图表达方案，绘制其装配图。

任务实施中

装配图的作用是表达机器或部件的工作原理、装配关系以及主要零件的结构关系。视图选择的目的是以最少的视图，完整、清晰地表达出机器或部件的装配关系和工作原理。

主视图的选择应能较好地表达部件的工作原理和主要装配关系，并尽可能按照工作位置放置，使主要装配轴线处于水平或垂直位置。针对主视图没有表达清楚的装配关系和零件间的相对位置，可选用其他视图进行补充，如剖视、端面、拆去某些零件等。

任务实施后

再次检查图纸，是否有漏画线条，尺寸标注是否完全，检查完毕后方可交给审核人员。

1. 按照评分表（见表 3-1-5）对装配图进行评分

要求自评、互评，评分要客观、公正、合理。

表 3-1-5　齿轮油泵装配图评分表

姓名		学号		自评	互评
评分项	评分标准		得分		
视图（60 分）	能根据零件结构合理选择视图表达方案，视图表达完整、正确				
尺寸标注（5 分）	每个尺寸 0.5 分				
技术要求（10 分）	表面粗糙度 8 分，技术要求 2 分				
标题栏（5 分）	零件名称、比例、材料、姓名、单位，每项 1 分				
序号及明细栏（10 分）	序号标注完整整齐，明细栏填写完整				
图面质量（10 分）	图面整洁 2 分，布局 2 分，字体 3 分，图线 3 分				
总分				（签名）	（签名）

2. 针对工作过程，依据融能力，评价师生

在附录 K 表 K-1《融课程教学评估表》中，对本次课的四种能力进行评价。

附录

附录 A　标准公差数值（摘自 GB/T 1800.1—2009）

公称尺寸/mm		标准公差等级																	
		IT1	IT2	IT3	IT4	IT5	IT6	IT7	IT8	IT9	IT10	IT11	IT12	IT13	IT14	IT15	IT16	IT17	IT18
大于	至	/μm											/mm						
—	3	0.8	1.2	2	3	4	6	10	14	25	40	60	0.1	0.14	0.25	0.4	0.6	1	1.4
3	6	1	1.5	2.5	4	5	8	12	18	30	48	75	0.12	0.18	0.3	0.48	0.75	1.2	1.8
6	10	1	1.5	2.5	4	6	9	15	22	36	58	90	0.15	0.22	0.36	0.58	0.9	1.5	2.2
10	18	1.2	2	3	5	8	11	18	27	43	70	110	0.18	0.27	0.43	0.7	1.1	1.8	2.7
18	30	1.5	2.5	4	6	9	13	21	33	52	84	130	0.21	0.33	0.52	0.84	1.3	2.1	3.3
30	50	1.5	2.5	4	7	11	16	25	39	62	100	160	0.25	0.39	0.62	1	1.6	2.5	3.9
50	80	2	3	5	8	13	19	30	46	74	120	190	0.3	0.46	0.74	1.2	1.9	3	4.6
80	120	2.5	4	6	10	15	22	35	54	87	140	220	0.35	0.54	0.87	1.4	2.2	3.5	5.4
120	180	3.5	5	8	12	18	25	40	63	100	160	250	0.4	0.63	1	1.6	2.5	4	6.3
180	250	4.5	7	10	14	20	29	46	72	115	185	290	0.46	0.72	1.15	1.85	2.9	4.6	7.2
250	315	6	8	12	16	23	32	52	81	130	210	320	0.52	0.81	1.3	2.1	3.2	5.2	8.1
315	400	7	9	13	18	25	36	57	89	140	230	360	0.57	0.89	1.4	2.3	3.6	5.7	8.9
400	500	8	10	15	20	27	40	63	97	155	250	400	0.63	0.97	1.55	2.5	4	6.3	9.7

注：公称尺寸小于或等于 1 mm 时，无 IT4 至 IT18。

附录 B 孔的极限偏差数值（摘自 GB/T 1800.1—2009）

表 B-1 孔的基本偏差

公称尺寸/mm		基本偏																		
		下极限偏差（EI）																		
		所有标准公差等级												IT6	IT7	IT8	≤IT8	> IT8	≤IT8	> IT8
大于	至	A	B	C	CD	D	E	EF	F	FG	G	H	JS	J			K		M	
-	3	+270	+140	+60	+34	+20	+14	+10	+6	+4	+2	0		+2	+4	+6	0	0	-2	-2
3	6	+270	+140	+70	+46	+30	+20	+14	+10	+6	+4	0		+5	+6	+10	-1+Δ	-	-4+Δ	-4
6	10	+280	+150	+80	+56	+40	+25	+18	+13	+8	+5	0		+5	+8	+12	-1+Δ	-	-6+Δ	-6
10	14	+290	+150	+95	-	+50	+32	-	+16	-	+6	0		+6	+10	+15	-1+Δ	-	-7+Δ	-7
14	18																			
18	24	+300	+160	+110	-	+65	+40	-	+20	-	+7	0		+8	+12	+20	-2+Δ	-	-8+Δ	-8
24	30																			
30	40	+310	+170	+120	-	+80	+50		+25	-	+9	0		+10	+14	+24	-2+Δ	-	-9+Δ	-9
40	50	+320	+180	+130																
50	65	+340	+190	+140	-	+100	+60	-	+30	-	+10	0		+13	+18	+28	-2+Δ	-	-11+Δ	-11
65	80	+360	+200	+150																
80	100	+380	+220	+170	-	+120	+72	-	+36	-	+12	0	偏差=±(IT*n*)/2，式中 IT*n* 是 IT 值数	+16	+22	+34	-3+Δ	-	-13+Δ	-13
100	120	+410	+240	+180																
120	140	+460	+260	+200	-	+145	+85	-	+43	-	+14	0		+18	+26	+41	-3+Δ	-	-15+Δ	-15
140	160	+520	+280	+210																
160	180	+580	+310	+230																
180	200	+660	+340	+240	-	+170	+100	-	+50	-	+15	0		+22	+30	+47	-4+Δ	-	-17+Δ	-17
200	225	+740	+380	+260																
225	250	+820	+420	+280																
250	280	+920	+480	+300	-	+190	+110	-	+56	-	+17	0		+25	+36	+55	-4+Δ	-	-20+Δ	-20
280	315	+1050	+540	+330																
315	355	+1200	+600	+360	-	+210	+125	-	+62	-	+18	0		+29	+39	+60	-4+Δ	-	-21+Δ	-21
355	400	+1350	+680	+400																
400	450	+1500	+760	+440	-	+230	+135	-	+68	-	+20	0		+33	+43	+66	-5+Δ	-	-23+Δ	-23
450	500	+1650	+840	+480																

注：① 公称尺寸小于或等于 1 时，基本偏差 A 和 B 及大于 IT8 的 N 均不采用。

② 公差带 JS7 至 JS11，若 IT*n* 值数是奇数，则取偏差 = ±(IT*n* - 1)/2。

③ 对小于或等于 IT8 的 K、M、N 和小于或等于 IT7 的 P 至 ZC，所需 Δ 值从表内右侧选取。例如：18～30 段的 K7

④ 特殊情况：250～315 段的 M6，ES = -9 μm（代替 -11 μm）。

数值（摘自 GB/T 1800.1—2009） 单位：μm

差数值															Δ值					
上极限偏差（ES）																				
≤IT8	>IT8	≤IT7	标准公差等级大于 IT7												标准公差等级					
N		P 至 ZC	P	R	S	T	U	V	X	Y	Z	ZA	ZB	ZC	IT3	IT4	IT5	IT6	IT7	IT8
-4	-4	在大于 IT7 的相应数值上增加一个 Δ 值	-6	-10	-14	–	-18	–	-20	–	-26	-32	-40	-60	0	0	0	0	0	0
-8+Δ	0		-12	-15	-19	–	-23	–	-28	–	-35	-42	-50	-80	1	1.5	1	3	4	6
-10+Δ	0		-15	-19	-23	–	-28	–	-34	–	-42	-52	-67	-97	1	1.5	2	3	6	7
-12+Δ	0		-18	-23	-28	–	-33	–	-40	–	-50	-64	-90	-130	1	2	3	3	7	9
								-39	-45	–	-60	-77	-108	-150						
-15+Δ	0		-22	-28	-35	–	-41	-47	-54	-63	-73	-98	-136	-188	1.5	2	3	4	8	12
						-41	-48	-55	-64	-75	-88	-118	-160	-218						
-17+Δ	0		-26	-34	-43	-48	-60	-68	-80	-94	-112	-148	-200	-274	1.5	3	4	5	9	14
						-54	-70	-81	-97	-114	-136	-180	-242	-325						
-20+Δ	0		-32	-41	-53	-66	-87	-102	-122	-144	-172	-226	-300	-405	2	3	5	6	11	16
				-43	-59	-75	-102	-120	-146	-174	-210	-274	-360	-480						
-23+Δ	0		-37	-51	-71	-91	-124	-146	-178	-214	-258	-335	-445	-585	2	4	5	7	13	19
				-54	-79	-104	-144	-172	-210	-254	-310	-400	-525	-690						
-27+Δ	0		-43	-63	-92	-122	-170	-202	-248	-300	-365	-470	-620	-800	3	4	6	7	15	23
				-65	-100	-134	-190	-228	-280	-340	-415	-535	-700	-900						
				-68	-108	-146	-210	-252	-310	-380	-465	-600	-780	-1000						
-31+Δ	0		50	-77	-122	-166	-236	-284	-350	-425	-520	-670	-880	-1150	3	4	6	9	17	26
				-80	-130	-180	-258	-310	-385	-470	-575	-740	-960	-1250						
				-84	-140	-196	-284	-340	-425	-520	-640	-820	-1050	-1350						
-34+Δ	0		-56	-94	-158	-218	-315	-385	-475	-580	-710	-920	-1200	-1550	4	4	7	9	20	29
				-98	-170	-240	-350	-425	-525	-650	-790	-1000	-1300	-1700						
-37+Δ	0		-62	-108	-190	-268	-390	-475	-590	-730	-900	-1150	-1500	-1900	4	5	7	11	21	32
				-114	-208	-294	-435	-530	-660	-820	-1000	-1300	-1650	-2100						
-40+Δ	0		-68	-126	-232	-330	-490	-595	-740	-920	-1100	-1450	-1850	-2400	5	5	7	13	23	34
				-132	-252	-360	-540	-660	-820	-1000	-1250	-1600	-2100	-2600						

Δ=8 μm，所以 ES=(-2+8)μm=+6μm；18～30 段的 S6；Δ=4 μm，所以 ES=(-35+4)μm=-31 μm。

附录 C　轴的极限偏差数值（摘自 GB/T 1800.1—2009）

表 C－1　轴的基本偏差

公称尺寸/mm		基　本　偏														
		上极限偏差（es）														
		所有标准公差等级												IT5 和 IT6	IT7	IT8
大于	至	a	b	c	cd	d	e	ef	f	fg	g	h	js	j		
–	3	-270	-140	-60	-34	-20	-14	-10	-6	-4	-2	0	偏差 = ±(IT*n*)/2，式中 IT*n* 是 IT 值数	-2	-4	-6
3	6	-270	-140	-70	-46	-30	-20	-14	-10	-6	-4	0		-2	-4	–
6	10	-280	-150	-80	-56	-40	-25	-18	-13	-8	-5	0		-2	-5	–
10	14	-290	-150	-95	–	-50	-32	–	-16	–	-6	0		-3	-6	–
14	18															
18	24	-300	-160	-110	–	-65	-40	–	-20	–	-7	0		-4	-8	–
24	30															
30	40	-310	-170	-120	–	-80	-50	–	-25	–	-9	0		-5	-10	–
40	50	-320	-180	-130												
50	65	-340	-190	-140	–	-100	-60	–	-30	–	-10	0		-7	-12	–
65	80	-360	-200	-150												
80	100	-380	-220	-170	–	-120	-72	–	-36	–	-12	0		-9	-15	–
100	120	-410	-240	-180												
120	140	-460	-260	-200	–	-145	-85	–	-43	–	-14	0		-11	-18	–
140	160	-520	-280	-210												
160	180	-580	-310	-230												
180	200	-660	-340	-240	–	-170	-100	–	-50	–	-15	0		-13	-21	–
200	225	-740	-380	-260												
225	250	-820	-420	-280												
250	280	-920	-480	-300	–	-190	-110	–	-56	–	-17	0		-16	-26	–
280	315	-1050	-540	-330												
315	355	-1200	-600	-360	–	-210	-125	–	-62	–	-18	0		-18	-28	–
355	400	-1350	-680	-400												
400	450	-1500	-760	-440	–	-230	-135	–	-68	–	-20	0		-20	-32	–
450	500	-1650	-840	-480												

注：① 公称尺寸小于或等于 1 时，基本偏差 a 和 b 均不采用。

② 公差带 js7 至 js11，若 IT*n* 值是奇数，则取偏差 = ±(IT*n*－1)/2。

数值（摘自 GB/T 1800.1—2009）　　单位：μm

差　数　值

下极限偏差（ei）

IT4 至 IT7	≤IT3 >IT7	所有标准公差等级													
k		m	n	p	r	s	t	u	v	x	y	z	za	zb	zc
0	0	+2	+4	+6	+10	+14	–	+18	–	+20	–	+26	+32	+40	+60
+1	0	+4	+8	+12	+15	+19	–	+23	–	+28	–	+35	+42	+50	+80
+1	0	+6	+10	+15	+19	+23	–	+28	–	+34	–	+42	+52	+67	+97
+1	0	+7	+12	+18	+23	28	–	+33	–	+40	–	+50	+64	+90	+130
									+39	+45	–	+60	+77	+108	+150
+2	0	+8	+15	+22	+28	+35	–	+41	+47	+54	+63	+73	+98	+136	188
							+41	+48	+55	+64	+75	+88	+118	+160	+218
+2	0	+9	+17	+26	+34	+43	+48	+60	+68	+80	+94	+112	+148	+200	+274
							+54	70	+81	+97	+114	+136	+180	+242	325
+2	0	+11	+20	+32	+41	+53	+66	+87	+102	+122	+144	+172	+226	+300	+405
					+43	+59	+75	+102	+120	+146	+174	+210	+274	+360	+480
+3	0	+13	+23	+37	+51	+71	+91	+124	+146	+178	+214	+258	+335	+445	+585
					+54	+79	+104	+144	+172	+210	+254	+310	+400	525	+690
+3	0	+15	+27	+43	+63	+92	+122	+170	+202	+248	+300	+365	+470	+620	+800
					+65	+100	+134	+190	+228	+280	+340	+415	+535	+700	+900
					+68	+108	+146	+210	+252	+310	+380	+465	600	+780	+1000
+4	0	+17	+31	+50	+77	+122	+166	+236	+284	+350	+425	+520	+670	+880	+1150
					+80	+130	+180	+258	+310	+385	+470	+575	+740	+960	+1250
					+84	+140	+196	+284	+340	+425	+520	+640	+820	+1050	+1350
+4	0	+20	+34	+56	+94	+158	+218	+315	+385	+475	+580	+710	+920	+1200	+1550
					+98	+170	+240	+350	+425	+525	+650	+790	+1000	+1300	+1700
+4	0	+21	+37	+62	+108	+190	+268	+390	+475	+590	+730	+900	+1150	+1500	+1900
					+114	+208	+294	+435	+530	+660	+820	+1000	+1300	+1650	+2100
+5	0	+23	+40	+68	+126	+232	+330	+490	+595	+740	+920	+1100	+1450	+1850	+2400
					+132	+252	+360	+540	+660	+820	+1000	+1250	+1600	+2100	+2600

附录 D　基孔制的优先、常用配合（摘自 GB/T 1801—2009）

基准孔	轴																				
	a	b	c	d	e	f	g	h	js	k	m	n	p	r	s	t	u	v	x	y	z
	间隙配合								过渡配合			过盈配合									
H6						$\frac{H6}{f5}$	$\frac{H6}{g5}$	$\frac{H6}{h5}$	$\frac{H6}{js5}$	$\frac{H6}{k5}$	$\frac{H6}{m5}$	$\frac{H6}{n5}$	$\frac{H6}{p5}$	$\frac{H6}{r5}$	$\frac{H6}{s5}$	$\frac{H6}{t5}$					
H7						$\frac{H7}{f6}$	◤$\frac{H7}{g6}$	◤$\frac{H7}{h6}$	$\frac{H7}{js6}$	◤$\frac{H7}{k6}$	$\frac{H7}{m6}$	◤$\frac{H7}{n6}$	◤$\frac{H7}{p6}$	$\frac{H7}{r6}$	◤$\frac{H7}{s6}$	$\frac{H7}{t6}$	◤$\frac{H7}{u6}$	$\frac{H7}{v6}$	$\frac{H7}{x6}$	$\frac{H7}{y6}$	$\frac{H7}{z6}$
H8					$\frac{H8}{e7}$	◤$\frac{H8}{f7}$	$\frac{H8}{g7}$	◤$\frac{H8}{h7}$	$\frac{H8}{js7}$	$\frac{H8}{k7}$	$\frac{H8}{m7}$	$\frac{H8}{n7}$	$\frac{H8}{p7}$	$\frac{H8}{r7}$	$\frac{H8}{s7}$	$\frac{H8}{t7}$	$\frac{H8}{u7}$				
				$\frac{H8}{d8}$	$\frac{H8}{e8}$	$\frac{H8}{f8}$		$\frac{H8}{h8}$													
H9			$\frac{H9}{c9}$	◤$\frac{H9}{d9}$	$\frac{H9}{e9}$	$\frac{H9}{f9}$		◤$\frac{H9}{h9}$													
H10			$\frac{H10}{c10}$	$\frac{H10}{d10}$				$\frac{H10}{h10}$													
H11	$\frac{H11}{a11}$	$\frac{H11}{b11}$	◤$\frac{H11}{c11}$	$\frac{H11}{d11}$				◤$\frac{H11}{h11}$													
H12		$\frac{H12}{b12}$						$\frac{H12}{h12}$													

注：① $\frac{H6}{n5}$、$\frac{H7}{p6}$ 在公称尺寸小于或等于 3 mm 和 $\frac{H8}{r7}$ 在小于或等于 100 mm 时，为过渡配合。

②标注◤的配合为优先配合。

附录 E　基轴制的优先、常用配合（摘自 GB/T 1801—2009）

基准轴	孔																				
	A	B	C	D	E	F	G	H	JS	K	M	N	P	R	S	T	U	V	X	Y	Z
	间隙配合								过渡配合			过盈配合									
h5						$\frac{F6}{h5}$	$\frac{G6}{h5}$	$\frac{H6}{h5}$	$\frac{JS6}{h5}$	$\frac{K6}{h5}$	$\frac{M6}{h5}$	$\frac{N6}{h5}$	$\frac{P6}{h5}$	$\frac{R6}{h5}$	$\frac{S6}{h5}$	$\frac{T6}{h5}$					
h6						$\frac{F7}{h6}$	◤$\frac{G7}{h6}$	◤$\frac{H7}{h6}$	$\frac{JS7}{h6}$	◤$\frac{K7}{h6}$	$\frac{M7}{h6}$	◤$\frac{N7}{h6}$	◤$\frac{P7}{h6}$	$\frac{R7}{h6}$	◤$\frac{S7}{h6}$	$\frac{T7}{h6}$	◤$\frac{U7}{h6}$				
h7					$\frac{E8}{h7}$	◤$\frac{F8}{h7}$		◤$\frac{H8}{h7}$	$\frac{JS8}{h7}$	$\frac{K8}{h7}$	$\frac{M8}{h7}$	$\frac{N8}{h7}$									
h8				$\frac{D8}{h8}$	$\frac{E8}{h8}$	$\frac{F8}{h8}$		$\frac{H8}{h8}$													
h9				◤$\frac{D9}{h9}$	$\frac{E9}{h9}$	$\frac{F9}{h9}$		◤$\frac{H9}{h9}$													
h10				$\frac{D10}{h10}$				$\frac{H10}{h10}$													
h11	$\frac{A11}{h11}$	$\frac{B11}{h11}$	◤$\frac{C11}{h11}$	$\frac{D11}{h11}$				◤$\frac{H11}{h11}$													
h12		$\frac{B12}{h12}$						$\frac{H12}{h12}$													

注:标注◤的配合为优先配合。

附录 F　零件倒角和倒圆(摘自 GB/T 6403.4—2008)

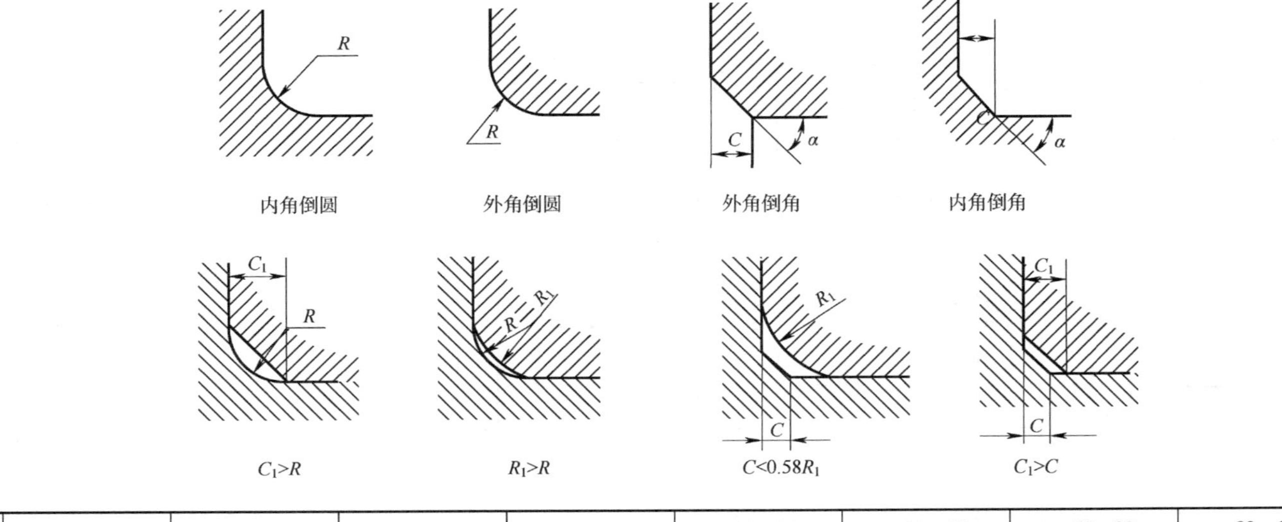

ϕ	~3	>3~6	>6~10	>10~18	>18~30	>30~50	>50~80	>80~120	>120~180
C 或 R	0.2	0.4	0.6	0.8	1.0	1.6	2.0	2.5	3.0
ϕ	>180~250	>250~320	>320~400	>400~500	>500~630	>630~800	>800~1000	>1000~1250	>1250~1600
C 或 R	4.0	5.0	6.0	8.0	10	12	16	20	25

注：α 一般采用 45°，也可采用 30°或 60°。

附录 G 普通螺纹退刀槽和砂轮越程槽

表 G-1 普通螺纹退刀槽（摘自 GB/T 3—1997） 单位：mm

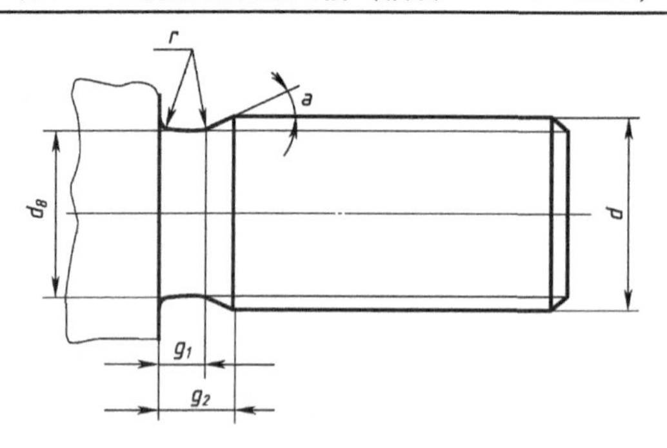

外螺纹退刀槽

螺距 P	g_2 max	g_1 min	d_g	r ≈
0.25	0.75	0.4	$d-0.4$	0.12
0.3	0.9	0.5	$d-0.5$	0.16
0.35	1.05	0.6	$d-0.6$	0.16
0.4	1.2	0.6	$d-0.7$	0.2
0.45	1.35	0.7	$d-0.7$	0.2
0.5	1.5	0.8	$d-0.8$	0.2
0.6	1.8	0.9	$d-1$	0.4
0.7	2.1	1.1	$d-1.1$	0.4
0.75	2.25	1.2	$d-1.2$	0.4
0.8	2.4	1.3	$d-1.3$	0.4
1	3	1.6	$d-1.6$	0.6
1.25	3.75	2	$d-2$	0.6
1.5	4.5	2.5	$d-2.3$	0.8
1.75	5.25	3	$d-2.6$	1
2	6	3.4	$d-3$	1
2.5	7.5	4.4	$d-3.6$	1.2
3	9	5.2	$d-4.4$	1.6
3.5	10.5	6.2	$d-5$	1.6
4	12	7	$d-5.7$	2
4.5	13.5	8	$d-6.4$	2.5
5	15	9	$d-7$	2.5
5.5	17.5	11	$d-7.7$	3.2
6	18	11	$d-8.3$	3.2
参考值	≈$3P$	—	—	—

注：

① d 为螺纹公称直径代号。

② d_g公差为：h13（$d>3$ mm）；

h12（$d \leqslant 3$ mm）。

表 G-2　回转面及端面砂轮越程槽（摘自 GB/T 6403.5—2008）　　单位：mm

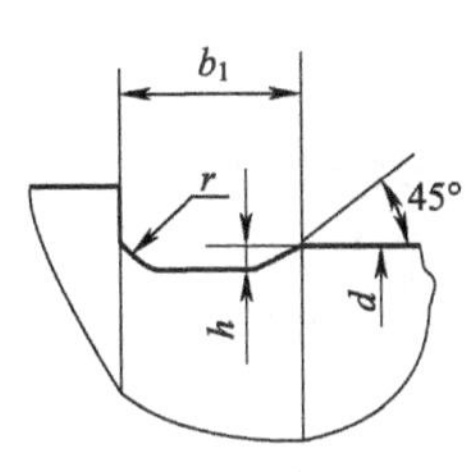

（a）磨外圆

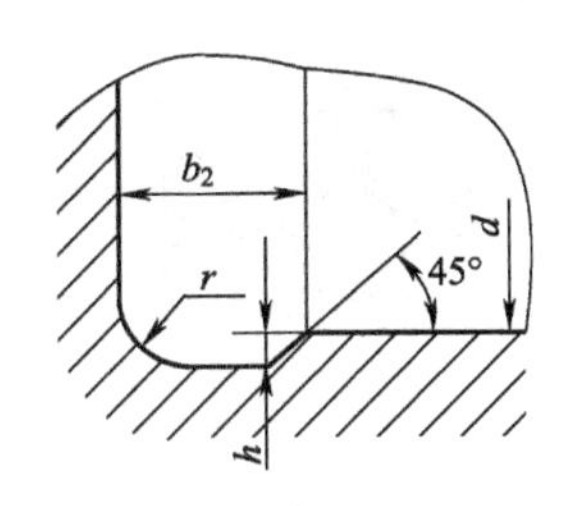

（b）磨内圆

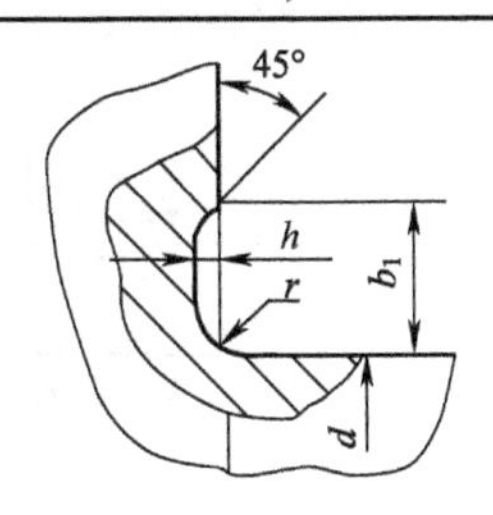

（c）磨外端面

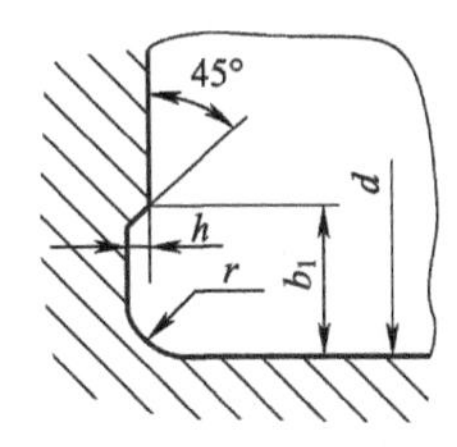

（d）磨内端面

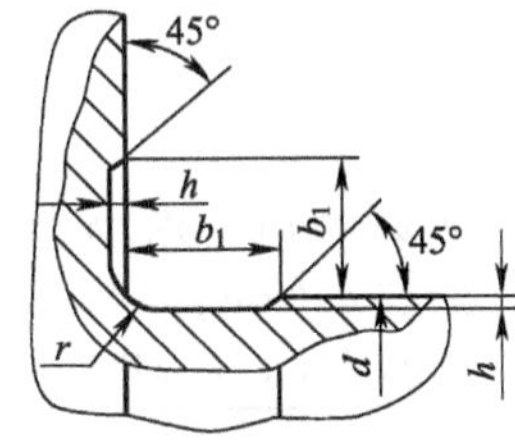

（e）磨外圆及端面

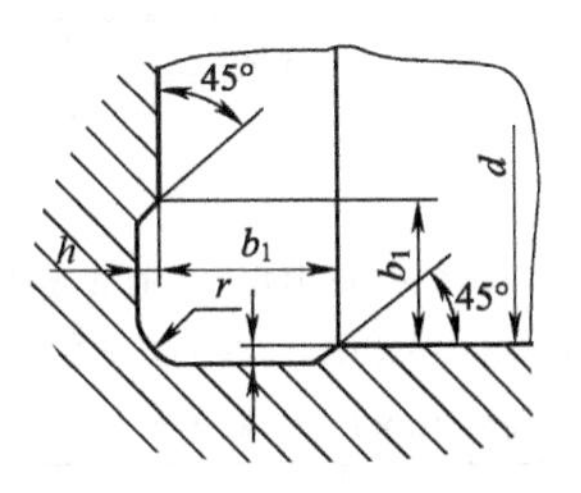

（f）磨内圆及端面

单位：mm

<table>
<tr><td>b_1</td><td>0.6</td><td>1.0</td><td>1.6</td><td>2.0</td><td>3.0</td><td>4.0</td><td>5.0</td><td>8.0</td><td>10</td></tr>
<tr><td>b_2</td><td>2.0</td><td colspan="2">3.0</td><td colspan="2">4.0</td><td colspan="2">5.0</td><td>8.0</td><td>10</td></tr>
<tr><td>h</td><td>0.1</td><td colspan="2">0.2</td><td>0.3</td><td colspan="2">0.4</td><td>0.6</td><td>0.8</td><td>1.2</td></tr>
<tr><td>r</td><td>0.2</td><td colspan="2">0.5</td><td>0.8</td><td colspan="2">1.0</td><td>1.6</td><td>2.0</td><td>3.0</td></tr>
<tr><td>d</td><td colspan="3">~10</td><td colspan="2">10~50</td><td colspan="2">50~100</td><td colspan="2">100</td></tr>
</table>

注：① 越程槽内与直线相交处，不允许产生尖角。
　　② 越程槽深度 h 与圆弧半径 r，要满足 $r \leqslant 3h$。

附录 H　平键及键槽各部分尺寸（摘自 GB/T 1095/1096—2003）

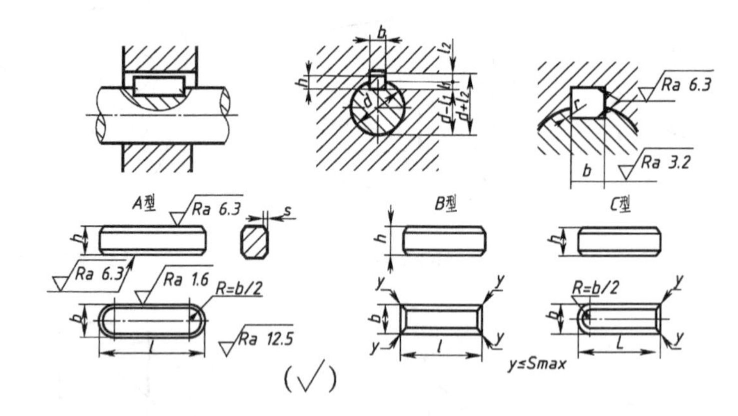

(√)

标记示例：

GB/T 1096　键 16×10×100（普通 A 型平键、宽度 $b=16$ mm、高度 $h=10$ mm、长度 $L=100$ mm）

GB/T 1096　键 B16×10×100（普通 B 型平键、宽度 $b=16$ mm、高度 $h=10$ mm、长度 $L=100$ mm）

GB/T 1096　键 C16×10×100（普通 C 型平键、宽度 $b=16$ mm、高度 $h=10$ mm、长度 $L=100$ mm）

轴	键		键槽											
公称直径 d	键尺寸 $b\times h$	标准长度范围 L	宽度 b						深度				半径 r	
			基本尺寸 b	极限偏差					轴 t_1		毂 t_2			
				正常连结		紧密连结	松连结		基本尺寸	极限偏差	基本尺寸	极限偏差		
				轴 N9	毂 JS9	轴和毂 P9	轴 H9	毂 D10					最小	最大
>10~12	4×4	8~45	4	0 −0.030	±0.015	−0.012 −0.042	+0.030 0	+0.078 +0.030	2.5	+0.1 0	1.8	+0.1 0	0.08	0.16
>12~17	5×5	10~56	5						3.0		2.3		0.16	0.25
>17~22	6×6	14~70	6						3.5		2.8			
>22~30	8×7	18~90	8	0 −0.036	±0.018	−0.015 −0.051	+0.036 0	+0.098 +0.040	4.0	+0.2 0	3.3	+0.2 0		
>30~38	10×8	22~110	10						5.0		3.3		0.25	0.40
>38~44	12×8	28~140	12	0 −0.043	±0.0215	−0.018 −0.061	+0.043 0	+0.120 +0.050	5.0		3.3			
>44~50	14×9	36~160	14						5.5		3.8			
>50~58	16×10	45~180	16						6.0		4.3			
>58~65	18×11	50~200	18						7.0		4.4			
>64~75	20×12	56~220	20	0 −0.052	±0.026	−0.022 −0.074	+0.052 0	+0.149 +0.065	7.5		4.9		0.40	0.60
>75~85	22×14	63~250	22						9.0		5.4			
>85~95	25×14	70~280	25						9.0		5.4			
>95~110	28×16	80~320	28						10		6.4			
$L_{系列}$	8~22（2 进位）、25、28、32、36、40、45、50、56、63、70~110（10 进位）、125、140~220（20 进位）、250、280、320													

附录 I　销

表 I-1　圆柱销　不淬硬钢和奥氏体不锈钢（摘自 GB/T 119.1—2000）

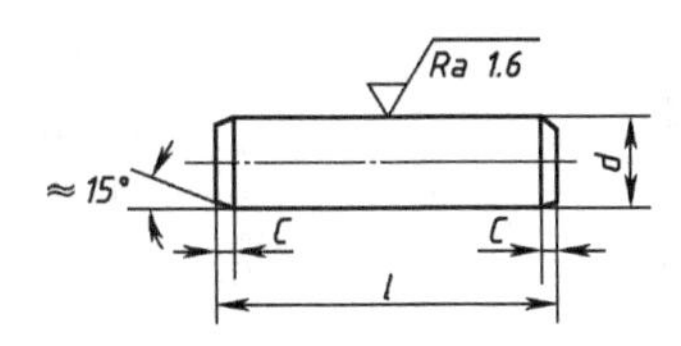

标记示例：

销　GB/T 119.0　10　m6×50（公称直径 $d=10$ mm、公差为 m6、公称长度 $l=50$ mm、材料为钢、不经淬火、不经表面处理的圆柱销）

销　GB/T 119.1　6　m6×30－Al（公称直径 $d=6$ mm、公差为 m6、公称长度 $l=30$ mm、材料为 Al 组奥氏体不锈钢、表面简单处理的圆柱销）

$d_{公称}$	2	2.5	3	4	5	6	8	10	12	16	20	25
$c\approx$	0.35	0.4	0.5	0.63	0.8	1.2	1.6	2.0	2.5	3.0	3.5	4.0
$l_{范围}$	6～20	6～24	8～30	8～40	10～50	12～60	14～80	18～95	22～140	26～180	35～200	50～200
$l_{公称}$	6～32（2 进位）、35～100（5 进位、）120～200（20 进位）（公称长度大于 200，按 20 递增）											

表 I-2　圆锥销（摘自 GB/T 117—2000）

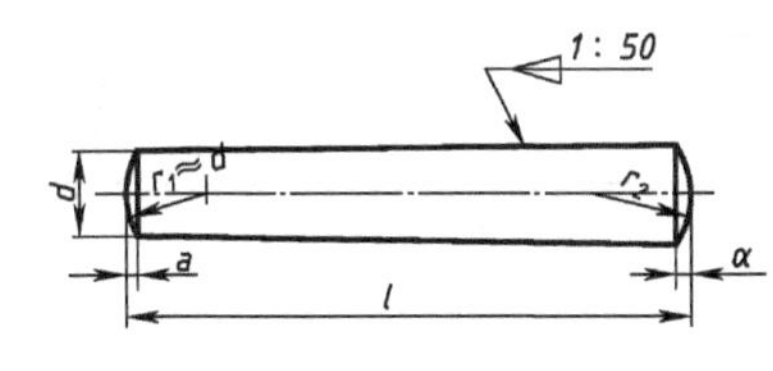

A型（磨削）：锥面表面粗糙度 $Ra=0.8$ μm

B型（切削或冷镦）：锥面表面粗糙度 $Ra=3.2$ μm

$$r_2\approx\frac{a}{2}+d+\frac{(0.021)^2}{8a}$$

标记示例：

销　GB/T 117　6×30（公称直径 $d=6$ mm、公称长度 $l=30$ mm、材料为 35 钢、热处理硬度 28～38HRC、表面氧化处理的 A 型圆锥销）

$d_{公称}$	2	2.5	3	4	5	6	8	10	12	16	20	25
$a\approx$	0.25	0.3	0.4	0.5	0.63	0.8	1.0	1.2	1.6	2.0	2.5	3.0
$l_{范围}$	10～35	10～35	12～45	14～55	18～60	22～90	22～120	26～160	32～180	40～200	45～200	50～200
$L_{公称}$	10～32（2 进位）、35～100（5 进位）、120～200（20 进位）（公称长度大于 200，按 20 递增）											

附录 J　螺纹与螺纹紧固件

表 J-1　普通螺纹（摘自 GB/T 192、193、196、197—2003）

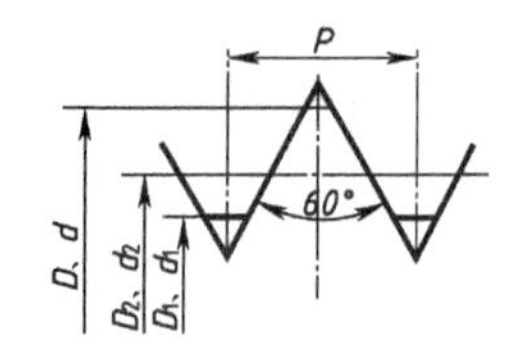

D——内螺纹大径（公称直径）
d——外螺纹大径（公称直径）
D_2——内螺纹中径
d_2——外螺纹中径
D_1——内螺纹小径
d_1——外螺纹小径
P——螺距

标记示例：

M16（粗牙普通外螺纹、公称直径 d = M16、螺距 P = 2 mm、中径及大径公差带均为 6 g、中等旋合长度、右旋）

M20 × 2 - LH（细牙普通内螺纹、公称直径 D = M20、螺距 P = 2 mm、中径及小径公差带均为 6H、中等旋合长度、左旋）

公称直径（D、d）			螺距（P）	
第一系列	第二系列	第三系列	粗　牙	细　牙
4	—	—	0.7	0.5
5	—	—	0.8	
6	—	—	1	0.75
—	7	—		
8	—	—	1.25	1、0.75
10	—	—	1.5	1.25、1、0.75
12	—	—	1.75	1.25、1
—	14	—	2	1.5、1.25、1
—	—	15	—	1.5、1
16	—	—	2	
—	18	—	2.5	
20	—	—		
—	22	—		
24	—	—	3	
—	—	25	—	2、1.5、1
—	27	—	3	(3)、2、1.5、1
30	—	—	3.5	(3)、2、1.5
—	33	—		1.5
—	—	35	—	3、2、1.5
36	—	—	4	
—	39	—		

螺纹种类	精　度	外螺纹的推荐公差带			内螺纹的推荐公差带		
		S	N	L	S	N	L
普通螺纹	中等	(5g6g) (5h6h)	*6e *6f *6g *6h	(7e6e) (7e6g) (7h6h)	*5H (5G)	*6H *6G	*7H (7G)
	粗糙	—	(8e) 8g	(9e8e) (9g8g)	—	7H (7G)	8H (8G)

注：① 优先选用第一系列，其次是第二系列，第三系列尽可能不用；括号内尺寸尽可能不用。

② 大量生产的紧固件螺纹，推荐采用带方框的公差带；带 * 的公差带优先选用，括号内的公差带尽可能不用。

③ 两种精度选用原则：中等——一般用途；粗糙——对精度要求不高时采用。

表 J-2　六角头螺栓

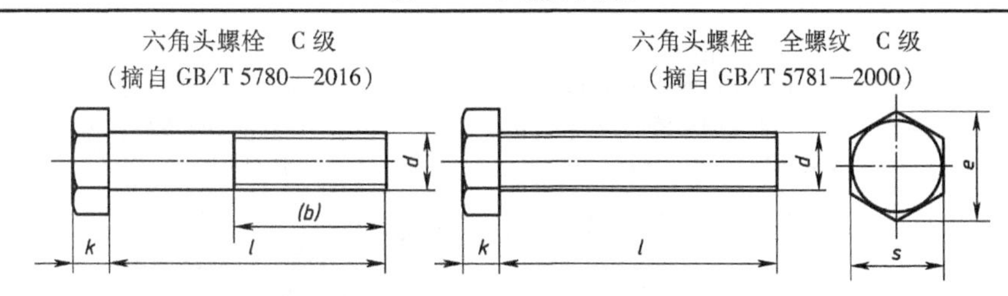

六角头螺栓　C 级（摘自 GB/T 5780—2016）　　六角头螺栓　全螺纹　C 级（摘自 GB/T 5781—2000）

标记示例：

螺栓　GB/T 5780　M20×100（螺纹规格为 M20、公称长度 l=100 mm、性能等级为 4.8 级、表面不经处理、产品等级为 C 级的六角头螺栓）

螺纹规格 d		M5	M6	M8	M10	M12	M16	M20	M24	M30	M36	M42
$b_{参考}$	$l_{公称}$≤125	16	18	22	26	30	38	46	54	66	—	—
	125<$l_{公称}$≤200	22	24	28	32	36	44	52	60	72	84	96
	$l_{公称}$>200	35	37	41	45	49	57	65	73	85	97	109
$k_{公称}$		3.5	4.0	5.3	6.4	7.5	10	12.5	15	18.7	22.5	26
s_{max}		2	10	13	16	18	24	30	36	46	55	65
e_{min}		8.63	10.89	14.2	17.59	19.85	26.17	32.95	39.55	50.85	60.79	71.3
l 范围	GB/T 5780	25~50	30~60	40~80	45~100	55~120	65~160	80~200	100~240	120~300	140~360	180~420
	GB/T 5781	10~50	12~60	16~80	20~100	25~120	30~160	40~200	50~240	60~300	70~360	80~420
$l_{公称}$		10、12、16、20~65（5 进位）、70~160（10 进位）、180、200、220~420（20 进位）										

表 J-3　1 型六角螺母　C 级（摘自 GB/T 41—2016）

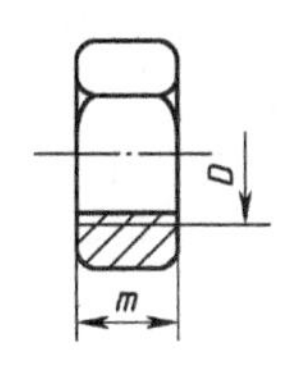

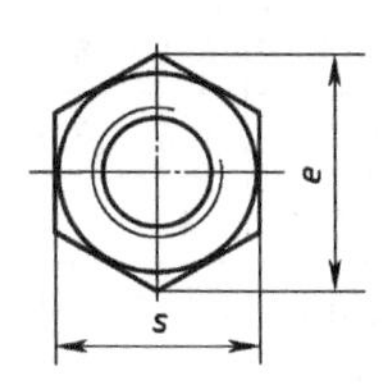

标记示例：

螺母　GB/T 41　M10

（螺纹规格为 M10、性能等级为 5 级、表面不经处理、产品等级为 C 级的 1 型六角螺母）

螺纹规格 D	M5	M6	M8	M10	M12	M16	M20	M24	M30	M36	M42	M48	M56
s_{max}	8	10	13	16	18	24	30	36	46	55	65	75	85
e_{min}	8.63	10.89	14.20	17.59	19.85	26.17	32.95	39.55	50.85	60.79	71.3	82.6	93.56
m_{max}	5.6	6.4	7.9	9.5	12.2	15.9	19	22.3	26.4	31.9	34.9	38.9	45.9

表 J-4 垫圈

平垫圈 A 级（摘自 GB/T 97.1—2002）
平垫圈 倒角型 A 级（摘自 GB/T 972—2002）
平垫圈 C 级（摘自 GB/T 95—2002）
标准型弹簧垫圈（摘自 GB 93—1987）

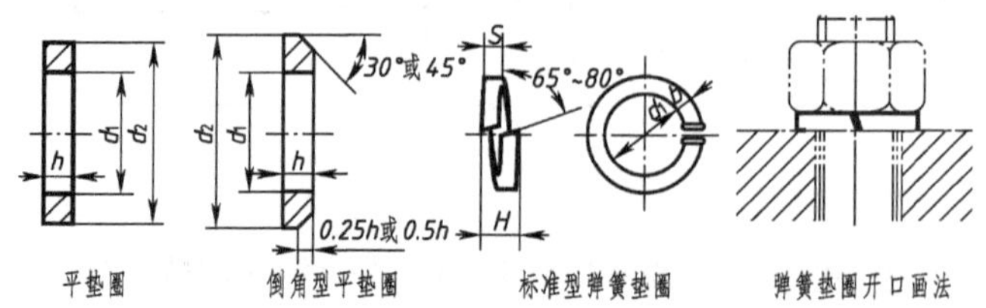

标记示例：

垫圈 GB/T 95 8（标准系列、公称规格 $d=8$ mm、硬度等级为 100HV 级、不经表面处理、产品等级为 C 级的平垫圈）

垫圈 GB/T 93—1987 10（规格 10 mm、材料为 65Mn、表面氧化的标准型弹簧垫圈）

公称尺寸 d（螺纹规格）		4	5	6	8	10	12	16	20	24	30	36	42	48
GB/T 97.1—2002（A 级）	d_1	4.3	5.3	6.4	8.4	10.5	13	17	21	25	31	37	45	52
	d_2	9	10	12	16	20	24	30	37	44	56	66	78	92
	h	0.8	1	1.6	1.6	2	2.5	3	3	4	4	5	8	8
GB/T 97.2—2002（A 级）	d_1	—	5.3	6.4	8.4	10.5	13	17	21	25	31	37	45	52
	d_2	—	10	12	16	20	24	30	37	44	56	66	78	92
	h	—	1	1.6	1.6	2	2.5	3	3	4	4	5	8	8
GB/T 95—2002（C 级）	d_1	4.5	5.5	6.6	9	11	13.5	17.5	22	26	33	39	45	52
	d_2	9	10	12	16	20	24	30	37	44	56	66	78	92
	h	0.8	1	1.6	1.6	2	2.5	3	3	4	4	5	8	8
GB/T 93—1987	d_1	4.1	5.1	6.1	8.1	10.2	12.2	16.2	20.2	24.5	30.5	36.5	42.5	48.5
	$S=b$	1.1	1.3	1.6	2.1	2.6	3.1	4.1	5	6	7.5	9	10.5	12
	H	2.75	3.25	4	5.25	6.5	7.75	10.25	12.5	15	18.75	22.5	26.25	30

注：① A 级适用于精装配系列，C 级适用于中等装配系列。

② C 级垫圈没有 $Ra3.2$ μm 和去毛刺的要求。

附录 K　教学评价

表 K-1　融课程教学评估表

班级名称：　　　　　　　　　　　　　　　　　　　　　　　　　　月　　周：

序号	学生姓名	星期	教师姓名	课程内容	评　分　项						小　计
					制图作业	视频微课（在线）	专业能力		个人能力		
							理论知识	实践技能	社会能力	独立能力	
							0 初出茅庐	1 略有小成	2 渐入佳境	3 青出于蓝	

表 K-2　融课程评估参考指标

融课程评估参考指标						
			理论知识	实操技能	社会能力	独立能力
1. 情境描述	1.1	任务的情境完整性				
	1.2	客户解决的问题清晰程度				
2. 信息收集	2.1	任务相关的文件资料是否齐全				
	2.2	能否读懂任务所需的图纸和技术资料				
	2.3	技能点观察动手				
	2.4	课外微课学习质量				
3. 分析计划	3.1	是否给出了功能作用及目的				
	3.2	是否制订了工艺				
	3.3	是否考虑到经济和环保方面的问题				
	3.4	方案是否注意到安全				
	3.5	是否小组充分沟通讨论决策				
	3.6	有否多计划（方案）供选择				
4. 任务实施	4.1	该课 N 个工作页得分（小计）				
	4.2	小组学习合作能力得分				
	4.3	个人反思、创造力得分				
	4.4	个人学习积极主动性（态度）得分				
5. 检验评估	5.1	检验的分工协作				
	5.2	展示安排				
	5.3	需求满足和完善的报告				

表 K-3　零件图评分表

评分项	评 分 标 准	分　值	自　评	互　评
图幅、比例	图幅、比例选择合理	5 分		
视图	（1）三视图对应关系正确 5 分 （2）三视图表达方案合理正确 40 分，一处不合理扣 2 分，最多扣 15 分	45 分		
尺寸标注	尺寸标注符合标准要求 20 分，每少标一个尺寸扣 2 分，最多扣 10 分	20 分		
技术要求	形状公差标准完整，有基准、形状公差 8 分，表面粗糙度 5 分，技术要求 2 分	15 分		
标题栏	零件名称、比例、材料、姓名、单位，每项 1 分	5 分		
图面质量	图面整洁 2 分，布局 2 分，字体 3 分，图线清晰、粗细分明 3 分	10 分		
总分		100 分	（签名）	（签名）

参 考 文 献

[1] 叶玉驹，焦永和，张彤．机械制图手册[M]．北京：机械工业出版社，2017.
[2] 崔艳，文洪莉．机械制图[M]．北京：北京出版社，2014.
[3] 史艳红．机械制图[M]．北京：高等教育出版社，2012.
[4] 胡建生．机械制图[M]．北京：机械工业出版社，2016.
[5] 金大鹰．机械制图[M]．北京：机械工业出版社，2010.
[6] 谢彩英．机械制图与识图工作页[M]．北京：高等教育出版社，2010.
[7] 钱志芳．机械制图[M]．南京：江苏教育出版社，2010.